제2판

가족생활교육론

이성희 · 홍달아기 · 한은주 · 조성경 · 왕석순

창지사

머리말

가족은 인류의 역사에서 가장 오래된 사회제도로서 사회의 변화에 따라 그 형태가 다양하게 변해오긴 했지만 어느 한순간에도 존재하지 않은 순간이 없다. 가속화되고 있는 세계화와 과학의 발달은 미래사회에 어떤 변화를 가져올지 모르지만 이러한 불확실성을 감안하더라도 과거에 그래왔던 것과 같이 미래사회에도 가정은 인간의 정서적 유대관계를 존속시키는 중요한 장소로 지속될 것이며 가족이란 제도도 여전하리라고 많은 학자는 예견하고 있다.

가족의 형태가 복잡하고 다양해지면서 그들 안의 갈등 또한 증가할 수밖에 없으며, 결혼의 기피, 출산의 유보 등으로 가족의 미래는 불안한 특성을 지니고 있는 것도 사실이다. 그럼에도 불구하고 인간은 일생동안 결혼과 가족의 영향에서 완전히 벗어나서 삶을 영위하는 것 또한 가능하지 않음도 사실이다. 결혼과 가족에 대한 낭만적 꿈을 가지고 있든, 그 반대의 이유로 결혼과 가족을 거부하더라도 평생 발달적 측면에서 가족이 주는 영향은 참으로 끈질기고 지속적이다.

때로는 전형적인 가족형태에 대한 낡은 문화적 신념으로 다양한 가족형태가 비정상으로 치부되어 고통받으며, 한편으로는 가족형태의 전형성을 담보하고 있을지라도 세대 간 갈등, 부부 간 대화의 미숙, 가족역동에 대한 통찰의 부족은 가족의 기능을 저해하는 요소로 작동된다. 이는 실제 가족복지현장에서 가족을 원조해야 하는 실천가에게도 중요한 과제이다. 가족에 대한 폭넓은 개념적 이해와 가족에 대한 올바른 가치를 가지고 다양한 가족형태에 대한 존중과 실천적 개입기술은 가족복지실천가들에게 필수적이다.

가족복지실천 방법으로써의 '가족생활교육'은 가족에 대한 기본적 이해와 전문적 기술습득을 통하여 가족의 역량을 강화시키며, 가족 내에서 발생할 수 있는 여러 가지 갈등상황에 대해 효율적으로 대처할 수 있도록 도와줄 뿐만 아니라,

변화하는 사회에 잘 적응할 수 있도록 개인과 가족을 돕는 유용한 실천적 서비스 접근 방법이다.

본 교재는 가족생활교육에 대한 기본적인 이해를 토대로 실제 가족생활교육 프로그램을 개발할 수 있도록 작성하였으며, 공동저자들의 합의를 통해 총 13장으로 구성하였다.

1부 '가족의 이해'는 총 3장으로 이루어져 있다. 가족에 대한 기본적 이해를 돕고자 '가족의 개념' 및 '현대사회에서의 가족의 변화와 쟁점', 가족의 위기를 살펴보았으며, 가족생활교육의 기본적 접근 방법으로써 '건강가족적 관점'을 택하여 이에 대한 이해를 높이도록 하였다.

2부 '가족생활교육의 이해'는 총 3장으로 구성하여 가족생활교육에 대한 이론적 이해를 위해 '가족생활교육의 개념', 가족생활교육을 진행하는 데에 필요한 '적용이론'과 '가족생활교육의 전문성과 윤리'에 대해 다루었다. 특히 이 부에서는 가족생활교육분야의 선구자인 정현숙 교수, 이기숙 교수, 전세경 교수의 저서가 유용한 도움이 되었다.

3부는 총 3장으로 '가족생활교육의 다양성'에 영향력을 미치고 있는 '가치', '젠더' 그리고 '다문화' 관점 3요소를 선정하여 구성하였다. 가족생활교육에 있어서 이러한 관점을 어떻게 다루며 녹아내어야 할 것인지에 대한 논의를 다루었으며, 이러한 이슈들에 대해 직접 자신을 점검해 보고 이것이 가족생활교육에 어떤 영향을 미칠 수 있는지를 경험할 수 있도록 하였다.

4부는 총 2장으로 구성하였다. 가족생활교육 프로그램 개발과정에 필요한 요소들로 '프로그램 개발 및 계획', '프로그램 실행과정과 평가'로 나누어 실습과 병행하여 기술하였다.

5부는 총 2장으로 구성하여 가족생활교육 실천 현장에서의 가족생활교육 프로그램 실천능력을 향상하도록 하였다. 가장 기본적이고 대표적인 가족생활교육 프로그램인 '커플관계'와 '부모-자녀관계' 향상 가족생활교육 프로그램의 분석을 통해 가족생활교육 프로그램에 대한 실제를 익히도록 하였다.

아울러 각 장의 서두에 학습목표를 제시함으로써 각 장에서 기술하는 내용의 목표가 무엇인지 알도록 하였으며, 마무리에는 핵심용어와 학습실천과제를 제시하여 각 장의 이론적 학습뿐만 아니라 실천능력을 함양할 수 있도록 하였다.

본 교재에서는 광범하고 심층적인 이론적 습득보다는 학생들이 자신의 가치관을 점검해 보고, 가족생활교육에 필요한 실제적인 구체적 기술을 습득하는 데에 목표를 두었다. 이를 위하여 가족복지 관련 연구 경험과 실제 가족복지 실천의 현장경험이 있는 저자들로 구성하여 공동으로 집필하였다.

끝으로 이 책의 출간을 위해 애쓴 창지사 편집부 직원분들께도 감사의 마음을 전한다.

2024년 저자 일동

목차

가족생활교육을 위해서는 가족에 대한 기본적 이해가 필수적이다. 가족생활교육사는 가족에 대한 폭넓은 개념적 정의, 올바른 가족의 가치와 관점의 형성, 가족의 변화에 대한 민감성 등이 필요하다. Dail(1984, 정현숙, 2016 재인용)은 가족생활교육사의 철학 구성을 위해 필요한 첫 번째로 '가족과 가족생활의 본질에 대한 신념'을 제시하고 있다.

따라서 본 1부에서는 가족의 기본적 이해로 가족의 개념과 기능, 현대사회에서의 가족의 변화와 특징을 살펴보고, 가족생활교육의 접근 방법으로써 '가족의 잠재력과 장점'을 강조하는 건강가족적 관점을 채택하여 이에 대한 이해를 높이도록 한다.

제1부

가족의 이해

제1장

가족의 개념

〈학습목표〉

1. 가족에 대한 정의를 시대적, 사회적 변화에 따라 개념화할 수 있다.
2. 가족의 기본적 기능들을 익히도록 한다.
3. 새로 등장하는 가족형태에 대한 생각을 정리해 보도록 한다.

가족은 사회를 이루는 가장 기본적인 제도로서 인류 역사상 가장 오랫동안 지속되어 온 제도이다. 가족은 개인에게 친밀하고 지속적인 상호작용을 통하여 개인의 발달과 성장에 필수적인 환경체계를 제공해 왔으며, 가족은 사회를 구성하는 기초단위로 사회의 구성원을 재생산하는 역할을 수행해 왔다. 그러나 가족은 시대와 사회에 따라 변화되는 특성을 가지게 되는 역동성을 지닌다. 특히 산업혁명 이후 급속하게 진전된 산업화와 그에 수반된 도시화는 전통적인 가족제도를 더 이상 유지할 수 없게 만들었으며 새로운 사회질서에 쉽게 적응하기 어렵게 만들고 있다. 이러한 시점에서 '가족은 아직도 중요하고 필요한가?'라는 본질적 문제에 직면하기도 한다. 이 장에서는 가족에 대한 기초적 이해를 위한 가족의 개념과 기능, 사회변화에 따른 가족의 변화 등을 살펴보기로 한다.

1. 가족의 정의

〈생각 나누기〉

Q 다음 기사를 읽고, 여러분이 생각하는 가족에 대한 의견들을 나누어 보세요.

콜롬비아 법원 첫 판결…"이혼 시 법적 자녀로 봐야"

이혼한 부부의 반려견도 법적 자녀로 간주해야 한다는 판결이 콜롬비아 법원에서 나왔다.
미국 워싱턴포스트(WP) 보도에 따르면, 콜롬비아 보고타 고등법원은 지난달 콜롬비아의 한 대학 학장인 하데르 알렉시스 카스타뇨가 반려견 '시모나'를 주기적으로 만나게 해달라며 이혼한 전처를 상대로 제기한 소송에서 이같이 판결했다.
콜롬비아 법원이 동물도 가족의 구성원이 될 수 있다고 판결한 것은 이번이 처음이다.
WP에 따르면, 카스타뇨는 2021년 전처인 리나 마리아 오초아와 이혼한 뒤 반려견 시모나를 보지 못하는 슬픔에 종종 소화불량 등을 겪었다.이에, 카스타뇨는 전처에게 주기적으로 시모나를 보게 해달라고 요구했으나 거절당했고, 결국 전처를 상대로 소송을 제기하기에 이르렀다. 카스타뇨는 재판 과정에서 강아지 시모나는 가족 구성원이며, 전처가 이혼 이후 만남을 막은 탓에 강아지와 자신 모두 부정적인 영향을 받았다고 주장했다. 카스타뇨는 강아지 시모나 역시 이혼 이후 자신과 만나지 못해 감정적으로 영향을 받고 있다고 했다.
재판부는 강아지 시모나도 법적으로 카스타뇨의 '딸'로 여겨져야 하며, 이혼 절차에서도 이에 맞게 다뤄져야 한다고 판단했다. 재판부는 시모나는 이혼 전까지 공식적으로 이 '다종 가족'의 구성원이었으며, 카스타뇨에게는 시모나를 주기적으로 만날 권리가 있다고 밝혔다.
콜롬비아 법원은 이전에도 동물권과 관련해 진보적인 판결을 내린 바 있다. 2016년에는 처음으로 동물이 인간의 소유물이 아닌 감정을 지닌 생명체라는 취지의 판결이 나왔다. 또 같은 해 인간에게 동물이 고통을 느끼지 않도록 보호하고 이들에게 공포나 스트레스를 유발할 수 있는 환경을 피할 책임이 있다는 취지의 판결이 나오기도 했다.
반려동물을 가족 구성원으로 보는 판결은 앞서 다른 나라 법원에서도 나온 적이 있다. 2018년 페루 법원은 지방 정부가 한 가족에게 기르던 3살짜리 돼지 페투니아를 공중 보건상의 이유로 농장에 보내라고 지시한 사건에서 페투니아도 이 가족 구성원이라는 취지로 판결했다. 2021년 스페인 마드리드 지방법원은 이혼한 부부가 키우던 개를 한 달씩 번갈아 돌보라며 양육권 분할 판결을 내렸다.

출처: 문화일보(,2023.11.10). 콜롬비아 법원 첫 판결…"이혼 시 법적 자녀로 봐야", 오남석 기자.

'가족이 무엇인가?'라는 주제는 오래전부터 연구되어 왔다. 가족은 모든 문화, 모든 사회에서 발견되는 보편적인 사회제도임에도 불구하고, 역사와 민족, 시대적 흐름에 따라 다양하게 변화되고, 한 국가 안에서도 사회경제적 요인에 따라 다양한 양상으로 나타나기 때문에 그것을 한마디로 정의하기는 쉽지 않다.

가족의 사전적 정의를 보면, 한국어사전에서는 '부부를 중심으로 하여 그로부터 생긴 아들, 딸, 손자, 손녀들로 구성된 집단'이며, 한국가족문화대백과에는 '혈연(부모-자녀관계), 인연(부부관계), 입양으로 연결된 인정범위의 사람들로 구성된 집단'이라 말하고 있다. 이들의 정의를 보면, 가족의 개념을 주로 가족구성원의 범위를 중심으로 기술하고 있다. 한편, 전통적 관점의 연구자들(Murdock, 1949; Levi-Strauss, 1960)의 정의에서는 주로 공동거주, 자녀의 존재, 그리고 사회적으로 인정되는 부부의 성적 관계와 경제적 협력을 공통적으로 강조한다.

오늘날의 가족에서는 한부모가족, 무자녀가족, 다문화가족 등의 다양한 형태가 등장함으로써 가족에 대한 정의가 달라져야 함은 당연하다.

〈표 1-1〉 가족의 정의

구분	학자	가족의 정의
사전적 정의	한국어사전	부부를 중심으로 하여 그로부터 생긴 아들, 딸, 손자, 손녀들로 구성된 집단
	한국가족문화대백과	혈연(부모-자녀관계), 인연(부부관계), 입양으로 연결된 인정범위의 사람들로 구성된 집단
고전적 정의	머독 (Murdock, 1949)	가족은 공동의 거주, 경제적 협동, 생산(재생산)의 특징을 갖는 집단으로 사회적으로 인정받는 성관계를 유지하고 있는 최소한 두 명의 성인 남녀와 한 명 이상의 자녀로 이루어진 사회집단
	레비-스트라우스 (Levy-Strauss, 1969)	가족은 결혼에 의해 형성되고, 부부와 그들에 의해 출생한 자녀로 구성되며 법적 유대, 경제적, 종교적, 그리고 그 외 다른 권리와 의무, 성적 권리와 금지, 다양한 심리적 감정을 공유하는 집단
현대적 정의	기든스 (Giddens, 1992)	가족은 정서적이고 물질적인 지지에 기반을 둔 두 명 또는 그 이상의 사람들이 상호 간에 기대를 갖고 그들의 삶의 유형과 관계없이 상호 책임감과 친밀감, 계속적인 보호를 주고받는 구성체
	세이버트와 윌레트 (Seibert & Willetts, 2000)	동거를 통해 정서적 지지를 유지하거나 법적 혹은 생물학적 결합에 의해 빈번한 접촉을 유지하는 적어도 두 명 이상의 개인들

가족에 대한 고전적 정의에서는 현대의 모든 가족을 포함하지 못하며 어떤 가족은 다른 가족보다 정상적이고 우월한 것으로 여기게 함으로써 가족에 대한 열

등의식을 초래한다. 사회변화에 따라 발생하는 다양한 가족을 편견 없이 바르게 이해하기 위해서는 가족에 대한 열린 정의가 필요하며 법적, 생물학적 유대를 강조하고 있는 '어떤 가족(the family)'이 아니라 '가족들(families)'이라는 개념으로 재구성되어야 할 것이다.

슐츠(Schulz, 1977, 이성희·한희선, 2012 재인용)도 "가족이란 한 복잡한 변수로서 생물학적 요구에 기인하는 보편적 구조도 아니며 종교적 또는 문화적 신조에 기반한 보편적 규범의 이념일 수도 없다. 가족이 사회적 필요성에 기인하는 정도만큼 이것은 우리들을 기성문화에 적응시키는 한편, 무엇이 바람직한 가족인가에 대해 우리에게 변화하는 개념을 부여한다."라고 지적한 바 있다.

국내학자인 유영주 외(2008)는 "가족은 부부와 그들의 자녀로 구성되는 기본적인 사회집단으로서 이익관계를 초월한 애정적 혈연집단이며, 같은 장소에서 기거, 취사하는 동거동재 집단이고, 그 가족만의 고유한 가풍을 갖는 문화집단이며, 양육과 사회화를 통하여 인격형성이 이루어지는 인간발달의 근원적 집단임과 동시에, 사회변동에 대한 변화에 역동적으로 적응할 수 있는 사회제도의 하나이다."라고 하면서 가족의 개념을 정적인 대상이 아닌 가변성을 지니고 있음을 분명히 하고 있다. 또한 가족을 '인간의 본질적 특성인 개체성과 반개체성 즉, 개인으로서의 나와 관계로서의 나의 욕구를 충족시킬 수 있는 상호작용을 하는 생활공동체적 집단'으로 보고 현대의 가족은 인간의 본질적 특성인 개인성과 공동체성의 욕구를 충족시킬 수 있는 상호작용적 체계로서의 가족을 강조하면서 가족의 개념을 폭넓게 정의하고 있다.

월시(Walsh, 1998)는 현대사회에서 빠르게 변화하는 가족을 이해하고 정의하기 위한 기준들을 다음과 같이 제시한 바 있다.

첫째, '가족을 정의할 때 가족구성원에 누구를 포함시키고 있는가?'이다. 제도와 혈통중심의 가족, 사회적으로 이상화되어 온 가족원이 아니라, 당사자가 실제 누구를 가족원에 포함시키고 있느냐이다.

둘째, '가족을 정의하는 데 있어서 누가 더 의미 있는 사람인가?'에 대한 파악이다. 현대사회에서는 자녀와 동거하지 않는 노인이나 독거성인, 혹은 아동의 경우에 애완동물이 다른 구성원보다 가족이라는 의미를 더 가질 수도 있다.

셋째, '그 가족을 통해서 수행되는 역할과 관계의 의미는 무엇인지를 파악하는 것'이라 하였다.

이렇듯이 가족의 개념은 정적인 구조가 아닌 가족을 정의하는 사람들의 인식과 경험을 중시하는 동적인 개념으로 보고 있으며, 그 스펙트럼이 점차 폭넓어지고 있다.

지금 미국인들은 '따로 또 같이' 살고 싶어해요.

가족이나 주거공동체를 꾸린 미국인 300명을 직접 만나 설문조사해 〈우리가 살아가는 방법〉을 펴낸 사회심리학자 벨라 드파울루를 인터뷰했다. 미국의 전통적 가족형태는 도시 외곽에서 부부가 자녀를 키우며 사는 '핵가족'이었다. 하지만 커플 혹은 부부를 기반으로 하는 가족형태는 갈수록 줄고 1인 가구 비중이 28%(2015년 기준)에 이른다. '원하는 만큼 독립된 생활을 누리고, 필요한 만큼 연대를 나눈다'는 인식 아래 다양한 형태의 가족이 등장하고 있다는 것이다. 한국에서도 1인 가구가 대세로 자리 잡는 등 전통적 가족제도의 경계가 점차 허물어지고 있지만, 아직 관련 연구·분석이나 정책적 뒷받침은 부족한 것이 현실이다. 드파울루의 인터뷰를 소개해 본다.

• 가족의 의미는 어떻게 바뀌고 있는가?

"1950년대에는 섹스와 결혼, 자녀, 존경받는 생활양식 등이 모두 한 묶음으로 여겨졌다. 우리가 아주 당연시하던 가족에 대한 고정관념은 반세기도 채 안 되는 짧은 기간 동안에 완전히 뒤집어지고 있다. 결혼을 통해 모든 것이 완성되던 시절을 지나, 이제는 결혼이 과거처럼 중요하고 의미 있는 삶의 분기점이 되지 않는다. 지금 미국인들이 새롭게 정의하고 있는 가족의 개념은 '서로 애정을 가지고 보살피는 개인들의 집합체'에 가깝다."

• 새로 등장한 가족형태는?

"한마디로 모든 유형을 설명하기는 어렵다. 원래는 같이 사는 것이 보편적이었던 부부가 '라트(Living Apart Together: LAT)' 관계로 따로 살기도 하고, 반대로 '코어보드(CoAbode)'처럼 따로 살아온 이들이 함께 살기도 한다. 또 아이를 갖지 않기로 한 커플이 늘고 있지만 반대로 연애와 결혼을 생략하고 아이만 키우고 싶어 하는 이들도 있다. 은퇴자들은 대형 주택을 처분한 뒤 작고 아늑한 주거공간에 친밀한 이웃이 있는 곳에서 '포켓 네이버후드' 커뮤니티의 일원이 되기도 한다. 지금, 단 두 가지 종류의 형태만 인기가 없다. 전통적인 핵가족과 거의 모든 것을 공유하던 전통적인 공동체다."

- 가장 주목했던 사례가 있다면?

"각자의 사생활을 누리면서도 공용 공간에서는 공동체로 살아가는 '코하우징'이다. 1970년대 덴마크에서 시작했는데 미국에서 빠른 속도로 늘고 있다. 이들은 각자의 주택이나 아파트를 보유하면서, 공용주택에서 일주일에 몇 차례씩 함께 식사를 하거나 어울린다. 공용주택 안에는 대형 주방과 놀이방, 회의실, 작업실, 기타 구성원들이 함께 쓸 수 있는 공간이 마련돼 있다. 요즘 많은 미국인은 '따로' 또 '함께 사는' 관계를 원한다."

- 정부의 정책 지원은 어떤가?

"아직 미국의 법·제도와 직장에서의 관행 등은 대부분 핵가족에 기반을 두고 있다. 빠르게 변화하는 삶의 방식을 정책이 따라잡지 못하고 있는 것이다. 다만 최근 들어 의미 있는 진전이 있었다. 전임 버락 오바마 대통령은 2015년 9월 행정명령을 발동해 연방정부 계약직 직원에게 유급병가를 허용하면서 본인과 가족뿐 아니라 '가족과 동등한 정도의 친밀도'를 가진 이를 돌볼 때도 적용된다고 했다. 결혼하지 않은 싱글들에게는 상징적 조처였다."

출처: 한겨레신문(2017. 2. 14.). 새 가족 추적한 미국학자 벨라 드파울루. 황보연 기자. 발췌, 재구성.

2. 가족의 기능과 가족발달단계

1) 가족의 기능

가족의 기능 또한 가족의 개념과 마찬가지로 문화나 시대의 변천, 사회체제의 변화에 따라서 다르므로 이것을 동일하게 정의 내리기는 쉽지 않다. 가족의 기능은 가족이 수행하는 역할, 행위로서의 가족행동을 의미하는 것으로, 그 행동의 결과가 가족원의 욕구충족과 사회의 유지 존속에 영향을 미치는 측면과 관련된 개념이다.

가족이란 개인과 사회의 중간에 위치한 체계로서 전체 사회로 볼 때는 하위체계로 기능하며, 개인으로 볼 때는 상위체계로 기능하는 양면적인 특성을 가지고 있다. 즉 가족의 기능은 개인적인 측면에서 수행되는 역할과 사회에 대하여 수행해야 하는 대내적, 대외적 역할 모두를 가진다.

오래 전 문화인류학자인 조지 피터 머독(George Peter Murdock, 1949)은 핵가족을 인간사회의 보편적인 특징으로 묘사하였다. 그는 모든 문화의 모든 가족에서 네 가지 기능이 발견됨을 제시하였다.

첫째, 사회의 새로운 구성원을 출산하는 생식기능
둘째, 성인들 사이의 성적 관계를 합법화시키는 성적 기능
셋째, 가족집단과 더 큰 사회의 상호경제적인 관계를 유지시키는 경제적 협동의 기능
넷째, 사회의 미래 성인이 잘 기능하도록 자녀를 양육하고 사회화시키는 기능

가족은 이러한 기능을 충분히 수행해야 하는데 이 중 한 가지 기능이라도 수행되지 않으면 인류사회의 존속이 불가능하다고 하여 고유의 가족 기능성을 강조하였다.

이러한 네 가지 기능에 대한 보편성을 반박하는 증거들이 제시되기도 하고, 몇몇 학자들은 가족의 기능이 다른 기관들로 이전되어 기능을 손실함으로써 야기되는 가족의 붕괴를 이야기하기도 한다. 그러나 이는 완전하게 가족의 기능이 상실되었다기보다는 전통적인 가족의 기능들이 충분히 강조되고 있지 않음을 의미하는 것으로, 가족의 기능에 대한 비관적인 평가가 과장되어 있다고 보기도 한다.

가족의 기능은 학자마다 조금씩 다르게 규정되기도 하지만, 일반적으로 현대사회에서 가족이 수행하고 있는 기능들을 다음과 같이 요약할 수 있다.

(1) 성적 욕구의 충족 기능

성적인 기능은 성인들의 성생활과 관련된 기능을 가족이 수행하고 있다고 보는 것이다. 사회에 따라서 성적인 욕구를 충족시키는 방법과 통제의 정도에 차이가 있기는 하지만 어느 사회나 남녀의 무조건적인 성관계를 허용하지는 않는다. 대부분의 사회에서는 남녀 간 사랑을 바탕으로 혼인이라는 제도를 통해 개인적으로 성적 욕구를 충족하고, 사회적으로는 성행위를 통제하고 규제한다.

(2) 자녀출산의 기능

우리사회에서는 법적, 제도적 결합체인 부부간 성관계를 통한 자녀출산을 비교적 전형적인 방법으로 인정하고 있다. 부부간 성관계의 결과로 자녀를 출산하는 생식의 기능은 가족의 고유하고 중요한 기능으로 자녀의 출산 기능은 사회구성원을 재생산하여 사회를 존속시키며, 나아가 인간이라는 종을 유지시키는 중요한 역할을 한다.

(3) 자녀양육 및 사회화의 기능

가족은 자녀출산이라는 재생산활동을 통해 단순히 사회구성원을 보충하는 데 그치지 않고 자녀가 스스로 독립할 수 있을 때까지 보호와 양육의 역할을 담당한다. 자녀들은 가정생활을 통해 인격을 형성하고, 사회에서 적응하고 바람직한 인간으로 성장하도록 필요한 지식과 기능을 익히고 그 사회에서 통용되는 문화에 적응할 수 있도록 훈련을 받는다. 가정양육과 교육을 통하여 이루어지는 자녀의 사회화는 자녀가 사회생활을 원만하게 해 나갈 수 있는 지식, 규범, 도덕을 익히는 기능을 수행하고 있다. 가정은 이러한 과정을 통하여 사회의 전통과 문화계승에도 기여한다.

(4) 생산과 소비의 기능

가족의 경제적 기능은 생산기능과 소비기능으로 나누어진다. 전통사회에서의 가족은 생산과 소비의 기능을 함께 수행했지만 현대사회에서는 산업화와 대량상품생산으로 인해 생산단위로서의 가족의 기능은 축소되었다. 대신 가족구성원은 산업사회에 노동력을 제공하고 그 대가로 임금을 받으며 이것으로 필요한 물자를 구입하는 소비기능은 확대되었다. 현대 산업사회에서 가족은 상품선택과 구매에 대한 소비자로서의 현명한 능력이 요구되며, 일정한 수입으로 전체 가족원의 욕구를 충족해야 하는 공평하고 합리적인 재정관리 능력이 필요하다.

(5) 보호 및 정서적 안식처로서의 기능

가족은 질병과 위협으로부터 가족원과 재산을 보호하는 기능이 있다. 예전에는 더위, 추위 등과 맹수로부터 개인을 보호했으며, 오늘날은 외부환경의 위험으로부터 보호해 준다. 특히 가족은 가족구성원들의 중요한 보호기능과 함께 정서적 안정이나 피로를 해소해 주는 신체적, 정서적 휴식의 기능을 갖는다. 사회생활로 지친 몸과 마음을 가정에 돌아와 쉬며 긴장을 풀고 다음 날 노동을 할 수 있도록 노동력을 재생산하도록 한다. 이러한 면에서 가정은 단순한 거주지가 아니라 구성원을 보호해 주고 심신의 긴장과 피로를 회복시켜 주는 정서적 안식처로서의 중요한 기능을 한다.

(6) 오락 및 여가의 기능

가족은 또한 오락 및 여가의 기능을 갖는다. 가족이라는 단위로 여가시간을 함께하는 것은 부모와 자녀가 한자리에 모이는 교육적인 의미와 함께 가족원이 모인다는 그 시간 자체가 마음이 열리고 즐거운 교류시간이 되므로 가족이 지니는 오락 및 여가기능의 의의가 있다.

가족의 기능은 시간적 조건, 지역과 문화배경에 따라 다르게 나타날 뿐만 아니라 개인차와 생활환경에 따라 달라질 것이며, 이러한 기능들이 어떻게 수행되느냐에 따라 가족의 질적 수준 또한 달라질 것이다. 문화와 사회구조가 단순하고 일터와 가정이 분리되지 않은 농경사회에서는 사람들의 요구와 필요성이 단순하고 소박하여 가족은 모든 욕구를 충족시킬 수 있는 집단이었으나 산업화와 정보화에 따라 가족의 기능은 변화되고 있다.

산업사회에서는 전통사회에서 가졌던 많은 기능이 사회화되어 이전보다 줄어든 기능을 수행하지만 본질적인 애정의 기능과 정서적 안식처로서의 기능은 현대사회에서 더욱 강조되고 있다. 특히 대면적 인간관계가 제한되면서 가족이 가지는 정서적 유대감, 가족으로서의 정체감, 애정, 지지받는 느낌 등의 정서적 욕구를 충족시키는 역할과 기능은 강조, 강화된다고 하겠다. 그러나 정서적 욕구라는 것은 가변성이 있고 상대적이므로 이에 대한 요구가 클수록 갈등의 측면도 가지게 됨이 현대사회에서 가족이 지니는 정서적 안식처로서 기능의 양면성이기도 하다.

2) 가족발달단계

개인의 발달은 가족의 영향을 받기도 하며 가족에게 영향을 주기도 하므로 가족구성원의 발달은 가족전체의 생활주기에 기초하여 이해하는 것이 유용하다. 개인과 마찬가지로 가족도 시간의 흐름에 따라 변화하는 일련의 발달과정을 겪게 된다. 이처럼 가족이 단계별로 변화함에 있어 내적으로는 구성원들의 여러 요구와 외적으로는 사회적 기대 및 주변 환경의 요구를 효과적으로 충족할 수 있어야 한다. 보편적으로 가족이 겪게 되는 주기와 이 시기마다 가족이 수행해야 할 과제들에 대해서 살펴보도록 한다.

(1) 가족생활주기

가족생활주기란 사람이 가족생활에서 경험하는 미혼, 결혼, 출산, 육아, 노후의 각 단계에 걸친 시간적 연속을 말한다. 즉 가족이 결혼으로 형성되어 자녀출산, 자녀성장으로 확대되었다가 자녀의 결혼과 독립으로 축소되고 부부가 노후생활과 사망에 이르게 됨으로써 소멸하게 되는 가족의 변화 과정을 말한다. 이러한 가족생활주기에 대한 이해는 가족생활에 대한 전반적인 장기적 안목을 취하는 방법으로써 한 가족의 주기상에 나타나는 각 단계에서의 특징적, 잠재적 문제, 취약점과 강점을 시간적 차원과 발달의 과정으로 분석하는 데 유용하다.

가족생활주기도 시대의 흐름에 따라 변화되는데, 출산율이 낮아지고 단산연령이 낮아지고 마지막 자녀의 독립이 빨라지고 평균수명이 길어지고 있는 특성들이 반영된다. 따라서 전체적으로 보면 이전에 비해 가족형성기, 가족확대기는 짧아지고, 반대로 부부만이 남는 시기부터 은퇴 후 부부 모두 사망하기 전까지의 기간이 전보다 훨씬 길어지고 있다. 즉 가족생활주기에서 전체 기간은 길어지고, 가족주기의 후기 부분은 연장되고 있어 이에 대한 중요성과 관심이 필요하다.

〈표 1-2〉 가족생활주기 각 단계별 기간

(단위: 년)

주기별 기간	부인의 결혼 코호트				
	1959년 이전	1960~1969년	1970~1979년	1980~1989년	1990~2000년
가족형성기(결혼시기~첫 자녀 출산)	2.37	1.71	1.44	1.33	1.22
가족확대기(첫 자녀 출산~막내 출산)	10.90	6.80	3.95	3.21	2.35
확대완료기(막내 출산~첫 자녀 결혼)	14.80	19.60	23.75	24.49	25.35
가족축소기(첫 자녀 결혼~막내 결혼)	10.90	6.80	3.95	3.21	2.35
축소완료기(막내 결혼~남편 사망)	1.01	1.17	4.98	7.96	12.65
가족해체기(남편 사망~본인 사망)	8.56	12.46	12.31	12.81	12.24
전체 기간(결혼시기~사망시기)	48.54	48.54	50.38	53.01	56.16

출처: 김승권 외(2000). 2000년 전국출산력 및 가족보건실태조사.

(2) 가족발달과제

가족발달과제란 인간이 성장하고 발달해 가는 단계별로 획득해야 할 행동형태로 가족도 개인처럼 일생을 통하여 수행해야 할 발달과제가 존재한다. 이러한 발달과제는 가족생활주기에 따라서 단계적으로 적절히 수행되어야 가족이 안정되고 충족감을 느끼며 살아갈 수 있다. 각 단계별 발달과제는 반드시 이루어져야 하는 결정적 시기가 있으므로 각 단계에 따른 발달과제에 대한 숙지가 필요하다.

가족생활주기의 관점에서 개인이 가족 속에 거치면서 형성되는 단계는 결혼전기, 가족형성기(결혼적응기), 자녀아동기, 자녀청소년기, 자녀독립기, 노년기의 총 6단계로 나누어 각각의 특성과 각 단계에서 수행되어야 하는 과제들을 살펴보도록 한다(정문자 외, 2007; 이성희·한희선, 2011).

① 결혼 전기

이 단계는 자신의 원가족과 앞으로 자신이 만들어 갈 가족의 중간에 있으며 자신의 원가족에서 분리되어 어떤 가족에게도 소속되지 않는 성인기이다. 결혼전기 또는 연애단계로 명명되는 시기로 이 단계는 앞으로 진행될 가족형성의 기초이다. 이 단계에서는 자신에 대한 정서적, 애정적 수용과 원가족으로부터의 자기분화, 적절한 직업 선택, 그리고 그 속에서 동료와 친밀한 우정관계를 발전시키는 능력과 친밀한 이성관계 발달, 일과 경제적 독립이 있다. 특히 부모와의 정서적 독립은 이 시기에 있어서 가장 중요한 과제이다.

② 가족형성기

결혼 적응기 또는 결혼 초기 단계라고도 하는 이 단계는 대체로 결혼에 의한 가족의 결합이 축이다. 이 과정에서 두 사람은 서로에 대한 조율과 협조를 통하여 새로운 부부체계를 형성해야 하며, 확대가족이나 친구사이에 생기는 관계를 적절히 조절할 수 있어야 한다. 특히 부부는 커플로서의 충분한 기능을 수행하기 위해서 기본적인 규칙과 유형을 만들어 갈 필요가 있다. 여기에는 상대방의 욕구, 의견이나 사고의 차이의 조정, 집안일의 배분이나 수입, 지출 등의 일상생활을 하는 데 필요한 활동을 어떻게 조화시킬지에 대한 합의를 포함하는 것이다. 이 단계에서 개인의 정체성을 잃지 않으면서 부부체계로서의 일체감과 동시에 명확한 경계를 만드는 것이 필요하다. 또한 각자의 원가족과 배우자의 관계에서는 적절한 균형을 유지하는 것이 중요하다.

③ 자녀 아동기

이 단계는 첫아이의 출생과 태어난 아이가 전적으로 부모에게 의존하는 상태에서 출발한다. 자녀의 등장은 가족체계에 커다란 변화를 초래한다. 이 단계에서는 부부의 적응을 기초로 자녀를 낳아 자녀의 성장과 더불어 부모로서 양육의 책임과 의무를 위한 정서적, 물질적 기반이 필요한 시기이다. 자녀의 출산과 자녀

양육에 따른 경제적 비용을 마련하고 아내의 가사일 증가로 인한 가사분담 및 자녀와의 생활을 위한 공간을 재구조화해야 한다. 이 단계에서는 남편과 아내 각각의 원가족과의 갈등, 습관적인 역기능적 의사소통 유형, 세대 간 연합으로 인한 가족의 경계선 문제, 새로운 가족구성원을 수용하지 못하는 데에서 오는 문제, 자녀들의 정서장애 문제 등이 있다.

④ 자녀 청소년기

자녀가 청소년이 되었을 때 가족은 또 한 번 중요한 도전이 발생한다. 어린 자녀를 양육하고 보호하던 역할과는 달리 자녀가 독립성과 책임성을 형성할 수 있도록 가족의 구조와 조직이 변화되어야 하며, 특히 자녀의 발달과 관심의 변화에 맞추어 부모역할도 변해야 하는 것이다. 청소년은 한계와 규칙에 도전하고자 하는 욕구가 있고 무엇보다도 자신의 정체감을 발달시키고자 한다. 이 단계에서 청소년 자녀의 학업부진, 부모와의 대립갈등, 가출, 비행 등 심각한 정도의 자녀문제가 표출되기도 하며, 부부관계에서의 권력협상 문제, 가족경계에서 나타나는 경직성으로 인한 문제 등이 특징적이다.

⑤ 자녀 독립기

자녀 독립기는 자녀가 부모에게서 떠나 독립된 사람으로서 자율성을 확립하는 단계이다. 이 단계에서는 가족구성원의 변동으로 가족체계에 들어오거나 나가는 구성원이 있게 된다는 특징이 있다. 즉 성장한 자녀는 집을 떠나 학업, 입대, 취직을 하기도 하고 결혼한 자녀는 배우자를 새로운 가족구성원으로 들어오게 한다. 이 단계에서 가족은 부부중심체계로 재조정해야 하며, 부모와 성장한 자녀관계를 성인 대 성인의 관계로 발전시켜야 한다. 이 단계에 나타나는 문제점은 자녀독립으로 그동안 유지되었던 가족의 평형성이 깨지면서 나타나는 문제, 자녀와의 지나친 밀착관계로 부모-자녀관계에서 동료관계로 옮겨가는 것을 방해하게 되는 문제, 가족구성원의 증감을 수용하지 못하는 데서 발생하는 문제 등이 있다.

⑥ 노년기

노년기는 '상실'의 문제를 최소화하며 역할변화를 수용해야 하는 단계이다. 이 시기에는 신체적 쇠퇴를 포함한 경제, 사회, 심리, 정서 등 여러 측면에서의 쇠퇴를 수용해야 한다. 또한 배우자, 형제, 친구, 친지의 상실에 대처하면서 자신의 죽음에도 대비하여야 한다. 노인은 신체적으로는 쇠퇴과정에 있지만 잔존의 기능과 관심사를 유지하는 것이 중요하다. 노인세대는 다음 세대가 중추적인 역할을 하도록 지원하며, 아랫세대는 연장자의 지혜와 경험이 쓰일 수 있는 기회를 제공받아야 할 것이다. 이 단계에서는 은퇴로 인한 역할상실감, 부부가 같은 공간에 있음으로써 발생하는 문제와 역할변화를 수용하지 못하는 것에서 비롯되는 문제 등이 주로 나타난다.

3) 재구성 가족의 발달과제

가족의 발달과제는 가족이 성장하면서 발달해 나가는 각 단계에서 수행해야 하는 행동유형을 말한다. 그러나 오늘날 많은 가족들은 이혼이나 재혼 등으로 다른 인생주기와 발달과제를 경험하기도 한다. 이러한 가족들에서는 앞서 제시된 질서정연하게 가게 되는 발달과제가 아닌 다른 발달과제들의 단계가 요구되며 이에 대한 이해가 필요하다.

이혼을 경험하는 가족들은 이혼 전 의사결정, 이혼협상, 이혼, 이혼 후의 4단계를 공통적으로 경험하며, 재혼가족은 재혼결정, 재혼가족 개념화 및 계획, 재혼과 가족 재구성의 3단계를 경험하는 것으로 본다. 각 단계별 발달과제(Carter & McGoldrick, 최규련, 2008 재인용)는 다음과 같다.

(1) 이혼과 한부모 됨에 따른 단계별 발달과제

① 이혼 전 의사결정 단계

- 이혼결정에 따른 실패감, 상실감, 두려움 해소
- 현실과 자기 수용

② 이혼협상 단계

- 자녀양육권, 재산분배의 합리적 의사결정
- 자녀 및 확대가족과의 관계 재정립
- 배우자에 대한 애착 해소

③ 이혼 단계

- 실패감, 죄책감, 상실감 해소
- 결혼생활에 대한 통합적 정리
- 재결합 환상 포기
- 자녀, 자녀관계 재정비
- 협력적 공동역할 재정비

④ 이혼 후 단계

- 전 배우자와의 관계를 새롭게 설정
- 상실감, 우울, 분노, 외로움 해소
- 새로운 역할과 책임을 수용
- 정신적, 정서적인 독립
- 경제적 문제에 대처
- 자녀의 정서적 혼란과 상실감, 부적응 문제에 대처
- 확대가족, 친지, 친구 등 사회적 지지체계의 재구축

(2) 재혼가족의 발달과제

① 재혼 결정 단계

- 이전 결혼생활과 전 배우자에 대한 감정 정리
- 새로운 결혼생활에 대한 현실적 기대 갖기
- 재혼의 동기와 특성 검토

② 재혼가족 개념화와 계획 단계

- 재혼과 계가족 형성에 대한 자신과 새 배우자 및 자녀가 갖는 두려움 수용
- 재혼가족의 복잡성과 모호성에 적응하기: 다양한 새로운 역할, 경계(공간, 시간, 소속감 및 권위), 정서적 특성(자녀들의 죄책감, 충성심 갈등, 상호성에 대한 욕구, 해결되지 않은 과거의 상처 등)
- 이전 배우자와 공동부모 역할을 위한 계획과 협조
- 자녀가 전 배우자와 확대가족과 관계를 유지하도록 계획
- 별거자녀와의 관계유지 방법의 계획

③ 재혼과 가족재구성 단계

- 이전 가족과 배우자에 대한 애착 해소, 정상가족에 대한 재개념화
- 새로운 부부체계 및 친밀감 형성
- 재혼가족의 경계 형성과 재혼가족의 통합을 위한 규칙, 의례 설정
- 가족의 재구성에 따른 자원의 합리적 재분배
- 계가족의 통합을 강화시키는 시간과 역사 만들기
- 확대가족, 친지, 친구 등 사회적 지지체계 재구축

가족생활교육의 접근에 있어서 가족발달적 관점에서 시간의 흐름에 따른 가족의 발달단계와 발달과제를 이해하는 것은 중요하다. 가족발달단계가 바뀌는 전이기에 나타날 수 있는 취약성, 스트레스 등에 대처할 수 있도록 가족생활주기론적 관점에서의 예방적, 교육적 설계가 필요하다.

핵심용어 가족의 개념, 가족들(families), 가족의 기능, 가족생활주기, 가족발달과제

학습실천과제

1. 사회변화에 따라 가족의 개념이 달라져야 하는 이유는 무엇인지 논의해 본다.
2. 가족의 기능과 역할에 대하여 기술해 보도록 한다.
3. 각자 '가족' 하면 떠오르는 이미지와 단어를 기술해 보고, 실제 가족의 모습과 얼마나 일치하는지, 불일치하는지를 분석해 본다.
4. 가족생활주기에 따른 발달과제들에 대하여 기술해 보고, 이에 대한 이해가 왜 중요한지를 논의해 본다.

제2장

현대사회에서의 가족의 변화와 쟁점

〈학습목표〉

1. 현대사회에서 나타나는 가족의 변화를 학습한다.
2. 가족의 변화에 대한 쟁점을 정리해 본다.
3. 한국사회의 가족의 위기에 대한 이해를 높인다.

현재 한국의 가족은 수백 년에 걸쳐 경험한 서구의 변화와 달리 단기간에 압축적인 산업화, 도시화 과정을 거치면서 급속한 인구학적 변화를 경험하고, 이에 따른 새로운 형태의 가족들이 출현하고 있다. 그러한 과정 속에 과거의 가부장적 가치관의 잔존, 전통적 요소와 서구적 요소의 충돌, 사회변화에 대한 부적응 등으로 여러 가지 세대 간 또는 가족 내의 문제들이 도출되고 있다.

흔히 '가족이 무엇이라고 생각하느냐'고 질문하면, '따뜻한 안식처', '내가 쉴 보금자리', '최후의 보루' 등 늘 정형화된, 변화되지 않는 동일한 실체로 보는 경향이 있다. 그러나 가족은 서로 사랑하지만 가장 큰 상처를 주고받기도 하는 두 가지 얼굴을 갖고 있으며 더불어 사회환경과 끊임없이 역동적인 관계를 가짐으로써 지속적인 변화를 다양하게 보여주고 있다. 현대사회에서의 가족의 특징과 이를 둘러싼 쟁점을 살펴 보도록 한다.

1. 현대가족의 특징

1) 가족구조의 변화

(1) 인구구조의 변화

인구구조는 인구집단의 성별, 연령별 구성을 보여주는 것으로 우리나라는 1960년대 이전까지 출생율이 높은 전형적인 피라미드형 인구구조를 보였다. 1960년대 이후에는 점차 종형 인구구조로 변화되고 있다. 저출생 · 고령화의 영향으로 유소년인구는 급감하고, 고령 인구는 계속 증가하고 있다. 2017년은 인구구조 변동의 중요한 분기점이 되는 해로, 생산가능인구(15~64세)가 감소하고 노인 인구(65세 이상)가 유소년인구(0~14세)보다 많아지는 첫해였다.

연령계층별 인구구성비를 보면, 유소년인구(0~14세)가 1960년 42.3%에서 2010년에는 16.2%, 2020년은 13.2%로 감소했지만, 노인 인구(65세 이상)는 2.9%, 11%, 15.7%로 증가하였다. 노인 인구가 차지하는 비율이 20% 이상인 경우 초고령 사회라고 하는 데 2026년이면 초고령 사회로 접어들 것으로 본다. 2030년에는 노인 인구가 약 24%대이며, 2060년에는 약 40%대로 증가하고 유소년인구는 전체 인구의 약 10%대로 추정하고 있다.

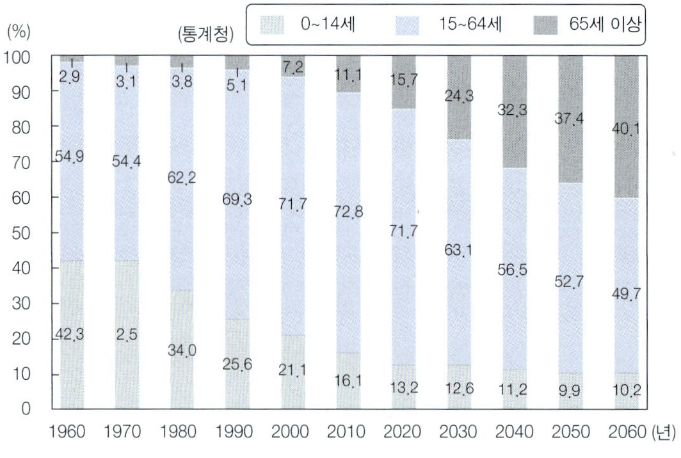

[그림 2-1] 연령계층별 인구구성비

출처: 통계청(2021) 사회통계국 인구추계 2020-2060.

우리나라의 전체 인구 평균연령을 보면, '20년 42.7세, '30년에는 48.1세, '40년은 51.9세, '50년은 인구 평균연령을 54.8세로 예상한다(고용노동부자료, 2022년). 인구의 고령화가 지속적으로 진행되고 있다. 국내 인구 자연감소 현상이 2020년에 처음 나타나면서(-3만 2611명), 인구의 고령화와 함께 총인구 자연감소 현상이 두드러지고 있다.

(2) 가족구조의 축소화와 단순화

가족의 두드러진 변화는 가족구조의 축소화와 단순화다. 이는 앞서 기술하였듯이 저출생 및 고령화의 영향에 따른 인구구조의 변화와 관련이 있다. 인구주택 총조사(2021)에 의하면, 2000년 3.12명, 2005년 2.88명, 2010년 2.69, 2015년 2.53명, 2020년 2.52명으로 점차 감소하고 있다. 가장 주된 가구 유형을 살펴보면, 1990~2005년에는 3~4인 가구였으나 2010년에는 2인 가구(24.6%)가, 2015년, 2020년에는 1인 가구(27.2%, 31.7%)가 가장 주된 가구 유형으로 1인 가구 증가가 큰 특징으로 나타나고 있다.

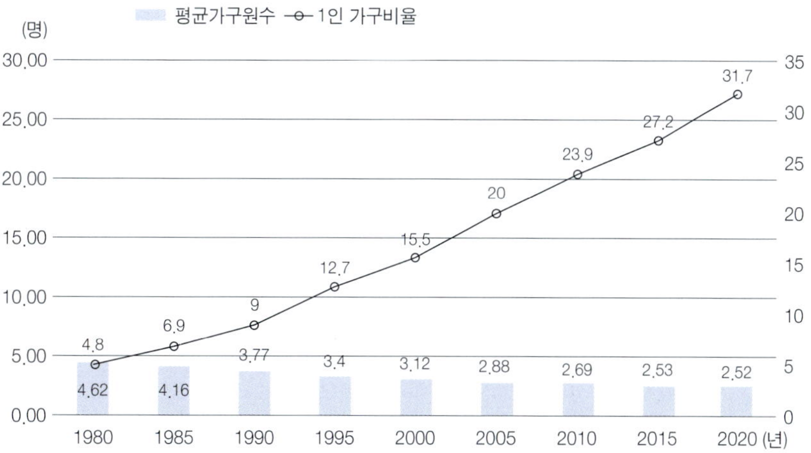

[그림 2-2] 가구 수 및 가구당 평균 가구원 수(1980~2010)

출처: 통계청(2021). 인구주택 총조사.

일반 가구에서 비혈연가구와 1인 가구를 제외한 혈연가구 중 핵가족 형태와 직계가족 형태 비율을 살펴본다. 핵가족 형태 중 부부로만 구성된 세대는 1980년 6.4%에서 2020년은 25.4%로 큰 폭으로 증가하였으며, 2세대 가족인 부부와 미혼자녀 세대는 1980년 56.5%에서 2020년 43.9%로 약간 감소, 한부모와 미혼자녀 세대는 1980년 10.0%에서 2020년 14.0%로 증가하고 있다. 직계가족 형태를 보면, 먼저 부부와 부모로 이루어진 세대는 1980년 0.6%에서 2020년 0.9%, 반면, 부부, 부모, 미혼자녀로 이루어진 3세대 가족은 1980년 10.4%에서 2020년 3.0%로 현저하게 감소하고 있다.

〈표 2-1〉 세대별 구성비

(단위: %)

연도	핵가족			직계가족		기타	합계
	부부	부부 + 미혼자녀	한부모 + 미혼자녀	부부 + 양(편)친	부부 + 양(편)친 + 미혼자녀		
1980	6.4	56.5	10.0	0.6	10.4	16.1	100.0
1985	7.8	57.8	9.7	0.8	9.9	14.0	100.0
1990	9.3	58.0	8.7	0.9	9.3	13.8	100.0
1995	12.6	58.6	8.6	1.1	7.9	11.2	100.0
2000	14.8	57.8	9.4	1.2	6.8	10.1	100.0
2005	18.1	53.7	11.0	1.2	5.7	10.4	100.0
2010	20.6	49.4	12.3	1.2	5.0	11.6	100.0
2015	21.8	44.9	15.0	1.1	4.2	13.0	100.0
2016	21.9	45.2	14.6	1.1	4.2	13.1	100.0
2017	22.7	44.8	14.6	1.0	3.9	12.9	100.0
2018	23.5	44.4	14.6	1.0	3.7	12.8	100.0
2019	24.5	43.9	14.6	1.0	3.4	12.6	100.0
2020	25.4	43.9	14.7	0.9	3.0	12.1	100.0

출처: 통계청(2021). 인구주택 총조사. (2) 자녀 출산과 자녀 양육관

2) 가족가치관의 변화

가족 가치관은 가족원을 하나로 연결하는 신념 · 태도에서 나타나는 것으로 가족의 목표와 행동 방향을 제시한다. 가족 형성에 대한 태도와 신념인 결혼관, 자녀 출산과 양육관, 노부모부양관, 가족 형성의 해체 및 재구성에 대한 이혼에 대한 가치관의 변화를 살펴보도록 한다.

(1) 결혼과 다양한 삶의 방식에 대한 태도

결혼에 대한 태도에서의 중요한 변화들은 가족형성과 부모역할에 영향을 미치게 된다. 점차 결혼 가치(gains to marriage)의 하락으로 인해 한국인의 초혼연령은 높아지고 있다. 2000년 남자 29.3세, 여자 26.5세에서 2010년 남자 31.8세, 여자 28.9세, 2015년은 남자 32.6세, 여자 30.0세로 여성의 초혼 연령이 30세를 넘겼다. 이후 계속 증가하여, 2021년에는 남성 33.4세, 여성 31.1세다. 이는 개인의 자아실현과 삶의 질을 중요하게 여기는 가치관의 변화가 원인이기도 하지만, '무직(실직)', '결혼비용이 마련되지 않아서', '고용 불안(비정규직, 일용직)', '결혼 생활비용 부담이 커서', '집이 마련되지 않아서' 결혼을 미루는 등 경제적인 이유 역시 결혼의 만혼화에 영향을 미친다.

〈표 2-2〉 평균 초혼연령

구분	1990		1995		2000		2005		2010		2015		2017		2018		2021	
성별	남성	여성	남성	여성	남성	여성	남성	여성	남성	여성	남성	여성	남성	여성	남성	여성	남성	여성
연령	27.8	24.8	28.4	25.3	29.3	26.5	30.9	27.7	31.8	28.9	32.6	30.0	32.9	30.2	33.2	30.8	33.4	31.1

출처: 통계청(2021). 인구 통태 통계연보 혼인 · 이혼 편

결혼에 대한 한 조사(한국리서치, 2022)에 의하면, 전체 응답자의 43%는 결혼에 대해 긍정적인 의견(반드시 해야 한다 10%, 하는 편이 좋다 33%)이었으며,

반면 해도 좋고 하지 않아도 좋다고 답한 응답자는 51%였다.

성별과 세대별로 보면, 그 인식의 차이가 크다. 남성은 결혼을 해야 한다는 응답이 57%, 여성은 29%이었으며 이상 높았다. 40대까지는 결혼은 선택이라는 의견이, 60세 이상에서는 결혼을 해야 한다는 의견이 우세하였다. 기혼 응답자 중에서는 전체 평균보다 높은 54%의 응답자가 결혼을 해야 한다고 답했다.

〈표 2-3〉 성별과 연령에 따른 결혼에 대한 태도

구분	사례수 (명)	해야 한다	해도 좋고 하지 않아도 좋다	하지 않아야 한다
전체	(1,000)	43	51	6
성별				
남자	(497)	57	40	3
여자	(503)	9	61	10
연령				
18–29세	(173)	27	62	11
30대	(151)	29	65	5
40대	(184)	36	56	8
50대	(194)	45	49	5
60세 이상	(298)	63	33	4
혼인여부				
미혼	(293)	25	64	11
배우자 있음	(601)	54	42	4
사별, 이혼	(106)	32	63	5

구분	사례수 (명)	해야 한다	해도 좋고 하지 않아도 좋다	하지 않아야 한다
전체	(1,000)	43	51	6
성별×연령				
남자_18–29세	(91)	41	59	0
여자_18–29세	(82)	11	65	24
남자_30대	(78)	40	58	1
여자_30대	(73)	18	73	9
남자_40대	(94)	46	47	7
여자_40대	(90)	25	67	9
남자_50대	(98)	57	41	2
여자_50대	(96)	33	58	9
남자_60대 이상	(136)	85	13	2
여자_60대 이상	(162)	44	51	6

질문: 결혼에 대해 어떻게 생각하십니까?
응답자 수: 1,000명
비고: '해야 한다'는 응답은 '반드시 해야 한다'와 '하는 편이 좋다' 응답의 합, '하지 않아야 한다'는 '하지 않는게 좋다'와 '절대 하면 안된다' 응답의 합조사기간: 2022. 05. 20~23

출처: 한국리서치 여론 속의 여론, 2022.05.25. 이동환 기자, '2022 결혼인식조사' 발췌

이와 함께 최근의 특징적인 변화는 결혼을 하고 자녀를 출산하는 전형적인 가족이 유일한 삶의 형태가 아니라는 것이다. 실존적 가치의 도입으로 개인의 존재가 모든 가치의 우위에 있고 개인주의나 평등에 대한 사회적 압력이 증대됨으로써 다양한 대안적 생활양식이 대두되고 있다. 전통적이고 완전한 2인 부모의 가족형태는 시간이 지나면서 다양한 변화를 나타내며 문화의 복합성 또한 특수한 가족유형의 여러 가지 모자이크형 가족을 등장시키고 있다. 독신, 동거, 공동체 가족 등의 대안적 가족형태는 1960~70년대에 서구를 중심으로 등장하였으며, 이혼과 재혼, 계부모가족, 다문화가정은 이미 상당한 증가를 보이고 있다.

다양한 삶의 방식과 가치관에 대한 동의비율을 보면(여성가족부, 2021), 결혼하지 않고 독신으로 사는 것에 대한 동의비율이 34.0%, 비혼 동거 25.0%, 무자녀 28.5%, 비혼 출산 15.4%로 2015년보다도 동의비율이 전체적으로 높게 나타났다. 이를 다시 20대와 70대 이상희 연령대별로 구분하면, 연령에 따라 동의비율이 현저하게 차이가 나타나고 있다.

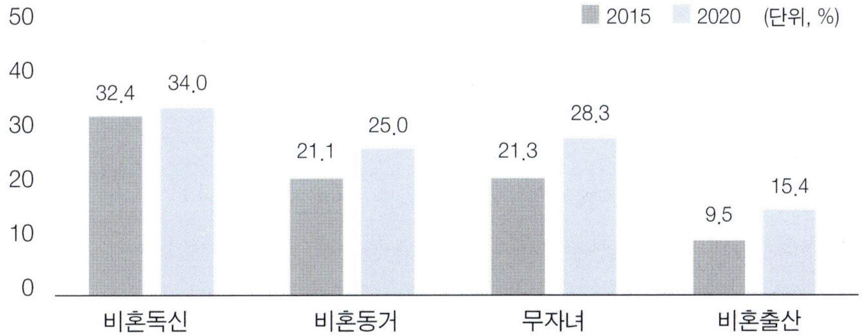

〈그림 2-3〉 다양한 삶의 방식에 대한 동의 비율(2015년과 2020년 비교)
(대체로그렇다+매우그렇다) 비율 – '15년과 비교

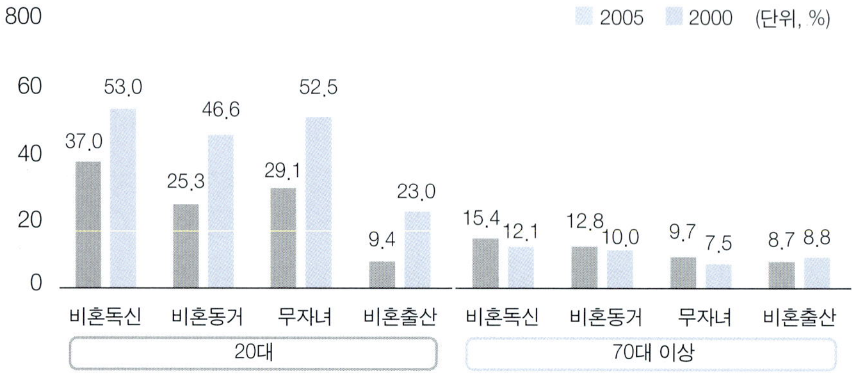

〈그림 2-4〉 다양한 삶의 방식에 대한 동의(대체로그렇다+매우그렇다) 비율 (20대와 70세이상) - '15년과 비교

출처: 여성가족부(2021), 제4차 가족실태조사

〈점검해 보기〉

Q 다음에 제시된 20개의 관계 중 "가족"이라고 생각하는 것은 o, 아닌 것은 x, 잘 모르겠으면 Δ 를 하고, 다른 사람과 비교 분석해 보시오.

1	부부와 그들이 낳은 자녀	
2	어릴 적 친구와 한 집에서 같이 사는 70세 할머니	
3	어렸을 때 자신을 입양한 노모와 함께 사는 50세의 중년 여성	
4	각자 전 배우자와의 사이에서 낳은 아이들을 데리고 재혼한 부부	
5	입양한 아들과 며느리, 손자들과 함께 사는 노부부	
6	시집가서 남편을 잃은 딸과 외손자와 함께 사는 할아버지	
7	한 집에서 같이 사는 세 명의 중년 자매들	
8	정자은행을 통하여 출산한 아들과 함께 사는 미혼 여성	
9	교통사고로 부모를 잃은 중고등학생 자매와 함께 사는 고모와 그 자매	
10	계부와 그가 동거하는 여성과 함께 사는 아이	
11	서울 근교에서 공동체 생활을 하는 6명의 성인과 12명의 아이들	
12	한 집에서 같이 사는 사촌간의 두 남성	
13	동성애 커플과 함께 사는 그들의 아이들(전 배우자와의 사이에서 낳은 자녀)	

14	사별한 남편의 육촌 여동생과 한 집에 같이 사는 미망인	
15	2년 전 교통사고로 함께 죽은 부부의 양가 부모들	
16	세 살배기 아들과 함께 사는 싱글맘	
17	남편과 사별하고 애완견을 키우며 사는 80세 할머니	
18	연애만 하며 혼자 사는 독신남	
19	이혼한 아들의 자녀인 손자와 함께 사는 노부부(아들은 따로 지냄)	
20	한국과 미국에서 떨어져 사는 자녀가 없는 부부	

* 위의 척도를 사용하여 보육교사를 대상으로 다양한 가족형태에 대한 가족인식과 수용성에 대한 연구(이성희, 조성경, 김현수, 2016)에 의하면, 전형적 핵가족형태인 1번, 입양가족인 3번, 5번, 재혼가족 4번, 한부모 가족인 16번에 대해서 90%이상은 가족이라고 인식하고 있었다. 반면 공동체 형태인 11번, 동성애 결합 13번, 독신형태인 18번에 대해서는 가족이라는 인식의 비율이 가장 낮았다. 이로 볼 때, 전형적인 가족형태 뿐만 아니라 입양, 재혼, 한부모 등에 대한 인식과 수용성은 넓어지고 있으나 가족개념을 판단하는 데에 있어서 가족구성원 수와 이성간 결합, 법적관계 등의 기준이 적용되고 있음이다.

(2) 자녀출산과 자녀양육관

결혼과 출산에 대한 가치관의 변화로 인한 합계출산율은 심각한 수준이다. 1995년 1.63명에서 2000년 1.47명, 2015년 1.24명으로 계속 감소하다가 2020년은 0.84명으로 역대 최저치를 기록하였으며, 2022년 0.75로 계속해서 떨어지고 있다. 2022년 1월부터 11월까지 누계 출생아 수는 23만 1863만 명으로 2021년 같은 기간 대비 1만 1520명(4.7%) 줄었다. 연간 출생아 수가 2022년 26만 562명으로 최저치를 기록했는데 2023년에는 25만 명에도 미치지 못할 것으로 우려된다(노컷뉴스. 2023.01.26.일자). 합계출산율이 1명을 밑돈다는 것은 한 세대가 지나면 출생아 수가 지금의 절반 이하로 줄어든다는 의미이다.

첫 자녀를 출산한 여성의 평균연령을 살펴보면, 2010년 30.1세로 30세를 넘긴 이후 계속 높아져 2015년 30.7세, 2020년은 32.3세이다(〈표1-10〉, 〈표 1-11〉 참조). 첫 자녀 출산 시 여성의 평균연령 증가는 초혼연령 증가로 인해 나타나는 현상으로, 자녀 출산율 저하의 주요 원인이다.

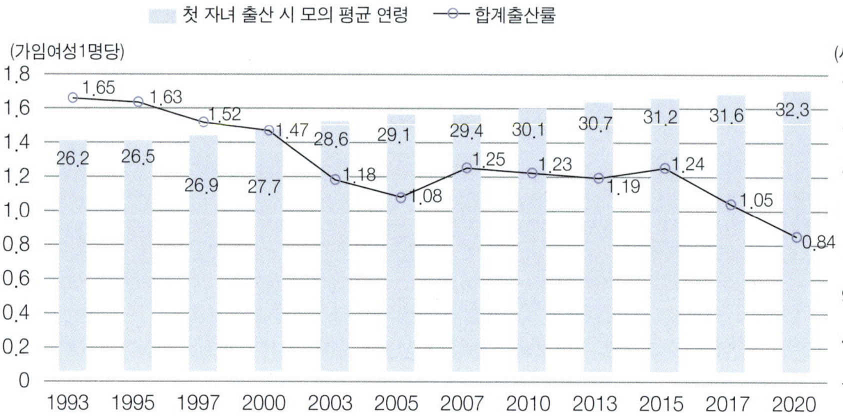

[그림 2-5] 합계출산율 및 첫 자녀 출산연령

출처: 통계청(2021). 인구동태 통계연보 총괄 · 출생 · 사망 편.

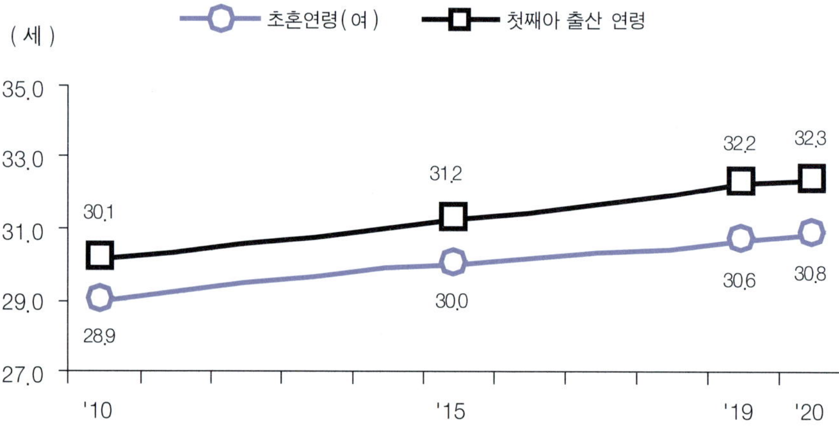

[그림 2-6] 초혼연령 및 첫째아 모의 평균 출산연령

출처: 통계청(2021) 인구동태 통계연보 출생 · 사망 편출산 · 사망 편.

자녀에 대한 가치관을 보면(한국보건사회연구원, 2021), '본인 자녀의 필요성에 대한 태도'에서 남성의 71.2%, 여성의 64.3%가 자녀가 있어야 한다고 응답하였다. 세부적으로 보면, 남성의 경우 '꼭 있어야 한다' 32.9%, '있는 것이 없는 것보다 나을 것이다' 38.3%, '없어도 무관하다' 23.2%를 보였다. 여성의 경우에는 '꼭 있어야 한다' 28.1%, '있는 것이 없는 것보다 나을 것이다' 36.2%, '없어도 무관하다' 31.6%로 여성이 남성보다 본인 자녀의 필요성이 낮았다.

또한 연령이 낮은 집단일수록 자녀가 '없어도 무관하다'는 응답 비율이 높았다. 45~49세 집단에서는 남성 16.6%, 여성 18.2%가 자녀가 없어도 무관하다고 응답한 반면, 19~24세 집단에서는 남성의 32.1%, 여성의 55.5%가 가 자녀가 없어도 무관하다고 답했다.

(3) 노부모부양관

만 18살 이상 자녀를 둔 부모 대상연구(한국보건사회연구원, 2017)를 보면, 가장 자주 접촉하는 자녀는 장녀(36.0%)로 가장 높았고, 장남이 그다음(33.8%)이었다. 10년 전 2006년에 실시한 같은 조사에서 장남이 38.0%로 1순위였던 것에서 순위가 바뀌었다. 차남 이하 아들(14.4%), 차녀 이하 딸(12.9%), 둘째 이하 며느리(1.5%), 큰 며느리(0.9%), 큰사위(0.4%) 순이었다. 가장 자주 접촉하는 성인 자녀와의 동거비율이 2006년 43.1%에서 30.3%로 감소했으며, 노부모에 대한 부양책임을 묻는 질문에서도 '아들, 딸 상관없이 누구든지' 해도 된다는 응답이 10년 전 30.6%에서 38.5%로 증가했고 '모든 자녀'라는 응답도 25.6%에서 30.4%로 증가하였다. 50대만을 대상으로 실시한 설문조사에서도 '자녀의 노부모 부양책임에 대한 태도'를 묻는 질문에 전체 응답자의 71.0%가 '부모 스스로 알아서 준비해야 한다'고 응답하였다.

이로 볼 때, 현재 노부모 부양관의 특성은 다음과 같이 정리해 볼 수 있다.

첫째, 며느리 중심의 부양지원체계에서 친자녀 중심의 부양지원체계로 바뀌고 있다. 둘째, 부모-자녀 간 경제적 지원이나 돌봄 지원이 동거 중심만이 아닌

비동거 형태로도 이루어지고 있다. 셋째, 현대사회에서 부모부양의 지원체계는 과거의 전통적 직계가족 규범에서 벗어나고 있다. 넷째, 부모도 자식 부양 의존 체계에서 자립 부양체계로 이동하고 있다는 것이다.

(4) 이혼관

가족을 둘러싼 변화를 파악하는 데 있어서 주요 측면 중의 하나가 이혼율과 이혼에 대한 태도일 것이다. 먼저, 이혼비율을 보면, 2000년 11만 9천여 건, 조이혼율 2.5건이었던 이혼이 2003년 16만 6천여 건, 조이혼율 3.4건으로 증가, 절정에 달했다. 2010년 이후 이혼 건수와 조(粗)이혼율을 보면 2010년 2.3건으로 2015년 2.1건으로 감소한 후 최근 2020년까지 약 2.1건대로 이혼 건수도 약 10만7000건으로 감소하는 경향이다.

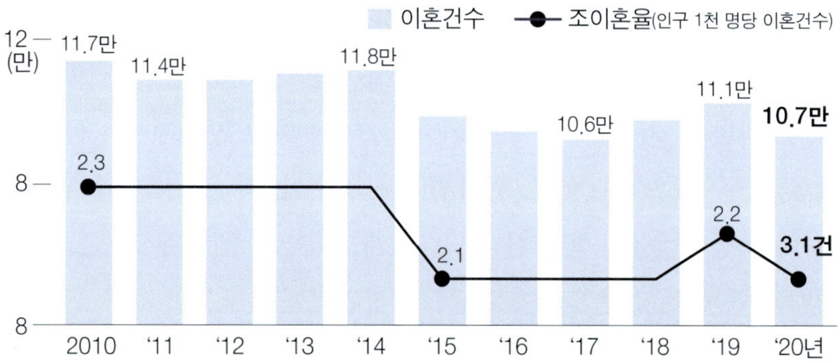

[그림 2-7] 2010년~2020년 총 이혼 건수와 조이혼율

출처: 통계청(2021). 2020년 혼인, 이혼통계

2020년 이후 최근 2021년까지의 통계율에서도(〈표 2-4〉 참조), 계속 감소하는 경향을 보이고 있다. 이는 10년째 이어지는 혼인 감소(2020년 혼인감소율은 '19년 대비 －10.7%)로 인한 이혼 건수 감소와 코로나로 인한 법정 휴정 등으로 인해 이혼 건수가 줄어든 것으로 볼 수 있다.

〈표 2-4〉 2020년 이후 전국 이혼 건수 및 증감률

	2020년	2021년	2021년		2022년			
			10월	1~10월	8월	9월	10월	1~10월
이혼 건수(건)	106,500	101,673	7,704	84,178	8,227	8,164	7,466	76,925
전년(동월) 증감률(%)	-3.9	-4.5	-17.6	-4.8	-1.8	-2.4	-3.1	-8.6

출처 : 통계청(2022). 2022년 10월 인구 동향 보도자료.

혼인 기간에 따른 이혼비율의 특성을 보면, 혼인 지속기간 20년 이상이 전체 이혼의 39.4%로 가장 많고, 5년 미만이 19.1%로 젊은층 또는 단기간 동거 부부의 이혼율보다 최근에는 중 · 장년층, 장기간 동거 부부에게로 확대되고 있어 이혼 연령대가 어떤 특정 연령대라기보다는 전체 연령대에서 나타나는 것이며 비교적 고령층 이혼율이 높아지는 것으로 나타나고 있다. 결혼율의 감소로 이혼율은 줄어들었으나 이혼 평균연령은 2019년 여자 45.3세, 남자 48.7세에 반해, 2020년에는 여자 46.0세, 남자 49.4세로 상승되고 있다.

〈표 2-5〉 혼인 지속기간별 이혼 건수

(단위: 천건, %)

	2011	2012	2013	2014	2015	2016	2017	2018	2019	2020	2021	전년대비		
												구성비	증감	증감률
계*	114.3	114.3	115.3	115.5	109.2	107.3	106.0	108.7	110.8	106.5	101.7	(100.0)	-4.8	-4.5
4년 이하	30.7	28.2	27.3	27.2	24.7	24.6	23.7	23.2	23.3	21.1	19.1	(18.8)	-2.0	-9.4
5 - 9 년	21.7	21.5	21.5	22.0	20.8	20.6	20.5	20.1	20.0	18.4	17.3	(17.1)	-1.1	-5.9
10 - 14년	17.4	17.7	16.9	16.3	14.9	14.7	14.8	15.5	16.0	15.4	14.6	(14.3)	-0.9	-5.7
15 - 19년	16.2	16.6	17.2	17.0	16.2	14.9	13.8	13.5	13.2	11.9	11.3	(11.1)	-0.6	-4.9
20년 이상	28.3	30.2	32.4	33.1	32.6	32.6	33.1	36.3	38.4	39.7	39.4	(38.7)	-0.3	-0.7

출처 : 통계청(2022). 2021년 혼인 이혼 보도자료.

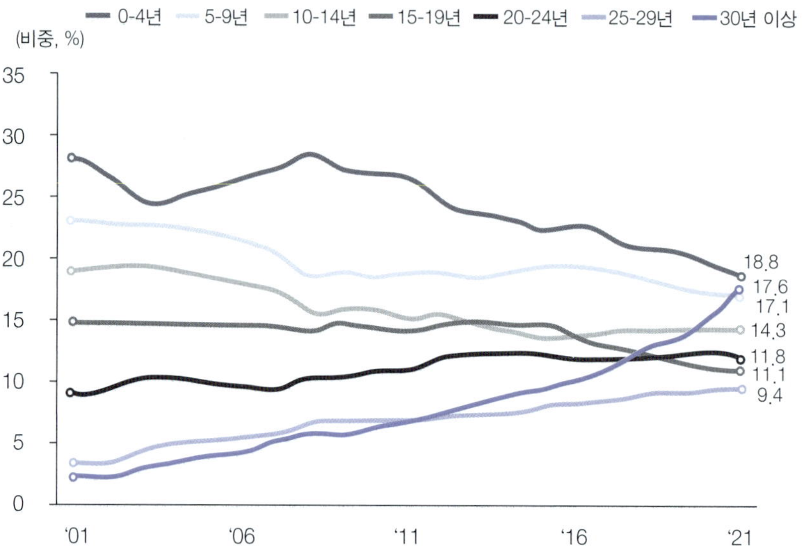

[그림 2-8] 혼인 지속기간별 이혼구성비 추이(2001~2021)

출처: 통계청(2022). 2021년 혼인 · 이혼통계 보도자료.

일반인들의 이혼에 대한 견해를 보면(통계청, 사회조사, 2022) '경우에 따라 할 수도 있고 안 할 수도 있다가 48.4%'로 이혼에 대한 중립적 의견이 가장 높았다. 그러나 이혼이유가 발생할 시 이혼 여부에서는 '어떤 이유라도 해서는 안된다(7.4%), 있더라도 가급적 안 하는 것이 좋다(22.9%)'로 총 30.3%로, '이유가 있으면 하는 것이 좋다'라는 16.8%'보다 이혼에 대한 보수적 관점도 함께 존재하는 것으로 보인다.

3) 가족 기능의 변화

(1) 재생산기능의 약화

가족의 가장 기초적이면서 원초적인 기능인 가족 형성을 통한 재생산기능이 이혼 발생, 한부모가족 증가, 미혼모(부) 증가 등으로 약화 되고 있다. 한부모 가구는 2000년 총가구 수의 7.9%에서 2005년 8.6%, 2014년 이후부터 10.5%대로 증가하여 이후 지속적으로 꾸준히 증가하고 있다(〈표 2-6〉 참조). 이는 10가구 중 1가구는 한부모가족 형태라는 것이다.

〈표 2-6〉 한부모가구 비율

(단위: 천가구, %)

구분	2014년	2015년	2016년	2017년	2018년
전체가구	18,705	19,013	19,285	19,524	19,752
한부모가구	1,970	2,052	2,090	2,127	2,158
비율(%)	10.5	10.8	10.8	10.9	10.9

출처: 통계청 각 년도 2014-2018

여성가족부 한부모가족 실태조사 결과(여성가족부, 2021)에 의하면, 한부모가구 구성은 '모자(母子)' 가구가 53.4%로 가장 많고 '부자(父子)' 가구가 20.7%, '모자+기타' 가구가 14.0%, '부자+기타' 가구 11.9%의 순이었다. 2015년도 조사에 비해 모자가구 및 모자기타가구 비율이 상대적으로 증가하고 있는 추세이다([그림 2-9] 참조).

이러한 한부모가족 형성 사유를 보면, 1995년에는 사별(54.8%)이 주된 이유였으나, 2021년에는 이혼 81.5% 사별 11.6%, 기타 6.8%로 한부모가족 형성 이유는 대부분 이혼이었다. 혼인 상태가 법적으로 미혼이며 18세 이하의 자녀를 양육하고 있는 미혼모(부)를 보면(통계청, 각 년도), 2015년 35,088명(모 24,487명, 부 10,601명)으로 가장 높은 비율을 보였으며, 2016년 33,108명(모 23,936명, 부 9,172명), 2017년 30,489명(모 22,065명, 부 8,424명), 2018년 29,022명(모 21,254명, 부 7,768명)으로 파악된다. 전체적으로 볼 때 미혼부 숫자보다는 미혼모 숫자가 더 많으나 해가 지남에 따라 미혼부의 비율이 상대적으로 높아지는 것으로 파악되고 있다. 또한 연령별에 따른 미혼모, 미혼부의 비율을 살펴보면 (통계청, 2018) 40대 이전까지는 미혼모의 비율이 압도적으로 많으나 40대 이후부터는 점차적으로 미혼모보다 미혼부의 비율이 더 높았다.

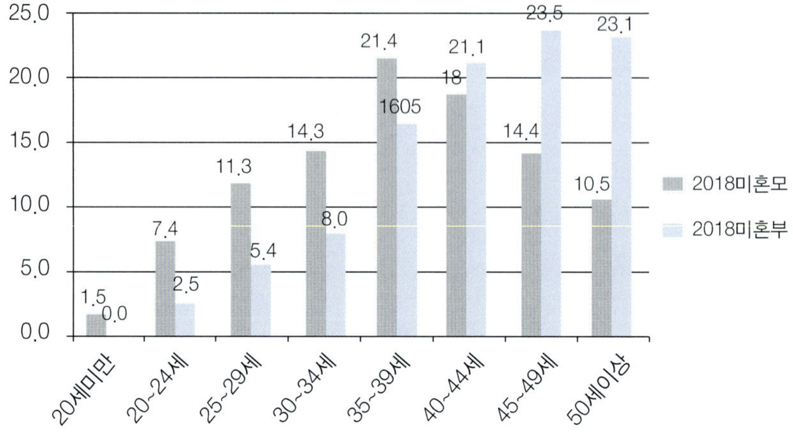

[그림 2-9] 연령별에 따른 미혼모, 미혼부 비율

출처: 통계청(2018)

이와 함께 결혼에 대한 가치관의 변화와 자녀에 대한 태도 변화가 실질적으로 초혼연령의 증가와 출생율 저하로 나타나면서 가족의 재생산기능이 점차 약화되고 있는 것이다.

(2) 자녀 양육기능의 사회화

가족원의 정서적 · 신체적 부양기능과 자녀 양육기능이 점차 약화 됨으로써 돌봄 서비스의 사회화가 빠른 속도로 진행되고 있다. 과거에는 여성에 의해 전담되어 온 돌봄이 최근 여성 경제활동 참가 및 맞벌이 가구의 증가로 더 이상 가족 내에서 수행될 수 없게 된 것이 첫 번째 원인이다

통계청의 '시도별 맞벌이 가구'에 따르면 2011년 507만 가구, 2015년에는 520만 가구, 2021년에는 582만 3000가구로 증가하였다. 유배우자 가구 가운데 맞벌이 가구가 차지하는 비중은 2011년 44.6%, 2013년 4.33%로 잠깐 낮아졌다가 이후 꾸준히 증가하여 2021년 46.3%를 차지한다.

이에 가족이 수행하던 돌봄기능이 사회로 이전되는 경향이 심화되어질 것으

로 보인다. 그러나 실제 영아자녀를 둔 육아 지원 수요와 정책보고서(유혜미, 2023)를 보면, 맞벌이 가구의 '현재 육아 방식이 희망하는 육아 방식이다'라는 응답율은 74.7%로, 홑벌이 가구의 84.4%에 비해 조금 낮게 나타났다. 이에 원하는 육아 방식을 재차 물어본 결과, 부모가 주 양육하는 것이 42.2%로 가장 선호가 높았으며, 정부 지원 아이돌보미 29.0%, 어린이집이 15.5%로 나타났다. 영아 양육을 지원하는 공적 보육지원체계와 함께 가정 내 보육수요도 함께 고려될 필요가 있음을 보여준다.

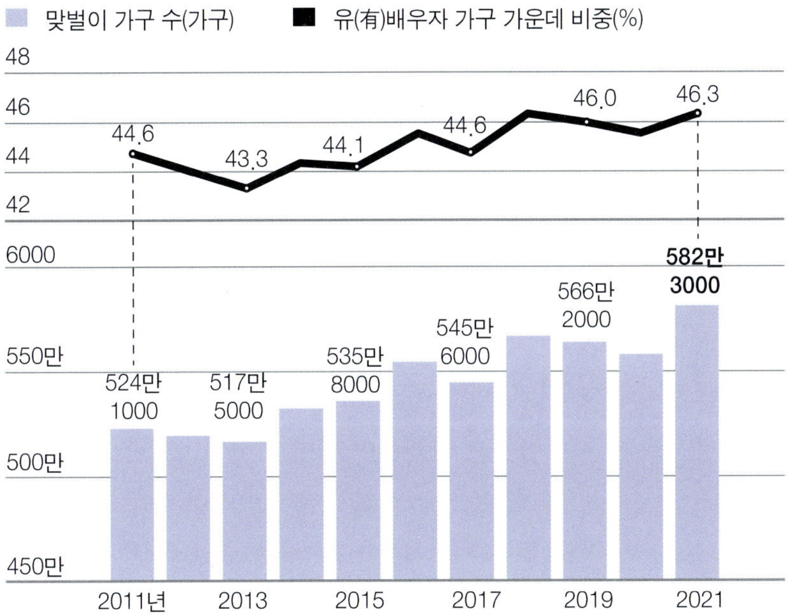

[그림 2-10] 맞벌이 가구 수와 유배우자 가구 비중

출처: 통계청(2021)

(3) 정서적 지지의 강화

현대사회에서 가족의 기능이 축소되고 사회화되고 있지만, 가족 구성원들에게 '정서적 지지' 의 원천으로서의 가족의 기능은 여전하며 오히려 증가 되고 있기도 하다. 가족의 구조적 · 기능적 변화에도 불구하고 가족관계에 대해 만족하

는 정도는 상승하는 것으로 보고 되고 있다(정기선, 김혜영, 2013). 2015 세계 천주교 성가정대회에서 프란치스코 교황 또한 많은 어려움과 위기가 있지만 "가족은 일종의 기적이고 희망의 공장이며 하느님이 가지고 있는 모든 사랑과 위대함을 가족에게 주었다"며 가족의 가치를 강조한 바 있다. 가족구조와 기능의 변화에도 불구하고 한편에서는 여전히 가족생활의 중요성과 가족에서의 행복이 인생의 중요한 가치들로 강조되고 있다.

제4차 가족실태조사(여성가족부, 2020)에서도 2015년 대비 전반적으로 가족관계 만족도가 증가하고 있는 것으로 나타났다. 부모입장에서 청소년 자녀와의 관계에 만족한다는 비율이 '15년 61.7%에서 '20년 67%로 증가하였으며, 청소년 자녀입장에서도 '20년 아버지에 대해 만족한다는 비율 65.6%, 어머니 79.6%로 '15년 대비 각각 (부 8.4%p, 모 5.4%p) 상승하였다. 결혼이나 가족관계에 대한 만족이 삶의 만족도와 관련이 있는 중요한 변인임을 밝히고 있는 연구결과들(고정자, 김갑숙, 1999; 한형수, 2004; 김지현, 이지민, 2011; 손정연, 한경혜, 2012, 이준상, 김향아 2017, 서명희 2018, 김혜미, 백성영, 2021)은 꾸준하다.

가족관계에서의 정서적 만족은 개개인의 삶의 질에 중요한 요인으로 지속적으로 작용하는 것으로 볼 수 있다. 비록 가족의 형태는 달라지더라도 가족이라는 제도가 가지는 의미와 본질은 여전하다. 현대사회에서 생활양식의 변화와 개인의 개별화가 진행되고는 있지만, 여전히 인간은 가족을 포기하지 않고 있다(이성희, 한은주, 이무영, 정은미, 2021). 일생 동안 여러 번의 결혼을 통해서라도 가족 속에서 개인의 정서적 만족과 행복을 추구하려는 노력들, 남편 없이 아내 없이도 부모역할을 포기하지 않으며 자녀 양육과 자녀에 대한 정서적 지원을 하고 있는 한부모 가정, 혈연은 아니지만 가족 구성원으로 받아들이면서 새로운 가족을 구성해보려는 재혼가정과 다양한 공동체, 결혼이라는 제도적 구성요건은 갖추지 못했지만, 자신의 자녀를 포기하지 않은 싱글맘 등이 있다. 이는 비록 전형적인 가족 형태는 아니지만 다양한 방식으로서의 변형된 가족의 구성은 여전한 것이다.

현대사회에서의 가족은 구조나 생물학적인 측면이 아니라 '올바른 관계 만들기' 관점에서 이해될 필요가 있다. 즉 누구와 사느냐보다는 구성원들의 상호보완과 정서 만족'에 대한 차원과 기능 수행이 강조 되어져야 할 것이며 이를 지원하기 위한 정책적 지원과 실천적 접근방법에 대한 모색이 그 어느 때보다 중요한 시점이라 하겠다.

2. 가족의 변화에 대한 쟁점

1960년대 이후, 이혼, 한부모가족의 증가로 인해 가족의 변화는 급격해지기 시작하면서 이러한 변화에 관한 논쟁도 심화되었으며 1980년대 중반까지는 부부간 평등 향상이나 다양한 가족형태의 인정이 필요하다는 낙관론과 진보론이 지배적이었다. 그러나 1980년대 후반에 들어서며 일부 학자들이 가족의 변화로 인한 부정적 결과들을 강조하기 시작하면서 1990년에 초반에 이르러서는 미국 가족은 심각한 위기에 처했다고 말하는 가족위기론이 본격적으로 대두되었다. 그러다가 점차 가족진보론자들이 이러한 가족위기론은 단순한 가족신화에 불과하며, 이것은 순수하지 않고 정치적이라는 주장을 펼치게 되었다.

한국사회는 유난히도 사회경제적 변화가 빨라서 가족의 변화도 어떤 다른 나라에 비해 변화가 빠르다. 가족 수나 가족형태 등의 측면에서 볼 때 현재의 가족은 전통적인 가족의 모습과는 많이 다르다. 다음에서는 가족변화와 관련된 변화에 대한 쟁점을 가족위기론과 가족진보론으로 대별하여(조흥식 외, 2010), 각 관점에서 주장하는 가족변화의 원인, 이상적 가족형태, 중심적인 가족가치, 이상적인 부부관계 등을 살펴보도록 한다.

(1) 가족위기론적 관점

현재의 높은 이혼율, 한부모가족의 증가, 독신가구의 증가 등은 단순히 표면적인 변화만을 의미하는 것이 아니다. 이는 근본적인 구조 및 기능상의 쇠퇴와 그에 따른 삶의 방식에 있어서의 혼란과 갈등을 표현한 것으로 심각한 가족위기로 보아야 한다는 관점이다.

이의 기본 이론적 틀은 구조기능론적 시각으로 가족해체의 원인을 인간의 개인주의와 이기주의 및 쾌락주의에서 찾는다. 이 관점에서는 전형적 가족을 강조하려는 경향이 강하고 정상가족에 대한 신화를 바탕으로 하고 있다. 최근 다양하게 나타나는 가족형태를 부정적인 측면으로서 사회의 안정성을 깨는 일탈 혹은 병리적 현상으로 인식하고 있다. 이들은 자녀의 사회화와 정서적 안정으로 대표되는 가정의 기능이 붕괴되고 있다고 이해하고, 가족과 그에 따른 역할 자체가 해체되고 있으며 이에 따른 이혼문제 등을 아동빈곤과 자녀문제를 일으키는 현상으로 판단한다.

이와 같은 가족의 가치가 실종되는 문제를 해결하기 위해서는 변화하는 사회적 환경에 반응하면서 더욱 강력한 가족으로의 변화를 주도하는 신가족주의가 강조되어야 한다고 주장한다. 따라서 가족위기론자들은 전형적 가족을 강조하려는 경향이 강하고 가족의 중심적인 가치를 전통적 가족구조에 기반한 정서적 유대와 상호의존성에 의한 가족 안정성에 둔다. 이들은 정상가족에 대한 신화를 바탕으로 남성은 생계부양자, 여성은 가족보호라는 성별역할분업을 여전히 주장한다.

(2) 가족진보론적 관점

가족진보론 입장에서는 가족변화를 위기보다는 당연하고 자연스러운 변화로 수용하면서 다양한 가족유형을 인정한다. 이와 같은 현상은 민주적이고 평등한 가치를 중시하는 전체 사회의 변화 속에서 점차 전통적 가족의 위계를 거부하고

민주적인 가족관계를 형성시키고자 하는 의지들을 성숙시켜 나가고 있는 결과로 나타나는 것으로 본다.

가족의 변화를 초래한 요인으로 가부장제 가족구조와 경제구조의 불안정성을 강조하며, 이의 불합리한 면을 극복하기 위해 다양한 가족형태가 출현하고 있음을 강조한다. 이들은 진화론적 관점으로 가족을 이해하고자 하며, 가족붕괴의 징후로 제시되는 이혼율 증가와 결혼율의 감소에 대한 평가를 다르게 해석한다. 이러한 현상을 가족제도 자체의 거부로 이해하기보다는 불행한 가족 그리고 규범 때문에 결혼생활을 강제로 지속할 필요가 없다는 인식상의 전환이며 진보된 가족과 결혼생활의 지향으로 본다. 이혼이라는 것은 때론 불행한 결혼생활의 청산으로 새로운 삶의 기회를 모색하는 적극적인 대안적 가족생활방식이기도 한 것으로 이 자체가 가족을 해체시키는 행위로만 볼 수 있는 것은 아니라고 본다. 이러한 가족의 변화가 심각한 아동문제나 노인복지 문제 등을 야기한다는 위기론자들의 부정적인 입장에 대해서도 한 개인이나 가족에게 그 탓을 돌려 희생을 강요할 것이 아니라 사회구조적 전반적인 모순에 대해 생각해 봐야 할 것이라고 지적한다. 즉 이러한 변화들이 안정을 깨는 '파괴적 균열'이 아닌 보다 자유롭고 평등한 사회로 나아가기 위한 '변혁적 균열'로 이해할 필요가 있다고 보는 것이다.

다양한 가족형태의 시도들은 가족가치가 흔들리는 것이 아니라 개별 성원들의 삶과 질을 향상시키게 되는 적극적인 생활방식으로 이해한다. 새로운 변화를 병리적으로 보고 전통적 가족가치를 복원하려는 미국보다는 변화를 대안적 가족유형으로 인정하고 가족복지정책에 이를 적극 수용하는 스웨덴 등에서 가족과 관련된 사회문제가 덜 발생하고 있는 사례 등을 볼 때 가족의 변화에 따른 부작용을 최소화하는 데 있어서 사회제도와 정책의 중요함을 강조하는 이들의 관점이 지지될 수 있다.

가족의 변화에 대해 위기로 보는 가족위기론적 관점과 가족의 다양화 혹은 재구조화로 보는 진보론적 관점으로 바라보는 두 견해에 대해 살펴보았다.

가족은 고정적인 형태나 기능을 가진 것이 아니라, 사회문화적 환경변화에 영향을 받아 변화하는 특성을 지니고 있다. 한국가족의 변화는 급격하게 이루어지면서 더욱이 사회문제로 인식되고 있고, 이로 인해 한국가족이 위기라는 의식이 대두되었다. 그러나 이러한 변화에도 불구하고 한국 성인의 행복한 삶을 구성하는 요인으로 가족관계는 매우 중요한 변인이며(김명소 · 김혜원 · 차경호 · 임지영 · 한영석, 2003), 가족은 개인의 삶에 의미를 가지는 중요한 핵심 요소이다. 또한 과거와 다르게 부부와 자녀로 구성되는 핵가족 외의 다양한 가족의 모습이 나타나고 있으며, 가족은 더욱 다양화될 것이다.

변화하고 있는 가족을 단지 '위기'로만 인식하거나, '진보'로만 인식할 수 없는 것이 현대사회의 가족이다. 우리는 가족의 변화에 대해 '진보'의 입장으로 가족의 다양성을 수용하면서, 급격한 변화과정으로 나타나는 문제에 대해서는 '위기'의 입장을 취하는 등의 현실적 접근 방법이 필요할 것으로 보인다.

3. 한국 가족의 위기

현대사회에서 나타나는 가족의 특성을 어떻게 이해하는 것에 따라 가족의 변화는 위기일 수도 진보의 과정일 수도 있다. 그러나 가족의 형성과 유지에 필요한 최소한의 요건의 위협은 가족의 위기라 하겠다. 이는 인구학적 측면과 가족 기능적 측면으로 살펴볼 수 있는 바, 인구학적 측면에서는 저출생과 고령화를, 가족 기능적 측면에서는 가족의 기능성을 심각하게 위협하는 가정폭력이다. 또한 최근, 사회적 고립, 고독사 등이 중요한 사회 문제가 되고 있는바, 현대 한국 사회에서 가장 눈에 띄게 증가하는 1인 가구를 살펴본다.

1) 저출생

인구는 한 나라를 구성하고 이끌어가는 데 가장 중요한 기반이며 원동력이다. 지식기반사회인 21세기는 지식과 정보의 창출 · 확산 · 분배 · 활용이 개인은 물론 국가경쟁력의 주요한 원천이 된다. 사람은 지식과 정보를 창출하는 핵심이므로 국가 발전을 위해서는 인적 자원의 확보가 중요하다. 현재 우리 사회의 저출생 문제는 국가와 가족의 위기가 될 정도로 심각하다.

정부는 저출생 현상과 그로 인해 파생되는 문제에 대처하기 위해 2005년 저출산 · 고령사회기본법」 제정을 시작으로 저출산 · 고령사회위원회를 출범시켰으며, 2006년에는「저출산 · 고령사회기본법」에 근거하여 중앙정부 부처들과 지방자치단체가 참여하는 제1차 저출산 · 고령사회기본계획(2006~2010)인 '새로마지플랜 2010'을 발표하고 이를 추진하기 위해 32조 원을 투입한 바 있다.

이와 같은 정부의 정책적 노력은 저출생 문제해결을 위해 정책 총괄, 조정기구를 설립하고 범부처 차원의 대책을 마련하여, 2006년 이후 10년 동안 80조 원을 쏟아부었는데도 2016년 이후 초저출산 국가로 출생율을 끌어올리는 데에는 실패하였다. 2019년에 투입된 32조원(96개 과제)을 세부적으로 보면 '2040 세대 안정적인 삶의 기반조성에 14조 6000억으로 가장 규모가 컸다. 하지만 합계출산율을 끌어올리지는 못하였다. 이는 정부 재원이 사회구조를 바꾸며 근본적인 저출생의 원인을 해결하지 못하고 있음을 의미한다.

우리나라 신생아 수를 보면, 1992년 73만 9천 명이었고 2000년까지 60만 명선을 유지하였으나, 2001년에는 56만 3천 807명, 2005년에는 43만 5천 155명으로 계속해서 급격히 떨어지고 있다. 2010년 47만 100명, 2015년 43만 8천 400명, 2022년에는 24만 9000명에 불과하였다. 자녀 수를 의미하는 합계 출산율이 2022년 0.70명으로 현 인구 수준으로 유지하기 위한 최소 출생율 2.1명에 비해서도 매우 낮은 상황이다. 이는 OECD 국가 중 최저 출생율 2위인 이탈리아 1.24명보다 현저히 낮은 수준으로 상당히 심각한 수준이다. 2019년 이후 합계출산율이

1.0명대 이하로 떨어져 OECD 회원국 중 출생율이 1명도 안 되는 유일한 국가가 되었다.

이와 함께 더욱 심각한 것은 국내 인구 자연감소 현상이 2019년 11월부터 계속 이어졌다는 점이다. 특히 2022년 1월부터 11월까지 누계 자연감소는 10만 7004명으로 2021년 연간 자연감소 5만7118명의 두 배 수준에 육박했다. 연간 자연감소는 2020년 처음 나타나(-3만 2611명) 2022년까지 3년째 지속되고 있다([그림 2-11] 참조). 이는 오미크론 확산에 따른 고령자 사망 급증 등으로 자연감소가 급격하게 커진 모습이다(노컷뉴스. 2023.01.26일자). 즉 인구의 고령화와 함께 총인구 자연감소 현상이 동시에 나타나고 있는 것이다.

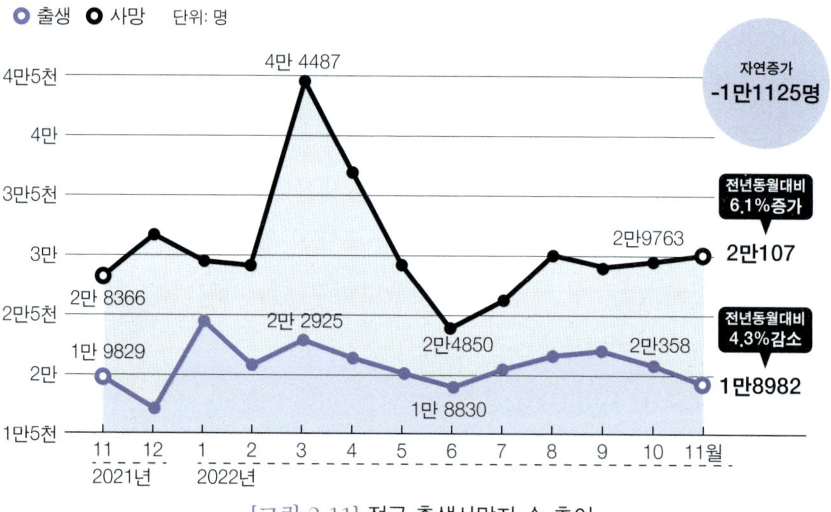

[그림 2-11] 전국 출생사망자 수 추이

자료: 노컷뉴스. 2023.01.26.일자.

합계출산율이 1.0 이하인 상태가 장기간 지속되면 부모세대에서 자녀세대로 이어지는 30년 동안에 인구규모가 절반으로 떨어지게 된다. 이는 30살에서 60살까지의 현역세대 100명이 60살이 넘은 부모세대 200명과 30살 미만의 자녀세대

50명을 합쳐 250명을 부양해야 하고, 또 한 세대가 지나면 현역세대 50명이 부모세대 100명과 자녀세대 25명을 합쳐 125명을 부양해야 하는 인구구조가 되는 것이다(한겨레, 2020..3.02일자).

저출생 문제의 핵심은 인구규모의 감소뿐만 아니라 인구연령구조의 불균형에 있다. 생산인구(15-64세)의 감소, 노동력인구의 연령별 구성에서 고령자(50-64세)의 비율이 증가하는 노동력 인구의 고령화는 경제활동 인구의 축소로 인한 경제성장의 둔화, 노인관련 공적지출의 확대로 인한 소득분배구조의 악화 및 공적연금기금의 고갈, 학령인구(6-21세)의 감소, 징집대상 인원 감소 등으로 나타난다.

이러한 저출생율은 어느 특정한 한 가지의 요인이 아닌 일자리 – 결혼 – 주거 – 보육/교육 – 복지 – 가치관 등의 복합적 요인에 근거한다. 초혼연령, 출생연령의 상승 등 여성 출산력에 직접적인 영향을 미치는 인구학적 특성, 고용과 소득 불안, 자녀 양육의 경제적 부담으로 가족 형성에 영향을 미치는 경제적 요인과 결혼과 자녀에 대한 인식 및 가치관 변화, 결혼 · 출산에 따른 직장 양립의 어려움, 부부관계의 불안정성 등의 사회문화적 요인이 복합적으로 작용한다.

저출생 문제는 단순히 저소득층이나 여성만의 특정계층에 국한된 문제가 아닌 것으로 장기적인 관점에서 정책의 방향성을 가지고 지속적으로 추진해야 하는 문제다. 여성의 취업활동을 위한 노동시장의 유연성 문제, 아동수당 및 보육수당 지급 확대를 위한 재정적 기반 마련, 육아휴직 활성화를 위한 기업문화 조성, 자녀교육 및 비용에 대한 인식전환, 미혼세대의 결혼과 가족형성 기반구축의 용이성, 결혼과 가족의 패러다임 전환으로 인한 비혼모의 가족 속으로의 편입 등 광범위한 문제와 연결되어 있다(이성희, 한희선, 2020).

2) 고령화

65세 이상 노인 인구구성비는 1980년 3.8%에서 2000년 7.2% 이후 계속 빠르게 증가하여, 2021년에는 857만 명으로 전년보다 약 42만 명 증가했으며 전체 인구의 16.6%를 차지하며 고령사회로 진입하였다. 2025년에는 20.6%로 전망되어 고령 인구 비중이 20% 이상인 초고령 사회로 진입할 것으로 전망하며, 2030년 25.5%, 2040년에는 35%대로 전망하고 있다.

75세 이상 고령 인구는 2019년 3.9%에서 22년 7.3%, 2050년에는 24.7%, 2070년에는 30.7%로 예상한다. 그중 고령 인구의 성비를 보면 여성 인구의 비중이 크게 증가 할 전망으로, 65세 이상 여자 고령 인구 100명 기준 성비를 보면, 2010년 69.2명에서 2022년에는 77.5명, 2050년에는 86.2명, 2070년에는 92.7명으로 전망한다([그림 2-12] 참조).

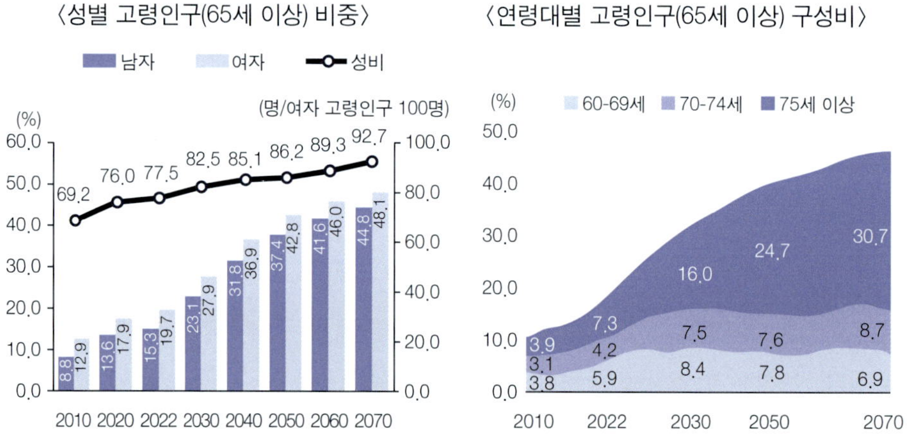

[그림 2-12] 고령 인구 연령구조, 2010~2070(중위)

출처: 통계청(2021)「장래인구추계

65세 이상 고령인구, 노년부양비 및 노령화 지수를 보면, 2021년 현재 생산연령인구 대비 고령 인구 비중인 노년부양비는 23.1명이며, 유소년인구 대비 고령인구 비중인 노령화 지수는 139.5명이다. 2025년은 29.7명, 201.5명으로 2040년은 60.5명, 389.5명으로 전망하고 있다.

〈표 2-7〉 고령 인구, 부양비 및 노령화 지수

	총 인구	65세 이상		노년부양비[2]	노령화지수[3]
			구성비[1]		
2010	49,554	5,366	10.8	14.8	57.2
2020	51,836	8,152	15.7	21.8	129.3
2022	51,628	9,018	17.5	24.6	152.0
2025	51,448	1,585	20.6	29.7	201.5
2030	51,199	13,056	25.5	38.6	301.6
2035	50,869	15,289	30.1	48.6	359.1
2040	50,193	17,245	34.4	60.5	389.5
2050	47,359	19,004	40.1	78.6	456.2
2060	42,617	18,683	43.8	90.4	570.6
2070	37,656	17,473	46.4	100.6	620.6

출처: 통계청(2022). 2020-2070년「장래인구추계」

주: 1) 구성비 = 고령인구(65세이상)의 전체 인구의 구성비

2) 노년부양비 = 고령인구(65세 이상) ÷ 생산연령인구(15~64세) × 100

3) 노령화지수 = 고령인구(65세 이상) ÷ 유소년인구(0~14세) × 100

이러한 인구의 고령지수를 국가별로 비교해 보면 한국의 고령지수는 상당히 심각한 수준임을 알 수 있다. 한국의 고령 인구 비중은 2015년 12.8%로 OECD 국가들에 비해 낮은 수준이었지만 2065년(42.5%)에는 가장 높아질 것으로 예상되고 있다. 총부양비도 2015년 36.2명으로 OECD 국가 중 가장 낮은 수준이었지만 2065년(108.7명)에는 가장 높은 수준이 될 것으로 예상된다(〈표 2-7〉 참조).

한국사회의 고령화는 다른 국가와 비교했을 때, 급속하게 이루어지고 있다는 점과 베이비 붐 세대로 일컬어지는 1955~1963년 출생한 인구들이 노인연령에 접어들기 때문에 고령화는 더욱 가속화될 것으로 전망된다. OECD 주요국의 고령화사회에서 초고령사회로 도달(65세 이상 인구비율이 14%에서 20%로 증가)

연수가 오스트리아 53년, 영국 50년, 미국 15년, 일본 10년인 반면, 한국은 7년에 불과할 것으로 본다(통계청, 2022, World population Prespects, 2022).

고령화 현상은 노인부양에 대한 젊은 세대의 부담 증가와 경제활동인구의 저하로 인해 저축과 투자가 감소하여 국가의 경제적 활력이 떨어지고, 노동력의 고령화로 생산성이 감소하는 등 국가의 사회적 · 경제적 성장에 영향을 미치게 된다. 한국사회의 급격하게 떨어진 저출생 지수로 인해 생산가능인구뿐만 아니라 실제 경제활동에 참여하는 인구도 급격하게 줄어들게 되면서 한국사회의 고령화에 관한 문제는 더욱 심각할 것으로 보인다.

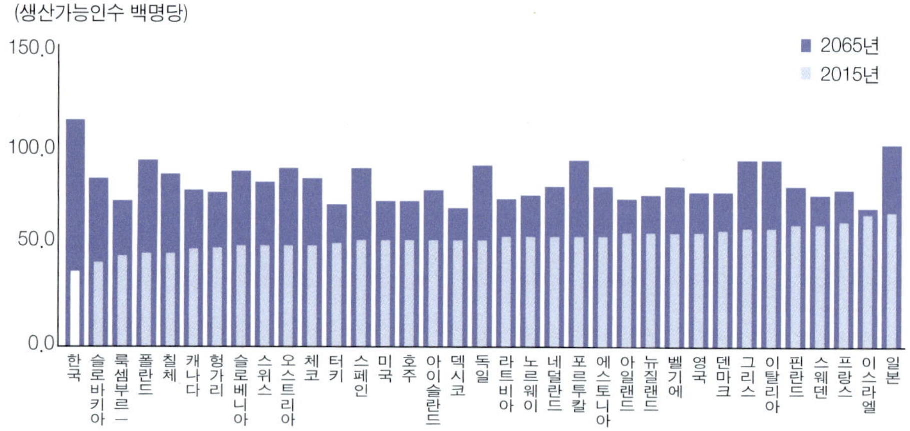

[그림 2-13] OECD 국가별 총부양비 비교(2015, 2065년)

출처: UN(2015). World Population Prospects: The 2015 Revision; 통계청(2016). 장래인구추계(2015~2065).

(3) 가정폭력

인간발달의 근원으로서 정서적 충족지로서 가족이 가지는 기능성에 가장 많이 도전하는 주제는 가정 내에서 발생하는 폭력이다. 가정폭력은 개인에게 있어서 절박한 생존의 문제이며 동시에 체계로서의 가족해체를 가져올 뿐만 아니라, 나아가 미래사회의 폭력에 대한 태도를 허용함으로써 사회의 안정성을 저해하게 되는 심각한 위기이다(이성희, 한희선, 2011). 가정폭력은 가정구성원 사이의 신체적 · 정신적 또는 재산상의 피해를 수반하는 행위(「가정폭력범죄의 처벌 등에 관한 특례법」 제2조)로 부부간의 폭력뿐만 아니라 자녀 외 노인에 대한 학대 등을 포함한다. 폭력의 유형에는 신체적 · 성적 · 경제적 · 정서적 폭력과 부부폭력에서는 통제(친구나 가족을 못 만나게 하는 등), 아동과 노인은 방임(식사를 챙겨주지 않음 등)이 포함된다.

부부폭력 발생율을 보면, 2010년 53.8%(정서적 · 신체적 · 경제적 방임, 성학대 등 포함), 2016년 41.5%(신체적 · 정서적 · 경제적 · 성적 통제 등 포함)로 나타나 감소한 경향(여성가족부, 2016)을 보였으나 여전히 발생률이 높다. 2018년 한국가정법률상담소에 따르면 가정법원의 상담위탁 보호처분대상자의 부부폭력비율이 73.4%였고, 이 중 남편에 의한 아내폭력은 55.6%였으며, 정서적 폭력은 100%에 심각한 신체적 폭력이 70-86.7%에서 동반되었다. 「2019 전국 가정폭력 실태조사」(여성가족부, 2019)에 따르면 배우자에 의한 폭력은 여성이 배우자로부터 폭력 피해를 입은 경우는 10.3%를 나타나 2016년 12.1%에 비해 1.8%포인트 감소하였다. 폭력 유형별로는 정서적 폭력이 8.1%, 성적 폭력 3.4%, 신체적 폭력 2.1%, 경제적 폭력 1.2% 순이었다. 남성이 배우자로부터 폭력 피해를 입은 경우는 6.2%로 나타났다. 유형별로는 정서적 폭력 5.8%, 신체적 폭력 0.9%, 경제적 폭력 0.8%, 성적 폭력 0.1%로 조사되었다. 한국여성의 전화(2019)가 가정폭력으로 살해된 여성을 분석한 결과, 2019년 한 해 동안 남편이나 애인 등 친밀한 관계의 남성에 의해 살해된 여성은 최소 88명, 살인 미수 등으로 살아남은 여성은 최소 108명으로 나타났다. 분석에 따르면 최소 1.8일에 1명의 여성이 남편이나 애인 등 친밀한 관계의 남성에 의해 살해되거나 살해될 위험에 처해 있는 것으로 나타났다. 주변인까지 포함하면 1.6일마다 1명이 혼인이나 데이트관계에서 발생하는 여성에 대한 폭력으로 살해되거나 살해될 위험에 처한 것이다. 언론에 보도되지 않은 사건을 포함하면 친밀한 관계의 남성에 의해 살해된 실제 피해 여성은 훨씬 많을 것이다. 다문화가정 가정폭력사범 검거 건수가 4,392건으로 매년 증가 추세를 보이고 대부분 여성이 피해자(뉴스렙, 2019).라는 점에서 다문화가정은 여성과 다문화라는 이중적 취약성을 지니고 있다.

아동학대 발생율을 보면, 2019년 한 해 아동학대 피해 사례가 3만 건을 넘긴 상태다. 즉 아동학대 피해 경험률은 2019년 아동 인구 10만 명당 381건으로 2018년(301건)보다 80여 건 증가하고 있다. 아동학대 발생율을 보면 2001~2019년간의 10년 동안 5배 넘게 증가해 아동에 대한 인권과 안전이 크게 위협 받고 있는 것으로 보인다. 아동학대 피해 신고 건수로 집계되는 사례 건수는 2001년 아동 인구 10만 명당 17.7건에서 지속적으로 증가했다. 특히 2010년 56.2건에서 2013년 109.9건으로 급격히 증가하였으며 2016년 200건(215.4건)을 넘어섰으며 2019년은 380건을 넘어 최근 10년 사이 6.8배로 늘어 7배 가까이 폭증한 셈이다([그림 2-14] 참조).

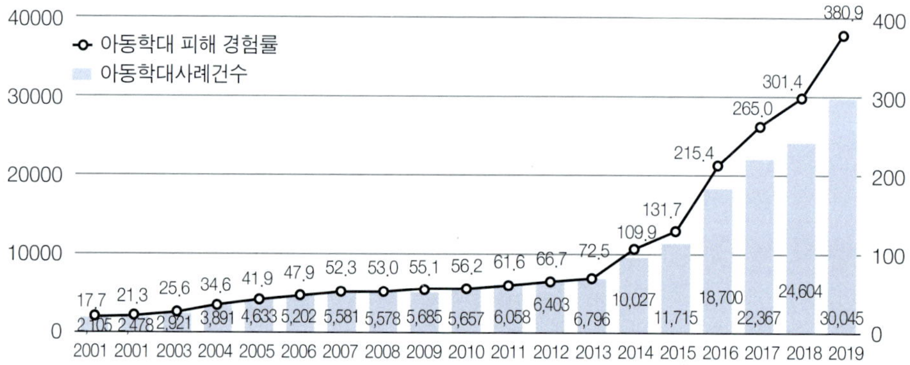

[그림 2-14] 2001~2019년 아동학대 피해 경험율과 아동학대 사례 건수(단위: 건/ 10만명)

출처 : 보건복지부(2021) 학대피해아동보호현황

*아동학대 사례건수는 최종 학대 판단 건수임.

아동학대에서 피해 아동 발견율(아동 인구 1,000명 대비 아동학대로 판단된 피해 아동 수)을 보면, (보건복지부, 2021)은 5.02‰로 2020년에 비해 1‰ p 상승하였다. 외국의 피해 아동 발견율은 미국 '20년 8.4‰, 호주 '19년 12.4‰로 한국사회에서도 최근 아동학대 신고와 판단이 증가하면서 발견율이 높아졌으나, 아직도 해외 선진국에 비해 낮은 수준이다. 학대 행위자는 부모가 31,486건으로 전체 아동학대 사례 중 83.7% 수준으로 나타났는데, 이는 2020년 82.1%보다 1.6%p 높아진 것이다('18년 18,920건, 76.9% → '19년22,700건, 75.6% →'20년 25,380건, 82.1% → '21년 31,486건, 83.7%).

2021년 1월 민법상 징계권이 폐지(「민법」 제915조 삭제)가 되었음에도 불구하고 가정 내에서 훈육이라는 명목으로 체벌이나 폭언 등이 이루어지는 경우 등이 여전한 것으로 보인다. 재학대 사례(지난 5년간 아동학대 판단사례 중 '21년 재발생)는 5,517건으로 전체 아동학대 사례 중 14.7%를 차지하며 2020년에 비해 2.8%p가 증가했다. 2021년 아동학대로 사망한 아동은 40명으로 파악되었으며, 그 중 1세 이하(24개월 미만) 아동이 15명(37.5%)이다. 2014년 아동학대와 관련된 법 제정 강화 등으로 아동학대 신고 건수는 지속적으로 증가하는 추세이기는 하나 여전히 아동학대 사건들은 감춰진 아동학대 사례들이 많고, 피해자의 특성상 신고로 이어지기 어려운 구조이므로 보다 적극적인 대응이 필요하다. 끊임없이 반복적으로 강도 높게 발생하는 가정 내의 끔찍한 학대로 인한 아동 사망 사건은 우리 사회의 아동보호에 대한 허술한 지원체계와 낮은 아동 인권 수준을 방증한다.

65세 이상 노인학대 피해 경험율을 보면, 2019년 3.8%(여성가족부)로 2016년 7.3%에 비해 절반 이상 감소한 것으로 나타났다. 그러나 전국 37개 지역 노인보호전문기관을 통해 신고된 사례에서 학대가 확인된 사례수를 보면, 2017년 4622건에서 2021년에 6774건으로 지난 5년간 20% 이상 꾸준히 증가한다.

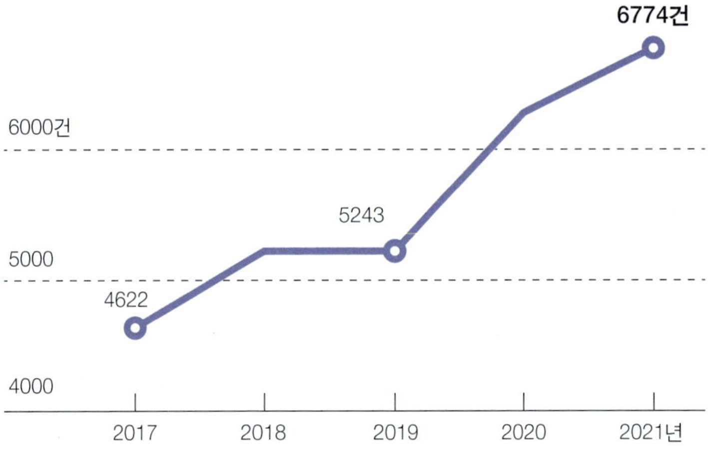

[그림 2-15] 노인학대 발생율

* 37개 지역 노인보호전문기관 신고 건수 중 조사를 거쳐 학대가 확인된 사례수

출처: 보건복지부(2022). 노인학대발생율(2017-2022)

학대 발생 장소는 가정이 4616건(89.0%)으로 가장 많았고, 생활시설 380건(7.3%), 병원 65건(1.3%) 순이었다. 학대유형은 정서적 학대(42.9%), 신체적 학대(37.3%), 방임(8.8%), 경제적 학대(4.7%) 순이었다. 피해 노인의 가구 형태를 살펴보면 자녀 동거 가구 1738명(33.5%), 노인 부부가구 1512명(29.1%), 노인 단독가구 999명(19.3%) 등이다. 신고자는 경찰관 등 관련 기관(65.6%)이 가장 많았고, 친족(9.1%), 사회복지전담공무원(7.7%), 학대 피해자 본인(7.5%), 노인복지시설 종사자(3.7%), 가정폭력 관련 종사자(1.4%) 등 순이었다.

심리학자 스티븐핑커는 폭력성의 역사를 살펴보면서(김희경, 2017), 체벌 찬성율은 살인율과 궤적이 같다고 설명하고 있으며, 체벌을 용인하는 하위문화가 성인의 극단적 폭력도 부추긴다고 보았다. 유엔아동권리위원회가 체벌 근절이 '사회에서 모든 형태의 폭력을 줄이고 방지하기 위한 핵심전략'이라고 강조하는 것도 그런 맥락이다.

가족은 개개인의 욕구를 충족하고 사회의 위험으로부터 개인을 보호해 주는 울타리이기도 하지만, 폭력 행위자 대부분 가족구성원으로 폭력이 일어나는 현장이라는 것 또한 사실이다. 가정 내에서 일어나는 일에 대한 사회적 관심의 촉구와 책임을 통한 폭력의 심각성에 대한 인식강화, 감시감독체계의 강화, 가정폭력예방 프로그램의 강화 및 범국민적 시민의식의 홍보 등을 통한 가정의 기능성 강화가 필요하다.

학습 tip 부부폭력성향 체크리스트

아래 문항들은 결혼 이후 당신의 가정이 '가정폭력'에 얼마나 노출되어 있는지를 파악하고자 하는 질문입니다. 해당되는 항목을 선택해주시기 바랍니다. 아래의 범주에서 "거의 없다"는 1년에 1번, "가끔 있다"는 1년에 2~3번 정도, "종종 있다"는 1년에 4~5번 정도, "늘 있다"는 1년 6회 이상을 의미합니다.

	문항	전혀 없다	거의 없다	가끔 있다	종종 있다	늘 있다
1	배우자가 물건을 던지면서 위협적인 분위기를 조성했다.	0	1	2	3	4
2	배우자와의 싸움으로 뺨을 맞는 등 상처나 타박상을 입었다.	0	1	2	3	4
3	배우자가 발로 차거나 주먹으로 때렸다.	0	1	2	3	4
4	배우자가 흉기를 사용하여 때렸다.	0	1	2	3	4
5	배우자가 지르는 고함소리에 위협을 느꼈다.	0	1	2	3	4
6	배우자가 아이들 앞에서 자신을 비난했다.	0	1	2	3	4
7	배우자가 말하지 않고 밖으로 나가버렸다.	0	1	2	3	4
8	배우자에 욕이나 인격적으로 무시하는 말을 들었다.	0	1	2	3	4
9	배우자가 경제권을 쥐고 생활을 주려하지 않았다.	0	1	2	3	4
10	배우자가 원하지 않는 성행위를 강요했다.	0	1	2	3	4

출처: 여성가족부. 가정폭력체크리스트. 이성희 외(2011), p. 318 재인용.

〈평가방법〉

전혀 없다(0), 거의 없다(1), 가끔 있다(2), 종종 있다(3), 늘 있다(4)의 점수를 합산하여 2.5를 곱해 폭력성향 점수를 계산한다.

0점: 타인의 의견을 존중하고 합리적 방법으로 문제를 해결할 줄 아는 성숙한 타입이다.

1~25점: 배우자가 효과적이지 않은 방법으로 문제를 해결하려는 타입이다. 대화와 타협의 합리적 문제 해결법을 부부가 함께 의논하고 연습하는 것이 필요하다.

26~50점: 배우자가 자신도 모르는 사이에 정신적 폭력을 가하고 있다. 문제해결을 위해 상담이 필요하다.

51~75점: 배우자는 이미 가정폭력의 가해자이다. 문제해결을 위해 전문가의 상담이 필요하며, 경찰 신고도 고려해 보아야 한다.

76~100점: 위험수위이다. 경찰에 신고해야 하는 수준이다.

출처: 여성가족부. 가정폭력체크리스트. 이성희 외(2011), p.318 재인용.

(4) 1인 가구

최근 한국사회의 변화에서 가장 두드러진 측면은 1인 가구의 증가라 하겠다. 1인 가구의 규모는 1980년대만 하더라도 전체 가구의 4.8%이었지만, 2020년 전체 가구의 31.7%, 2022년 34.5%를 차지하고 있다(통계청, 2023).

1인 가구가 이제는 부모로부터 독립하여 결혼으로 이행 이전에 일시적으로 경험하는 가구 유형, 혹은 특별한 사유로 발생하는 특수 가구 유형이 아니라 지배적인 가구 유형으로 자리 잡고 있음을 의미하는 것이라 하겠다.

1인 가구의 인구학적 특성을 보면, 20대~60대에 걸쳐 연령대별로 비교적 골고루 분포되어 있으며, 성비를 보면 여성(53%)이 남성(47%)보다 다소 높았다. 연령대별에 따른 성비를 보면, 20대에서는 남성 여성 비슷한 분포이며, 30대~50대는 주로 남성 비율이 높고, 60대 이후는 여성들의 비율이 높게 나타나고 있다. 거주지역을 보면, 30대 이하는 주로 세종, 대전, 서울지역의 대도시에 40~50대는 제주, 울산, 인천, 경기 지역에 60대 이상은 주로 전남, 경북, 전북 등으로 나타났다.

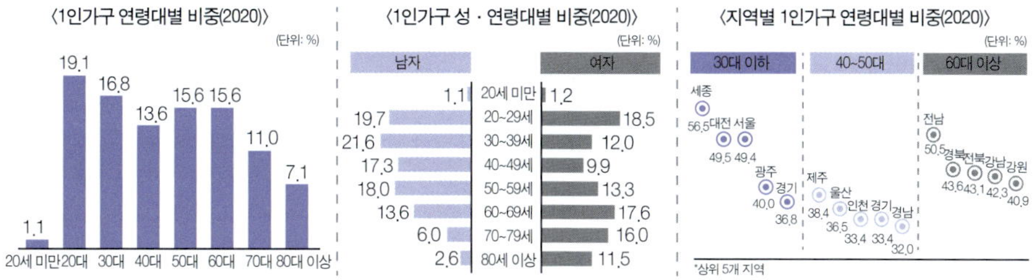

[그림 2-16] 1인 가구의 인구학적 특성

출처: 여성가족부(2020), 제4차 가족실태조사

1인 가구로 생활하는 주된 이유를 보면, 학업이나 직장(취업) 24.4%, 배우자의 사망 23.4%, 혼자 살고 싶어서가 16.2% 순이었다. 연령별 분포를 보면, 40대 이하는 학업이나 직장(취업), 50~60대는 본인의 이혼, 70대 이상은 배우자의 사망 이유가 가장 뚜렷하게 높았다.

〈표 2-8〉 1인 가구로 생활하는 주된 이유

(단위: 명, %)

구분		혼자 살고 싶어서	가족과 지내는 것이 불편해서	본인의 학업 이나 직장 (취업) 으로	배우자의 사망 으로	본인의 이혼 으로	배우자의 학업이나직장 (취업) 으로	자녀의 학업 이나 직장 (취업) 으로	부모나 자녀의 사망 으로	자녀의 이혼 으로	부모의 이혼 으로	부모의 직장 (취업) 으로	기타
전체		16.2	4.1	24.4	23.4	15.6	1.8	4.9	4.0	0.0	0.3	0.4	4.8
연령	12세-19세	22.5	3.3	68.1	0.0	0.0	0.0	0.0	0.0	0.0	6.1	0.0	0.0
	20세-29세	19.9	5.0	70.0	0.0	0.5	0.3	1.1	1.2	0.0	0.1	0.6	1.4
	30세-39세	25.8	3.9	58.5	0.5	1.8	0.6	0.8	3.1	0.0	1.1	1.8	2.1
	40세-49세	29.8	6.3	30.9	0.6	17.1	2.7	1.8	8.5	0.0	0.6	0.7	1.1
	50세-59세	16.4	4.0	13.5	7.1	35.0	3.5	6.7	6.1	0.0	0.0	0.2	7.6
	60세-69세	9.3	3.6	4.3	25.2	31.0	3.9	9.7	5.3	0.0	0.0	0.0	7.8
	70세이상	8.6	3.3	0.8	65.1	8.0	0.4	6.1	2.0	0.0	0.1	0.0	5.8

출처: 여성가족부(2020), 제4차 가족실태조사.

1인 가구로 생활한 기간의 전체 평균을 보면 119.2개월이고, 연령대별로 살펴보면 20대(36.7개월), 30대(79.6개월), 40대(114.1개월), 50대(130.1개월), 60대(145.1개월), 70세 이상은 162.1개월로 연령대가 높아질수록 1인 가구로 생활한 기간이 증가하고 있다(여성가족부, 2020).

1인 가구가 가지는 이러한 다양한 특성과 함께 모든 연령층의 1인 가구가 경험하는 공통적인 문제는 대체로 사회적 고립, 위급 상황 시의 대처 부족과 외로움의 문제 등으로 파악되고 있다. 서울시 1인가구실태조사 결과(2022), 서울시 1인가구 중 외로움 비율이 62.1%, 사회적 고립 비율은 13.6%, 외로움과 사회적 고립을 동시에 겪는 비율이 12.8%로 확인됐다. 1인가구의 외로움, 사회적 고립, 정신건강 문제의 관계를 살펴본 결과, 사회적으로 고립된 사람은 거의 외로움을 느끼고, 우울 증상이 있는 사람이나 자살 생각 경험이 있는 사람 등의 정신건강 문제를 가진 사람은 모두 외로움을 느끼는 것으로 확인됐다. 즉, 외로움은 사회적 고립, 우울 증상과 자살 생각의 필요조건이자 선행요인이 되고 있기 때문에 1인가구의 사회적 고립, 정신건강에 대한 사회적 관심이 요구된다.

홀로사회; '사회적 고립' 1인 가구가 위험하다

1인 가구 급증이 고립을 낳고 있다. '군중 속의 고독'으로 대변되는 내면의 고립감을 넘어 물리적, 사회적 고립을 겪는 개인이 늘고 있는 것이다. 상당수의 1인 가구는 TV나 소셜네트워크서비스(SNS)를 통해 보여지는 자유롭고 화려한 삶과는 달리 경제적 어려움으로 번뇌한다. 강도·성폭력 등 각종 범죄에도 쉽게 노출돼 사회적 대책 마련에 대한 목소리도 커지고 있다. 장진희 한양대 경제연구소 연구원이 발표한 '1인가구와 범죄발생에 관한 연구'에 따르면 2014년부터 2016년까지 서울시 25개 자치구 5대범죄 발생건수, 1인 가구수, 여성비율 등을 분석한 결과 1인 가구수 비중이 클수록 살인, 강도, 강간·강제추행, 절도, 폭력 등 5대 범죄가 많이 발생했다. 변수들의 상관관계를 수치로 환산한 결과 1인 가구수가 1% 많아질수록 5대 범죄 발생건수는 0.8% 늘어났다. 1인 가구는 유흥업소 비율, 여성인구 비율 등을 제치고 5대 범죄를 가장 크게 증가시키는 요인이었다. 장 연구원은 "1인 가구의 증가는 가족해체뿐 아니라 '사회해체'를 의미한다고 볼 수 있다"고 설명했다.

출처: 2019. 07. 23. 일자, 아시아경제 정동훈 기자, 부분 발췌

가족정책을 통해 제공 되어져야 할 1인 가구 서비스 운영 방향으로 1인 가구의 자기 돌봄 강화와 심리정서 수요 중심 가족 서비스로 생애주기별에 따른 가족 상담을 강화하는 것(조성은, 2022)이 있다. 즉, 청년층, 중장년층, 노년층의 하위집단별에 따른 특성이 반영된 차등화된 지원정책이 필요하다. 한편, 사회적 연결망은 삶의 만족도에 중요한 영향을 미치는 요인이므로 1인 가구의 삶의 질 향상을 위한 사회적 안전망과 넥트웍 형성을 위한 다양한 프로그램이 제공되어져야 할 것이다. 사회적 관계의 단절은 고독사나 무연고 사망으로 이어질 수 있다는 점에서 관심이 필요하며 1인 가구 지원센터 또는 관리부서 설립을 통한 관리강화가 제안(유정균, 2022)되기도 한다.

1인 가구의 특성의 주목할 점은 1인 가구가 따로 사는 가족에 대한 부양을 하거나 돌보는 경우가 있다는 것이다. 따로 사는 가족에 대한 경제적 부양을 하고 있다가 13.0%로 이 중 40대가 33.4%로 가장 높았고 50대 27.6%, 30대 15.2% 순이었다. 부양 대상자를 보면 부모 6.7%, 자녀 5.7%, 배우자 3.6% 순이며, 연령대별로는 30대, 40대는 주로 부모(11.6%, 19.7%)이며, 50대는 자녀(17.2%)로 나타났다(여성가족부, 2020). 이는 1인 가구가 가지는 보편적 취약성과 함께 가족에 대한 경제적 부양과 돌봄의 주체 혹은 공급자 역할을 하고 있는 측면도 있음을 보여준다([그림 2-17] 참조). 특히 40대, 50대의 1인 가구가 지니는 자기 돌봄과 따로 사는 부모부양, 자녀 돌봄이라는 중첩된 가족 지원자로서의 과중한 역할을 지니고 있음을 간과할 수 없다. 연령대에 따른 1인 가구를 위한 좀 더 세밀한 분석과 지원정책이 필요할 것으로 보인다.

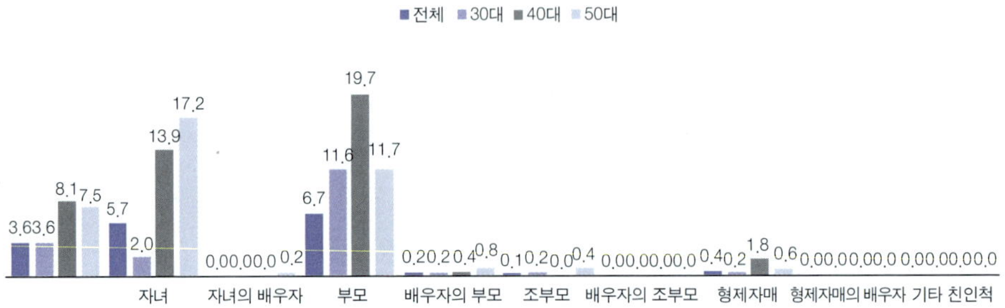

[그림 2-17] 1인 가구의 경제적 부양자

출처: 여성가족부(2020). 1인가구 정책포럼자료집.

핵심용어 가족의 변화, 가족진보론, 가족위기론, 저출산, 고령화, 가정폭력, 1인가구

학습실천과제

1. 우리사회의 가족의 변화에 대한 특성들을 기술해 본다.
2. 가족의 변화에 대한 여러분의 관점은 무엇이며, 이러한 관점이 가지고 있는 영향력에 대하여 생각해 보도록 한다.
3. 인구학적 측면에서의 우리사회의 가족위기인 저출생과 고령화에 대한 여러분의 의견들을 나누어 보도록 한다.
4. 최근 급속하게 증가하는 1인가구의 현상에 대해 논의해 보도록 한다.

제3장

가족에 대한 기본적 관점: 건강가족적 관점

〈학습목표〉

1. 건강가정의 개념을 정리할 수 있다.
2. 건강가정의 특성과 요소들에 대해 이해할 수 있다.
3. 가족생활교육 접근방법론으로서의 건강가정의 의미를 이해할 수 있다.

모든 가족은 잠재적인 성장영역을 가지고 있다. 가정의 건강성은 가족의 구조나 형태가 아니라 그것의 기능성을 말하는 것이어야 한다. 따라서 건강한 한부모가족, 건강한 계부모가족, 건강한 핵가족, 건강한 양부모가족 등 무수히 많은 건강한 가족이 있을 수 있다. 가족체계를 건강하게 유지함으로써 가족원 개개인을 건강하게 육성시키고, 사회전체를 건강하게 유지할 수 있으므로 가족의 강점에 초점을 두는 가족의 건강성 개발은 중요하다.

가족생활교육의 접근방법으로써 이러한 특성에 주목, 강화하는 건강가족적 관점이 적절하다. 즉, 건강가족적 관점은 가족의 긍정적 측면에 초점을 두고 모든 가족이 강점을 가지고 있다고 전제하며, 가족문제에 대한 사전적, 예방적인 대처를 중시하고 있는 개념으로 가족생활교육 접근방법으로써 유용하다.

1. 건강가족의 개념과 특성

1) 건강가족의 개념

건강가족의 개념은 1960년대 미국에서 시작되었으며, 그동안 가족에 대한 연구가 가족문제의 원인이나 병리현상에 초점을 맞추는 대신에 가족이 가진 긍정적인 측면에 초점을 맞추면서 가족의 강점을 보려고 하는 '건강가족적 관점'이다. '가족이 왜 실패하는가' 하는 것보다 '가족들이 어떻게 하면 성공적인 삶을 살아갈 수 있는가?'를 강조하는 측면이다. 모든 가족은 강점과 더불어 도전과 잠재적 성장의 역량을 가지고 있으므로, 가족이 그들의 문제가 아닌 강점을 보려 한다면 가족의 강점을 찾게 될 것이며 이러한 강점은 개발되어질 수 있는 것이다.

'건강(health)'이라 하면 일반적으로 몸이 튼튼하고 병이 없는 상태의 신체적 건강에 더 적합하고 익숙한 개념이나 웰빙(well-being)에 대한 관심이 전 세계적으로 확산되면서 건강이란 단지 질병이 없고 허약한 상태가 아닌 신체적, 정신적, 사회적으로 온전히 양호한 상태를 의미한다. 세계보건기구(WHO)는 건강을 신체적, 정신적, 정서적, 사회적, 영적 건강을 성취한 상태로 정의하면서 웰빙과 동일한 개념으로 사용하고 있다. 이런 의미에서 개인의 건강은 건강한 가정, 건강한 사회의 지표로서뿐만 아니라 개인의 삶의 질 향상과 가정의 대 사회적인 기능의 수행을 위해서도 필수적이라 할 수 있다.

건강가족(healthy family)은 강한 가족(strong family), 기능적 가족(functional family), 탄력적 가족(resilient family), 최적의 가족(optimal family), 균형 있는 가족(balanced family), 건강가정 등의 다양한 용어로 표현하지만 모두 같은 개념으로 사용되고 있다.

올슨과 스티넷(Olson & Stinnett)은 건강한 가족은 가족원 간의 상호작용의 질이 개인의 심리적 안녕에 기여하는 가족으로 가족의 외적 구조에 중점을 두는 것이 아니라 가족원 상호 간의 내적과정에 중점을 둔다는 점을 강조한다. 일찍이 건강가족의 개념을 적시한 유영주(1995)는 건강가족의 의미를 개인의 건강함에 비유하여, 개인이 건강하다 함은 외부환경의 변화에 적응력을 가지고 있음을 의미하는 것과 마찬가지로 가정이 건강하다 함은 외부 자극과 변화에 긍정적으로 대처해 나아가는 가정을 의미하는 것이라 하였다. 즉 건강한 가정이란 서로 협동하고 인내하며 타협해서 공동체로서의 유대감을 다져가는 가정으로 가족원의 인격을 서로 존중하고 가족원의 상호작용이 잘 이루어지는, 체계(공동체)로서의 균형을 잘 유지하고 있는 가정으로 개체성과 연대성이 조화로운 가족의 특성을 강조한다.

가족건강성은 원가족과의 관계와 경험과도 밀접한 관련이 있는 바, 영유아기에 경험한 가족건강성이 영유아 자녀의 발달특성과 부모자녀관계 특성에 직접적으로 영향을 미치며, 이러한 가족건강성은 부부친밀감, 결혼만족도와 같은 부부관계 특성을 매개하면서 영향을 미치는 것으로 나타났다(이성희, 김현수, 2016).

또한 대학생들에게 있어서도 가족건강성은 삶의 질과도 관련이 있어, 자신의 삶의 만족과 자기결정성에 긍정적인 영향력을 보이며(박향실 외, 2015), 진로적응에도 긍정적 영향을 미치며 (황희숙, 2019), 가족건강성은 행복감을 느끼는 중요한 변인으로(송인숙 외, 2013), 대학생의 정서적 안정성에 주요 변인으로(양금희, 2022)으로 보고되고 있다. 가족건강성은 유아의 사회적 유능성에도 긍정적인 영향을 미치는 것으로 나타나 유아발달적 측면에서도 가족건강성 변인에 관심을 가지면서, 가족건강성이 유아의 사회적 유능성에 직접, 간접효과를 가지는 것에 관련된 연구들이 많이 이루어지고 있다(안선희, 김선영, 2004; 김경은, 최은희, 2010; 박미숙, 김복영, 2018; 송효현, 2018; 강민정, 2019; 홍혜진, 김경숙, 2020; 심지영, 2022: 박선희, 2023).

관련 연구를 종합하여 보면, 원가족과의 관계와 경험은 가족건강성과 관련되며, 가족건강성은 자녀발달 및 개인의 삶의 질과 생애발달에 영향을 미치고 있어 가족건강성이 개인의 안녕감에 중요한 요인임을 알 수 있다.

2) 건강가족의 특성

각 학자들이 여러 연구에서 밝히고 있는 건강한 가족의 구체적 특성들을 제시해 보면 다음과 같다.

(1) 큐란(Curran)의 연구

큐란은 건강한 가족의 특징을 다음의 열다섯 가지 속성으로 제시하였으며 먼저 제시된 것일수록 가중치가 더 높다.

- 의사소통이 원활하고 상대방의 말을 잘 들어 준다.
- 서로 긍정적이며 협조적이다.
- 타인에 대하여 존경심을 갖는다.
- 서로 신뢰한다.
- 놀이와 유머에 대한 감각이 있다.
- 공동의 책임의식을 가진다.
- 옳고 그름에 대한 인식을 가르친다.
- 의식과 전통을 존중하는 가족관념을 가지고 있다.
- 구성원들 간에 균형 잡힌 상호작용이 있다.
- 공통적인 종교가 있다.
- 서로의 개인생활을 존중해 준다.
- 타인들에게 봉사하는 것을 귀하게 여긴다.
- 가족들이 같이 식사하는 시간과 이야기하는 시간을 가진다.
- 여가시간을 같이 즐긴다.
- 문제가 생기면 이웃끼리 서로 도와주고 도움을 받는다.

(2) 올슨과 드프레인(Olson & DeFrain)의 연구

① 응집성

- 헌신-신뢰, 정직성, 성실성
- 시간을 함께 보내기-질적인 시간, 좋은 여가활동, 가족원의 친구들과의 교류, 휴식시간, 오락시간 등

② 융통성

- 스트레스를 다루는 능력-적응력, 위기를 도전과 기회로 봄, 위기를 통해 함께 성장함, 탄력성의 변화에 개방적
- 정신적인 안녕-희망, 신념, 동정심, 윤리적 가치관의 공유, 인간에 대해 개방적

③ 의사소통

- 긍정적 의사소통-감정의 공유, 칭찬을 함, 비난하지 않음, 협상이 가능함, 불일치를 인정함
- 감사와 애정-상호 간 보살핌, 우정, 개성의 존중, 쾌활함, 유머 등

(3) 스티넷과 빔(Stinnet & Beam)의 연구

① 헌신: 강한 가족의 기초적 토대

헌신은 애정의 특별한 종류이며 흔들리지 않고 힘든 시간을 견뎌내는 사랑을 말한다. 헌신은 따뜻하고 애정이 넘치며 가족이 성장할 수 있는 환경을 만든다. 또한 헌신은 가족성원들이 두려움과 분노, 거절, 고독 같은 것들로부터 보호받을 수 있는 안식처가 되고 다른 모든 것의 토대를 이루게 된다.

② 감사와 애정의 표현: 지성과 정서의 조화

감사의 표현은 강한 가족의 전형적인 특징이다. 그러나 강한 가족에게는 그 이상의 것이 있었다. 감사의 표현은 감정 없이 순수한 지적차원에서도 이루어질 수

있으나 여기에 애정이라는 정서적 요소가 포함된 감사의 표현은 더욱 강력한 힘을 발휘할 수 있게 된다. 가족의 강점에 대한 연구에서 강한 가족들은 이러한 지성과 정서의 멋진 조화를 보여 주고 있었다. 감사와 애정의 표현은 가족들의 자아존중감을 높여 가족성원들을 성장시키고 삶을 풍요롭게 만들게 된다. 연못에 돌이 떨어지면 잔물결이 이는 것처럼 감사의 조약돌은 삶의 영역에까지 잔잔한 물결을 일게 하는 것으로 보여진다.

③ 긍정적 커뮤니케이션

좋은 커뮤니케이션 유형은 갈등을 완화시키며, 또한 정신건강을 촉진하고 친밀감을 증대시킨다. 효율적인 커뮤니케이션은 헌신과 애정, 감사를 표현하게 하는 것이다. 부부치료 및 가족치료자들은 가족불행의 원천이 커뮤니케이션의 결여뿐 아니라 방법에도 있다는 사실을 지적하면서, 가정의 행복을 위해 가족들이 하는 건강한 커뮤니케이션의 기법을 위한 규칙을 다음과 같이 소개하고 있다.

- 충분한 시간을 주어라
- 경청하라
- 이따금 점검해 보라
- 상대방의 세계로 들어가 보라
- 비판이나 평가를 삼가라
- 항상 정직하라

④ 함께 시간 보내기: 추억 만들기

가족이 함께 시간을 보내면 행복한 추억을 만들게 될 뿐만 아니라 좋은 커뮤니케이션으로 이끌게 되는 단서가 된다. 또한 고독감과 소외를 막아 주며 가족의 정체성을 발달시켜 준다는 이점이 있다. 우리가 사랑하는 사람에게 우리의 시간을 내어 주는 것은 그야말로 가장 고귀한 선물이 될 것으로 보고 있다.

함께하는 시간의 질적 향상을 위한 제안을 보면 다음과 같다.

- 함께 식사하며 담소를 나눈다.
- 집안일을 함께한다.
- 함께 논다.
- 종교, 취미, 학교활동을 즐긴다.
- 특별한 이벤트를 마련한다.
- 특별한 일은 하지 않아도 함께 있는다.

⑤ 영성적 성장

영성적 성장이란 반드시 신앙을 뜻하는 것이 아니다. 신앙만이 아니라 '영성'과 '보다 높은 차원'에 대한 깊은 관심을 가지고 있음을 의미하는 것이다. 자신을 초월한 어떤 힘에 대한 믿음과 의지는 가족을 묶어 주고 튼튼하게 만드는 접착제와 같은 역할을 하는 것으로 강한 가족에서 예외 없이 나타난 특성으로 나타났다. 이의 측면은 삶에서 요구되는 도전과 시련을 영성적 자원을 통해 견딜 수도 극복할 수도 있게 할 것이며, 또한 가족이 고립과 절망감에서 벗어나 새로운 시각으로 희망과 신뢰를 얻게 하는 자원이 된다.

⑥ 스트레스와 위기 대처

스트레스는 일상생활의 한 부분이기 때문에 대체로 그 심각한 결과를 무시하기 쉽다. 부정적으로 본다면 스트레스는 우리도 모르는 사이에 치명적인 영향을 미쳐 우리를 죽일 수도 있다는 것, 그것을 매일 겪어야 한다는 것, 그리고 그것으로부터 벗어날 수 없다는 점이다. 그러나 한편으로는 우리가 스트레스에 굴복당하지 않을 수도 있다는 희망적 측면으로 스트레스에 대처할 여러 가지 행동을 취할 수 있다는 것으로, 강한 가족에서는 이러한 스트레스에 대처할 소중한 통찰들을 가지고 있고 위기가 닥칠 때 한마음이 되어 마음을 열고 서로 헌신하려고 한다는 특징을 지니고 있다는 것이었다.

(4) 월시(Walsh)의 연구

월시는 기능적 단위로서의 가족이 경험하는 대처와 적응의 과정으로 레질리언스(탄력성)의 개념을 제시한다. 정신건강분야의 대부분 임상이론이나 훈련, 실천 및 연구들에서 강조하고 있는 결함 중심적 시각이 아니라 강점지향적 관점을 강조하는 것으로 가족이 어떻게 스트레스를 중재하고 위기를 극복하며 오래된 고통과 역경을 견딜 수 있게 하는지를 보는 틀이다. 가족레질리언스를 파악하는 데 있어서 다음과 같은 세 가지 요소를 제시한다.

① 신념체계: 본질과 정신

경험에 의미를 부여하고 삶의 과정에서 세계를 바라보는 렌즈로, 가치, 확신, 태도, 편견 및 가정을 의미한다.

- 역경에 대한 의미 부여: 협력의 가치, 가족의 위기상황에 대한 이해와 해석
- 긍정적 시각: 역경의 상황에 대한 인내심, 희망을 유지하고 삶에 대한 낙관적인 태도, 강점과 잠재력에 초점 두기
- 초월과 영성: 역경을 뛰어넘는 삶의 의미와 목적 제공

② 조직유형: 가족충격에 대한 완충장치

가족이 하나의 단위체계로서 통합되어 있는 정도로, 변화하는 가족의 내외적 상황에 적합하도록 가족구조를 재조직하는 능력을 의미한다.

- 유연성: 가족이 삶 속에서 안정과 변화의 균형을 이루는 것으로 위기와 시간의 경과에 따른 도전에 적합하도록 가족규칙, 역할을 변경하여 재조직, 적응과 안정성을 이루는 능력
- 연결성: 가족원 상호 간 연합, 지지, 협력하는 능력, 개인적 욕구, 차이, 경계에 대한 존중, 어려움이 있는 관계의 화해, 재결합 탐색
- 사회·경제적 자원들: 외부의 자원을 동원, 활용하는 것, 재정적 안전 구축

③ 의사소통 과정: 가족기능의 촉진제

- 명료성: 명확하고 일관성 있는 말과 행동
- 개방적 정서표현: 광범위한 감정 공유(기쁨, 고통, 희망, 두려움 등)와 상호감정이입, 유쾌한 상호작용
- 협력적 문제 해결: 당면한 문제에 대해 공유된 의사결정 과정을 통해 문제와 갈등을 함께 해결

학습 tip	가족강점 평가도구

Q 건강한 가족의 특성은 여섯 가지 범주로 나누어볼 수 있다. 각 문항의 내용을 자기 가족이 가진 '강점(strength)'으로 여긴다면 0를, 앞으로 더욱 '성장(growth)' 시켜 나가야 할 필요가 있다고 여겨지면 △를 오른쪽 칸에 적는다. 특정 문항의 내용을 자기 가족에게 적용시킬 수 없거나 중요하지 않다고 여기면 ×라고 적는다. 이 척도평가를 통하여 가족의 성장과 긍정적 변화를 촉진할 수 있는 가족 강점을 발견할 수 있을 것이다.

1. 헌신

1	우리가족은 '항상 함께' 한다.	
2	부부관계를 우리 가족의 핵이라 여기고 성장시키려 한다.	
3	우리 부부는 서로 성적으로 충실하게 대한다.	
4	우리는 서로를 소중한 사람으로 여기고 서로에게 가치를 부여한다.	
5	우리는 서로를 배려하고 돕는다.	
6	우리는 가족공통의 목표를 세우며 산다.	
7	우리는 직장을 포함한 바깥 활동보다 가족에게 우선을 둔다.	
8	우리는 서로 정직하다.	
9	우리는 좋은 가족전통을 만들어 가려고 한다.	
10	우리는 필요할 때 서로 인내할 줄 안다.	
11	우리는 서로 무조건적인 사랑을 한다.	
12	우리는 서로 의지하며 산다.	
13	우리는 가족을 위해 희생할 줄 안다.	
14	가족에 대한 전반적인 헌신의 정도는? ㅇ인가? △인가?	

2. 고마움과 애정표현

15	우리는 서로 고마움을 표현할 줄 안다.	
16	우리는 서로에게 깊고 진정한 애정을 느낀다.	
17	우리는 서로 심한 비판을 하지 않는다.	
18	우리는 긍정적으로 말한다.	
19	우리는 서로 상대방이 잘한 일을 인정해 준다.	
20	우리는 서로 상대방의 좋은 점을 볼 줄 안다.	
21	우리는 서로(다이아몬드를 캐듯이) 좋은 점을 찾으려고 애쓴다.	
22	우리는 진지하게 감사나 고마움을 표할 줄 안다.	
23	우리는 집에서나 남에게나 예의 바르고 정중하다.	
24	우리는 상대방에게 빈정대거나 상대방을 깎아내리지 않는다.	
25	우리는 긍정적인 유머를 많이 사용한다(상대방을 당황하게 하거나 상처 주는 일이 없는 농담).	
26	우리는 칭찬이나 찬사를 고맙게 받아들인다.	
27	우리는 가정을 즐거운 보금자리로 만들려고 한다.	
28	우리는 서로 자기존중감을 강화시켜 주려고 한다.	
29	우리는 함께 있으면 편안함과 안정감을 느낀다.	
30	우리 가정의 전반적인 고마움이나 애정표현 정도는? ㅇ인가? △인가?	

3. 긍정적인 커뮤니케이션

31	우리는 커뮤니케이션(대화나 토론)하는 시간을 갖는다.	
32	우리는 긍정적인 커뮤니케이션을 한다.	
33	우리는 서로의 말에 귀를 기울인다.	
34	우리는 메시지의 의미를 잘 점검한다(피드백을 보내고 명료화시킴).	
35	우리는 상대방의 입장에서 보려고 한다(공감하기).	
36	우리는 비판, 판단, 군림을 삼간다.	
37	우리는 정직하고 진실하다(그리고 친절하다).	
38	우리는 의견이 어긋나도 수용한다.	
39	우리는 갈등이 있어도 한 번에 한 가지씩 다룬다.	
40	우리는 갈등이 일 때 상대방의 인격을 공격하지 않고 구체적인 문제에 초점을 맞춘다.	
41	우리는 갈등을 해결할 때 타협이나 합의를 찾는다(누가 이기고 누가 지는 방법이 아니라).	
42	우리는 상처 주는 말이나 행동을 삼간다.	
43	우리는 차이가 있어도 이해하고 수용하려고 한다.	
44	우리 가정의 전반적인 긍정적 커뮤니케이션의 정도는? ㅇ인가? △인가?	

4. 함께 시간 보내기

45	우리는 정기적으로 함께 식사한다.	
46	우리는 집안일을 함께 한다.	
47	우리는 집안에서 함께 즐기는 시간을 갖는다(놀이나 게임).	
48	우리는 가족이 함께 종교활동에 참여한다.	
49	우리는 함께 학교나 사회활동에 참여한다.	
50	우리는 함께 모여 생일이나 기념일을 축하해 준다.	
51	우리는 가족휴가를 갖는다.	
52	우리는 각자의 동료관계를 즐거워한다.	
53	우리는 계획하지 않고도 저절로 즐거운 시간을 가지게 된다.	
54	우리는 서로 함께할 수 있는 시간을 마련한다.	
55	우리가 함께 보내는 시간은 즐겁거나 유익하다.	
56	가족과 함께 보내는 시간의 전반적인 평가는? ㅇ인가? △인가?	

5. 영성적 차원 척도

57	우리는 신과 종교관련 활동이 우리 삶에 어떤 목적을 가지고 계심을 믿는다.	
58	우리는 우리의 삶을 인도한 도덕적 신념과 가치를 가지고 있다(정직, 책임감).	
59	우리는 인내, 용서 그리고 분노표현의 절제와 같은 미덕을 실천한다.	
60	우리는 어려운 시기라도 내적 평화를 누릴 수 있다.	
61	우리의 삶은 희망적이고 신뢰할 수 있다고 믿는다.	
62	우리는 어떤 보이지 않는 힘이 우리의 가족을 돌보고 인도해 주시리라 믿는다.	
63	우리는 성실하고 옳은 영성을 가진 가족이나 친구와 교류한다.	
64	우리는 일상생활에서 영성적 가치를 실현하려 한다(예: 용서의 가르침).	
65	우리는 믿음에 관한 극단적이거나 끝없는 논쟁을 삼간다.	
66	영성적 차원에 대한 가정의 전반적 평가는? ㅇ인가?△인가?	

6. 스트레스와 위기대처

67	우리는 사소하고 성가신 스트레스는 무시할 수 있다.	
68	우리는 사소한 근심에 관심과 정력을 쏟지 않는다.	
69	우리는 일상의 고투나 도전이 큰 목표달성을 위한 단계라고 믿는다.	
70	우리는 유머나 건설적인 농담을 통해 스트레스와 긴장을 해소한다.	
71	우리는 앞으로 있을지도 모를 일을 놓고 걱정하지 않는다.	
72	우리는 스케줄이 너무 복잡할 때는 줄일 줄 안다.	
73	우리는 중요한 일에 우선적으로 관심과 정력을 쏟는다.	
74	우리는 여가활동과 취미생활을 즐긴다.	
75	우리는 야외활동이나 레크리에이션을 즐긴다.	
76	우리는 정기적으로 운동을 한다.	
77	우리는 상황이 나빠도 긍정적인 면을 보려고 한다.	
78	우리는 위기에 처하면 마음을 모아 대처하려 한다.	
79	우리는 위기상황에 놓이면 서로 지지해 주려고 한다.	
80	우리는 힘들 때 친구, 교회, 이웃으로부터 도움을 구한다.	
81	우리는 위기상황에 처할 때 전문가의 도움을 구한다.	
82	우리는 위기상황에서 영성적 자원(하느님의 도움, 신앙, 희망)을 활용한다.	
83	우리는 위기상황을 개인이나 가족의 성장기회로 여긴다.	
84	우리는 좋은 커뮤니케이션을 통해 감정을 나누고 문제를 해결하려 한다.	
85	우리는 변화에 유연하게 대처하고 잘 적응해 나간다.	
86	가족스트레스와 위기대처에 대한 전반적인 평가는? ㅇ인가? △인가?	

* 영성적 차원에 대한 점검 질문 문항에서 자칫 영성을 특정 종교을 지칭하는 것으로 오해될 소지가 있는 문장은 수정, 수정이 어려운 4문항은 삭제하여 재구성.

출처: Nick & Nancy Stinnet, Joe & Alice Beam. 제석봉 · 박경 역(2004). 환상적인 가족 만들기, pp. 261-266. 학지사에서 재구성.

2. 정서적 체계로서의 건강가족의 기능성

〈생각 나누기〉

Q 다음 제시된 내용을 읽고, 두 가족이 보이는 특성들에 대하여 의견을 나누어 보세요.

• 첫 번째 가족의 모습

저녁 식사시간이다. 식사시간 내내 아내 이연순 씨 혼자서 이야기를 하는데, 대부분은 누군가를 비판하는 내용이다. 예를 들면, 식사시간에 아이들이 버릇없게 군다고 꾸짖거나 지난 일요일 남편 김현석 씨가 했던 집안일이 잘못되었다는 등의 비난이 끝이 없다. 남편 김현석 씨는 이런 아내의 태도를 무시한 채 묵묵히 저녁 식사를 한다. 아내 이연순 씨는 남편의 이 같은 태도에 더욱 화를 내고 있고, 딸인 누나 애란이와 아들 창호는 큰 소리를 내면서 다투기 전까지는 부모들의 관심을 전혀 받지 못했다. 아내 이연순 씨가 가족에게 각각 해야 할 집안일을 지시하는 것으로 저녁 식사는 끝났다.

• 두 번째 가족의 모습

저녁 식사시간이다. 아내 이연순 씨가 오늘 힘들었던 이야기를 꺼내자 남편 김현석 씨는 어떤 면에서 힘들었는지 묻는다. 이들은 가족들이 이야기하는 것을 열심히 들으면서 서로 다르게 생각하는 점에서 다가가기 위해 타협점을 찾으려고 노력한다. 남편 김현석 씨와 아내 이연순 씨는 딸인 누나 애란과 아들인 남동생 창호가 다투면 자녀들에게 어떤 문제가 있었는지를 직접 확인하면서 문제를 해결하려고 노력한다. 저녁 식사시간은 이처럼 가족이 가진 어려움을 확인하고 해결하는 데 도움이 되는 시간이다. 식사가 끝나면 아이들은 자발적으로 어머니를 도와서 설거지를 하며, 남편 김현석 씨는 아내에게 '오늘 저녁도 맛있었다, 수고했다' 등의 애정표현을 한다.

가족은 집단이며, 제도로서의 의미인 동시에 특히 정서적인 관계로 얽혀 있다. 가족 속에서 태어나 성장하여 결혼하고 자녀를 낳아 양육하게 되는데 이러한 과정을 거치면서 가족은 공동체적 성격을 가지게 된다. 이처럼 가족은 서로 영향을 주고받을 수밖에 없는 존재로 정서적인 측면에서는 보다 많은 영향을 받고 있으며, 현대사회에서는 가족의 정서적 기능이 그 어느 때보다도 강조되고 있다.

가족의 정서적 관계를 이해하기 위해서는 가족구성원에 개별적으로 접근하기보다는 가족을 한 단위로 한 총체성(wholeness)으로 바라보는 체계론적 시각이 유용하다. 즉, 정서적 체계로서의 가족의 기능성이란 가족체계가 각 구성원을 위하여 잘 운영하며 모든 구성원들을 위하여 충분히 효과적으로 움직인다는 것을 의미한다. 가족 모두의 필요나 욕구에 대응하는 일과 가족원들의 정서적인 요구에 대응하는 일 모두에 있어서 가족의 역할수행과 안정성이 유지되는 가족이 기능적인 가족이며, 이는 곧 강한 가족, 건강한 가족이라고 할 수 있다.

가족임상에서는 가족의 특징을 '한 조각이 흔들리면 줄에 매달린 모든 모형들이 흔들리는 속성을 가진 모빌'에 비유하기도 한다. 이는 가족이란 가족성원 모두의 정서적 애착과 충성으로 서로 묶여 있다는 것을 단적으로 표현해 주는 것으로, 가족은 이와 같은 특유의 상호작용을 통하여 갈등유형이 형성되기도 한다.

가족을 서로 영향을 주고받는 정서적 체계로 이해하면서, 가족 임상학자들이 제시하고 있는 정서적 체계로서의 가족의 건강성의 정도를 파악하는 데에 도움이 되는 하위개념들은 다음과 같다.

1) 가족 항상성

모든 체계는 일정한 상태나 바람직한 균형을 유지하려는 경향이 있으며, 체계가 어떤 일정한 상태를 유지하는 데에 있어서 피드백 망의 역할이 크다. 바람직한 목표를 가진 가족은 가족구성원이 건전한 성장을 도모하는 상호교류를 통하여 관계의 균형성이 형성되며, 서로에 대한 적절한 기대와 이에 걸맞은 역할을 충실히 함으로써 체계의 항상성은 유지될 수 있다. 그러나 어떤 가족의 경우는 유연한 피드백 과정을 가지지 못하고, 때로는 가족을 유지하기 위해 어떤 가족구성원의 증상을 필요로 하기도 한다. 가족의 항상성 유지를 위해 가족 중 누군가의 희생을 요구하지 않고 있는지를 살펴볼 필요가 있다.

2) 가족삼각관계

가족성원이 맺게 되는 정서적 관계에서 두 사람 사이에 수용하기 어려운 문제가 생기면 이런 체계는 증상을 줄이려는 희망으로 제삼자나 제3의 문제를 끌어들여 삼각관계를 형성하는 역기능이 나타날 수 있다. 가장 보편적으로 인식되는 역기능적 삼각관계에는 아버지와 어머니의 문제에 자녀를 끌어들이는 관계가 있을 수 있으며 때로는 부부와 알코올이라는 문제로 삼각관계가 형성되기도 한다. 한편, 긴장된 정서적 관계를 가진 부부가 교회활동과 같은 가족 이외의 활동에 관심을 갖고 긴장을 해소함으로써 친밀한 부부관계를 발전시키는 데 도움이 되는 건전한 삼각관계가 있을 수 있다. 즉 긴장을 일으키는 어떤 에너지의 방향을 변화시킴으로써 부부는 보다 정상적인 기능을 유지하기도 한다.

3) 격리와 밀착

이는 가족이 서로 얼마나 관여되어 있는지의 여부를 파악하는 개념으로 가족성원의 개인적 정체감의 강도와 가족의 친밀함의 수준을 알려 주는 중요한 지표가 된다. 가족성원이 모든 문제에 관해서 서로가 지나치게 얽혀 필요 이상으로 관여하게 되는 밀착된 가족이 있을 수 있으며, 이러한 가족에서는 자녀의 자율성이 저하되면서 발달이 저하되기도 한다. 반대로 가족성원이 지나치게 흩어져 있는 격리된 가족으로 이러한 가족에서는 부모와 친밀하게 연합하는 정도가 낮아서 부모에 대한 존중감이 낮으며, 자녀는 다른 강력한 밀접한 관계를 추구하는 것으로 나타난다.

4) 가족규칙

가족규칙은 가족의 상호작용을 지배하는 행동규범과 기대이다. 이러한 가족규칙은 명시적이지 않지만 일정한 규칙이 있고, 그 규칙은 가족의 기능성을 높이는 데에 기여한다. 건강한 가족의 규칙은 가족 전체뿐 아니라 개인의 성장과 발달에 기여하는 방향으로 이루어진 것이다. 어떤 가족규칙은 논의하고 협의와 변화의 가능성을 개방적으로 수용하여 성립된 것이지만, 때로는 경직된 가족규칙이 가족 내에 존재하여 가족을 구속하는 경우가 있다. 대부분의 역기능적인 가족의 경우에는 가족규칙이 한정되어 있으며, 역기능의 정도가 심할수록 한두 사람 중심의 규칙에 의해 운영된다.

5) 가족신화

가족신화는 한마디로 가족의 전반적인 이데올로기에 관한 것이다. 가족신화는 가족구성원 개개인 그리고 그들 사이의 관계에 대한 기대와 공유된 믿음으로 구성된다. 가족신화의 특징은 모든 가족성원이 아무런 의심 없이 공유하는 믿음과 기대로 가족성원은 심사숙고하지 않은 채 신화에 자동적으로 합의한다. 이러한 가족신화는 때로는 가족 항상성을 유지하는 데 기여하기도 하나 가족관계를 파괴할 정도의 위협적이고 강도가 높은 긴장을 유발시키기도 한다. 가족신화에 집착하면 가족은 새로운 시도보다는 오히려 관계가 저하되면서 습관적으로 역기능 하도록 조장하게 된다.

6) 가족의례

가족의례의 질적인 측면을 측정하는 것은 가족의 기능성을 파악하는 데 있어서 중요하다. 의례는 가족문화의 핵심적 요소로서 대부분 세대를 통하여 전수된다. 가정에서 보이는 일상적인 상호작용 양상과 생일, 명절, 제사, 결혼식 등에 전형적으로 보여 주는 활동이 포함된다. 가족의례에서 나타나는 표면적인 의식뿐만 아니라 혼란스럽거나 포기한 의례에 대한 가족원의 감정적 반응에 대한 파악이 중요하다. 가족의례는 감정적 유대의 창출, 가족구성의 변화 인식, 치료, 정체감의 정의 및 재정의, 통과의례의 수단으로서의 역할을 가진다.

7) 부모화

부모화는 자녀가 가족 내에서 부모나 배우자의 역할을 대신 수행하는 것을 말한다. 체계가 잘 기능하지 못하는 가족에서 어떤 자녀는 자신의 나이에 걸맞지 않게 지나친 책임감, 능력, 자율성 등을 발전시킬 수가 있다. 이러한 경우는 대부분 자신들에게 기대되는 역할이 그 자녀가 아이로서 가지고 있는 욕구와 상충될 수 있으며, 이러한 요구는 그가 가진 능력으로는 달성할 수 없을 때가 있다. 이는 심리적 압박감으로 연결되며 아이가 달성해야 할 다른 측면의 발달과업을 제대로 수행하지 못하게 되는 위험성이 있다.

8) 의사소통

가족이 건강하게 기능하기 위해서는 분명한 커뮤니케이션 채널을 마련하여 유지시킬 수단과 방법이 필요하다. 언어는 사실적인 정보를 교환할 수 있는 가장 효과적인 수단이지만 사람들 사이의 정서적 상호작용은 비언어적 메시지-제스처, 어조, 안면표정, 나아가 대화하는 사람의 물리적 공간까지를 통해 표현된다. 역기능적 가족에서는 서로 대화 대신 연설을 하고, 상대방이 말을 할 때 고개를 돌리거나 시선을 마주치지 않는 것이 공통적 현상이며, 분명하고 직접적인 커뮤니케이션보다 이중구속메시지, 가성상호소통, 위장 등을 교환한다.

종합적으로 볼 때, 정서적 체계로서의 건강가족의 특성은 가족원 각자 자신의 역할을 정확하게 이해하며, 각 개인의 자율성이 존중되면서도 전체로서의 가족이 유지되고, 가족규칙은 가족상황에 따라 변할 수 있는 융통성을 지니고 있지만 명확하고 공정하며, 가족 간 비밀과 신화가 적으며, 구성원 간의 의사소통이 자유롭고 직접적이고 명확하게 이루어지고 있는 것으로 요약해 볼 수 있다.

3. 건강가정 담론과 가족생활교육

그동안 우리나라의 가족복지서비스는 가족전체의 대상보다는 저소득층, 장애인, 요보호노인, 요보호아동, 요보호여성 등 사회취약계층에 속하는 개인을 대상으로 하였다. 개입시기 및 내용도 사전예방적이 아닌 사후치료적인 것이 대부분이었으나 점차 예방적이고 보편적인 가족기능 강화정책이 대두되고 있다. 이러한 가족에 대한 관심으로 2005년 여성부에서 여성가족부로 중앙정부의 조직이 확대·개편, 2008년에는 보건복지가족부로 가족관련 업무부처가 변경되었다가, 2010년 청소년 및 가족관련 기능을 이관받아 여성가족부로 조직이 개편되었다.

일반가족을 대상으로 하는 예방적이고 보편적인 가족기능 강화정책은 2004년 「건강가정기본법」의 제정으로 실현되었으며, 건강가정이 그 목표가 되고 있다. 이러한 건강가정의 명칭과 개념에 대해서는 「건강가정기본법」 제정 시부터 논쟁이 있었다.

이 비판의 쟁점을 보면 첫째, 건강가정이라는 개념이 가정을 '건강 대 비건강'으로 구분한 이분법적 사고이다. 둘째, 건강가정은 정상적인 핵가족만을 의미하며 다양한 가족을 소외시키고 있다. 셋째, 「건강가정기본법」이 현대사회에서 나타나는 가족의 변화를 가족위기 담론으로 확대시키고 있다. 넷째, 건강가정이 이기적인 가족중심주의를 조장한다는 것이다.

현대사회에서 가족의 형태는 이미 다양화되어 있고, 가족의 구조나 형태가 기능성을 담보하고 있지 않음이 명백하므로 건강가정(건강가족)의 개념이 건강-비건강의 이분법적 분류가 아닌 통합적이고 복합적인 개념으로 여러 요소들의 조합을 고려한 연속선의 개념을 담고 있어야 함이 당연하다. 모든 가정은 형태와 상관없이 건강가정을 이룰 수 있는 잠재력과 강점을 가지며 가족문제에 대한 사전적, 예방적인 대처를 강조하는 개념이어야 한다.

건강가정에 대한 개념 정의에 대한 논쟁에도 불구하고「건강가정기본법」제정으로 가족담론을 전면에 등장시키면서, 가족의 변화에 대한 국가의 역할을 논의하였다는 점은 다음과 같은 중요한 의의를 지닌다(유영준 · 이성희 · 김민경 · 홍우정 · 오봉욱, 2018).

첫째, 가족복지를 위한 국가의 적극적 개입을 위한 제도를 마련했다는 점이다.「건강가정기본법」이 제정되기 전에는 한국의 가족정책은 전무하였으며, 사회정책들은 정책의 대상으로 가족을 한 단위로 두기보다 사회문제를 경험하는 당사자에 초점을 둔 정책들이 주를 이루었으며, 가족정책들은 가정에서 문제를 먼저 해결하고, 제한적인 경우에 국가가 개입하는 소극적인 가족정책이 이루어졌다. 그러나「건강가정기본법」제정으로 국가와 지방자치단체가 건강가정을 유지하고 발전시키기 위해 책임을 가지고 노력해야 한다는 가족복지를 위한 국가의 책임을 명시하게 되었다.

둘째, 가족문제 예방을 통한 사회적 비용 경감의 측면이다.「건강가정기본법」제정에는 가족문제 발생 이후 사회가 지불해야 하는 사회적 비용을 줄이기 위해 가족정책이 필요하다는 인식이 자리 잡고 있다. 가족문제는 다양한 요인들이 복합적으로 연결되어 있으며, 개인의 변화를 통해 가족문제를 해결하는 것은 한계가 있을 수밖에 없다. 가족구성원이 경험하는 가족문제는 사회구조가 가족구성원에 직 · 간접적으로 영향을 미쳐 가족문제로 나타날 수 있다. 가족문제가 발생한 이후에 개입하는 대처가 아니라 가족문제를 예방하고, 문제발생 시 즉각적으로 대처할 수 있는 가족지원사업을 통해 추후 발생할 수 있는 사회적 비용을 절감하는 데 기여할 수 있다. 이를 위한 건강가정지원센터의 주 사업서비스는 가족상담, 가족생활교육, 가족문화, 정보 제공 및 네트워크 사업 등으로 가족복지 향상에 기여하도록 초점이 맞추어져 있다는 점에서 의의가 있다.

셋째, 양성평등을 위한 사회적 인식 개선 효과의 측면이다. 「건강가정기본법」은 전통적인 가부장제도가 뿌리 깊게 자리 잡은 우리나라에 양성평등을 위한 사회적 인식변화에 기여할 것이다. 일·가정 양립은 법률 제정으로만 해결되는 것이 아니라 가정과 사회의 인식전환 없이는 실현하기 어려운 사안이다. 이에 「건강가정기본법」이 양성평등을 위한 사회 변화를 주도할 수 있게 되기를 기대해 볼 수 있다.

넷째, 가족정책의 전달체계 구축과 전문가 육성 기반이 마련된 측면이다. 「건강가정기본법」은 가족문제의 발생에 적극적으로 개입하고, 건강가정을 유지·발전시키기 위한 가족정책을 수립하기 위해 제정되었다. 이와 같이 건강가정기본법 제정으로 새로운 전문직을 창출하였고 앞으로도 가족전문가를 양성할 수 있는 기본 틀을 구축하게 되었다.

핵심용어 가족생활교육, 건강가정, 가족강점, 정서적 체계, 건강가정기본법

학습실천과제

1. 건강가정의 특성과 요소들을 기술해 보도록 한다.
2. 각자 자신의 가족이 가지고 있는 가족강점을 찾아보도록 한다.
3. 매체에서 보여지는, 혹은 주변의 실제 가족사례들에서 건강한 가족과 그렇지 않은 가족의 특성들의 차이를 분석해 보도록 한다.
4. 「건강가정기본법」이 지니는 의의들을 정리해 보도록 한다.

〈점검해 보기〉

가족생활교육사 준비도

Q 현재 나는 가족생활교육사로서의 준비도 수준이 어느 정도일까요? 아래의 척도를 사용하여 평가해 보도록 합시다.

5. 아주 그렇다 4. 그렇다 3. 보통이다 2. 그렇지 못하다 1. 아주 그렇지 못하다

1. 지식면

나는 개인과 가족발달단계에 대해 잘 알고 있다. ( )
나는 다양한 가족문제의 대처 방안을 제시할 수 있다. ( )
나는 다양한 가족가치에 대한 이해가 있다. ( )
나는 보편적·특수적 가족의 특성을 잘 안다. ( )

2. 프로그램 개발 능력면

나는 가족생활교육의 다양한 주제에 맞는 전문지식을 가지고 있다. ( )
나는 대상별 상황과 환경, 발달에 맞는 다양한 교수기법을 사용할 줄 안다. ( )
나는 프로그램 효과를 평가할 줄 안다. ( )

3. 역할면

나는 가르치는 사람으로서의 자긍심이 있다. ( )
나는 집단활동의 역동성을 향상시키는 촉진자로서 능력을 가지고 있다. ( )
나는 봉사자로서의 헌신감을 가지고 있다. ( )
나는 가족형태에 상관없이 가족의 성장 잠재력을 믿는 가족옹호자이다. ( )

4. 인성면

나는 건강한 자아정체감을 지니고 있다. ( )
나는 감정이입 능력을 가지고 있다. ( )
나는 인간의 다양한 차이를 수용, 존중할 줄 안다. ( )
나는 윤리·도덕적인 면에서 자부심을 가진다. ( )

* 어느 항목에서 4, 5를 받았는지를 본다. 1, 2라고 표시된 항목은 어떤 준비가 더 필요한지를 논의해 본다. 그리고 자기이해 도구로 가족생활교육론 학습 중 수시로 해 봄으로써, 가족생활교육사로서의 향상된 영역과 취약한 영역을 파악해 보도록 한다.

출처: 정민자(2001). 가족상담 치료 진단평가서, pp. 117-118 발췌, 재구성. 양지.

사람은 태어나면서부터 가족에 소속되어 성장해 가며 성장한 후에는 또 하나의 가족을 형성하면서 살아가는 것이 보편적인 삶이라고 볼 수 있다. 이와 같이 사람이라는 정체성을 가지고 태어나는 모든 이가 가족 속에서 살아야 한다면 보다 안정되고 행복한 생활이라면 좋을 것이다. 불행하기 위해 태어나는 사람은 없을 것이기 때문에 이는 더욱 높은 가치로서 추구되어야 할 문제이다.

가족생활교육은 가족생활 속에서 필요한 관계기술과 상호관계에서 발생하는 다양한 갈등에 잘 대처할 수 있는 방법 등을 내용으로 하여 행복한 가족생활이 되도록 전 생애에 걸쳐 이루어지는 교육이다. 이에 2부에서는 가족생활교육을 이해하기 위한 기초내용을 소개하고자 한다. 가족생활교육의 개념으로 다양한 학자들의 정의를 통해 공통된 가족생활교육의 정의를 도출해보고자 하였으며, 가족생활교육을 발전시키고 이론적 근간이 되는 다양한 이론의 관점을 살펴본다. 또한 가족생활교육사의 전문성과 윤리를 살펴보면서 앞으로 우리가 이루어내야 할 과제를 생각해 보고자 한다.

제2부

가족생활교육의 이해

제4장

가족생활교육의 개념

〈학습목표〉

1. 가족생활교육의 정의와 목표를 이해한다.
2. 가족생활교육의 기본 가정을 이해하고 그 필요성을 안다.
3. 가족생활교육의 발전을 저해하는 요인을 파악하고 대처방안을 모색할 줄 안다.

고슴도치 딜레마(Hedgehog's dilemma)는 스스로의 자립과 상대와의 일체감이라는 두 가지 욕망에 의한 딜레마이다.

추위에 견디기 위해서 두 마리의 고슴도치가 서로 몸을 붙여서 온기를 나누고자 하는데 너무 가까워지면 상대방의 가시에 찔려 아프고 그렇다고 서로 떨어져 있으면 춥기 때문에 여러 번의 모임과 떨어짐을 반복해 본 고슴도치들은 최소한의 간격을 두는 것이 서로에게 상처를 주지 않으면서도 온기를 전할 수 있다는 것을 발견하게 된다. 수많은 시행착오를 거치면서 서로에게 상처를 주지 않는 적정 거리를 찾게 되는데 이러한 상황을 고슴도치의 딜레마라고 한다. 이것은 상호 간의 관계를 유지하고 서로의 이기심을 견제하기 위해서는 상호 간에 정도를 지켜야 함을 시사한다.

Arthur Schopenhauer(1851). Parerga und Paralipomena, Volume II, Chapter XXXI, Section 396.

1. 가족생활교육의 기본개념

가족은 사회의 가장 작은 집단이고 개인에게는 가장 가깝고 친밀한 환경이다. 이러한 이유로 때로는 다른 사회적 관계보다도 갈등을 더 많이 겪게 되기도 한다. 친밀하고 사랑하기 때문에 갖게 되는 관심이 잘못 이해된 방식으로 전달될 때 관계를 해치는 결과를 가져온다. 그래서 고슴도치의 딜레마와 같은 상황을 경험하게 되기도 한다. 가족생활교육은 우리가 살아가면서 겪게 되는 시행착오를 줄일 수 있도록 개인이 갖고 있는 잠재력을 개발하여 가족문제에 잘 대처할 수 있도록 돕는 학문이라고 할 수 있다.

가족생활교육을 이해하기 위해서는 가족이라는 집단이 살아가는 모습을 생각해 봐야 한다. 인간의 삶은 숨을 쉰다고 사는 것이 아니며 '생활'이라고 할 수 있으려면 세상의 종합적인 모든 것을 포함하기 때문에 가족생활에서 다룰 수 있는 주제도 무척 포괄적이고 다양하다.

가족의 탄생은 기본적으로 성인남녀의 결혼에 의해 시작되며 시간의 흐름과 함께 가족들은 성장하고, 탄생과 죽음을 자연스러운 주기로 하면서 지속되고 번성을 하게 된다. 가족의 가장 작은 단위인 부부가족의 경우를 예로 살펴보면 부부가 살아가기 위해서는 서로 어느 정도 충족감을 느낄 수 있는 생활환경과 가족환경 등이 필요하며, 자녀가 태어나면 또 다른 환경의 변화를 갖게 된다. 즉 의, 식, 주, 문화, 생산, 소비 등 근접환경과 거시적인 환경의 영향을 주고받으면서 역동적으로 살아가는 것이 가족의 생활인 것이다. 이와 같은 가족생활의 포괄적이고 다양한 특성 때문에 가족생활교육의 기본개념도 개인, 개인과 개인이 만나 이루는 가족, 가족들이 모여 이루는 사회, 사회를 둘러싼 환경, 문화 등의 영향을 주고받으며 생활이 이루어지기 때문에 가족생활교육에 대한 정의 또한 포괄적인 특성을 지니고 있다.

가족생활교육은 가족생활이 갖는 포괄성 때문에 함축적으로 정의하는 것은 어려운 점이 있다. 그러나 학문에 있어서 정의는 교육적인 면이나 교육활동을 하는 데 있어서 관점과 범위를 정하는 데 필요한 일이다. 많은 시간의 흐름 속에서 가족생활교육에 대한 정의가 어떻게 변화되어 왔고, 현재 많은 학자가 합의하고 있는 가족생활교육에 대한 정의의 공통분모는 무엇인지 시간의 흐름에 따라 살펴보기로 한다.

1) 가족생활교육의 정의

가족생활교육의 정의는 매우 포괄적이면서 다양한 영역을 포함하고 있다. 즉 그 다양성은 접근방법, 대상, 내용 등의 다양함을 의미한다. 가족생활교육은 현장에 따라서 교육, 훈련, 강화, 정보 제공, 기술과 태도습득, 연구평가 등 다양한 활동을 통해서 그 목적을 달성할 수 있다.

특히 가족생활교육의 정의에서 공통적으로 언급하고 있는 것은 예방적, 교육적인 활동이라는 것과 가족생활의 변화와 문제 해결을 위한 잠재력을 증진시키는 평생교육적 활동이라는 것이다. 따라서 가족생활교육의 대상은 가족을 구성하는 개개인이 모두 해당되며, 생애 중 어떠한 유형의 가족형태이든지 가족발달상의 문제들을 예방하고 더욱 충족된 삶을 살 수 있도록 돕는 교육활동이라고 볼 수 있다. 이를 바탕으로 정의해보면 가족생활교육이란 '가족과 개인의 잠재력과 문제해결능력 증진을 위한 지식과 기술을 통해 잘 기능할 수 있는 능력을 갖도록 돕는 평생교육적 활동'이라고 말할 수 있다.

지금까지 우리 사회는 가족문제를 사적인 영역으로 여기고 되도록 가정 내에서 해결하기를 유도해 왔으나 가족 수도 적고 가족 내 자원이 부족한 현대사회의 가족들은 문제에 휩쓸려 헤어나지 못하는 경우가 많다. 더구나 봇물 터지듯 밀려오는 세계화는 정보 · 경제 · 사회 · 문화적으로 가족이 감당하기에는 힘든 사회적 상황이다. 가족은 다양한 환경의 영향을 받을 수밖에 없으므로 가족들의 일상생활과 노동환경에 따른 가족 정책도 과거와는 다르게 적극적으로 가족에 개입하는 정책이 요구된다. 가족생활에 대한 정의도 시대의 변화에 따라 또는 학자에 따라 강조하는 점에 차이를 보인다. 가족생활교육에 대한 정의는 대체로 가족생활 자체가 갖고 있는 다차원적인 성격이나 시대적 배경, 학자의 관점에 따라 다양하게 나타날 수 있으나, 현재로서는 제도나 인식 면에서 가족의 인적 구성과 관계적 측면이 강조되고 있다.

〈표 4-1〉 가족생활교육에 대한 국내·외 여러 학자의 다양한 정의(연도순)

학자 또는 기관	내용
Guerney & Maxon (1990)	가족의 조화와 기능 개선을 촉진시키고 가족구성원의 심리적, 정서적, 사회적 복지수준을 향상 강화시키는 것을 목적으로 한 프로그램의 개발, 수행, 평가, 교육, 훈련, 조사를 포함하는 예방적이고 교육적인 활동
Arcus, Schwaneveldt & Moss (1993)	가족이 일상생활에서 접하는 문제를 다루고 문제 예방과 개인과 가족의 잠재력을 증진하는 것을 목적으로 하는, 즉 개인과 가족의 복지증진과 기능강화를 위해 설계된 교육과정
유영주·정민자 (1993)	전반적인 삶의 질을 높이고 문제 해결을 돕기 위해 개인의 잠재력을 개발하고 강화시키는 평생 발달적 접근
오윤자 (1995)	가족생활의 변화를 위한 의도적인 개입으로서 역기능적이며 문제 있고 혼란된 행동에 대해 어떠한 변화를 강조하는 것이 아니고 오히려 부가적 정보나 지지 또는 필요한 기술을 습득하여 개인과 가족이 잘 기능할 수 있도록 도와줄 수 있는 것
Bredehoft & Cassidy (1995)	성인이 일상생활의 모든 측면을 효율적으로 대처하는 것을 가능하게 하고, 그러한 능력을 부여하기 위한 교육의 한 형태
한국가족관계학회(1998)	가족의 발달을 돕는 공식적·비공식적인 평생교육 차원의 서비스 활동
미국가족관계학회(NCFR) (2002)	개인과 가족의 복지를 위한 예방적이고 교육적인 프로그램의 개발, 적용, 평가, 훈련 및 연구
김보미·정현숙 (2007)	개인과 가족의 삶의 질을 향상시키고 문제 해결을 위한 예방적이고 평생교육적인 활동
정현숙(2016)	아동에서 노인까지 개인과 가족의 전반적인 삶의 질을 높이고, 가족과 사회에서 나타나는 다양한 문제해결을 돕기 위해 개인과 가족의 잠재력을 계발하고 강화하는 평생교육
기쁘다 · 성미애 · 이재림 (2020)	가족이 경험할 가능성이 있는 문제를 사전에 예방하고 가족의 잠재력을 향상시키는 교육적 활동
NCFR(미국가족관계학회) (National Council on Family Relations)	개인과 가족의 복지를 위한 예방적이고 교육적인 프로그램의 개발, 적용, 평가, 훈련 및 연구(2002) the professional practice of equipping and empowering family members to develop knowledge and skills that enhance well-being and strength-en interpersonal relationships through an educational, preventive, and strengths-based approach(2021)

출처: 전세경(2013). 가족생활교육, p. 29 정현숙(2021). 한국가족관계학회 2021추계학술대회자료집, p.10 재구성

2) 가족생활교육의 목적

(1) 가족생활교육의 목적

가족생활교육은 문제예방, 잠재력 개발, 문제 해결, 건강가정문화 조성 등이 공통된 목적이라고 볼 수 있다. 초기에는 문제 중심으로 문제 해결에 필요한 프로그램을 운영했으나 90년대 가족의 건강성에 초점을 두면서 문제예방과 가족의 잠재력 개발, 가족관계 향상 등 가족 건강성 증진을 위한 것이 주된 목적이 되고 있다. 즉 하나의 안정된 체계로서의 가족집단을 건강하게 하고 관계를 향상시키며, 각 가족구성원들의 심리·정서적 안녕을 증진시키는 것이 공통된 목적이라고 할 수 있다. 그리고 이러한 가족생활교육의 목적을 달성하기 위해 하위목표를 설정하게 된다.

가족생활교육관련 분야의 서술을 종합한 내용(Tomas & Arcus, 1992)에서는 가족생활교육의 목적을 "개인과 가족의 안녕을 강화하고 풍요롭게 하는 것"으로 요약하고 있으며, 이후 많은 연구자들도 공통적으로 동의하고 있다. 미국가족관계학회(National Council on Family Relations: NCFR)에서는 가족환경 속에서 생애주기를 통하여 인간의 성장과 발달·행동에 관하여 배우도록 개인과 가족들을 돕는 것이며, 교육을 통해 지식과 기술(knowledge & skills)을 증진시켜 가족구성원으로서 현재와 미래의 역할에 대한 잠재력을 개발시키고 문제를 예방하는 것이 가족생활교육의 목적이라고 하고 있다. 이러한 거시적인 목적을 갖지만 가족생활교육의 궁극적 목적은 건강, 안정, 안녕 등의 '상태'가 아니라 이를 유지하고 발전시켜 나갈 수 있도록 하는 '능력'에 초점을 두어야 한다(전세경, 2013)고 보기도 한다.

이러한 가족생활교육의 목적달성을 위한 목적의 공통된 구체적인 내용을 살펴보면 자신과 타인에 대한 이해하기, 생애주기 전반에 걸쳐 인간발달과 가족발달 과정에 대한 이해, 가족생활과 가족관계의 본질에 대한 이해와 적응능력·기술 습득하기, 현재와 미래의 가족역할에 대한 개인의 잠재력 개발하기, 가족강점 세우기 등을 들 수 있다. 따라서 이러한 목적들을 달성하기 위해 필요한 다양한 내용들이 가족생활교육 내용에 포함되며, 최근의 사회적 변화도 반영하여 다룰 수 있도록 가족생활교육의 목적을 점검할 필요성이 있다.

(2) 가족생활교육의 기본 가정(假定, assumption)

가족생활교육을 한다는 것에는 몇 가지의 중요한 기본 가정이 존재한다. 이러한 전제된 '가정(假定)'은 가족생활교육에 대한 이해를 높일 수 있으며, 가족생활교육의 필요성과 효과성을 논할 수 있는 바탕이 된다.

첫째, 사람들은 대부분 결혼을 하여 가족을 이루고 살아가고, 결혼생활에서는 서로 사랑하면서 안정된 행복을 바란다는 가정이다.

일반적으로 두 남녀가 결혼하여 살아가는 과정은 특별한 경우를 제외하고는 비슷한 과정을 거치며 살아가지만 주관적인 측면의 삶은 개인들이 그들의 삶에서 체험하는 만족감, 행복감, 성장감 등 가치 있는 삶을 산다는 느낌에서 평가된다(박성복, 2003)고 본다. 즉 그 행복은 경제규모나 소득수준이 삶의 만족이나 행복감과 반드시 일치하지 않으며, 소득수준은 행복에 어느 정도 영향을 주지만 일정 수준이 지나면 그 영향력을 발휘하지 않는다(Easterlin, 2006)고 하며, 한국인의 전체 행복지수에 영향력이 가장 큰 요인은 가정생활 만족도라고 밝히고(김승권 외, 2008; 신승배, 2015) 있어서 사람들은 가정에서 느끼는 만족감과 행복감을 중요하게 생각하는 것을 알 수 있다.

둘째, 사람들은 행복하고 성공적인 결혼생활을 할 수 있는 방법과 기술을 배우면 결혼생활을 개선시킬 수 있다는 가정이다.

모든 인간은 무한한 성장 가능성이 있으며 살아가면서 바람직한 발달을 위한 노력을 할 줄 알며, 교육에 의해 그러한 발달을 더욱 촉진시킬 수 있다. 교육은 근본적으로 바람직한 방향으로의 변화에 초점을 둔다. 교육이 갖고 있는 기본적인 가정은 교육을 통해 인간을 바람직한 방향으로 변화시킬 수 있고, 실제로 그 잠재력을 끌어내어 향상시킨다는 것이다. 이에 더해 교육은 적절하고 효과적인 때(timing), 즉 적시성에 주목한다(전세경, 2013). 이러한 맥락에서 가족생활교육은 가족을 성장시키고 바람직한 변화를 할 수 있게 자극을 주고 도우며, 가족의 발달과정에서 가장 적절한 시기에 제공함으로써 더욱 가족의 기능을 강화시키는 실천적 활동이 된다.

셋째, 모든 사람은 나름의 성장 잠재력을 가지고 있으며, 그들이 형성한 관계를 건강하게 할 수 있는 역량을 가지고 있다는 가정이다.

가족생활교육은 궁극적으로 개인과 가족이 자신들의 문제를 해결하고 삶의 안정을 도모하기 위해 스스로 그들을 돕도록 하는 것이다. 가족생활교육의 목적으로 볼 수 있는 개인과 가족의 역량 향상이란 그들이 갖고 있는 문제 해결의 다양한 잠재력을 개발하고 증진시키게 하는 것이다. 따라서 가족생활교육은 개인과 가족의 잠재력 개발을 도와서 역량을 강화시켜 가족문제의 예방에 대한 대처 능력을 기를 수 있다고 본다.

넷째, 교육은 사람들을 바람직한 방향으로 변화시킬 수 있고, 그 변화는 다른 사람들에게 또 다른 바람직한 변화를 확산시킬 수 있다는 가정이다.

가족생활교육에 의해 가족구성원 전체의 변화가 가장 바람직하겠지만 가족은 하나의 체계로 이루어져 있기 때문에 한 가족원의 변화는 다른 가족원의 변화를 일으키는 파급효과를 갖는다. 따라서 가족 전체를 바람직한 방향으로 변화시킬 수 있다고 보는 믿음을 갖게 된다.

다섯째, 가족생활교육은 건강한 가족을 만들기 위한 가족원의 책임과 권리가 모두에게 동등하게 있으며 모두의 인생은 평등하게 존중되어야 한다는 것을 가정한다.

과거로부터 이분법적 성 역할 사고는 공·사를 구분하여 가정생활영역을 여성의 영역으로만 인식해 왔기 때문에 사회가 변화해도 이러한 인식을 쉽게 바꾸지 못하고 있다. 그러나 사회변화에 따라 여성의 취업은 증가하였고, 여성의 취업증가는 역할과중과 역할갈등으로 이어져 여성의 문제만이 아니라 가족전체에 부정적 영향을 미치게 되었다. 그래서 가족갈등도 줄이고 일과 가정생활의 균형을 위해서는 가족 모두에게 책임이 있다는 점을 확실히 해야 한다. 직장(일)에서의 성공적 적응과 성취는 남녀를 불문하고 모든 직장인에게 공통된 과제임을 인정함과 동시에 가족의 건강성을 위해서도 가족 모두가 노력해야 함을 알아야 한다.

여섯째, 가족생활교육은 가족문제를 예방하고 건강한 가족문화를 형성하게 할 것이라는 가정이다.

가족생활교육은 문제발생 후에 실시하는 상담과 치료보다는 문제가 발생하기 전에 예측되는 문제를 알고 미리 대처함으로써 가족이 받을 수 있는 상처와 갈등을 최소화하는 데 목적이 있다. 우리나라는 2005년 이후 건강가정지원센터가 전국적으로 생기면서 가족생활교육 프로그램 개발과 효과성에 대한 연구가 붐처럼 일어났으며, 다양한 영역과 다양한 사람들을 대상으로 한 가족생활교육 프로그램의 연구결과는 계속적으로 그 효과성을 증명해 왔다. 가족생활교육은 가족문제에 대한 예방과 대처할 수 있는 역량을 갖게 하기 위해 다양한 방법으로 실천적인 교육이 이루어지기 때문에 그 효과성이 높다. 따라서 가족생활교육은 가족에 대한 이해의 폭을 넓히고 상호 간에 배려와 관심으로 상호작용하는 건강성을 갖게 할 것이다.

일곱째, 가족은 사회를 구성하는 가장 작은 집단으로 건강한 가족은 건강한 사회와 국가를 형성하는 기초가 된다는 가정이다.

이러한 가정은 누구나 알고 있는 원론적인 말이지만 누구도 부인하지 못하는 말이기도 하다. 국가의 많은 정책들은 궁극적으로 국민의 안정과 행복을 위해 고안되는 것이며, 그 국민은 결국 가족원들이 모여 이루어지는 것이기 때문에 가정의 건강성 증진이 필요하다. 가족생활교육은 국가를 이루는 개개인, 즉 가족원 개개인의 역량과 잠재력을 개발하는 것에 초점을 두고 있다. 급속한 세계의 변화에 따라 국가는 국민의 문제를 예측하고 예방적 차원에서 국민의 안정된 삶을 위해 정책을 모색해야 할 것이다. 또한 가족생활교육도 이 시대의 다양한 개인과 가족이 갖는 이상과 현실의 간극 속에서 그들은 어떠한 사회문제와 부딪쳐 살고 있는지, 그 실제적 삶을 통찰해야 하며(전세경, 2013), 그 시대의 사회문제가 되고 있는 가족 실제의 삶과 사회와 가족의 부적합성에 대해 관심을 가져야 한다. 따라서 가족생활교육은 가족을 침해하는 사회문제를 지속적으로 찾아야 하며, 무엇이 문제인가에 대한 답을 제시해야 한다(이기숙, 2010).

한국 사회의 변화를 말할 때에는 항상 '급속한'이란 형용사가 붙어 다닌다. 한국의 가족도 급속한 사회변화의 영향을 받아 가족형태, 가족가치, 가족기능 등 많은 것이 변화하였다. 한 사회의 발전은 플러스 효과와 마이너스 효과의 양면성을 지닌다. 국가발전에 따라 가족이 부담해야 하는 가치와 기능의 변화를 미처 수용하지 못해 일어나는 심각한 기능적 과부하를 겪어야 한다. 가족생활교육은 가족의 이러한 실제적 문제에 관심을 갖고 교육이 이루어져야 하며, 국가나 사회가 가족을 위해 펼치는 정책에도 관심이 요구된다.

3) 가족생활교육의 내용

(1) 가족생활교육의 영역별 내용

가족생활교육의 목적에서 공통적으로 지향하는 것은 개인의 삶과 가족생활을 발전시키고, 가족의 문제대처능력을 강화하고 잠재력을 개발함으로써 궁극적으로 가족구성원의 삶의 질을 향상시킨다는 것이다. 따라서 가족생활교육의 내용은 위에서 살펴본 목적을 충족시킬 수 있는 것이 되어야 하며, 이러한 교육내용은 확실한 학문적 기초를 근거로 하여 교육대상의 욕구에 부응하는 내용으로 이루어져야 한다.

우리나라 「건강가정기본법」 제3조에서 "'건강가정사업'이라 함은 건강가정을 저해하는 문제(이하 '가정문제'라 한다)의 발생을 예방하고 해결하기 위한 여러 가지 조치와 가족의 부양, 양육, 보호, 교육 등의 가정기능을 강화하기 위한 사업을 말한다."고 밝히고 있다. 이와 같은 조항은 가족생활교육이 지향하는 가족의 건강성을 강화하고 가족문제를 예방하고자 하는 바와 일치된다고 볼 수 있어서 가족생활교육내용을 설정하는데 반영이 되고 있다.

때로는 사회의 변화에 따라 시기적으로 이슈가 되거나 많은 사람들의 관심이 높은 분야가 교육을 원하는 기관이나 교육대상자들의 욕구가 되기도 하지만 가족생활교육이라는 자체의 궁극적인 목적이 있으므로 전문영역으로서 가치와 균형을 가지고 목적을 지향하는 구조화가 필요하다.

가족생활교육에서 다루어야 할 내용은 개인과 가족을 모두 다루고 생애주기별 특성에 따른 내용도 다양하게 접근해야 한다. 또한 교육의 결과 구체적인 행동변화가 일어날 수 있도록 지식, 태도, 기술의 차원을 모두 다루는 것이 바람직하다.

가족생활교육의 정의에서 추출한 다음의 기본개념(이기숙, 2010)을 통해서도 가족생활교육의 내용을 파악할 수 있다.

첫째, 관계 형성에 초점을 둔다.

둘째, 가족생활교육의 초점대상으로 개인(individual)과 가족(family unit) 모두를 포함한다.

셋째, 가족생활교육의 궁극적 목적은 가족문제 해결능력과 가족 안정성을 유지할 수 있는 잠재력 향상에 두고 있다.

넷째, 가족생활교육은 근본적으로 학습의 세 요인인 인지적인 면(지식), 태도(행동), 그리고 기술적인 면(기술)을 다루어야 한다.

이러한 측면에서 가족생활교육의 내용을 구조화하여 목적이 달성되도록 한다. 가족생활교육의 내용이 될 수 있는 영역에 대한 분류는 〈표 4-2〉와 같다.

〈표 4-2〉 가족생활교육 내용 영역

구분	내용	예시
가족과 개인 (Families and Individuals in Societal Contexts)	· 가족과 다른 조직(교육, 정부, 종교, 의료 등)과의 관계에 대한 이해	· 구조와 기능 · 문화적 다양성(가족문화, 사회적 지위, 민족, 인종과 종교) · 데이트, 결혼 선택 · 혈연관계 · 교차문화와 소수민족(소수민족 가족의 가족생활에 대한 이해) · 성 역할 변화(배우자와 자녀, 형제자매 등의 역할 기대와 행동) · 인구학적 경향 · 역사적 이슈 · 일/여가와 가족의 관계 · 사회적 관계
가족상호작용 (Internal Dynamics of Families)	· 가족의 강점과 약점을 이해하고, 가족구성원들이 서로 어떻게 관계가 있는지에 대해 이해하기	· 의사소통(스트레스와 갈등관리를 포함한 부부관계와 부모-자녀관계의 패턴과 문제) · 갈등 관리 · 의사결정 및 목표설정 · 가족 스트레스(가족생활주기 전환기, 3세대, 노인 돌보기) · 가족 스트레스와 위기(이혼, 재혼, 사망, 경제적 불확실성, 폭력, 물질 남용) · 가족의 특별한 요구(입양, 위탁, 이주, 저소득, 군대 및 혼합가족 등)
인간발달 (Human Growth and Development across the Lifespan)	· 생애주기 동안 가족 내 개인의 발달변화(전형적, 비전형적)에 대한 이해 · 신체적, 정서적, 인지적, 사회적, 도덕적, 인격적 측면에 대한 기초적 지식	· 태아기 · 영아기 · 아동기 · 청소년기 · 성인기 · 노년기
성 (Human Sexuality)	· 성발달의 생리적, 심리적, 사회적 측면을 이해함으로써 건강한 성적 적응 성취	· 생식 생리학 · 생물학적 결정자 · 성행위의 정서적, 심리적 측면 · 성행동 · 성적 가치와 의사결정 · 가족계획 · 성적 반응의 생리학적, 심리적 측면 · 성행위가 대인관계에 미치는 영향

구분	내용	예시
대인관계 (Interpersonal Relationship)	· 대인관계의 발전과 유지에 대한 이해	· 자기와 타인 · 의사소통 기술(듣기, 공감, 의사결정, 문제 해결 및 갈등 해결) · 친밀감, 사랑 · 존중, 책임감을 가지고 타인과 관계 맺기
가족자원관리 (Family Resource Management)	· 가족과 개인이 시간, 돈, 물질적 자산, 에너지, 친구, 이웃 및 공간 등의 자원을 개발하고 배분하는 결정에 대한 이해	· 목표설정 및 의사결정 · 자원개발과 할당 · 사회환경 영향 · 생애주기와 가족 구조의 영향 · 소비자 이슈와 결정
부모교육 (Parent Education and Guidance)	· 부모가 자녀를 어떻게 가르치고, 인도하고 영향을 미치는지에 대한 이해 · 생애주기에 따른 부모/자녀 관계의 변화와 요구	· 양육권과 책임 · 부모 됨 연습 · 부모-자녀 관계 · 양육문제의 변화 · 생애주기에 따른 부모역할 변화
가족법과 정책 (Family Law and Public Policy)	· 가족복지에 영향을 미치는 법적 문제, 정책과 법에 대한 이해	· 가족과 법(결혼, 이혼, 가족 지원, 양육권, 아동보호 및 권리, 가족계획) · 가족과 사회서비스 · 가족과 교육 · 가족과 경제 · 가족과 종교 · 정책과 가족(세금, 사회보장, 경제지원, 규정 등 가족에 영향을 미치는 공공정책)
직업윤리와 실제 (Professional Ethics and Practice)	· 인간의 사회적 행동의 특성과 질에 대한 이해 · 전문적인 실무와 관련된 윤리적 질문과 이슈를 비판적으로 검토할 수 있는 능력	· 사회적 태도와 가치 형성 · 다원적 사회에서 가치의 다양성과 가치선택의 복잡성을 인정하고 존중하기 · 가치체계와 이데올로기를 체계적이고 객관적으로 확인 · 가치선택의 사회적 결과 · 사회적, 기술적 변화의 윤리적 의미 · 전문 직업윤리 인식
가족생활교육 방법론 (Family Life Education Methodology)	· 교육 프로그램을 기획, 실행 및 평가할 수 있는 능력과 일반 철학과 가족생활교육의 광범위한 원리에 대한 이해	· 계획과 실행 · 평가(자료, 프로그램 효과) · 교육 기술 · 타인에 대한 감수성 · 지역사회 관심과 가치에 대한 민감성

출처: NCFR(2014). Family Life Education Content Areas. (www.ncfr.org).

(2) 가족생활교육의 운영원리

가족생활교육이 현장에서 구조화된 프로그램을 도구로 하여 운영될 때 지켜져야 하는 기본 운영원리가 있다(Arcus, 1993a, 이기숙, 2010 재구성). 이 운영원리는 가족생활교육의 전문성과 특성을 반영한 것이기 때문에 가족생활교육의 내용을 구성할 때와 프로그램을 운영할 때 중요하다. 그러나 가족은 사회변화와 함께 끊임없이 변화하는 실체임을 전제로 할 때 운영원칙도 계속 비판적으로 검토되어야 한다.

첫째, '가족생활교육은 생애전반에 걸쳐 개인과 가족에 관련된다.' 가족생활교육은 초기에는 주로 부모교육에 관심을 기울였다. 그러나 시간이 가면서 이 교육은 인생 전체에 걸쳐 개인과 가족을 포함하도록 확대되었다.

이것은 모든 연령의 사람들이 가족생활에 대해 배울 필요가 있다는 점과 가족생활교육에 의해 더 나은 가족생활을 영위하고 삶의 질을 증진시킬 수 있다는 믿음이 있기 때문이다. 가족이 전형적인 가족발달(nomative developments: 결혼하고, 부모가 되고, 독립을 하는 것등)의 과정을 겪든지, 특별한 필요와 사건에 의해 다양한 가족형태와 발달과정을 겪든지 간에 이를 고려하여 적절한 교육내용과 방법에 의해 교육이 이루어져야 한다.

둘째, '가족생활교육은 개인과 가족의 욕구(needs)에 기초를 두어야 한다.' 가족생활교육은 개인과 가족의 즉각적 욕구(현재의 욕구)에 맞게 조정되어야 하고 이런 욕구에 영향을 주는 사회 · 문화적 변화에 민감해야 한다. 가족생활교육 프로그램은 그것이 개인, 가족, 지역사회의 즉각적인 욕구에 직접 관련될 때 가족생활교육의 효과가 극대화될 수 있다. 따라서 가족생활교육 프로그램을 개발하기 전에는 반드시 교육대상자들의 교육욕구가 무엇인지 조사하여 교육내용에 반영해야만 한다.

셋째, '가족생활교육은 다학제적 연구영역(multidisciplinary area)이고, 실행에 있어서 다전문적(multiprofessional)이다.' 가족생활이라는 폭넓은 영역과 남녀노소 모두의 전 생애(One's whole life)를 포함하는 교육대상을 위해서는 다양한 관점과 학문 간의 협동과 융합으로 교육의 효과를 높일 수가 있다.

넷째, '가족생활교육 프로그램은 다양한 환경에서 제공된다.' 가족생활교육이 이루어지는 환경은 주제에 따라 교육의 효과를 거둘 수 있는 곳이라면 가능하다고 본다. 개인의 잠재력과 가족 건강성을 강화시키기 위한 가족생활교육의 목적을 달성할 수 있는 환경이 요구된다.

다섯째, '가족생활교육은 치료적 접근(therapeutic approach)보다는 교육적 접근방식(educational approach)을 취한다.' 교육과 치료 간의 개념적 차이가 명확하진 않지만 많은 가족생활교육사들은 가족생활교육의 활동 목적이 교육이라고 본다. 그러나 교육진행과정에서 치료적 접근이 이루어지기도 하므로 가족생활교육사의 상담과 치료적 역량을 갖추는 것이 요구되기도 한다.

여섯째, '가족생활교육은 다양한 가족가치관을 제시하고 서로 다른 가족가치관을 존중해야 한다.' 다양한 교육들은 바람직한 가치와 긍정적 가치를 지향한다. 그러나 개인들은 그들의 경험에 따라 다양한 가치를 추구할 수 있으므로 이러한 가치들에 대한 주관성을 존중해야 한다. 가족생활교육자들에 대한 중요한 역할 중의 하나가 사회적 태도와 가치를 형성시키는 데 있어서 프로그램 참여자들을 돕는 역할로 정립(한국가족관계학회)되어 있으므로 가족생활교육자는 가치의 차이를 이해하고 수용하는 것과 비판적 사고기술을 갖도록 하는 데 도움을 줘야 한다.

일곱째, '자격을 갖춘 가족생활교육사들이 가족생활교육 목표의 성공적 실현에 중요한 기여를 한다.' 가족생활교육사들의 전문성과 역량은 가족생활교육의 효과와 관련이 깊다. 따라서 가족생활교육사 훈련을 위한 기구, 교과과정, 교수방법 훈련 등에 관한 지속적인 관심과 연구가 필요하다.

2. 가족생활교육의 필요성과 발달

우리는 앞서 가족의 기능과 사회변화에 따른 현대가족의 문제와 이슈를 살펴보았다. 특히 우리나라는 급속한 성장과 도시화의 영향으로 많은 변화를 겪었으며, 그러한 변화는 가족환경에 큰 영향을 끼쳤다. 가족구조의 변화와 다양한 가족형태의 등장, 가족가치관과 가족기능의 변화, 가족해체의 증가 등 가족과 가족환경의 변화는 우리의 삶에 대한 가치와 행복에 대한 기준도 바꿔놓았다. 가족구성원들이 행복할 수 있는 가족을 만들고, 이들이 모여 행복한 사회를 만든다는 아주 기초적인 원리를 생각할 때 어떻게 하면 가족원들이 행복감을 느낄까를 생각해야 한다.

인류가 존재하는 한, 가족의 변화는 계속될 것이고, 변화에 따른 가족의 불안요소가 증가하고, 이러한 불안요소들은 가족의 기능을 약화시키므로 가족의 건강성을 유지하고 불안에 잘 대처할 수 있는 역량을 갖게 하는 것이 필요하다. 이를 돕는 것은 가족생활교육을 통해 가능하다고 볼 수 있다. 그 필요성을 살펴보기로 한다.

1) 가족생활교육의 필요성

소방대장이면서 삶의 지혜에 관한 글로 유명한 캡틴 밥 스미스(Bob Smith)는 우리의 현실을 이렇게 지적하였다.

> *"우리는 의사소통(communication), 대인관계, 성생활, 육아, 부모역할, 금전 등 중요한 분야에서 필요한 수단이나 지침도 없이 사람들과 관계를 맺는다. 그러면서도 인생의 각 분야에서 전문가라도 되는 양 행동하고, 그러다 보니 자주 실패를 경험한다. 우리는 '앎을 위한 교육(education for knowing)'은 열심히 하는 편인데 '삶을 위한 교육(education for living)'은 소홀히 하고 있다."*

밥 스미스는 소방관으로 위급한 상황을 늘 해결해 오곤 했지만 막상 결혼생활에서 발생하는 위급한 상황에 대해서는 아무런 조치를 취하지 못해 왔고, 그런 고민을 푸는 길을 찾는 노력 끝에 책을 쓰게 되었다고 한다.

캡틴밥스미스. 김은경 역(2005). 다시 태어나도 결혼하고 싶은 사람이 되는 법. 북스캔.

(1) 급속한 사회변화에 따른 가족의 적응을 돕는다

사회의 변화는 모든 사람에게 적응을 요구한다. 특히 현대사회의 가족기능의 변화는 과거와는 달리 정서적 안정을 강조하게 됨에 따라 관계와 상호작용을 중요하게 생각하게 되었다. 그러나 바쁜 현대인들이 사적인 가족보다는 공적인 직업영역과 일을 우선시함으로써 이러한 정서적 요구가 충족되지 않음에 따른 다양한 부작용이 우리 사회에 나타나고 있다.

이러한 사회변화에서 파생되는 영향은 결혼시기의 지연이나 독신생활 고수, 이혼의 증가, 부양과 가족보호에 대한 의식 약화, 비생산적인 노년층의 증가, 세대차이로 인한 갈등, 가족이기주의와 개인주의적 태도, 이중적인 성 역할 기준, 과학기술매체 발달에 따른 적응지연, 도덕성 약화 등으로 나타난다.

이와 같은 현상들은 인간행동을 좌우하는 다양한 가치가 과거와 현대 속에서 혼재하여 작용하게 됨에 따라 사람들은 이중적인 가치관을 갖게 되고, 가족생활이나 자녀교육에서도 일관성 없는 태도를 보여 문제를 만들어 내기도 한다. 우리 사회의 가족이 안고 있는 다양한 문제는 과거와는 다른 양상의 가족문제가 되어 가족 스스로 해결하기에는 어려움이 있다. 따라서 가족의 요구에 효과적으로 적응하고 문제를 사전에 예방할 수 있는 가족생활교육과 관련 전문기관을 통한 대처가 필요하게 되었다.

(2) 스트레스와 위기에 대한 대처능력을 갖게 한다

최근 우리나라는 경제적 압박이나, 빈곤과 질병, 가족 간의 불화, 사회문화적 편견 등에 의해 직장과 가족에서 많은 스트레스를 받고 이러한 스트레스를 극복하지 못하는 경우 위기에 처하여 더욱 상황이 악화되는 경우가 많다. 한국 사람들은 재정적인 어려움으로 인해 가장 스트레스를 받으며, 이 외에 불확실한 미래, 직장생활, 가정생활, 사회풍토와 관련이 있다고 보고하고 있다(김의철·박영신, 1999). 특히 스트레스를 경험했을 때 도움을 준 사람은 없다는 반응이 과반수에 해당하였고, 그다음으로 친구, 가족, 선배, 직장상사의 순서로 나타났다.

학습 tip	인성교육 방법의 삼율(三律)

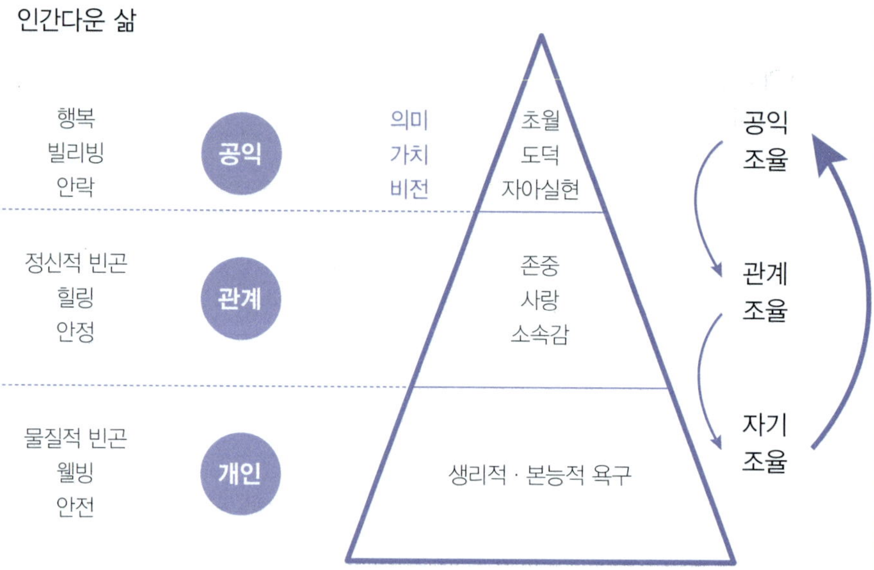

인성교육진흥법에서 인성교육의 목적은 '내면을 바르고 건전하게 가꾸고 타인, 공동체, 자연과 더불어 살아가는 데 필요한 인간다운 성품과 역량을 기르는 것'이라고 되어 있다. 여기에서 조벽 교수는 인성교육 방법으로 '삼율(三律)'을 제시하였는데 첫째, 내면을 바르고 건전하게 가꾸는 것은 '자기조율', 둘째, 타인과 더불어 살아가는 것은 '관계조율', 셋째, 공동체와 자연과 더불어 살아가는 것은 '공익조율'이라고 하였다. 이 세 가지 조율은 나와 타인을 사랑하고 스스로 인생의 주인이 되는 구체적인 방법으로 설명한다.

출처: 조벽(2015). 인성이 실력이다. 해냄출판사.

우리가 살아가면서 남성은 남성대로, 여성은 여성대로 아동, 청소년, 장년, 노년 등 우리 모두는 각자의 위치에서 나름의 스트레스 상황을 경험한다. 그런데 문제는 스트레스와 위기상황에서 본인의 문제 해결능력도 부족하고 사회적 지원이나 정서적 지지를 할 수 있는 체계가 부족하면서 부정적인 결과를 초래하게 되기 쉽다는 것이다.

우리는 많은 교육에 노출되어 있으며, 교육은 아는 것이 많은 사람을 길러 내는 것이 아니라 인간성을 갖춘 사람을 길러 내는 것이라는 점에 누구나 동의하지만 현실은 학업을 더욱 강조하고(조벽, 2015), 가정교육은 가정에서 가르치는 국 · 영 · 수 공부인 줄로 알고 있는 사람도 있다고 한다. 우리 사회에서 사라져 가고 있는 가정교육은 결국 사회에서 잘 살 수 있는 기본이 된다는 것을 생각하지 않고 사는 경향이 있다. 이러한 환경은 관계 속에서 살아가는 우리에게 인간관계를 증진시키고 서로를 위로하고 격려할 줄 알게 할 수 있을지를 심각하게 고민해 봐야 한다.

다음의 가족이란 집단이 갖는 특성을 살펴보면 가족관계에서 힘이 되기도 하지만, 때로는 많은 스트레스와 위기를 갖게 하기도 한다. 따라서 이러한 가족특성은 가족생활교육이 필요함을 시사한다.

첫째, 가족은 사회의 일차집단으로 구성원 간의 '우리-감정(we-feeling)'은 강한 일체감을 유지하여 위기를 극복하기도 하지만 가까이 빈번하게 접촉하는 관계에서 오는 스트레스도 있다.

둘째, 가족은 공동사회집단(gemeinschaft)으로 구성원과의 상호 애정과 이해를 기반으로 이루어져 있어서 외부의 장애나 분리에도 해체되지 않는 결합관계를 갖는 반면 누군가의 희생을 당연한 것으로 받아들이거나 조화를 이루지 못하면 갈등의 원인이 되기도 한다.

셋째, 가족은 폐쇄집단(closed group)으로 구성원이 되고 싶지 않아도 가족관계를 포기하기가 어렵다. 따라서 더욱 강력한 관계로 응집력을 보일 수 있으나 스트레스나 위기의 과정에서 남들보다 서로에게 더욱 큰 상처를 줄 수도 있다.

넷째, 가족은 형식적 집단(formal group)이지만 가족관계는 비형식적(informal)이다. 형식적 집단으로서의 가족은 조직적 구조와 지위에 따라 관습의 통제를 받게 되기도 한다. 따라서 가족원의 개성이나 능력과는 관계없이 역할과 책임,

의무가 주어짐으로써 스트레스와 갈등을 겪을 수 있다. 비형식적인 가족의 특성은 가족관계가 애정적 정서를 바탕으로 연결되어 있어서 형식과 예의를 차리지 않아도 상호 이해가 가능하고 자유롭다.

이러한 비형식적 특성은 때론 지나친 자유로움이 방종으로 이어지거나 혹은 지위를 넘나들게 되어 가족관계를 해치거나 문제의 원인이 되어 스트레스와 위기가 되기도 한다.

(3) 안정된 자녀양육과 가정의 교육기능을 강화한다

가정은 가족생활교육을 자연스럽게 할 수 있는 가장 좋은 장(field)이다. 교육자로서의 부모 및 성인과 피교육자로서의 자녀인 아동과 청소년이 대부분 매일의 일상생활을 함께 영위하기 때문이다(전세경, 2013). 자녀를 양육하는 부모는 누구나 자신의 자녀가 잘 자라 주기를 기대하므로 교육적 태도를 갖고 자녀를 대하게 되기 때문에 가족생활교육이 이루어진다고 볼 수 있다.

가족은 가족형태에 따라서는 다양한 가족구성원과 친족들을 만날 수 있는 곳이기도 하기 때문에 작은 사회이기도 하다. 그러나 산업화는 대가족을 해체시켰고 가족들은 가장 이동하기 좋은 형태인 핵가족을 이루며 살다가 지금은 핵가족보다도 혼자 사는 가구가 증가하고 있다. 핵가족도 소인수이며 때로는 부모가 모두 직장생활을 하여 상호관계가 이루어지지 않는 경우도 있기 때문에 가정교육의 기회도 부족하고 부모에 의한 가정교육은 거의 상실되었다고 볼 수 있는 어려운 현실이다. 게다가 사람과 사람 사이에 기계가 끼어들어 인간관계를 교란시켜 기존질서가 무너지고 대신 새로운 질서와 관계역학이 탄생하여 전통과는 완전히 다른 새로운 사회구조와 새로운 가족관계들이 나타날 것(조벽, 2015)으로 보고 있다. 그러나 인간은 관계 속에서 태어나고 관계 속에서 살다가 죽기 때문에 인간이 가져야 할 인간됨은 여전히 가치를 가지고 그 가치를 키워 줄 곳은 가정이며 가정교육에 의해 이루어져야 한다. 이에 앞서 교육적 영향력을 가진 부모교육이 우선되어야 할 것이며, 가족생활 속에서 올바른 가치와 가족 내 역할, 건전한 가족문화 등에 의해 가정교육이 자연스럽게 이루어질 수 있도록 해야 한다. 따라서 통합적인 가족생활교육에 의해 안정된 자녀양육 환경을 조성하고 가정의 교육기능을 강화시키는 것이 필요하다.

이러한 가정교육의 특성(윤정일 외, 2005)을 살펴보면 다음과 같다.

- 가정교육은 자연적, 무의도적, 지속적으로 이루어지는 교육이며 가정은 최초의 교육환경으로서 그 어느 교육환경보다도 자녀(유아, 아동, 청소년)에게 강한 영향을 미친다.
- 가정교육은 강한 애정과 신뢰로 결속된 연령과 성별이 다른 가족구성원 사이에 실시되기 때문에 부성과 모성의 상보적 관계에 의해 이루어진다.
- 가정교육은 인간성의 기초를 형성하는 장으로서 어린 시절 대부분 가족 구성원들과 함께 보내는 시간 동안 형성된 심리적, 사회적 특성은 이후의 삶에 지속적인 영향을 미친다.
- 가정교육의 내용은 실제 생활에 필요한 것으로 이루어져 있는데, 인간의 활동 중 필요한 대부분의 기본 지식과 기능, 예를 들어 식사, 언어, 예절 등은 대개 모두 가정교육을 통하여 형성된다.
- 가정교육은 일정하게 정해진 프로그램에 의한 훈련이 아니라 항상 자녀의 심신을 안정되게 보호하고 인성과 심신의 발달에 대한 변화를 촉진하고 배려하게 되므로 교육의 가장 원초적인 형태를 띤다.

(4) 가족생활에 대한 정보를 제공함으로써 가족역량 강화를 한다

예로부터 우리의 가족생활은 일반적으로 굳이 교육을 받지 않아도 살아갈 수 있다는 생각을 갖고 있다. 그러나 이것은 잘못된 믿음이다. 비교적 변화가 느린 농경사회에서는 생활이 단순하고 생활상의 지혜는 세대를 통해 전해지는 것으로 살 수 있었으나, 현대 사회의 급속한 변화에 따른 쏟아지는 정보의 홍수 속에서는 어느 것이 옳은지 구분하지 못하고 흡족한 선택을 하지 못하며 살고 있다. 현대인의 바쁜 일상은 가족원이라고 해도 공유하는 시간이 한정되어 있고, 개별화된 생활로 가족성장을 위한 정보를 공유하기란 어려운 일이다. 더구나 사적인 것보다는 공적인 일을 더 중요하게 생각하고 있기 때문에 더욱 소홀하게 생각할 수 있는 부분이 가족생활이다. 그러나 가족의 정서적 안정의 기능이 중요하고 가족이 행복의 근원임은 부인할 수 없다. 따라서 현대 가족은 서로를 이해하고 다양한 가족의 요구를 충족시키기 위해서 전문적인 정보를 필요로 한다. 배우자의 역할이나 의사소통의 방법, 가족 이해하기, 자녀양육 방법, 부모역할 방법, 가족생활주기에 따른 가족역할의 재정립, 가족재무설계 등 다양한 정보는 가족생활교육을 통해 알 수 있다. 사회변화에 따른 가족기능의 사회화는 가족 외부 자원과 서비스 연계 등의 정보를 이용함으로써 가족의 기능을 원활하게 할 수 있으며, 가족갈등 시 가족상담과 가족생활교육을 통해 기능을 회복할 수 있으므로 가족의 역량을 강화시킬 수있는 정보 제공을 위한 가족생활교육이 필요하다.

(5) 다양한 가족의 출현으로 건강한 가족규범이 필요하다

오늘날 글로벌 사회 속에서 다양한 문화와 다양한 가족이 동일한 사회에서 조화를 이루며 살아가기 위해서는 가족가치를 새롭게 정립하고 다양한 가족의 규범 설정이 필요하다. 특히 사회가 복잡해지고 개인주의 성향이 강해질수록 그 중요성이 강조되는 분야는 '도덕성'이다. 최근 우리나라는 국민의 인성교육과 인문학의 역할을 강조하고 있다. 도덕성은 어린 시절부터 꾸준히 연습하고 훈련에 의해 형성이 되는 것이므로 하루아침에 교육을 받는다고 해결되는 것이 아니다. 도덕성이 결핍되면 사회의 법질서가 무너지고, 상하질서가 무너지며 가정의 질서 유지에도 영향을 끼치게 된다. 이러한 도덕성은 가족의 건강성과 규범을 유지하는 데 기초를 이룬다. 현대사회의 '가족전문가'는 사회의 변화 흐름을 따라가면서 다양한 계층, 다양한 형태, 다양한 세대, 그리고 남성과 여성이 생각하는 가족에 대한 기본욕구를 파악하는 훈련과 가족공동체 유지에 필요한 역할공유와 협조의 기술을 가르쳐 줄 수 있어야 한다(이기숙, 2010).

가족생활교육은 개인과 가족에게 기본적인 가족생활역량을 길러 주고자 하는 목적으로 실천할 수 있는 구체적인 실천적 활동이며, 전 생애를 거쳐 삶의 본질을 깨닫고 새로운 가족생활 패러다임을 만들 수 있도록 하는 교육이라고 볼 수 있다. 따라서 다양한 가족과 다양한 문화 속에서 긍정적 가치를 추구하면서 만족스러운 삶을 영위할 수 있도록 가족생활교육을 통한 건강한 규범을 마련하여야 한다.

Virtues Project International(Virtues Project Korea)

-긍정적 가치를 추구하는 인성교육-

북미소도시의 한 정신과 의사인 린다 캐벌린 포포프(Linda Kavelin Popov)가 개발한 프로그램으로서 어린이들이 일상생활 속에서 꾸준히 미덕을 연마해 나갈 수 있는 인성교육 프로그램이다. 그녀의 교육법은 ABC(Aiding Behavioral Change)로 알려져 있으며, 1991년 린다는 소아정신과 의사이자 비교종교학자인 남편 댄 포포프 박사(Dr. Dan Popov)와 월트 디즈니사의 영상감독이었던 동생 존 캐벌린(John Kavelin)과 함께 새로운 형태의 인성연마 프로그램 버츄프로젝트(The Virtues Project)를 창안했다. 인류사회의 360여 가지의 미덕 가운데 52가지의 미덕을 선별하여 현대인의 삶 속에서 미덕을 효과적으로 일깨우고 강화시킬 수 있는 5대 전략을 개발하였다. 이곳에서 제공하는 각종 프로그램은 약 90여 개국 세계 문화권의 가정과 학교, 직장에서 인성연마와 인성문화 제고를 위한 도구로 사용되고 있다. 5대 전략은 다음과 같다.

① 미덕의 언어로 말하라
② 배움의 순간을 인식하라
③ 미덕의 울타리를 쳐라
④ 정신적 가치를 존중하라
⑤ 정신적 동반을 제공하라

by Linda Kavelin Popov with Dan Popov, Ph. D. and John Kavelin.
https://virtuesproject.com/virtuesdef.html

(6) 사회적 비용을 줄이고 가족들의 교육욕구를 충족시킨다

가족의 행복에 대한 관심이 증대되고 인간의 수명이 길어지면서 사람들의 교육관은 평생 교육적 관점을 갖게 되었다. 가족생활교육은 사회에서 이러한 국민들의 교육적 욕구를 충족시키고 가족으로 인한 사회적 문제도 예방함으로써 국민의 삶의 질을 향상시키기 위한 역할을 한다. 가족생활교육은 생애주기 동안에 발생 가능한 문제나 사소한 갈등부터 위기까지 가족의 역기능적인 문제들에 지혜롭게 대처할 수 있도록 가족들의 역량을 길러 줌으로써 폭력, 불안, 우울, 자살, 일탈 등과 같은 역기능적 현상을 사전에 예방할 수 있게 한다. 이는 점차 증가하는 다양한 가족문제를 실제적으로 감소시키는 데 기여하고 사회적 비용을 줄이는 효과를 가져올 것이다. 평균 수명의 증가와 함께 사람들은 행복에 대한 관심도 커졌으며, 교육에 의한 행복추구의 경향도 높아졌다고 볼 수 있다.

(7) 가족의 행복과 삶의 질을 향상한다

가족생활교육의 목적은 문제예방, 잠재력 개발, 문제 해결, 건강가정문화 조성 등이 공통된 목적이라고 볼 수 있다. 가족생활교육은 가족문제가 발생하기 전에 예상할 수 있는 문제에 대한 교육을 하거나 상담을 통해 가족원이 문제 해결과 대처능력을 가질 수 있도록 돕는다. 사람의 관계는 상호작용하는 과정에서 문제를 언제든지 가질 수 있으며, 이러한 사소한 문제가 해결되지 않고 쌓여간다면 더욱 큰 문제에 처하게 되고 해결이 어려운 상황으로 갈 수도 있다.

아무리 지적 수준이 높고 경제력이 좋다고 하더라도 나와 가장 가까운 가족관계에서 행복감을 느끼지 못한다면 그 사람의 삶은 메마르고 허무한 인생이라고 평가하게 될 것이다. 따라서 가족생활교육에 의해 부부관계, 부모-자녀관계, 친족관계 등 가족관계에서 발생할 수 있는 갈등을 최소화하는 기술과 방법을 배우고 가족에 대한 이해를 높임으로써 가족문제에 지혜롭게 대처하는 능력을 발휘할 수 있다고 본다. 가족생활교육의 근본 취지는 문제가 있는 개인이나 가족을 대상으로 하기보다는 현재의 삶도 비교적 만족스럽지만 가족들의 새로운 요구까지도 충족할 수 있으면서 서로 성장할 수 있도록 하는 것이다. 가족의 역량과 잠재력 개발이란 단순한 정보 제공과 교육에 의한 지식 습득만이 아니라 자신이 몰랐던 능력을 일깨워 삶의 기쁨을 느낄 수 있는 계기를 만들어 주기도 한다. 다양한 입장에 대한 관점과 이해도를 갖게 되어 타인과 다양한 상황에 대한 긍정적인 수용과 책임감 있는 자신의 선택에 대해 자신감 있는 행동을 할 수 있도록 한다. 이러한 가족생활교육은 가족을 하나의 안정된 체계로서 건강하게 하고 관계를 향상시키며, 각 가족구성원들의 심리·정서적 안녕을 증진시킴으로써 가족의 행복과 삶의 질을 향상하는 데 필요하다.

2) 가족생활교육의 발달

어떤 학문이 시작되는 데는 그 사회적 배경과 발달의 역사가 있다. 가족생활교육이 오늘날 우리 사회에서 가족의 건강성을 향상시킬 수 있는 하나의 교육으로 성립되기까지 어떠한 과정을 거쳐 왔는지 살펴보기로 한다.

우리나라 가족생활교육은 조선 정조 22년에 쓰인 다산 정약용의 산림경제에서 이미 가정(家政)과 정가(政家) 두 편의 내용에서 다루어졌다. 이곳에서는 의, 식, 주, 육아, 상례, 언어, 용모, 임신섭생, 재산관리 · 분배, 도둑방지법 등 세상의 지식을 알아야 함까지 가정 내(內)와 가정 외(外)의 모든 관계를 다루며 가족생활 전반에 대한 내용을 포함하고 있음을 보여 준다.

근대에 들어서 학문적으로는 1929년부터 1945년에 이르기까지 가정생활과 관련된 분야의 교육인 가정학 교육을 통합적으로 실시했던 시기라고 볼 수 있다. 교육내용은 시대적으로 전쟁 직후의 자원부족과 식민지의 혼란한 사회적 배경이 반영되어 절약과 재사용(recycling) 등을 강조하는 생활개선이 우선적이었으나 이후 자녀교육에서 남녀평등사상이 싹트고 가사노동의 효율화를 위한 환경개선, 여성의 지위향상 등에도 관심을 갖게 되었다.

1945년 이후 1965년에는 시대적으로 군정과 6 · 25 동란을 겪으면서 한국문화보다는 미국문화가 가정생활에 영향을 주었고, 발달이란 곧 미국화라고 하는 것과 동일한 사고를 가지게 되면서 학문에도 영향을 주게 된다. 전쟁 후 산업화로 인해 가족형태가 핵가족으로 분화되고 가족관계에 변화가 오게 되면서 육아에 대한 관심이 증대되는 과정을 거친다.

1965년에서 1985년까지의 20년 동안은 한국 사회와 경제가 도약하는 시기로 가족생활과 관련된 다양한 주제들을 가정학의 세부영역들로부터 찾아볼 수 있다. 이와 같이 우리나라의 가족생활교육은 가정학에 근원을 두고 시대와 사회상황에 따라서 변화를 거듭해 왔다고 볼 수 있다. 이 시기의 가정학(家: 집, 政: 바르게 다스리는 일, 學: 배움)은 그 단어가 가리키듯이 '집(家)을 어떻게 다스려야 하느냐?'하는 근본적인 물음에서 가정학(家政學)은 가족과 환경과의 상호작용, 가족생활을 연구하는 학문으로 정체성을 가져야 한다고 보았다. 가정학의 핵은 가족으로서 가족이 모인 가정(家庭)과 생활차원의 가정을 중심으로 주변 환경과의 상호관계를 연구하는 가정(家政)의 관계를 학문적으로 정립하여야 함을 강조하게 되었다.

즉, 이 시기의 가정학은 인류의 최소집단이 가정(家庭)임을 가정(假定)하면서 '가정이 가족 개인에게 현대사회를 살아가는 데 행복을 주는 것인지?', '현대사회에서 추구하는 개인과 가정단위의 행복의 기준은 무엇인지?', '한 개인이 가족의 일원일 때와 사회를 향해서 한 개인일 때 차지해야 하는 인권의 존엄성은 인정받고 있는지?', '성적 역할분담과 인권사이의 문제가 가정을 중심으로 구별된 사고 속에서 잘 처리되고 있는지?' 등의 문제를 다루면서, 오늘의 가정형태가 미래에는 어떻게 될 것인지에 대해 예견해 봄으로써 변화에 능동적으로 대처하는 자세를 적극적으로 생각해야 한다는 점을 강조하였다(김숙희, 1990).

이와 같이 우리나라 가정학의 기본 입장은 이미 가족생활교육의 필요성을 강조해왔음을 보여준다. 다만 이러한 학문적 내용을 적극적으로 사회에 실천하고 적용시키고자 하는 노력이 미약했음은 부인할 수 없다. 우리나라 가족생활교육의 시작은 초기에는 대규모 강좌의 형태로 사회단체나 종교기관, 과거의 사회교육원(현 평생교육원), 문화원 등에서 이루어졌다. 종교기관에서는 가정사역의 일환으로 ME(Marriage Encounter)라는 부부교육이 꾸준히 이루어졌으며, 가족생활교육 프로그램에 대한 형식이나 적용에 대한 일정한 합의가 없는 상태에서 일회성의 교육이 대부분이었다고 할 수 있다.

1983년에는 「사회교육법」 시행령(대통령령 11230호)에서 가족생활교육이 사회교육의 10개 영역 중 네 번째로 명시되면서 제도적 의미와 위상을 갖게 되었다(전세경, 2013). 즉 사회교육의 영역은 국민생활에 필요한 기초교육과 교양교육, 직업기술 및 전문교육, 건강 및 보건교육, 가족생활교육, 지역사회교육 및 새마을교육, 여가교육, 국제이해교육, 국민독서교육, 전통문화이해교육, 기타 학교교육 등으로 분류되었다. 사회교육의 목적은 "모든 국민에게 평생을 통한 사회교육의 기회를 부여하여 국민의 자질을 향상하게 함으로써 국가사회의 발전에 기여함을 목적으로 한다(「사회교육법」 제1조)."고 밝히고 있으며, '사회교육'이라 함은 "다른 법률에 의한 학교교육을 제외하고 국민의 평생교육을 위한 모든 형태의 조직적인 교육활동을 말한다(「사회교육법」 제2조)."고 정의하고 있다.

1999년 「사회교육법」은 「평생교육법」으로 변경되었고, 이와 같은 교육이 다양한 국민의 평생교육적관점을 견지하고 있듯이 가족생활교육 또한 평생교육의 차원에서도 지속적으로 이루어져야 할 교육임을 말한다.

1990년 이후 국민의 삶의 질에 대한 관심이 증대되었고, 사회의 급속한 변화에 따라 가족문제가 심각해지고 개인주의가 팽배해지면서 가족교육에 대한 필요성이 높아졌다. 또한 가족복지에 대한 인식도 가족문제의 사전예방과 보편적복지, 가족의 건강성을 강조하게 됨에 따라 많은 연구자들에 의해 가족생활교육 프로그램의 개발이 붐처럼 일었었다.

2003년 「건강가정기본법」이 제정되고, 2005년 시행된 이후 건강가정지원센터와 다문화가족지원센터가 운영되면서 가족생활교육이 본격적으로 우리나라에서 교육 프로그램으로서의 체계를 갖추고 적용이 되었으며, 점점 체계를 갖춘 심화된 프로그램으로 개발되어 교육이 이루어지고 있다. 「건강가정기본법」은 "건강한 가정생활의 영위와 가족의 유지 및 발전을 위한 국민의 권리 · 의무와 국가 및 지방자치단체 등의 책임을 명백히 하고, 가정문제의 적절한 해결방안을 강구하며 가족구성원의 복지증진에 이바지할 수 있는 지원정책을 강화함으로써 건강가정 구현에 기여하는 것을 목적(「건강가정기본법」 제1조)"으로 하고 있다. 기본이념(제2조)에서는 "가정은 개인의 기본적인 욕구를 충족시키고 사회통합을 위하여 기능할 수 있도록 유지 · 발전되어야 한다."고 밝히고 있어서 가정이란 집단의 건강한 기능과 개인의 복지증진을 위한 국가의 책임을 강조하고 있다. 「건강가정기본법」이 제정되기 전에는 이러한 일들을 적극적인 국가의 책임으로 보지는 않았고, 가족생활교육은 다양한 장소에서 다양한 모습으로 진행이 되었다. 그러나 사회 전반의 문제들이 심각해지고 그 문제의 근원이 가정이라는 점에서 문제예방과 가족의 건강성 강화가 강조됨에 따라 가족생활교육에 대한 필요성이 여러 분야에서 제기되었다. 이에 따라 가족생활교육의 사회적 사명이 강조되고 평생교육 차원에서 각 가족원 개인 혹은 가족이란 집단을 대상으로 구조화된 프로그램을 개발하고 활발한 교육이 이루어지게 되었다.

2018년에는 우리 사회의 고령화와 낮은 출산율, 높은 이혼율에 따른 1인가구의 증가로 이들의 외로움과 사회적 고립이 개인의 문제를 넘어 사회적 문제로 대두됨에 따라 1인가구를 포용하기 위해 '가족'에 대한 개념확대와 국가개입의 의견이 대두되었고, 「건강가정기본법」개정법에 1인가구에 대한 규정을 신설하여 1인가구의 복지증진대책을 강조하고 있다. 또한 모든 국민은 가정의 구성원으로 안정되고 인간다운 삶을 유지할 수 있는 가정생활을 영위할 권리를 가진다고 규정하고 있다. 이것은 모든 사람은 근원적으로 하나의 가족으로부터 파생되는 존재이기 때문에 모두가 가족원이며, 「건강가정기본법」에 의해 지원을 받아야 하는 대상임을 분명히 하는 것이다.

2021년에는 「건강가정기본법」에 의해 운영되고 있는 건강가정지원센터와 다문화가족지원센터를 통합하고 명칭을 '가족센터'로 변경하였다.

이와 같이 사회의 변화에 따라 가족의 개념과 형태, 기능, 가치기준, 욕구 등이 달라지므로 보다 적절한 지원과 지역중심의 보편적 가족서비스를 제공하기 위해 관련법개정과 이에 따른 가족생활교육 내용의 변화도 계속될 것이다.

3) 가족생활교육 발전의 장애요소

'한 조사에 의하면' 한국인은 전체의 47%만 '행복하다'라고 밝혀 열 명 중 다섯 명 이상은 자신이 행복감을 느끼지 못하고 있는 것으로 조사되었다(한국일보, 2016). 사람들의 행복에 대한 관심은 증대하고 있으나 행복감을 느끼지 못하고 가족문제의 심각성이 더해지고 도덕성의 해이는 사회적 건강성을 저하시키고 있다. 한국사회는 압축적인 경제성장과 민주화 과정을 겪으면서 사회 불평등, 공공 복지체계의 축소, 집단 간 갈등, 공정성 훼손, 담론장 훼손, 시민성 부족, 신뢰저하, 소통부재 등의 문제를 지속적으로 드러내고 있다고 보고 있으며, 한국이 지속적인 경제발전을 성취하고 선진국 대열에 합류하기 위해서 절실한 것은 건강한 시민과 시민사회라고 지적하고 있다(김석호, 2017). 건강한 시민의 기본은 가족에 근거를 두고 있기 때문에 가족생활교육의 필요성에 대한 공감대가 형성되어 문제의식을 갖게 되었고, 전국에 가족생활교육의 전문기관이라고 할 수 있는 건강가정지원센터를 두게 되었다.

가족생활교육의 필요성을 강조하게 되면서, 운전면허를 따기 위해서는 공부하고 시험을 보면서도 결혼을 하고 부모가 되기 위해서는 아무런 공부와 자격도 없이 해도 되느냐는 세간의 여론이 형성되기도 하였다. 가족생활교육이 시민의 자발적인 참여에 의한 교육방식을 취하다 보니 참여율이 그리 높지 않으며, 교육이 가족문제를 예방할 수 있다는 인식이 부족하여 가정폭력이나 심각한 가족문제에 대한 예방적 차원의 교육 필요성에 대해 느슨한 태도를 갖는 것도 가족생활교육 발전의 장애요소가 된다.

가족생활교육 발전의 장애요소를 정현숙(2007)의 지적을 기초로 제시해 보면 다음과 같다.

첫째, '자연주의 신화'이다. 사람들은 태어나면서 성공적인 관계에 필요한 기술과 지식을 타고났기 때문에 행복한 결혼관계는 정상적인 성인에게서 별다른 노력 없이 자연스럽게 이루어진다고 보는 관점으로 빈센트(Vincent, 1973)는 '자연주의 신화(myth of naturalism)'라는 정의를 인용하였다. 사람들은 일정한 연령이 되면 가정을 형성하고 특별한 교육을 받지 않아도 잘 살아갈 수 있다고 생각한다.

둘째, '부부 및 가족문제의 노출에 대한 금기: 문제를 드러내는 것에 대한 거부'이다. 포웰과 캐시디(Powell & Cassidy, 2001)는 이러한 금기가 부부들을 위한 집단 프로그램 활성화의 가장 큰 장애요인 중 하나라고 지적한다. 우리 사회에서 부부관계는 매우 은밀한 사적 영역으로 인식함과 동시에 가족도 사적 영역으로 인식되어 왔다. 결혼과 가족생활에서 생기는 문제는 남에게 이야기하지 말아야 하며 가족들이 안고 가야 하는 것으로 생각한다. 대부분 사람들은 자신들이 가족에 속해 있으므로 자신의 가족문제는 자신들이 가장 잘 알기 때문에 남이 도울 수 없다고 생각한다.

셋째, '개인적 성장과 변화에 대한 거부'이다. 우리 사회의 선입견 중 하나는 문제가 있는 사람이나 가족들만이 문제 해결을 위해 교육과 상담을 받는다고 생각하는 것이다. 가족문제가 심각해지기 전까지는 문제의식을 크게 느끼지 않기 때문에 상담이나 교육의 필요성을 갖지 않는다. 버거와 한나(Berger & Hannah, 1999)는 '부서지지 않는다면, 고치지 않는다'는 인식의 결과로 생각한다. 즉, 문제로 인식하지 않기 때문에 변화의 필요성을 느끼지 못한다는 것이다. 또 한편으로는 상담과 교육에 의한 변화보다는 가족들에게 익숙한 방법을 선택하게 되고, 변화를 감당해야 하는 두려움으로 안주하고자 하는 경향을 보이기도 한다.

넷째, '독립적 인격체로서의 아동에 대한 이해 부족'이다. 가족생활교육의 가장 큰 두 영역은 부부관계교육과 부모교육이다. 그러나 우리나라의 아동권리에 관한 인식의 부족은 일방적인 부모역할을 강조하고, 소위 요보호 아동을 제외한 일반 아동들의 복지를 위한 정책은 상대적으로 소홀히 다루게 된다.

다섯째, '정치적 공론화의 어려움'이다. 우리 사회는 압축적인 경제성장과 더불어 사회문화적 변화과정을 겪으면서 가족의 중요성에 대한 인식이 높아지고, 행복의 근원이 가족이라는 것에 합의가 이루어졌으나 가족과 관련된 주제는 매우 사적이며, 민감한 주제이기 때문에 개인적으로뿐만 아니라 정치적으로 언급하는 것을 되도록 삼가는 경향이 있다. 결혼을 지지하는 친 결혼정책은 한부모가족이나 독신을 낙인화한다거나 중류층의 가치를 저소득층에게 강요한다는 비판을 받을 수 있기 때문에 이러한 정책을 주장하기를 주저한다. 특히 젊은 세대와 노인 세대의 입장이 다르기 때문에 정치인들이 세대 간 입장이 상충된 정책을 제안할 경우에는 다른 한 세대의 비판을 받을 수 있어서 상당히 곤란한 어려움에 처하게 될 수 있다. 글로벌 사회의 다문화와 다양한 가족에 있어서도 주류문화를 우선시하는 경우가 많아서 모든 문화가 존중되어야 한다는 주장은 이상적인 이론에 그칠 수 있는 이중적인 문화적 딜레마에 빠질 수 있다. 이와 같이 가족문제 자체는 매우 사적이며 보수적인 관점으로 인식되기도 하고, 남녀노소 모두를 포함하기 때문에 공론화하기 어려운 것이 가족생활교육 발전의 장애요소가 되기도 한다.

여섯째, '비 제도권의 자발적인 참여방식으로 참여율 저조'를 들 수 있다. 대부분의 사람들은 가족이 행복의 근원이라는 데에는 동의하지만 행복을 도모할 수 있는 방법을 배운다는 점에 대해서는 소극적이다. 가족생활교육을 하기 위한 사회제도적 기반은 어느 정도 마련이 되어 있으나 국민의 참여는 아직도 미흡한 수준이라고 할 수 있다. 관심 있는 사람들만의 자발적인 참여로 이루어지는 가족생활교육에는 강제성이 없으므로 더욱 그렇다. 부모교육에는 어머니들만 참여한다든지, 부부교육에 남편들의 참여가 저조하다든지 하는 것은 일방향의 교육이 되므로 실질적인 프로그램의 효과를 높이는 데 한계점이 되기도 한다. 가족의 건강성 강화가 잘 기능하는 사회의 기초가 되는 것임을 생각하면 그 어떤 교육보다도 강조되어야 한다. 따라서 제도권에서도 가족생활교육이 이루어진다면 양방향 교육으로 시너지효과는 대단할 것으로 사료된다.

핵심용어

가족 건강성, 성장잠재력, 문제 대처능력, 개인과 가족의 욕구, 가족생활교육의 운영 원리, 전 생애

학습실천과제

1. 가족생활교육에 대한 다양한 정의를 통해 자신만의 가족생활교육에 대한 정의를 내려 보도록 한다.
2. 가족생활교육의 기본 가정을 이해하여 학문적·실용적 역할을 구체화시켜 본다.
3. 가족의 건강성과 가족의 규범을 유지하기 위해 필요한 긍정적 가치를 적어 본다.
4. 가족생활교육의 장애요소를 극복할 수 있는 구체적인 방법을 적어 본다.

제5장

가족생활교육의 적용이론

〈학습목표〉

1. 가족을 설명하는 이론들의 관점과 차이점을 파악한다.
2. 각 이론의 관점이 가족생활교육에서 어떻게 확장될 수 있는지를 생각한다.
3. 각 이론을 가족생활교육에 효과적으로 적용할 수 있는 방법을 파악한다.

가족은 수많은 세월의 과정을 통해서 변화해왔으며 앞으로도 계속적인 변화를 해 나갈 것이다. 이러한 가족의 다양한 변화와 현상 속에서 가족의 건강성을 회복하고 강화하기 위해서 어떻게 접근해야 할 것인지를 알기 위해서는 다양한 가족관련 이론들을 토대로 한 가족에 대한 이해가 필요하다.

가족생활교육과 관련된 이론들은 포웰과 캐시디(Powell & Cassidy, 2001)가 제시한 가족체계이론, 생태학적 이론, 교환이론, 가족발달이론이 있으며, 로이와 맥더미드(Roy & MacDermid, 2003)는 관련교육과정을 구성하는 데 생태학적, 발달론적, 체계론적 이론이 포함될 것을 강조한다.

체계이론적 입장은 앞서 살펴보았으므로 사회교환이론, 상호작용이론, 가족발달이론, 여성학이론, 생태학이론을 가족생활교육과 관련하여 그 적용을 살펴보고자 한다.

1. 사회교환이론(Social Exchange Theory)

사회교환이론은 대인관계의 시작, 유지, 강화 등을 설명하기 위해 경제학과 심리행동주의 이론에 근거를 두고 있다. 개인과 개인 간의 교환이 어떻게 안정된 사회질서를 낳는가를 설명한다. 경영학에서는 조직몰입에서 조직원과 조직 사이에서 어떻게 하면 사회적 교환관계를 만들 수 있는지에 대한 것을 설명하는 이론으로 다루고 있다. 교환관계에서 인간은 보상을 최대화하고 손실을 최소화하려는 시도에서 행동을 수정한다고 하였다(Homans, 1958). 즉 상대에게 받은 만큼 돌려줘야 한다는 의무감을 느끼게 되고 이러한 태도는 균형 잡힌 교환이 이루어질 수 있는 방향으로 작용하게 된다는 것이다. 이와 같이 사회교환이론은 심리적·태도적 접근방법으로 계산적인 요인보다는 교환을 통한 보상을 원하고, 교환을 통해 유대관계가 형성이 되며, 이러한 유대관계를 통해 사회적관계가 강화된다고 본다. 또한 지속적인 보상을 위해서는 스스로의 통제와 변화가 가능하기 때문에 관계의 질을 변화시킬 수 있다고 볼 수 있다. 교환관계에서 상대방은 중요한 환경 중의 하나로 상대가 어떻게 하느냐에 따라 자신의 행동을 결정하게 된다고 보기 때문에 가족관계에서 나의 바람직한 변화는 상대방의 행동을 변화시킬 수 있는 기제를 만들 수 있다고 볼 수 있다.

가족생활교육에서의 적용은 가족 간의 관계에서 보상을 최대화하고 손실을 최소화하는 방법을 교육하여 사회적 교환이 잘 이루어질 수 있도록 도울 수 있다. 이러한 가족생활교육은 가족의 응집력을 높여 위기대처능력을 갖게 해 줄 것이다.

블라우(Blau, 1964)는 한 가족원이 다른 가족원에게 긍정적인 반응을 주었다면 긍정적인 반응을 받은 사람은 즉각적으로 좋은 반응을 보이거나 상대방에게 감사한 마음이나 신뢰와 같은 긍정적 반응을 되돌려줘야 할 것 같은 의무감을 갖게 된다고 보았다. 그러나 반응은 즉각적으로 이루어지지 않는 경우도 있어서 보상의 불확실성이 항상 존재하기도 하지만 이러한 긍정적 반응들이 모여 신뢰관계를 만들기도 한다. 사회교환이론의 입장은 경제적, 물질적 교환과는 달리 장기간에 걸쳐 이루어지기 때문에 신뢰가 요구되며 이러한 신뢰관계는 서서히 형성된다. 신뢰는 상호존중으로 이어지고 서로 간에 정서적 몰입이 이루어짐에 따라 원만한 가족관계가 형성된다. 가족 간의 적절한 정서적 몰입은 가족 간 이해와 응집력을 높여 준다고 볼 수 있다.

사회교환이론은 현대사회의 가족생활에서도 교환론적 요소가 많아지는 상황에서 사회적 관계의 형성과 유지 및 해체를 매개하는 개인적·관계적 요인을 설명하는 데 유용한 것으로 평가된다(최규련, 2014).

2. 상호작용이론(Interaction Theory)

상호작용이론은 가족구성원들이 개인적 입장에서 자신을 둘러싼 환경과의 상호작용을 통하여 주관적인 가치와 의미, 지위와 역할을 갖게 된다고 본다. 가족원 간의 언어적 비언어적 행동과 상호 간의 의사소통을 연구하고, 가족 간의 상호작용을 통해 이루어지는 정서적 관계를 자신의 상황에서 자신의 경험을 바탕으로 어떻게 지각하고 해석하는가를 중요하게 다루는 이론이다. 이러한 관점은 가족 간의 의사소통, 부부관계, 부모-자녀관계, 세대 간의 관계, 역할과 지위관계, 결혼만족 등을 이해하는 데 유용하다. 인간의 행동은 외부 대상물에 대해 자신이 갖는 의미에 근거하여 반응한다고 보므로 가족관계를 미시적 상호작용체계로 들여다보기에 적합하다고 볼 수 있다. 가족 간의 상호작용은 각각 자신의 행동에 대해 상대방이 어떻게 반응할 것인가 예견하고 상호 간에 수용할 수 있는 방식으로 행동의 한계를 정하기도 한다. 이러한 상호작용관점은 가족이 불변의 구조가 아니라 역동적인 과정 속에서 끊임없이 재정의된다고 보고 있다. 상호작용이론은 미시적 관점의 중요성을 강조하며 행위자의 의지, 창의성, 행동 양식이 구조적 조건보다 더 중요하다고 본다. 따라서 개인이 자신이 처한 상황을 규정하고 의미를 부여하며, 그에 맞추어 자신의 행위를 조정하는 능동적인 존재로 보는 강점을 지닌다(최규련, 2014). 즉 자신과 상황에 대한 통찰에 의해 스스로 통제할 수 있는 성숙한 자아를 형성해 나갈 수 있다고 볼 수 있다.

가족생활교육은 가족의 구체적인 행동이나 의식의 변화를 추구하기 때문에 미시적 접근인 상호작용이론은 가족 간의 상호작용을 통해 가족문제를 해결하고 상호 긍정적인 영향을 줄 수 있도록 하는 데 유용하다고 볼 수 있다.

3. 가족발달이론(Family Developmental Theory)

가족발달이론적 접근은 결혼에 의한 가정형성 후 시간의 흐름에 따른 가족의 변화를 생애발달과정으로 본다. 즉 가족주기(family cycle)에 따른 각 발달단계에 따라 대부분의 사람들이 경험하게 되는 일련의 발달과정들이 유사하기 때문에 예측가능하고, 이러한 예측가능한 사건들을 발달과업(developmental task)이라고 하여 가족과 사회의 기대와 요구를 어떻게 충족해 나가는지의 여부에 관심을 갖는다. 특히 한 단계에서 다음 단계로의 시기를 전이기(transition period)라고 하며, 이 전이기에 개인과 가족들은 많은 변화를 겪게 되므로 이러한 변화시기의 발달과업과 가족들의 역할은 가족생활적응과 발달에 중요한 의미를 갖는다.

사회 속의 개인과 가족은 사회변화에 따라 계속 영향을 받고 변화하기 때문에 가족발달이론적 관점에서 발달의 각 단계에 따른 이해를 가족생활교육에 반영하는 것이 요구된다. 가족의 생성에서 소멸에 이르는 전생애과정의 각 단계별 발달과업은 단계에 따른 가정생활과 가족관계와 관련된 문제들을 이해하는 데 도움을 준다.

가족생활교육을 가족발달이론에 적용하는 것의 장점은 많은 사람들이 대부분 비슷한 가족발달주기를 갖고 생애주기 동안의 경험도 유사하기 때문에 다음 발달단계로의 전이기에 겪을 수 있는 문제들을 예상하고 대처할 수 있다는 것이다. 가족생활교육에서는 각 가족발달단계에 따라 달성해야 하는 발달과업과 각 단계에 따라 변화하게 되는 가족관계, 지위, 역할 등을 고려하여야 한다. 발달과업은 대체로 발달단계별 예상되는 가족문제나 사건들이지만 때로는 위기적 상황, 비규범적인 발달과업 등도 있게 되므로 이를 고려하여 내용을 구성하기도 한다. 가족문제는 가족의 전이기에 많이 발생한다고 보기 때문에 가족발달단계별로 가족생활교육의 주제를 선정하기에 용이한 점을 갖는다. 그러나 우리 사회가 가족의 전형을 핵가족으로 하고 있기 때문에 앞으로는 다양한 형태의 가족발달주기와 발달과업도 다양하게 연구하여 적용해야 한다.

힐과 한슨(Hill & Hanson, 1960), 앨도우스(Aldous, 1978)는 가족발달적 접근법의 다섯 가지 기본 가정을 정리하였다(정현숙, 2007 재인용).

첫째, 가족의 행동은 현재뿐만 아니라 과거의 목표, 기대 등을 통한 가족구성원들의 경험들이 축적되어 나타난 것이다.

둘째, 각 가족구성원들 간의 상호작용에서는 연령에 따라 독특한 역할이 부여되므로 인간의 행위는 인간의 발달과 연결지어서 이해해야 한다는 것이다.

셋째, 비록 체계로서의 가족이 중요하지만 인간은 행위자(actor)인 동시에 반응하는 주체(reactor)이기 때문에 가족 구조 내에서 개인이 가장 중심이 된다. 이러한 개인은 그들이 성숙해 감에 따라 타인과의 상호관계에서 행동을 주도하기도 하고, 환경에서의 자극에도 적절히 반응하기도 하며, 가족구성원에게 의존적인 방식으로 반응하기도 한다.

넷째, 가족과 그 구성원들은 가족의 발달수준에 따라 그들 스스로 혹은 더 큰 사회의 집단 구성원에 의해 규정된 과업(발달과업)을 수행해 나가야만 한다. 그러므로 개인과 집단의 발달은 사회 환경으로부터의 자극에 대한 반응과 그들의 잠재적 능력에 의해 발달한다고 볼 수 있다.

다섯째, 가족들은 비슷하고 일관된 유형으로 시간에 따라 변화해 나간다.

마지막으로, 사회적 환경에서의 개인은 가장 기초가 되는 자율체계이다.

4. 여성학이론(Feminist Theory)

여성학이론은 우리 사회가 대체로 남성지배적인 사회구조와 가족구조를 가지고 있어서 그 구조 속에서 살아가는 여성들은 불합리와 불평등적 요소들로 인해 갈등을 겪게 된다는 관점을 갖는다. 따라서 여성들은 권리의식을 갖고 동등한 지위와 독립적 존재로서 자신의 삶을 살아갈 수 있어야 한다고 주장한다.

남성 중심 사회에서 여성의 예속적 지위와 전통적 성 역할은 더 이상 가족을 건강하고 기능적으로 유지, 발전시켜 나갈 수 없기 때문에 개인과 가족의 삶의 질을 향상시키고 건강한 가정을 형성하기 위하여 남녀 모두 성에 대한 차별이나 부당함 없이 유연하고 합리적인 성 역할을 수행하여야 한다는 것이다(전세경, 2013).

우리 사회의 변화 중 '여성의 높은 교육수준과 취업증가'는 가족의 구조와 관계에 많은 영향을 준 요인이다. 1960년대 이후 산업의 발달과 더불어 활발해진 여성해방운동은 이분법적 성 역할을 가정하는 구조 기능론적 관점에 이의를 제기하며 여권론이라는 새로운 관점을 발달시켰다. 여권론은 정책을 통해 성별 구분 없이 모든 사람에게 동등한 기회가 주어져야 함을 강조한다. 즉 여성에게도 남성과 균등한 법적 지위와 교육 및 취업의 기회가 주어진다면 여성의 예속적인 지위로 인한 불평등과 이분법적 성 역할은 바뀔 것이라고 주장한다. 또한 여성의 억압을 결정하는 것은 계급보다는 가부장적 구조 속의 가족관계라고 인식하고 특히 여성억압의 가장 중요한 사회적 기제로 본다. 따라서 가족 내 성별에 따른 공적·사적 영역의 분리, 남성지배와 불평등, 갈등, 폭력 등을 공론화하였고, 이혼, 재혼, 미혼모로 인한 가족의 다양화를 가족해체가 아닌 가족의 재구성으로 인정할 것을 주장한다. 특히 주부역할 강요로 인한 여성의 사회참여 및 능력개발 제한, 여성의 성과 출산에 대한 남성의 통제, 전통적인 성 역할과 불평등한 구조의 재생산에 대해 분석하고 여성의 지위향상을 위한 대안을 제시하였다(최규련, 2014). 이러한 점은 가족 내에서 불평등을 해소하기 위한 의식전환과 실천으로 남녀 간 나아가 부부관계, 부모-자녀관계의 조화로운 삶에 대한 가치를 확산시키는 데 유효하여 가족생활교육의 내용을 구성하는 데 중요하다.

여성의 높은 교육수준과 취업증가는 의식과 삶의 가치의 변화, 경제력에 따른 생활형태의 변화, 지위의 변화, 역할의 변화를 수반하므로 긍정적이고 공평한 조화를 이루지 못한다면 가족문제의 원인이 될 수 있다는 점에 주목해야 한다. 따라서 여성학적 관점에서 가족생활교육은 성평등한 관점에서 개인과 가족이 가족을 발전시키고 잠재력을 개발할 수 있도록 기획되어야 한다.

5. 생태학이론(Ecological Theory)

생태학이론은 자연과학영역에서 생물집단과 환경과의 상호관계를 설명하는 이론으로 인간과 생활환경과의 관계와 상호작용에 초점을 두고 있다. 인간은 환경의 모든 요소와 지속적으로 상호교환을 하고 서로 영향을 주고받는 존재라고 본다.

인간의 삶은 환경 속에서 이루어지기 때문에 어느 것이 먼저라고 말할 수 없으며 이 둘의 관계는 순환적인 관계로 이해해야 한다. 가족 내 개인도 태어나서 성장하는 과정은 가족환경 외에 모든 생태환경과 상호연관되어 있음을 강조한다. 따라서 가족행동에 대한 이해를 위해서는 문화적 맥락, 시간, 장소, 라이프스타일 등 외적 환경이 미치는 영향을 고려해야 한다고 본다(Walcheski & Bredehoft, 2003). 가족이 모여 사회를 형성하고 사회는 국가를 형성하고, 한 국가는 더 넓은 자연환경 속에서 사회문화적 환경을 형성하면서 인간행동에 영향을 주기도 한다. 이러한 관점은 가족이 수많은 생태체계 속의 한 체계이며, 가족을 대상으로 하는 가족생활교육은 가족을 둘러싼 다양한 생태체계를 고려해야 한다는 것을 의미한다.

생태학이론은 가족을 다양한 환경과의 상호작용 속에 존재하는 하나의 체계로 보고, 가족이 다양한 환경과의 상호작용 속에서 성장하고 발전한다고 보는 것이다. 따라서 가족을 이해하기 위해서는 그 환경들 간의 기능적 경계가 어떻게 이루어지는지 즉 얼마나 개방적인가 폐쇄적인가 등 그 상호작용의 속성을 들여다봐야 한다고 본다. 가족은 고립된 체계가 아니므로 가족에게 영향력 있는 환경이 무엇이고 그러한 영향력은 가족과의 상호작용에서 어떻게 작용하는지를 고려해야 한다는 것이다.

가족생활교육에서 생태학이론을 적용한다는 것은 개인과 가족의 성장과정에서 다양한 환경의 영향력과 상호작용의 맥락을 고려하여 가족을 분석하고 가족생활교육 내용을 구성하는 것이다.

인간발달과 생태체계의 관계를 '발달에 대한 맥락의 영향', '맥락 속의 발달'로 설명한 브론펜브레너(Bronfenbrenner, 1917~2005)의 이론을 통해 인간과 생태환경과의 상호작용관계를 살펴볼 수 있다. 인간발달은 태어나면서부터 진행되는데 생태학적 접근은 가족, 지역사회, 문화 등 인간이 몸담고 있는 생태환경을 보다 체계적으로 구조화하고 이들 환경체계와 개인 간의 관계를 이해하는 것을 인간발달의 주요과제로 삼고 있다. 특히 발달을 위해 아동의 생물학적 기질이 환경적인 힘과 결합하기 때문에 이러한 관점을 생물생태학적 모델이라고 부르기도 했다(Bronfenbrenner & Evans, 2000, Laura E. Berk, 2007). 따라서 아동발달 연구는 아동이 생활하는 사회적·물리적 환경과 그 고유특성 간의 관계를 살펴봐야 한다고 주장한다. 인간을 둘러싸고 있는 생태학적 환경을 가장 가까운 환경에서 가장 먼 환경까지 다섯 가지로 나누었다. 즉 미시체계(microsystem), 중간체계

(mesosystem), 외부체계(exosystem), 거시체계(macrosystem), 시간체계(chronosystem)로 구분한다. 브론펜브레너는 개인을 둘러싼 일상생활환경이 동심원적 구조로 확장된다고 보았다. 다음에서 브론펜브레너의 다섯 가지생태체계(Laura E. Berk, 이옥경 외, 2009 재인용)에 대한 내용을 적절하게 재정리한 것을 살펴보도록 하겠다.

미시체계는 환경의 가장 내부에 있는 수준으로 개인을 가장 가깝게 둘러싸고 있는 상황에서 활동과 상호작용 패턴으로 구성되며, 모든 관계는 양방향이란 것을 강조한다. 따라서 미시체계에 있는 사람들은 누구든 두 사람이 맺는 관계의 질에 영향을 준다. 그들이 지지적이면 상호작용은 증진된다. 예를 들어, 부모가 서로에게 자녀양육 역할을 격려해 준다면 보다 효과적인 부모역할을 담당하게 될 것이다. 반면에 결혼생활에 갈등이 있으면 아동을 일관성 없이 훈육하고, 적대적으로 대할 가능성이 높다. 이에 대한 반응으로 아동은 적대적이 되고 부모와 아동 모두 적응의 문제를 겪게 된다(Hetherington & Stanley Hagen, 2002; Laura E. Berk, 2007).

중간체계는 미시체계의 사이를 연결해 주는 것으로 가정에서의 경험과 사회나 학교에서의 경험이 관계가 있다고 본다. 예를 들면, 자녀의 학교생활 성실도는 성장과정에서 부모로부터 어떤 생활태도를 보고 자랐는가와 학교에서 어떤 선생님으로부터 지도를 받았고, 어떤 친구들과 사귀었는지가 영향을 준다. 성인의 경우에는 가정에서 원만한 가족관계를 유지하고 부부관계가 좋다면 직장생활에도 긍정적인 영향을 받으리라고 생각할 수 있다. 따라서 대상을 이해하기 위해서는 다양한 상황에서 미시체계들 간의 맥락, 관계, 연결을 살펴봐야 한다.

외부체계는 발달하는 개인을 포함하지 않지만 근접환경에서의 경험에 영향을 주는 사회환경으로 구성된다. 개인의 일터나 지역사회위원회 같은 공식적인 조직이 해당된다. 부모의 휴가는 간접적으로 본인과 가족의 휴식으로 가족관계를 회복하고 건강성을 증진시킬 수 있는 기회가 되기도 한다. 또 비공식적일 수도 있는데 아동은 부모의 사회적 관계, 즉 충고를 해 주고, 우정을 나누고, 재정적으로 도움을 주는 친구나 친척들에 의해서도 영향을 받는다. 이렇게 가족집단과 개인들은 공식적 비공식적 외부체계들의 영향을 받는다.

거시체계는 특정한 맥락이 아니라 개인이 속한 문화적 가치와 제도, 관습, 자원, 경제·정치·사회·교육적 체제 등으로 구성된다. 거시체계가 가족들에게 필요한 것 중 어떤 것을 우선시하는가는 가족들이 처한 환경에 따라 어떤 지원을 받을 수 있는지에 영향을 준다. 예를 들면, 정부의 노인복지정책이 잘되어 있으면 노인의 행복감이 높아진다.

시간체계는 특정한 맥락이 아니라 인간환경의 역동적이고 계속 변화하는 사회와 역사적 환경을 의미한다. 어떤 사건의 영향력이 시간의 경과나 시대에 따라 달라진다고 본다. 예를 들면, 부모의 이혼에 대한 영향은 시간의 흐름에 따라 다르게 받아들여진다. 생의 변화는 외적으로 일어날 수 있으나 반대로 개인은 자신의 환경이나 경험의 많은 부분을 선택하고 수정하고 만들기 때문에 변화는 개인 내부로부터 일어날 수도 있다. 따라서 생태학적 체계이론에서 발달은 환경적 상황에 의해 통제되는 것도 아니고, 내적 성향에 의해 야기되는 것도 아니다. 즉 사람들은 환경을 만들어 내는 존재인 동시에 환경이 만들어 준 산물이다. 따라서 사람과 환경 모두 상호의존적인 효과를 주는 네트워크를 구성한다고 보고 있다.

이와 같이 생태적 거시체계의 변화가 외부체계에 영향을 주고, 외부체계의 변화는 다시 가족들의 중간체계와 미시체계에 영향을 준다는 것을 설명한다. 가족생활교육의 내용을 구성할 경우에 미시적 접근뿐만 아니라 더 넓은 환경체계에 대한 고려와 가족과 환경과의 상호의존적 작용에 대한 이해가 포함되어야 한다.

학습 tip 인간의 생태체계(Ecological Systems Theory)

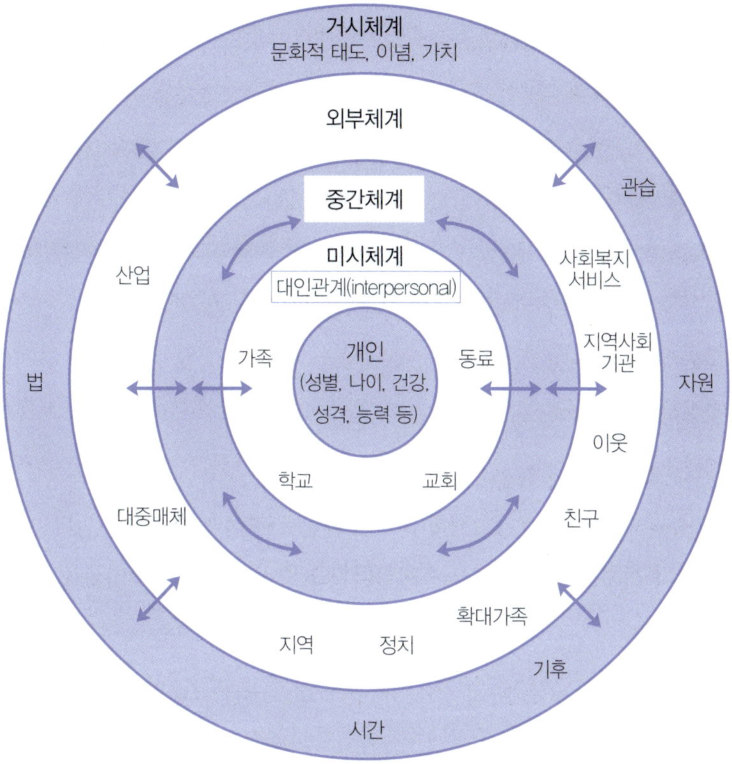

출처: Bronfenbrenner & Evans, 2000, Laura E. Berk, 2007, 이옥경 외, 2009 재구성.

핵심용어 사회교환이론, 생태학이론, 여성학이론, 가족발달이론, 상호작용이론

학습실천과제

1. 각 이론의 주요 관점을 명확하게 설명할 수 있다.
2. 각 이론마다의 관점을 숙지하여 가족연구에 활용할 수 있다.
3. 각 이론이 현대사회 가족을 설명하는 데 보완되어야 하는 점을 안다.
4. 각 이론의 관점을 가족생활교육에의 적용을 생각해 보라.

제6장

가족생활교육의 전문성과 윤리

〈학습목표〉

1. 가족생활교육의 학문적 특성을 이해한다.
2. 가족생활교육과 관련되는 다학제적 분야에 대한 관련성에 대해 이해한다.
3. 가족생활교육자의 윤리적 측면을 유사영역의 윤리와 비교하여 차이점을 안다.

가족생활교육의 이론을 바탕으로 개발된 프로그램들은 그동안 많은 연구들에 의해 그 효과성이 증명되어 왔다. 이러한 프로그램들은 다양한 영역과 다양한 대상들에게 단순한 지식전달이 아니라 실천적 변화를 위한 교육의 일환으로 적용이 되기 때문에 전문성이 요구된다. 가족생활이라는 복합적인 특성은 어느 한 영역에 집중하기 어려운 점을 갖고 있으나 '가족'을 가장 중요한 키워드로 하는 전문성을 살려야 할 것이다. 가족생활교육은 이론을 근거로 한 실천적 교육으로 그 결과가 바람직한 변화를 가져올 수 있도록 하는 것이 목적이다. 따라서 실천적 학문으로서의 전문성과 전달자로서의 전문성과 윤리는 매우 중요하다.

1. 가족생활교육과 가족생활교육사의 전문성

1) 가족생활교육의 전문성

가족생활교육은 가족생활이라는 복합적이고 광범위한 영역을 다루기 때문에 그 정체성과 전문성을 분명히 하기가 어렵다. 또한 평생 교육적 교육관으로 교육 대상과 교육내용도 무척 다양하고, 현 시점의 사회적 변화를 반영하고 교육 대상자들의 욕구도 반영해야 하는 부담도 갖고 있다. 이러한 점에서 가족생활교육은 다학문적·다전문적 특성을 지닐 수밖에 없다. 이러한 다양성문제는 여러 학자(Oams, Bouchet & Parke, 2004; Lewis-Rowley et al., 1993)의 주장처럼 다양한 분야와의 연계와 협력을 통해 가능할 것이다. 가족생활교육의 학문적 전문성을 위해서는 체계적인 가족에 대한 연구가 뒷받침이 되어야 한다.

정현숙(2007)은 가족생활교육의 전문화, 대중화를 위한 과제를 크게 세 가지 영역으로 나누었다. 즉 가족생활교육의 학문영역, 가족생활교육의 체계화를 위한 이론적 측면, 가족생활교육의 대중화 측면으로 아래와 같이 제시하였다.

분류	내용
가족생활교육의 학문적 발전을 위한 과제	· 이론에 기초한 체계적 가족연구의 필요 · 연구, 이론 및 학습원리에 기초한 다양한 프로그램의 개발 필요 · 가족생활교육 프로그램 평가도구 개발의 필요 · 요구도 분석 연구의 필요 · 교육원리와 효과적인 교육책략 개발을 위한 연구의 필요
가족생활교육의 이론적 틀 마련을 위한 과제	· 가족생활교육의 정의와 목적의 체계화 과제 · 가족생활교육의 교육과정의 정비 · 자격증과 보수교육과정의 체계화 · 윤리강령의 제정
가족생활교육의 대중화를 위한 과제	· 적극적 홍보 · 정책적 지원 확대

이상을 종합해 보면 가족생활교육의 전문성을 위해서는 무엇보다도 학문으로서의 체계와 전문성을 확립하는 것이다. 수많은 이론과 학자들에 의한 가족관련 연구를 실천영역에서 응용할 수 있도록 해야 할 것이다. 특히 가족은 사회적·경제적 변화에 민감하게 영향을 받는 집단이므로 이를 반영한 학문적 유연성이 요구된다. 다양한 학문영역과의 융합과 연계로 보다 전문적이고 효과적인 프로그램을 개발하고자 하는 노력도 필요하며, 표준화된 가족생활교육프로그램과 관련 응용프로그램을 보급하는 것도 가족생활교육의 전문성을 유지하는 데 중요한 요소이다.

우리나라의 가족생활교육 프로그램은 비교적 활발히 연구가 되고 있으나 교육대상자들의 자발적인 참여욕구가 저조한 만큼 대중화되지는 못하고 있는 실정이다. 따라서 효과성을 널리 홍보할 수 있는 방법을 연구하여 많은 가족들이 자발적으로 참여욕구를 가질 수 있도록 하는 것이 필요하다.

한편, 우리나라는 가족생활교육사가 전문인으로서 지켜야 할 윤리강령을 아직 마련하지 못하고 있다. 가족생활교육사는 가족들이 삶의 가치를 형성하고 생을 변화시키는 데 많은 영향을 주고 있으므로 이들이 능력을 발휘할 수 있도록 안전한 활동과 교육의 방향을 제시해 줄 수 있는 지침을 마련하는 것이 시급한 과제이다.

2) 가족생활교육사의 전문성

가족생활교육은 사적인 영역인 가족생활에 관한 것을 내용으로 하기 때문에 주제에 따라 매우 민감할 수 있다. 따라서 가족생활교육사는 다양한 문화에 대한 이해와 인간관계기술, 사회변화에 대한 민감성, 인간과 가족에 대한 이해, 효과적인 교수방법 등 전문성을 갖추기 위한 과정을 학습해야 한다.

우리나라는 한국가족관계학회에서 규정하고 있는 교과목을 이수하고 일정 기간 동안 경력을 관리한 사람에게 2급, 1급, 전문가라는 것을 인증하는 제도(〈표 6-1〉 참고)를 갖고 있다. 가족생활교육 전문가로서 지녀야 할 기본적인 소양에 대해 이기숙(2010, 재구성)은 다음과 같이 지적하고 있다.

① 지식 면에서 가족학 전반에 걸친 지식을 갖추고 있어야 한다.
② 교육사로서의 자질과 프로그램 개발 및 집행자로서의 소양을 지닌다.
③ 인성 측면에서 건강한 자아와 성숙한 성품을 지녀야 하고 윤리적이어야 한다.

가족생활교육사는 가족의 탄생과 소멸의 과정에서 나타나는 다양한 구조와 형태의 변화, 가족 간의 상호작용, 가족발달단계에 따른 인생사건 등 일련의 전형적인 발달과정의 규범적인 사건들과 더불어 예상하기 어려운 비규범적인 사건까지도 이론과 실태를 모두 알아야 한다. 또한 가족생활교육은 평생교육의 특성을 다분히 갖고 있으므로 가족생활교육사는 전 생애에 걸쳐 필요한 교육에 대한 파악과 다양한 연령층의 교육대상자들에 대한 이해와 지역적 특성을 파악하여 교육에 반영할 줄 알아야 하며, 건강한 자아와 긍정적인 사고로 교육대상자들이 바람직한 변화를 가져올 수 있도록 도울 수 있는 실천적 전문가라고 할 수 있다. 즉 가족생활교육사는 개인과 가족의 문제를 최소화하거나 예방하여 건강한 가족원으로 기능할 수 있도록 스스로 지식을 적용할 수 있는 역량을 강화하도록(empowering)돕고, 예방적, 교육적, 강점관점과 통합적 접근으로 지원할 수 있어야 한다(Darling and Cassidy, 2014).

가족생활교육의 내용은 개인적이고 친숙하기도 하지만 때로는 매우 민감한 주제를 다루기 때문에 교육대상자들에게 거부적이지 않고 효과적으로 전달하기 위한 전문성과 함께 다른 직업과는 달리 자질적인 면을 강조한다.

MCFR(Minnesota Council on Family Relations, Ethic Committee et al., 2003)에서는 학자들 간의 많은 논의를 거쳐 가족생활교육사와 관련된 세 가지 미덕에 대해 다음과 같이 합의하였다.

① 돌봄: 자신의 삶을 살아가는 사람으로서 가족구성원의 복지를 강화하고자

하는 성향

② 사려 깊음/실질적 지혜: 사람들의 경쟁적인 욕구를 이해할 수 있고 사람들의 반응과 자문을 근간으로 의사를 결정할 수 있는 능력

③ 희망/낙관주의: 가족구성원과 다른 개개인의 강점을 볼 수 있고, 가족생활과 관련된 다양하고 예기치 못한 상황에서도 긍정적 관점을 가질 수 있는 능력

이러한 성향과 능력은 윤리적 태도를 가지고 행동하고 생각하는 내적인 강점을 가진 가족생활교육사가 되는 데 중요한 요소라고 보고 있다.

그외 한 영역이 전문직이 되기위해 갖추어야 할 조건(East, 1980; Powell & Cassidy, 2001; 정현숙, 2021)을 살펴보면 다음과 같다.

① 가족생활교육사가 정규직으로 활동한다.
② 가족생활교육사를 양성하기 위한 학교와 교육과정이 있다.
③ 훈련받은 집단이 전문협회를 발족한다.
④ 가족생활교육과 가족생활교육사에 대한 정의와 역할, 가족생활교육사의 목적 및 등급별 가족생활교육사의 역할규정이 마련되어 있다.
⑤ 조직 내에서뿐만 아니라 유사한 목적을 지닌 조직과의 외적 갈등으로 인해 독특한 역할정의가 이루어졌다.
⑥ 가족생활교육과 관련된 필요성이나 역할에 대한 대중적 인식이 있다.
⑦ 사회를 위한 특별한 서비스를 위해 인가된 자격증이 법적으로 제도화되어 있다.
⑧ 대중을 보호하고 비윤리적 실행을 막기 위해 가족생활교육사의 윤리강령이 제정되어 있다.

〈표 6-1〉 가족생활교육사 자격증의 등급별 검정 기준(한국가족관계학회)

자격명	등급	검정기준
가족생활교육사	전문가	전문가 수준의 가족생활교육 책임자로서의 역할을 수행하며, 가족생활교육 프로그램의 개발을 수행, 평가, 지도할 수 있는 업무를 담당한다. 1급 또는 2급 가족생활교육사를 훈련할 수 있는 능력을 갖춘 최고급 수준
	1급	준전문가 수준의 가족생활교육사로서 가족생활 전반에 걸쳐 필요한 지식과 기술을 체계적으로 가르치는 역할을 수행하며, 2급 가족생활교육사의 훈련과 평가를 할 수 있는 능력을 갖춘 고급 수준
	2급	가족생활 전반에 걸친 교육을 수행하며, 상위급 가족생활교육사의 교육업무를 보조하는 역할을 수행할 수 있는 기본 능력을 갖춘 상급 수준

〈표 6-2〉 가족생활교육사 자격을 위한 교과목과 등급별 자격조건(한국가족관계학회)

필수교과목	등급	
1. 가족학 및 가족관계 관련 과목(2과목): 가족학, 한국가족론, 가족관계, 부부관계, 결혼과 가족, 가족발달, 건강가족(가정)론, 한국가족생활문화 2. 인간발달 및 인간의 성 관련 과목(1과목): 인간발달, 발달이론, 아동발달, 청년발달, 중·노년기 발달, 노년학, 발달이론, 부부의 성 3. 가족자원관리 및 가족복지 관련 과목(1과목): 가정경영, 가족자원관리, 가정경제, 가족법, 가족복지, 가족정책, 가족상담 4. 가족생활교육 관련 과목(1과목): 가족생활교육, 가족생활교육 프로그램, 부모교육, 부부교육 단, 이상의 과목과 유사한 과목은 자격관리위원회의 심의를 거쳐 동일교과목으로 인정할 수 있다.	전문가	1. 가족생활교육사 1급 자격증 소지자로 석사 학위자는 5년, 박사 학위자는 3년이상 경과된 자 2. 가족생활교육 프로그램 45시간이상 참여한 자 3. 가족생활교육 지도자 경험 30시간 이상 실시 4. 가족생활교육 수퍼비전 15시간 5. 가족생활교육 수퍼비전에 대한 슈퍼비전 5시간 6. 본 학회가 주관하는 윤리교육에 1회 참석한자
	1급	1. 가족생활교육사 2급 자격증 소지자로 3년 이상 경과된 자(단, 관련학과 석사학위 소지자는 1년 이상 경과된 자) 2. 가족생활교육 프로그램 30시간이상 참여한 자 3. 가족생활교육 지도자 경험 15시간 이상 실시 4. 가족생활교육 수퍼비전 10시간 5. 본 학회가 주관하는 윤리교육을 이수한 자
	2급	1. 필수과목을 이수한자 2. 가족생활교육 관련 학과에서 학사학위를 받은 자 3. 자격시험에 합격한자 4. 가족생활교육 프로그램 30시간 이상 참가한자 5. 본 학회가 주관하는 윤리교육을 이수한 자

2. 가족생활교육사와 윤리

윤리(ethics)는 인간이 사회의 일원으로서 지켜야 할 이치와 행동규범으로 외면적인 법률적 성격과 도덕 같은 내면적 성향이 혼합되어 있다. 윤리는 도덕보다는 규범의 성격이 강하여 인간이 한 동아리로 서로 의존하여 지켜나가야 하는 질서 [예기, 악기편(樂記篇)]라고 정의한다. 따라서 윤리규약은 한 전문분야의 특정한 역할, 기능, 신념의 맥락 안에서만 유효하고 밖에서는 무의미하다고 말하기도 한다(Levy, 1987).

미국의 가족생활교육 분야에서 윤리에 대한 논의는 1990년대 이후 강조되기 시작하였다. 초반기 가족생활교육은 교육의 범위가 대상자들에 깊이 개입하기보다는 정보 제공과 교육에 초점을 두었고 가족생활교육 자체가 본질적으로 교육대상자들에게 심리·정서적으로 큰 영향을 끼친다고 생각하지 않았기 때문에 상담과 달리 윤리적 문제를 깊이 생각하지 않은 경향이 있다. 그러나 지금의 현실은 교육프로그램 중 상담적 개입이 이루어지는 경우가 있으므로 가족생활교육이 대상자들에게 끼치는 영향력을 고려하여 윤리강령 제정의 필요성이 제기되고 있다. 그러나 우리나라는 아직 가족생활교육 윤리규약이 제정되어 있지 않은 상황이다.

가족생활교육에서 윤리규약을 개발하기 위해서 살펴봐야 하는 이기숙(2010)의 몇 가지 논점을 재구성해 본다.

첫째, 가족생활교육이 다양한 환경에서 시행되기 때문에 각 교육환경의 조건에 따라 규약의 일괄 적용이 어려울 수 있다. 각 교육환경은 업종과 상황이 다르기 때문에 한 가지 윤리규약이 공통적으로 적합할 수 없는 상황에 놓일 수 있다.

둘째, 윤리규약에서 사용되는 많은 중요한 용어(존중, 충성, 성실)들에 대한 일관된 정의가 아직 내려지지 않고 있는 점은 딜레마가 생길 때 가족생활교육사마다 다르게 해석할 수 있으므로 난처한 문제가 발생할 수 있다. 윤리규약의 보호대상자와 활동가를 동시에 고려해야 하는 경우가 있을 수 있다.

셋째, 그 윤리규약의 법적 효과를 사전에 고려해야 한다는 점이 어려운 일이다. 윤리규약을 위반했다고 여겨지는 사람들에게 정당한 법절차를 제공해야 하는 등 윤리규약 그 자체도 편견 없이 공정하게 집행되어야 하고 규약의 영향도 윤리적이어야 한다는 점이 있다.

예 아동학대와 방임의 경우, 이혼을 생각하는 배우자가 인지하지 못한 임신과 낙태의 경우, 가족생활교육사는 비밀보호에 앞서 신고의 의무가 있기 때문에 관련 법을 우선 이해해야 한다.

그동안 우리 사회가 가족의 건강성을 강조하게 되면서 가족생활교육에 대한 인식과 필요성을 충분히 느끼고 있으므로, 가족생활교육의 전문성을 높이며 가족생활교육사들이 전문성을 가지고 활동하고 교육대상자들도 존중받을 수 있도록 하는 윤리규약의 마련이 시급하다. 가족생활교육사는 한 개인과 가족이 삶의 가치와 방향을 설정하는 데 영향을 줄 수도 있는 신념체계를 다루기 때문에 전문가로서의 윤리는 중요하고 지켜져야 한다. 이와 같이 가족생활교육사의 도덕성과 윤리적 태도는 교육내용을 선택할 경우나 교육과정 중에 접하게 되는 다양함에서 선택의 딜레마에 빠질 경우에 현명한 판단과 대처를 위해서도 중요하다. 특히 보다 심화된 수준의 가족생활교육은 교육대상자들의 가치나 심리·정서에 영향을 끼칠 수 있으므로 윤리에 민감해야 한다. 따라서 가족생활교육사들이 윤리적 소명을 다하고 자신의 전문영역에서 대상자의 보호와 공적인 사회적 책임을 준수하기 위한 윤리강령을 수립하는 것은 중요하다.

윤리강령이란 일정한 조직 혹은 단체가 외부적으로 공적인 사회적 책임을 인식하고 이를 바탕으로 구성원들의 의식혁신을 통하여 조직의 투명성을 제고하고, 윤리적 소명을 다하기 위하여 사회와 직장 및 나아가 사적인 생활영역에 이르기까지 스스로 준수하여야 할 자세와 실천규범을 정립하는 것을 의미한다(실무노동용어사전, 2014). 이와 같이 윤리강령은 전문직 성립의 한 조건으로서 전문직 단체가 중심으로 하는 가치관을 명문화하고 스스로 나아가야 할 자아상, 자기책무, 최소한의 행동 준칙 등을 내걸어 자기규제를 행할 기준을 나타낸 것이다. 그 기능으로서는 가치 지향적 기능, 교육 개발적 기능, 관리적 기능, 제재적 기능의 네 가지가 고려된다(사회복지학사전, 2009). 여기서 제재적 기능은 윤리강령 자체만으로는 그 지향하는 목적이나 내용이 당해자들에게 법률적 의무를 부과하거나 새로운 규제를 가하여 구성원들을 통제하려는 것이 아니라 당해자들의 자발적인 실천의지에 의존할 수밖에 없다고 본다.

전문직의 한 요소인 윤리강령은 개인이나 가족들에게 가치지향적인 내용을 교육하는 교육자나 상담자들에게는 직업윤리규정이기도 하며 행동의 틀을 제공하기 때문에 매우 중요하다.

가족생활교육이 지향하는 바와 유사한 상담영역에서는 윤리적 상담을 위한 다섯 가지 원칙(Kitchener, 1984)은 자율성 존중(respect of autonomy), 비유해성(nonmaleficence), 선의(beneficence), 공정성(justice), 충실성(fidelity)으로 제안하고 있다.

또한 블록(Brock, 1993, 정현숙, 2007 재인용)은 윤리적 원리를 첫째, 자신을 가지고 업무를 볼 수 있게 하며, 둘째, 대상을 착취하지 않고, 셋째, 사람들을 존중하며, 넷째, 비밀을 보장하며, 다섯째, 해를 끼치지 않는 것을 포함한다. 이와 같이 윤리적 원칙이나 원리는 교육자나 상담자가 추구해야 하는 자신의 역할이 무엇이고, 어떠한 태도를 지녀야 하는지를 밝히고 있으며, 나아가 사회적 공익의 기본이 됨을 알 수 있다.

윤리강령은 전문가로서 활동할 때 자신의 경험이 대상자들과의 활동에서 영향을 주거나 사회적, 윤리적 가치가 명확한 판단을 하는 데 충돌이 되어 판단의 딜레마에 직면하게 되는 경우 윤리강령은 전문가의 바람직한 행동방향을 제시해 줄 수 있으며, 전문가와 대상자 상호 간의 존중과 보호가 가능하다고 볼 수 있다. 우리나라는 가족생활교육사의 윤리강령이 아직 마련되어 있지 않으므로 미국 결혼및가족치료학회(The American Association for Marriage and Family Therapy: AAMFT, 정현숙, 2007 재인용)의 윤리강령을 참고로 보고자 한다.

AAMFT의 윤리강령(1998. 8. 1.)의 예

1. 내담자에 대한 책임감

결혼과 가족치료자(이하 가족치료자로 명칭)는 가족과 개인의 복지향상을 위해 노력하며, 도움을 청하는 사람의 권리를 존중하며, 내담자가 원하는 적절한 도움을 주도록 노력하여야 한다.

1.1. 가족치료자는 성, 인종, 종족, 국적 등으로 내담자를 차별하거나 거부하지 않는다.

1.2. 가족치료자는 잠재적으로 내담자에게 영향을 미칠 수 있는 위치에 있다는 것을 인식하여야 하며, 내담자의 상담자에 대한 신뢰와 의존성을 이용하는 행위를 금해야 한다. 내담자와 성적인 친밀감은 금해야 한다.

1.3. 가족치료자는 전문적인 관계를 자신의 목적을 위해서 이용하지 않는다.

1.4. 가족치료자는 내담자가 의사결정권이 있음을 존중하고 이러한 결정의 결과를 이해할 수 있도록 도와주어야 한다. 가족치료자는 결혼의 지위와 관련된 결정은 내담자의 책임이라는 것을 명백히 제시해 주어야 한다.

1.5. 가족치료자는 내담자가 상담으로 인해 명백히 도움을 받고 있다는 것이 확실할 때까지만 치료를 계속해야 한다.

1.6. 가족치료자는 전문적 도움을 원하는 사람을 치료할 때 도움을 줄 수 없거나 마음이 내키지 않을 때 등 적절한 이유가 있을 때는 다른 치료적 도움을 얻을 수 있도록 도와주어야 한다.

1.7. 가족치료자는 적절한 처치를 하지 않고 치료를 포기하거나 게을리 해서는 안 된다.

1.8. 가족치료자는 녹음, 녹화, 제3자가 관찰을 하는 경우 사전에 내담자 허락을 받아야 한다.

2. 비밀보장

가족치료자는 치료관계에 있는 내담자가 한 명 이상이기 때문에 비밀보장과 관련해 독특한 원칙이 있다. 최우선의 원칙은 내담자의 비밀을 보장하는 것이다.

2.1. 가족치료자는 다음의 경우를 제외하고는 내담자의 비밀을 누구에게도 누설하지 않는다. ① 법에 의해 지정된 경우, ② 개인이나 집단에게 명백하고 즉각적인 위험을 예방할 수 있는 경우, ③ 가족치료자가 민사상, 형사상 혹은 징계위원회 등에서 치료를 위임받은 경우, ④ 서면으로 동의를 얻은 경우는 동의 기간 동안만 정보를 유출할 수 있다. 가족원 중 한 사람

이상이 치료에 참석할 때는 동의할 수 있는 법적인 지위에 있는 모든 개별 가족원으로부터 각 항목마다 동의를 받아야 한다.

2.2. 가족치료자는 2.1. ④항의 원칙에 의해 동의를 받은 경우에 한해서, 또는 적절한 절차를 거쳐 내담자의 신상이 드러나지 않을 때에만 공개적 이용이나 강의의 임상적인 자료로 이용한다.

2.3. 가족치료자는 내담자의 신상에 대한 내용이 비밀보장될 수 있도록 자료를 보관하거나 처리해야 한다.

3. 전문가로서의 능력과 성실성

가족치료자는 최고의 전문적 능력과 성실성을 유지하도록 노력하여야 한다.

4. 학생과 고용인, 슈퍼비전을 받는 사람에 대한 책임감

가족치료자는 학생과 고용인, 슈퍼비전을 받는 사람의 의존성과 신뢰감을 이용해 이들을 부당하게 이용해서는 안 된다.

5. 전문가로서의 책임감

가족치료자는 전문가로서의 책임과 의무를 존중하여야 하며, 윤리적으로 연구에 임하며, 전문가로서의 목적 완수를 위한 활동에 참가하여야 한다.

6. 경제적 문제

가족치료자는 치료를 받는 사람이나 치료비를 지불하는 사람들이 전문적 치료활동에 대한 대가로 합리적이라고 생각하는 수준으로 치료비를 산정하여야 한다.

6.1. 가족치료자는 진단 후 내담자를 다른 곳으로 보낼 때 사례를 제공하거나 받지 않는다.

6.2. 가족치료자는 과도한 비용을 청구하지 않는다.

6.3. 가족치료자는 치료를 시작하기 전에 비용을 내담자에게 공개해야 한다.

6.4. 가족치료자는 내담자나 비용을 지불하는 제3자에게 어떠한 서비스를 제공하는지를 솔직하고 분명하게 설명하여야 한다.

7. 홍보

가족치료자는 일반인들이 가족치료에 대해 알고 도움을 청할 수 있도록 가족치료에 대한 적절한 정보를 제공하는 행동을 하여야 한다.

위의 AAMFT의 가족치료자에 대한 윤리강령으로 첫째, 치료사로서 내담자를 존중하고 전문가로서의 신뢰감을 갖도록 해야 하며, 둘째, 비밀보장을 원칙으로 하되 예외적인 경우를 제안하고 있다. 셋째, 치료자로서 전문적인 능력과 성실성을 유지하여야 하며, 넷째, 수련과정생에 대한 책임과 신뢰를 유지하고, 다섯째 연구자로서의 윤리성과 전문가로서의 책임과 의무, 여섯째 경제적 투명성과 적절성, 일곱째 정보 제공 및 홍보의 의무도 제안하고 있다.

상담자 윤리강령은 상담자 활동에 일반적인 지침을 제공하는 역할을 하며, 내담자가 자기 및 타인의 이해를 통해 보다 바람직한 사회생활을 할 수 있도록 돕는 것을 원칙으로 하고 있다. 따라서 상담자가 이러한 역할을 수행하는 과정에서 자기에게 도움을 요청하는 사람의 복지를 보호하고, 개인의 해석에 따라 자유롭게 하되 이에 대한 책임을 지고 공익을 위해 최선을 다하는 것을 규정하는 것을 윤리강령으로 보고 있다.

우리나라의 가족생활교육은 상담보다는 예방적 교육에 초점을 두고 하고 있으나 사회변화에 따른 다양하고 심각한 가족문제들이 많아지고, 교육내용도 가족문제와 관련된 주제를 많이 다루게 되면서 교육을 병행한 심리적인 개입이 증가하게 되었다. 따라서 가족생활교육이 가족과 개인에게 미칠 영향력도 커지고 있다고 볼 수 있으며, 가족생활교육사의 보다 효과적인 역할을 위해서 윤리강령을 만들어 전문가로서의 역할과 기대를 준수하여 사회적 가치를 추구할 수 있도록 해야 한다.

이와 같이 윤리강령에 의거하여 가족생활교육사들이 활동을 하지만 때로는 두 개 이상의 가치나 원칙이 일치하지 않아서 어떤 선택이 좋을지를 두고 윤리적 딜레마에 처하게 되는 경우가 있다. 가족의 다양성과 사회변화에 따라 다루어지는 주제의 다양성은 윤리강령이 있어도 윤리적 딜레마를 모두 해결해 주지는 못한다.

현장에서 가족생활교육사들이 경험하게 되는 윤리적 딜레마를 다룰 수 있는 6단계의 과정을 살펴보고자 한다(NCFR, 2003, 정현숙, 2007 재인용).

〈표 6-3〉 미네소타가족관계학회(MCFR) 윤리위원회(2003)의 윤리적 딜레마를 다루는 법

단계	내용
1단계: 관계 확인	· 교육자의 역할에서 가장 중요한 관계를 확인하라. - 어떤 관계 영역인가? 이 경우 모든 가능한 잠재적 관계는 무엇인가? - 이 경우 교육자의 일차적 돌봄관계는 무엇인가? (교육자가 가족구성원, 교육자가 집단, 교육자가 다른 업무 직원에게) - 관계에 대해 무엇을 알고 있는가? 기간, 강도 등
2단계: 원리 적용	· 이러한 관계에 관련된 원리를 살펴보라. 적용되는 원리는 무엇인가? 다른 관련 원리는 없는가?
3단계: 모순점 확인	· 관련 원리들 간에 잠재적 혹은 실제적 모순은 무엇인가?
4단계: 덕의 원리 적용	· 돌봄, 신중함, 긍정적인 희망 등 덕의 원리를 고려하라. 관련 있는 것이 무엇인가? 왜? 모든 덕이 다 비슷한 정도인가?
5단계: 가능한 행동 확인	· 가족생활교육사로서 가능한 행동을 브레인스토밍하라. - 관계와 관련된 원리와 도덕성을 염두에 두라.
6단계: 행동 선택	· 특정 행동 혹은 일련의 행동을 선택하라.

가족생활교육사의 효과적인 활동을 위해서는 가족생활교육사의 확고한 정체성을 유지하면서 관련 기관의 전문가들과 연합하여 시너지 효과를 낼 수 있도록 해야 한다. 또한 인간의 기본 윤리는 변하지 않겠지만 가족생활교육이 인생의 중요한 가치를 지향할 수 있도록 하기 때문에 가족생활교육사들은 윤리적 민감성을 갖고 올바른 판단을 할 수 있어야 한다.

핵심용어 가족생활교육의 전문성, 윤리강령, 윤리적 딜레마, 윤리적 민감성

학습실천과제

1. 윤리의 개념에 대하여 설명할 수 있다.
2. 윤리교육의 중요성에 대하여 구체적으로 말할 수 있다.
3. 가족생활교육에서의 윤리강령은 어떤 것이어야 하는지를 구체화할 수 있다.

가족은 사회와의 상호작용을 통해 만들어진 '구성된 실체'로서, 개인적인 삶의 누적된 경험과 집단적인 삶의 누적된 경험을 함께 반영한다(최연실 외, 2015). 현재 급변하는 사회 속에서 가족 역시 급격한 변화를 경험하고 있으며, 이들의 욕구나 문제 또한 매우 다양하다. 이러한 변화 속에 예방적인 접근의 특성을 갖고 있는 가족생활교육 역시 가족이 갖고 있는 다양한 이슈와 가치들을 간과할 수 없고, 이를 반영한 가족생활교육 프로그램들이 진행되어야 할 것이다.

따라서 본 3부에서는 현재 가족생활교육 영역의 다양성에 있어 영향력을 미치고 있는 가치, 젠더 그리고 다문화 관점에 대해 이해하고, 이에 대한 적용을 어떻게 해야 하는지 살펴보고자 한다. 그리고 이러한 이슈들에 대한 가족생활교육사 자신의 철학 또는 신념이 가족생활교육에 어떤 영향력을 미칠 수 있는지를 점검해 보고자 한다.

제3부

가족생활교육의 다양성

제7장

가족생활교육과 가치

〈학습목표〉

1. 가족생활교육에 있어 가치의 의미를 이해한다.
2. 가족가치의 관점에 따라 가족생활교육 적용이 달라질 수 있음을 이해한다.
3. 가족생활교육사가 갖는 가치의 영향력이 무엇인지 정리한다.

모든 사람들은 세상을 바라보는 자신의 방식을 갖는다. 즉 개인은 옳고, 그름에 대한 자신만의 가치와 신념을 갖고, 이러한 신념들은 그들 자신과 가족들에게 영향을 미친다. 사람들이 믿는 것은 그들의 사고, 지각, 행동에 영향을 줄 수밖에 없다. 그러나 이러한 가치에 대한 신념은 항상 실제 상황 또는 사건에서 실현되는 것은 아니며 때로는 생활에 도움이 되지 않을 경우도 있다. 따라서 자신의 가치 및 신념체계를 검토해 보고, 그것으로 인한 경험을 정확하게 인식하고 좀 더 건강한 조망을 갖도록 하는 것이 필요하다. 이 장에서는 가치의 의미를 파악하고, 자신이 어떤 가치관점을 갖느냐에 따라 가족에 대한 관점 및 가족생활교육의 초점 방향이 달라질 수 있음을 알아보고자 한다. 마지막으로 가족생활교육사 자신의 가치를 점검해 보고, 이것이 어떤 영향력을 미칠 수 있는지를 살펴보고자 한다.

1. 가치의 의미와 실제

〈생각 나누기〉

Q 다온이와 정원이는 어려서부터 절친한 사이였으며 어른이 된 지금까지도 각별한 관계를 이어오고 있습니다. 둘은 종종 여행을 같이 다녔는데, 올 여름에는 프랑스 파리로의 여행을 계획하고 있는 중이다.

다온: "오랜만에 여행을 떠나려니 너무 설렌다. 이제 슬슬 구체적인 여행 계획을 짜야 할 것 같은데, 우리 어디서부터 시작할까?"

정원: "나는 아무래도 프랑스 파리하면 루브르 박물관이 가정 먼저 떠오르는 것 같아. 꼭 한번 그 유명한 〈모나리자〉를 감상해 보고 싶어.",

다온: "좋은 생각이야. 지도를 살펴보면 루브르 박물관하고 오르세 미술관 그리고 노트르담 대성당은 모두 가까이 있더라. 오전에 루브르 박물관을 둘러보고, 오후에는 오르세 미술관이나 노트르담 대성당을 방문해 보는 것은 어떨까?",

정원: "음...그런데 오전에 루브르 박물관을 다 둘러보는 것은 벅차지 않을까? 나는 오전에 일찍 입장해서 하루 종일 관람해도 시간이 모자랄 것 같다고 생각했거든."

다온: "물론 시간이 턱없이 부족하겠지만, 하지만 우리가 파리를 자주 갈 수 있는 것도 아닌데 하루 종일 루브르 박물관만 보는 것은 시간이 좀 아깝지 않을까? 나는 멀리간 김에 기왕이면 최대한 여러 관광지를 둘러보는 것이 좋다고 생각해."

정원: "내 생각은 조금 달라. 무리하게 여러 군데를 방문하기보다는 한 곳이라도 제대로 관람하는 것이 좋다고 생각해"

다온이와 정원이는 이 두 가지 의견 사이에서 어떤 하나를 선택해야만 한다. 그리고 그 선택이야말로 다온이와 정원이가 어떤 여행을 경험할 것인지에 있어서 핵심적인 역할을 수행할 것이다.

우리의 삶도 마찬가지이다. 우리는 우리의 삶을 어떻게 꾸려나가는 것이 좋을지 고민을 한다. 사실 우리 삶의 매 순간은 이러한 고민으로 가득차 있다고 해도 과언이 아니다. 당장 오늘 하루는 어떻게 보내는 것이 좋을까? 내일은 무엇을 하며 지내는 것이 좋을까? 이러한 질문에 맞닥뜨릴 때 우리는 '좋음'에 대해 깊이 고민하면서 과연 무엇이 현명한 판단일지를 생각하게 된다. 이처럼 좋음과 관련하여 우리는 내리는 판단들은 이른바 가치 판단에 해당이 된다. 당신이 어떤 선택을 할 때 가장 먼저 떠오르는 자신의 '좋음'이란 어떤 것들인지 생각해 보자.

출처: 이석재 외(2023). 좋은 삶을 위한 가치수업. 북하우스. pp.19-24.

가치란 좋음과 나쁨, 옳음과 그름, 아름다움과 추함 등에 대한 사람들의 신념과 감정의 체계로서 어떤 선택이나 행동이 바람직한지 또는 바람직하지 않은지에 대한 판단기준을 제공해 준다. 또한 개인 또는 집단이 중요하게 추구하는 것이나 바람직하게 생각하는 개념들로서, 좁게는 개인으로부터, 넓게는 사회가 열망하는 비전이나 원리라 할 수 있다. 이것은 우리에게 특정한 정보를 주기도 하며 사람들과 세상을 평가하는 기준이 되기도 한다(정영금, 2015). 우리는 어렸을 때부터 각 가정과 학교에서 끊임없는 상호작용을 통해 가치를 배운다. 그런데 이 중 가치와 규범을 혼동하기도 하는데, 가치는 추상적인 수준에서 행동의 방향을 설정해 준다면, 규범은 생활 영역에서 체계화된 구체적인 행동 지침을 가리킨다는 점에서 차이가 있다. 따라서 규범을 통해 가치를 확대하기도 하고, 가치를 통해 규범이 만들어지기도 함을 이해하는 것이 필요하다.

그렇다면 가치 판단을 사실 판단과 같이 객관적으로 진위 여부를 결정할 수 있을까? 아니면 주관적인 의견이나 감정에 의해서도 결정할 수 있을까? 이에 대한 정답은 없다. 그러나 가치는 우리가 중요시하는 다양성 및 관용의 덕목과 함께 하기 때문에 주관적인 가치가 좀 더 여러 가지를 설명할 수 있다. 기본적인 의식주의 측면, 더 나아가 제도와 관습 그리고 문화의 측면에서 사람들은 다양한 모습을 보여주고 있다. 이러한 다양성은 지역과 시대에 따라서 그리고 민족이나 국가, 문화권에 따라서 상호 다른 가치가 두드러질 수 있으며, 이것은 다시 개인과 가족 그리고 사회제도 및 문화에 영향을 미친다 할 수 있다.

최근 '유엔 세계인구 전망 2022년' 보고서에 따르면, 동아시아의 저출생 위기가 유독 심각한 것으로 나타났다. 세계 238개국의 합계 출산율(2021년 기준)을 낮은 순으로 열거하면, 세계 10위권 내에 홍콩(1위: 0.75명), 한국(2위: 0.88명), 싱가포르(5위: 1.02명), 마카오(6위: 1.09명), 대만(7위: 1.11명), 중국(10위: 1.16명) 6개국이 포진해 있다(한겨레신문, 2023. 2. 21.). 아시아인들은 왜 아이를 낳지 않는가에 대한 해답을 찾기 위해 서울대 아시아연구소(임동균, 2023)는 가족과 행복 그리고 사회에 대한 시민의식을 통해 지금 아시아인들이 느끼는 가치와 지향점을 찾고자 하는 연구를 진행하였다. 이들은 15개 대도시 지역(아시아 12개 도시, 비교 지역으로 서구 3개 도시 선정) 10,500명을 대상으로 설문조사를 진행하였는데, 이 중 서울시민 700명을 대상으로 본인의 삶을 의미 있게 하는 것이 무엇인지에 대한 조사 결과[1]1는 다음 [그림 7-1]과 같다. 구체적으로 11개의 항목 중 '건강'이 삶의 의미를 주는 데 있어 평균적으로 가장 높은 중요성을 가진 것으로 나타났다. 그 다음으로는 자유, 물질적 풍요, 가족이 높은 점수를 받은 것으로 나타났다. 그러나 주어진 11개 항목 중에서 본인의 삶에 가장 중요한 의미를 주는 항목 3가지를 중요도에 따라 순위를 매기도록 한 설문의 결과, 약 절반(49.8%)의 서울시민들이 1순위로 '가족'을 선택하고, 2위로는 '건강'(20.7%), 3위로는 '물질적 풍요로움'(13.7%)을 선택하여 조사를 어떻게 하느냐에 따라 결과의 차이가 있음을 알 수 있다.

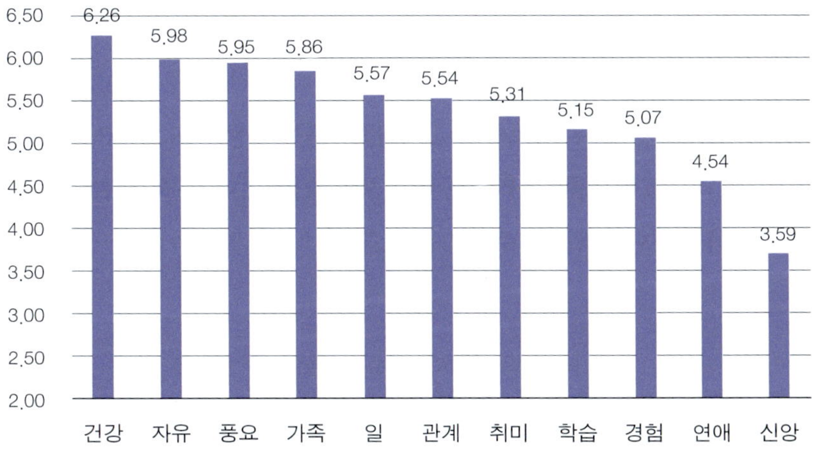

[그림 7-1] 삶에 의미를 주는 요소들의 중요도: 서울시민

출처: 임동균(2023). 특별기획: 아시아 대도시 가치조사(1): 무엇이 삶에 의미를 주는가?. 서울대학교 아시아연구소 홈페이지(http://snuac.snu.ac.kr/?p=41704) 참조

1) 조사에서는 11개 항목을 제시하고, 각각이 본인에게 삶의 의미에 있어 얼마나 중요하다고 생각하는지에 답하게 하였다. 그 항목들은 다음과 같다: 1) 가족, 2) 일, 직업, 3) 물질적 풍요로움, 4) 가까운 사람들과의 관계, 5) 건강, 6) 자유, 7) 취미, 8) 무언가를 배우거나 공부하는 것, 9) 연애, 10) 새로운 경험을 하는 것, 11) 신앙 · 믿음. 각 항목에 대해 응답자들은 '전혀 중요하지 않다'부터 '매우 중요하다'로 이루어진 7점 척도 문항에 기반해 응답하였다. 단 나라별 지역을 선정하였고, 우리나라는 서울 지역 주민을 대상으로 연구되었다.

또한 15개 국가의 대도시에 거주하고 있는 시민 대상으로 같은 질문을 조사한 결과, 서울은 동경, 타이베이와 유사한 패턴을 보였으며, 북경을 제외한 동아시아 도시들은 대체로 유사한 응답패턴을 나타냈다. 이들은 다른 도시들에 비해 건강과 물질적 풍요를 상대적으로 많이 고르고, 신앙, 믿음은 덜 고른 것으로 나타났다. 한국과 기타 선진국과의 차이와 관련하여 종종 언급되는 자조적 비판 중 하나는, 한국인들은 돈을 얼마나 가지고 있느냐만 관심이 있고, 취미, 교양, 경험 등 사람의 내면과 관련된 것을 추구하는 것에는 상대적으로 낮은 가치를 매긴다는 것이다. 한국인들이 물질적인 것에 집착한다는 비판의 이면에는 비물질적인 차원에서 삶에 의미를 제공하는 취미, 학습, 경험 등에 가치를 충분히 두지 않는다는 비판적 진단이 깔려 있다. 이를 확인하기 위해 추가적으로 1) 취미, 2) 무언가를 배우거나 공부하는 것, 3) 새로운 경험을 하는 것, 이 3가지가 얼마나 자신에게 의미를 주는지에 대해 응답한 값의 평균을 계산한 다음, 물질적 풍요를 중시하는 정도와의 차이를 계산하여 변수를 구성하였다. 이 값이 클수록 응답자는 앞의 3가지 비물질적 의미에 비해 물질적 풍요의 의미를 중요시한다고 볼 수 있다. 이 값의 도시별 평균은 다음 [그림 7-2]와 같다.

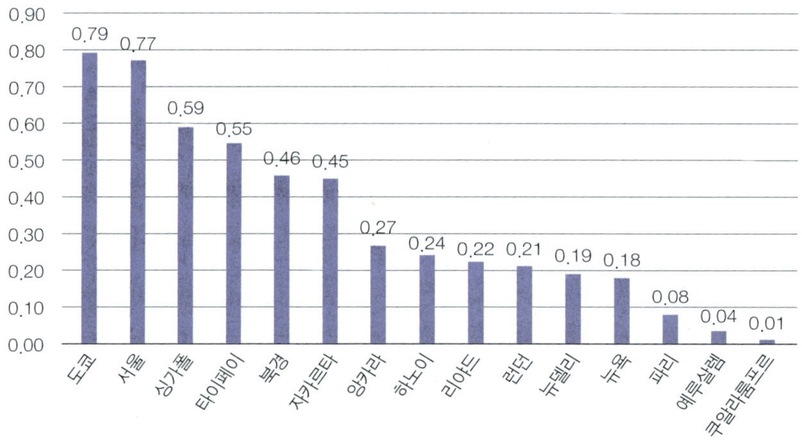

[그림 7-2] 물질적 풍요가 의미를 주는 정도와 취미 · 학습 · 경험이 의미를 주는 정도의 차이

출처: 임동균(2023). 특별기획: 아시아 대도시 가치조사(1): 무엇이 삶에 의미를 주는가?, 서울대학교 아시아연구소 홈페이지(http://snuac.snu.ac.kr/?p=41704) 참조

도쿄와 서울은 15개 도시들 중 물질적 풍요를 상대적으로 중요시하는 정도가 가장 높은 것으로 나타났다. 이를 통해 한국(보다 정확히는 서울의 경우)은 사적 영역 중 비물질적 영역에서 의미를 얻는 정도가 부족하기 때문에 물질적 풍요의 중요성이 상대적으로 더 부각되는 모습이 나타난다고 할 수 있으며, 이러한 가치 의식은 현재 저출생 문제와도 연결될 수 있는 중요한 변인이라 볼 수 있다.

국가 간 차이는 문화적 차이를 바탕으로 하므로 어떤 절대적인 가치 판단을 하는 것은 유의해야 하나, 최대한 많은 영역에서 삶의 의미를 다채롭게 느낄 수 있는 조건이 마련될 때 더욱 풍요롭고 번영(flourishing)하는 인간적 삶을 누릴 수 있을 것이다(임동균, 2023). 삶의 의미의 원천이 풍부할수록 한국 사회의 개인들이 사회에 대해 긍정적인 감각을 가지고 자신의 삶에서 희망을 더 쉽게 발견할 수 있기 때문이다.

또한 세대별 개념과 특성 역시 〈표 7-1〉과 같이 매우 다르게 정의되고 있으며, 이들의 가치관 차이 역시 매우 큰 것으로 보고되고 있다.

〈표 7-1〉 세대의 개념과 특성

명 칭		출생연도	2020년 기준 연령	별칭
기성세대	산업화 세대	1945년 이전	만 68세 이상	새마을세대
	베이비붐 세대	1955~1964년	만 58~67세	주춧돌세대, 보헤미안세대
X세대	Old X 세대	1965~1969년	만 53~57세	서태지세대 올림픽세대
	Young X 세대	1970~1979년	만 43~52세	엑스틴, 삐삐 세대, 핸드폰 세대
MZ세대	M세대 (밀레니얼 세대)	1980~1994	만 28~42세	무한도전세대, 월드컵세대
	Z세대	1995~2009년	만 13~27세	스트리밍세대, 유튜브세대
알파세대		2010년 이후	만 12세 이하	틱톡세대

출처: 이준영(2023). 세대별 소비트렌드의 특징과 시사점. 2023 생활과학분야 춘계공동학술대회 자료집, p.121에서 재인용.

다수의 세대 연구는 베이비붐세대와 X세대, M세대, Z세대 그리고 새로운 수요 창출의 주역인 알파세대의 차이와 특성에 주목하고 있다. 특히 MZ세대 이후에 관한 관심이 큰데, 이는 이전 세대와 매우 다른 특성을 보이고 있기 때문이다.

시대적 배경과 생애주기적 특성에 따른 세대별 차이를 간단히 살펴보면, 베이비붐세대는 근검절약을 중심하고, 가족 중심적이며 공동체와 사회를 중요하게 고려한다. X세대는 치열한 경쟁 속에서 성장하여 외환위기 속 사회적 첫 진출에 어려움을 겪은 세대로, 개인주의적 성향이 강하고, 개성을 반영한 소비행동을 하여, 소비문화를 형성하였다. M세대는 우선적으로 경제적인 풍요로움을 처음으로 경험하며 자란 세대이며, 디지털 인프라를 누리고 성장하며 국경을 초월 세계화된 하나의 시민임을 경험하였다. 이러한 경험세계는 이들로 하여금 전 세대와의 다른 가치관을 형성하게 하였다. 즉 결혼 및 출산과 관련하여 이들은 규범이 아닌 가치(중의 하나)로 받아들이는 첫 세대가 되었다(이수연 등 2017). 지속적으로 출생율이 감소하고 핵가족화가 심화된 시기에 출생하여 저성장과 취업난을 겪으면서 자존감과 사회적 승인욕구가 강하고, 소비에서 공유와 나눔을 중심하면서 윤리적 소비에 적극적인 첫 세대이기도 하다. Z세대는 출생부터 인터넷을 접한 첫 디지털 원주민으로, 온라인, 모바일 활동을 중시하고 타인에게 피해를 주는 것도, 받는 것도 극도로 싫어하는 성향을 보이고 있다. 이 둘을 합한 MZ세대[2)]2는 사회변화와 도덕적, 윤리적, 환경적 가치문제에 민감한 특성을 갖고 있는 것으로 나타나고 있다. 마지막으로 진정한 디지털 원주민 소비자로 등장하고 있는 알파세대는 단순히 Z세대의 다음 세대가 아닌 완전히 새로운 종족의 탄생을 은유하고 있다. 2023년 7월, 네이버의 자회사인 사진 보정 앱 '스노우'에 접속

2) 청년(MZ세대)의 특성: 높은 진학률, 인터넷이 보편화되면서 SNS 생활을 시작 및 영위, 극심한 경쟁사회에서 '공정성'에 가치를 높게 두고 있다, 상대적으로 부모(베이비부머)에게 물질적 지원을 많이 받고 자랐으며, 회사에서 상사가 싫은 소리를 하면 기꺼이 퇴사를 한다, 워라밸 중시, 결혼은 선택, '완벽한 부모' 신드롬, 스마트폰으로 수렴하는 세상을 살고 있다. 유튜브 등을 통해 세계에서 어떤 일이 발생하는지, 어떻게 사는지 등을 알고 있으며, 선진국에서 태어난 세대라 칭한다.

인원이 몰려 시스템 오류가 발생하였는데, 스노우의 'AI 프로필 서비스'를 이용하려는 사용자가 많아서 벌이진 일이었다. AI 프로필 서비스는 이용자가 본인의 얼굴 사진을 10~20장 입력하면 AI가 다양한 스타일의 프로필 사진 30장을 한꺼번에 만들어주는 서비스를 말한다. 기성세대들은 별로 쓸데도 없는 사진에 돈을 쓰는 것이 이해가 되지 않지만, 이 AI 서비스에 1020 소비자들은 열광을 하였다. 그 외 금융권에서도 알파세대를 신소비자로 잡기 위한 각축전이 벌어지고 있는데, 카카오뱅크는 기존 만 14~18세였던 '카카오뱅크 미니'의 가입 연령을 2023년 8월부터 만 7~18세로 확대하였다(김난도 외, 2023). 이는 금융 서비스를 넘어 10대인 소비자가 쉽게 일상을 기록할 수 있도록 도움을 주고 있으며, 이들은 초개인주의의 특성과 개성 존중 그리고 SNS를 통한 관계망 형성을 보다 중요한 가치로 부각되고 있다.

이와 같이 시대별, 세대별 가치추구의 방향이 다양하고, 이에 대한 해석 역시 다르기 때문에 가족생활교육에 있어 가치의 의미와 역할을 명확히 이해하고, 가족생활교육의 핵심적 신념에 대한 검토는 지속적으로 필요하다 할 수 있다.

2) 가치와 가족생활교육

가족생활교육 내용에 있어 가치가 포함되어야 하는가? 아닌가? 가족생활교육에 있어서 가치교육은 자신과 가족이 나아갈 방향을 알려 주고 개선하는 데 도움이 되기 때문에 반드시 필요하다는 주장과 다양화된 생활 속에 모든 사람이 동의할 수 있는 가치체계는 존재하지 않고, 이를 검증할 수 있는 과학적 검증이 없기 때문에 가족생활교육에서 가치를 가르쳐서는 안 된다는 주장이 계속해서 공존해 왔다(박주희, 2010; 전세경, 2013). 이러한 상반된 주장에 대해 좀 더 살펴보면 다음과 같다.

가족생활교육에서 가치에 대한 논의는 초기 절대적 가치를 신뢰하는 것에서 이후 가치에 대한 논란의 시기를 거쳐, 가치교육이 필수라는 인식으로 발전되었다. 초기 가족생활교육에서 가치의 문제는 나쁜 것은 바로잡고 바람직한 것은 가르쳐야 한다는 것으로서 여기에는 옳고 그름에 대한 절대적 가치가 포함되었으며, 이러한 절대적 가치가 가족생활을 개선하는 데 도움을 준다고 여겼다(전세경, 2013). 이와 같은 관점에서 미국 가족관계학회는 가족생활교육사가 사회 태도나 가치형성에 조언할 수 있어야 하며, 청소년이나 성인 모두에게 자신의 가치를 명백히 밝힐 수 있도록, 또 자신의 가치체계를 넘는 사고도 가능하게 도와주어야 한다고 하였다. 또한 가족생활교육 프로그램에 다양한 윤리적 관점이 적용되어져야 하며, 생애주기별 개념틀에서도 가치와 윤리교육이 포함되어야 하는 것으로 규정하였다. 그리고 가족생활교육의 주요 부분으로서 프로그램에 포함되어야 하는 가치교육의 목표로 개인 가치와 가족 가치를 명확히 하도록 하고, 가치가 어떻게 인간행동에 영향을 미치는지를 이해하도록 해야 하며, 개인 가치와 가족 가치의 다양성을 인정하고 이러한 가치를 수용하도록 하는 것이다. 또한 개인과 가족 및 사회에 이익이 되는 방향으로 욕구를 만족하게 하고, 마지막으로 비판적 사고기술을 발달시키는 것(박주희, 2010)이라 하였다.

예를 들어, 영국은 기존의 교육 방침 실패로 2020년 9월부터 초, 중등학교에서 관계교육이 의무화되기 시작하였다. 이는 현대의 영국인으로 잘 성장하는데 기본 토대를 형성하는 과목으로 온오프라인에서 안전하고 건강하게 생활하고, 개인 및 사회생활을 긍정적으로 관리할 수 있는 능력이 필요하다는 목적 하에 수립되었다. 구체적으로 '가족과 나를 돌봐주는 사람들', '친구사이의 배려', '존중하는 관계' 등 다양한 유형의 관계에 대한 교육을 통해 생애에 걸쳐 건강하고 행복한 인간관계를 형성할 수 있도록 돕고 있다. 우리나라는 2022년 개정된 공교육 정규교과인 가정교과에 청소년들이 생애에 걸쳐 건강하고 행복한 인간관계를 형성하고 유지할 수 있는 역량을 키우기 위해 '다양한 생활 방식 및 타인에 대한 존중과 배려', '가족원으로서 협력과 공감의 태도', '가족 친화적 가치에 대한 존중',

'다름을 존중하고 더불어 살아가는 공동체 실현' 등의 내용이 포함되어 있으며(심재영 · 최새은, 2023), 이를 통해 인성, 가치 덕목을 갖춘 민주시민을 양성하는데 목적을 두고 있다.

이러한 주장에 반해 가치란 그 본질상 합리적으로 검증하기 어려우며, 상대적이고 개인적이기까지 하기 때문에 가족생활교육에서 가치를 어떻게 포함시킬 수 있을 것인가에 대한 반론도 계속해서 제기되어 왔다. 가치 중립적인 과학의 실증적 측면이 가족학 분야의 지배적인 관점이 되었으며, '과학적' 검증의 효율성 없이 가치교육을 실시하는 것은 교육자의 불법적 침입이라고 보았다(Christensen, 1964, 박주희, 2010 재인용). 또한 가치는 각 시대와 문화에 따라 변하는 것들이 많으며, 더불어 모든 사람들이 동일한 가치를 갖도록 교육을 해야 한다는 것은 논란의 여지가 있다. 즉 자유, 평등, 공정함, 민주주의 등과 같은 일반적인 문화적 가치에 대한 사람들의 생각은 시대변화에 따라 비교적 변화가 적은데 비해, 상대적 가치라고 표현될 수 있는 부분에 대해서는 시대변화에 따라 사람들의 생각이 더 변화하고 있으므로, 요구되고 있는 도덕성 또는 올바른 행동 등은 덜 강조되고 있는 대신 생활양식의 수용이나 개별성을 더 강조하는 방향으로 변화하고 있는 점(정영금, 2015)에 비추어 가족생활교육에 있어 가치교육은 배제되는 것이 옳다는 보는 관점 또한 주장되어 왔다.

우리는 이러한 상반된 의견을 어떻게 받아들이고 실천해야 할 것인가? 현재 우리 사회의 가치관은 변하고 있고, 또 앞으로도 계속 변할 것이라 예측되고 있다. 그렇다면 가족생활교육에서 가치를 어떻게 그리고 무엇을 반영하여야 할 것인가에 대한 논의는 계속해서 연구되고 논의되어야 할 것이다.

2. 가족 가치의 실제

〈생각 나누기〉

" 한 가지는 확실해. 우리가 어디를 가든지, 가족이 우리의 요새야"
(I know one thing. Wherever we go, this family is our fortrees)
– 영화 〈아바타: 물의 길〉 중에서 –.

2022년 말에 개봉하여, 1,000만 관객을 돌파한 〈아바타: 물의 길〉은 주인공 제이크 설리와 네이티리 가족의 여정을 그린 영화이다. 생존을 위협하는 무자비한 위험에 직면하자, 제이크는 가족의 안전을 위해 새로운 곳으로 떠나기로 결정한다. 하지만 뿌리를 중시하는 가족들에게 정든 고향을 등지고 생면부지의 낯선 곳으로 떠난다는 것은 청천벽력 같은 일이었다. 주저하고 반발하는 가족들을 설득하기 위해 제이크가 말한다. 어느 곳에 있든지, 중요한 것은 가족이 함께 어려운 상황을 견뎌내고 해결해 나가는 것이라고... 가족이 우리의 '요새'라고 말이다.

해마다 대한민국의 행복지도를 조사하고 있는 서울대 행복연구센터(2023)는 빅데이터를 통해 찾아낸 한국인의 속마음 중 하나로 '가족: 행복의 요새'에 관한 이야기 중 다음과 같은 예를 제시하였다. 부모와의 애착에 따라 행복에 제일 영향을 받는 연령, 성별 집단을 살펴보았는데, 놀랍게도 부모님과의 애착 점수는 10대 남녀에게서 차이가 확연했지만(10대 남성 평균 2.80점, 여성 평균 3.23점), 부모님과의 애착과 안녕지수는 두 집단 모두 다른 연령, 성별 집단에 비해 높은 것으로 나타났다. 10대 미성년자의 경우 부모의 영향력이 다른 연령대보다 높은 시기임을 고려하면 부모와의 애착이 행복에 중요한 요소로 작용한다는 것이다. 또한 여성과 남성 모두 20대에서는 10대 때보다 부모와의 애착이 안녕지수에 주는 정도가 줄어드는 현상을 발견할 수 있었다. 그리고 30대 이상이 되면 여성보다 오히려 남성이 부모와의 밀접한 관련이 안녕지수에 영향을 주는 것으로 나타났다.

가족이란 오묘한 존재이다. 불꽃같은 사랑으로 시작되었지만 가족의 모습이 달라지며 사랑은 정서적 결속을 바탕으로 하는 끈끈한 애착의 모습으로 변모한다. 또한 고비 고비마다 그 사랑은 느슨해지기도, 단단해 지기도 하며 가족들 사이를 붙잡아 준다. 가족들은 가까운 존재이기에 최근접 거리에서 상처를 주기도 하지만 다른 사람은 할 수 없는 방식으로 상처를 어루만져 주기도 한다.

자신의 행복과 안녕에 영향을 미치는 요소는 매우 여러 가지이다. 그 중 가족 역시 매우 중요한 요인이 될 수밖에 없다. 그럼에도 불구하고 현재 가족의 의미와 가치는 변화 과정 중에 있다. 어떤 것이 변하고 있고, 어떤 것이 변하고 있지 않은가?

출처: 서울대 행복연구센터(2023). 대한민국 행복지도 2023. 21세기북스, pp.188-195.에서 인용.

가족에 대한 가치, 즉 가족가치관이란 가족에 대한 여러 가치를 통튼 것이라 할 수 있는데, 보통 가족의 형성부터 시작하여 가족 내 관계, 그리고 그런 관계가 어떻게 유지되고 기능하는지 등과 관련한 다양한 가치관이 포함(윤태실 · 민주홍, 2020)된다.

여성가족부는 5년마다 가족실태 조사를 실시한 후 이를 정책에 반영하고 있다. 2020년 제 4차 가족실태 조사 때 처음으로 '가족의 정의'에 관한 질문을 한 결과(([그림 7-3) 참조), '가족은 혈연관계'(89.0%)', '가족은 법적으로 연결된 관계'(83.7%), '가족은 심리적으로 유대감을 느끼는 친밀한 관계(동거여부 관계없음)'(82.8%), '가족은 경제적으로 생계를 함께 하는 관계'(68.8%), '가족은 함께 거주하며 생활을 공유하는 관계'(64.7%)의 순으로 동의한다고 하였으며, '가족은 내가 선택하고 구성할 수 있는 관계'에 대한 동의 정도가 38.7%로 가장 낮은 것으로 나타났다. 이는 가족이 외형적으로는 혈연과 혼인에 기반 하여 주어지는 관계로 인식되는 동시에 속성적 측면에서는 경제적/물리적 생활 보다는 정서를 공유하는 관계로 인식되고 있음을 보여주고 있다.

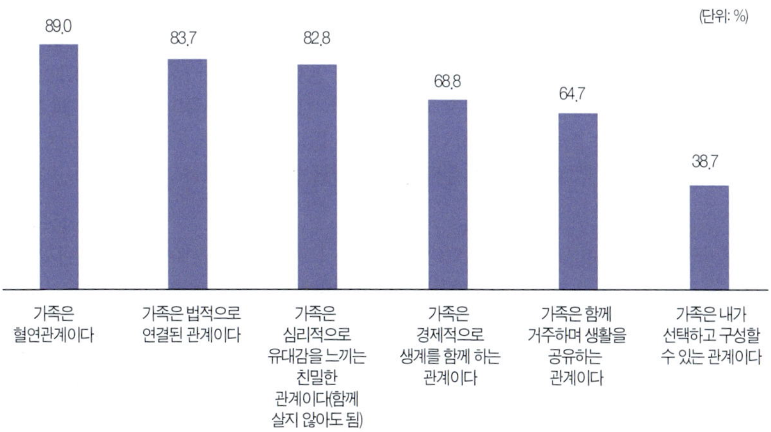

[그림 7-3] 가족의 정의

출처: 여성가족부(2021. 5.). 2020년 가족실태조사 분석연구. p. 56.

그러나 '삶의 방식과 가족가치관'에 대한 생각을 2015년도에 조사된 내용과 비교 분석한 결과([그림 7-4]참조), 전체적으로 결혼, 부모 됨, 전형적인 가족의 틀에 대한 삶의 방식에 따른 가치관의 변화가 계속해서 증가되고 있음을 알 수 있다. 구체적으로 살펴보면, '결혼하지 않고, 독신으로 살아도 괜찮다'는 항목은 여전히 가장 많은 동의를 보여주고 있는 항목으로 나타났다. 5년 동안 큰 변화를 보인 항목은 '부부가 따로 떨어져 사는 것'(+9.3%), '결혼하고 아이를 낳지 않는 것'(+7.0%), '결혼하지 않고 아이를 낳는 것'(+5.9%), '결혼하지 않고 남녀가 함께 사는 것' (+4.8%)의 순으로 나타났다.

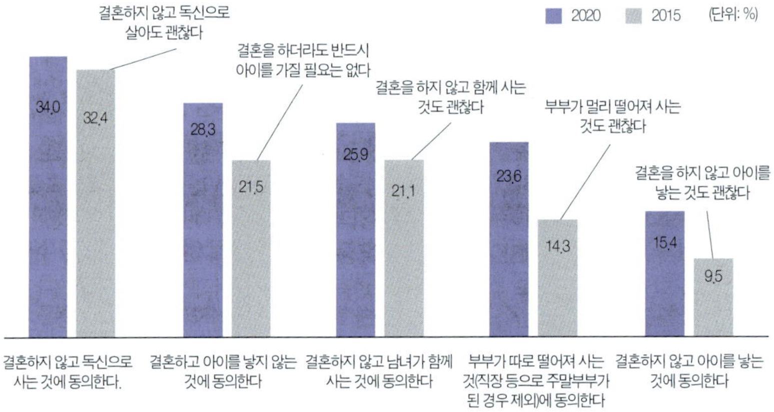

[그림 7-4] 2015년 조사와 비교: 삶의 방식과 가족가치관에 대한 생각

출처: 여성가족부(2021. 5.). 2020년 가족실태조사 분석연구. p. 70.

최근 결혼이 필수가 아닌 선택이 되면서 어떤 요인이 미혼청년의 결혼의향[3]에 영향을 미치는지 알아보려는 관심이 증가하고 있다. 실제로 미혼남녀의 결혼의향은 줄어들고 결혼을 유보하는 태도는 확산하고 있으며(이상림, 2019), 자발적

3) 결혼의향은 결혼을 할 것인지, 말 것인지에 대한 개인의 생각을 의미한다. 국내의 경우 지난 20년간 결혼의향에 관한 연구가 증가하면서 '결혼의사', '결혼인식', '결혼생각', '결혼태도', '결혼의지', '결혼이행 의향', '결혼자신감', '비혼선택', '비혼의향', '독신성향', '독신선택' 등의 용어가 유사한 의미로 사용되었다. 최근에는 결혼과 비혼을 연속선의 상반된 개념으로 보고 결혼의향을 중심으로 결혼과 결혼연기, 비혼을 함께 살펴보는 연구(최효미 외, 2016)나 결혼하지 않을 의향을 비혼의향, 독신의향으로 보는 연구(김한곤, 2018; 유계숙 외, 2019)도 나타나고 있다.

의사에 따라 비혼을 선택하는 사람들이 많아지고 있다. 비혼동거와 같이 결혼에 대한 대안적 파트너십이 확대되었던 서구와는 달리(Cherlin, 2004), 국내에서는 동거가 결혼을 대체하는 양상이 두드러지지 않고 있다(송효진 외, 2021). 결혼에 대한 당위적 태도와 규범이 강하게 작용하는 한국사회의 특성 상(이진경 외, 2020) 대안적 파트너십에 대한 장벽이 높아, 제도적 결혼을 지연하거나 기피하는 것일 수 있다. 한국 청년의 결혼의향에 관한 메타분석을 실시한 박선영과 이재림(2022)의 연구결과, 전통적 가치관[4]의 영향이 가장 큰 것으로 나타나 가치관이 결혼의향의 중요한 예측 인자임을 설명하였다. 그 중에서도 긍정적 자녀가치의 효과 크기가 큰 것으로 나타나 자녀관이 핵심적 영향요인으로 설명되고 있다.

즉 한국 가족은 오랜 시간 자녀중심으로 살아오면서 결혼하는 것을 부모가 되는 것과 밀접하게 연결하여 생각하는 경향이 있었다. 따라서 자녀중심적인 한국적 맥락에서 결혼의향이 줄어드는 양상은 Leibenstein(1974)의 자녀효용이론으로도 해석할 수 있다. 자녀의 가치와 자녀가 주는 기쁨이 효용으로 다가오지 않는다면, 자녀양육에 투입되는 비용 부담과 노후보장을 위한 비용확보의 어려움이 결혼의 비용으로 간주되면서 결혼의향의 감소로 이어질 수 있다. 그 외 개인주의적 태도의 확산과 자아실현 가치의 확대 역시 영향을 미쳤으며, 또한 경제적 여건이 결혼의향에 영향을 미치기는 했으나, 영향력의 효과크기는 상대적으로 작은 것으로 보고되었다.

이를 뒷받침할 수 있는 연구로 최근 15개 대도시 지역(아시아 12개 도시, 비교지역으로 서구 3개 도시 선정) 10,500명을 대상으로 설문조사를 진행한 서울대 아시아연구소의 연구 결과 중, 허정원(2023)은 '출산과 가족에 대한 청년의 인식'

4) 전통적 가치관요인은 전통적 결혼관(① 전통적 결혼태도: 결혼의 당위성, 결혼의 중요성, 결혼의 필요성, 결혼제도 인식, 결혼에 대한 태도, 결혼가치관, 결혼관, ② 긍정적 결혼이미지: 결혼이미지), 자녀관(① 출산의향: 출산의사, 출산의향, 희망 자녀수), ② 긍정적 자녀관: 자녀의 필요성, 자녀관, 자녀가치(정서적/도구적), 자녀에 대한 긍정적, 부정적 태도), 가족관(전통적 가족태도: 가족가치관, 가계계승 가치관, 전통적 가족가치관, 가족주의 가치관, 가족우선 가치관, 노부모 부양태도) 변수로 측정되었다(박선영, 이재림, 2022)

에 관한 내용을 다음과 같이 정리하였다.

그동안 우리나라는 경제적인 안정이 결혼의 선결조건이며 이에 대한 기준이 높아 결혼을 기피한다는 의견이 있었다. 이에 서울에 거주하는 청년들이 결혼을 위해 경제적 안정, 좋은 집을 갖추는 것이 얼마나 중요하다고 느끼는지 조사한 결과([그림 7-5] 참조), 80～90%가 결혼 전 경제적 조건을 갖추는 것이 중요하다는 것에 동의하였다. 구체적으로 안정된 직업의 중요성은 91%, 경제적 안정은 89%가 동의한 반면, 좋은 집을 갖추어야 한다는 것에는 78%만이 동의하였다.

그런데 서울 청년들이 다른 대도시 청년들보다 결혼 전 경제적 조건을 갖추는 것이 더 중요하다고 생각하는 것은 아니었다. 오히려 서울 청년들 중 괜찮은 집을 결혼 전 갖추어야 하는 것에 동의한 비율은 15개 대도시 중 3번째로 낮았다. 연구 대상 도시들 역시 서울만큼, 혹은 서울보다 주거비용이 높다. 서울 청년들이 유독 결혼 전에 갖추어야 할 경제적 조건으로 안정적 주택을 중요하게 인식하지 않는 것으로 응답한 걸로 보아 서울의 높은 부동산 가격이 결혼과 출산을 기피하는 가장 큰 원인이라고 보기는 어렵다고 할 수 있겠다.

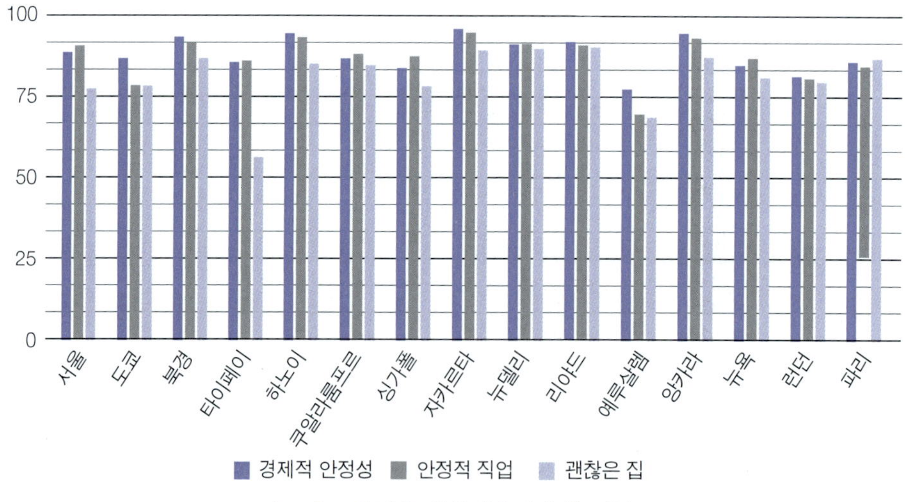

[그림 7-5] 결혼 전에 갖추어야 할 것들

출처: 허정원(2023. 7. 24.). 특별기획: 아시아 대도시 가치조사(2) 출산과 가족에 대한 서울 청년의 인식. 서울대학교 아시아연구소 홈페이지(www.snu.ac.kr) 참조.

그렇다면 자녀관이 어떠한지를 살펴본 결과, '자녀를 갖는 것이 경제적 부담이 된다'는 것에 동의한 서울 청년은 82%로 다른 대도시 청년에 비해 압도적으로 높았다. 또한 '자녀를 가지면 부모 중 한 명은 커리어를 이어나갈 기회가 제한된다', '자녀가 태어나면 부모의 자유가 제약된다' 순으로 80% 동의를 하고 있는 것으로 나타났다. 이러한 경제적 부담과 커리어 제약에 대한 동의 정도는 아시아권의 타 대도시 청년들이 동의하는 비율에 비해 20-40%이상 높았는데, 그만큼 우리나라 청년들이 자녀로 인한 경제적 부담을 느끼는 정도가 크다는 것으로 풀이된다.

반면 자녀에 대한 긍정적 인식과 노후에 자녀로부터 경제적 도움에 대한 기대는 타 도시 청년들에 비해 크게 낮았다([그림 7-6]참조). '자녀는 인생의 가장 큰 기쁨이다'에 동의한 서울 청년은 58%로 도쿄 청년(53%) 다음으로 낮은 비율이었으며 타 도시 청년들의 77～96%가 이 문항에 동의한 것에 비하면 서울과 도쿄 청년들의 자녀에 대한 긍정적 인식은 크게 낮았다. 자녀에 대한 경제적 부담에 동의한 비율이 자녀를 인생의 가장 큰 기쁨에 동의한 비율보다 더 높은 곳은 서울과 도쿄 뿐이었는데 자녀의 경제적 부담에 동의한 비율(82%)과 긍정적 인식에 동의한 비율(58%)의 차이는 도쿄청년(각 53%과 64%)에 비해 훨씬 컸다. "성인 자녀는 노후에 큰 보탬이 된다"에 동의한 서울청년은 39%로 역시 가장 낮았다. 15개 대도시 중 서울과 도쿄 청년은 자녀에 대한 긍정적 인식보다는 부담을 크게 느끼고 있으며, 특히 서울 청년들은 자녀에 대한 효용보다는 비용에 동의하는 비율에 비해 크게 높았다.

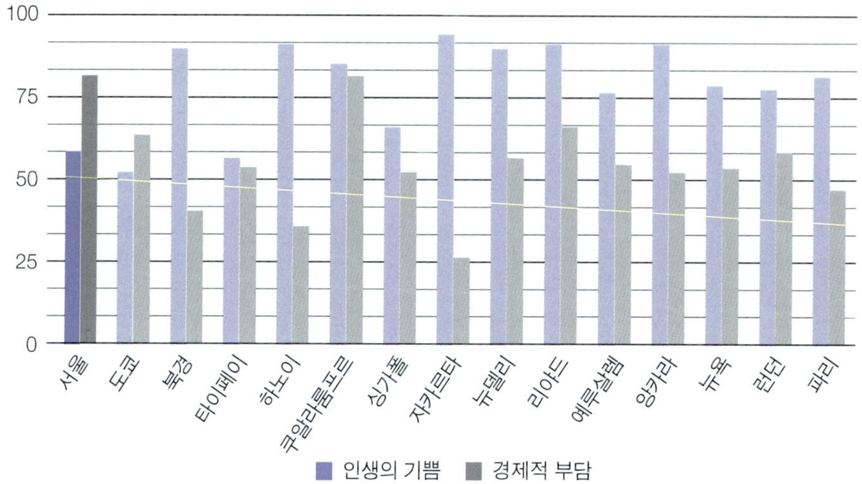

[그림 7-6] 자녀는 인생의 기쁨 vs 경제적 부담

출처: 허정원(2023. 7. 24.). 특별기획: 아시아 대도시 가치조사(2) 출산과 가족에 대한 서울 청년의 인식. 서울대학교 아시아연구소 홈페이지(www.snu.ac.kr) 참조.

그럼에도 불구하고 '어려운 일이 닥쳤을 때 심적으로 가장 의지가 되는 존재는 무엇입니까'라는 질문에 '배우자 혹은 교제상대', '부모' 등 가족에게 의지하는 비율이 높게 나타나고 있고, 여전히 '나에게 가족은 매우 중요하다'고 생각하는 비율 또한 높은 것으로 나타나고 있다(서울시가족센터, 2022).

최근 결혼과 출산에 대한 최근의 가치관이 계속해서 변화하여 더 이상 결혼과 출산은 자연스러운 생애 과정이 아닌 심사숙고하여 결정하는 사건으로 인식되고 있으며, 가족의 유형 또한 매우 다양해지고 있는 것이 사실이며 앞으로 가족가치는 여러 가지의 이유에 따라 변화를 거듭할 것이다. 이러한 가치의 변화가 개인과 가족 그리고 사회에 미치는 영향력에 대해 지속적으로 관심을 가질 필요가 있다.

〈생각 나누기〉

온 가족이 모여 있는 가상의 거실, 가족단톡방

1. 핵가족부터 확대가족, 친인척까지 모이는 다양한 종류의 가족단톡방 예시

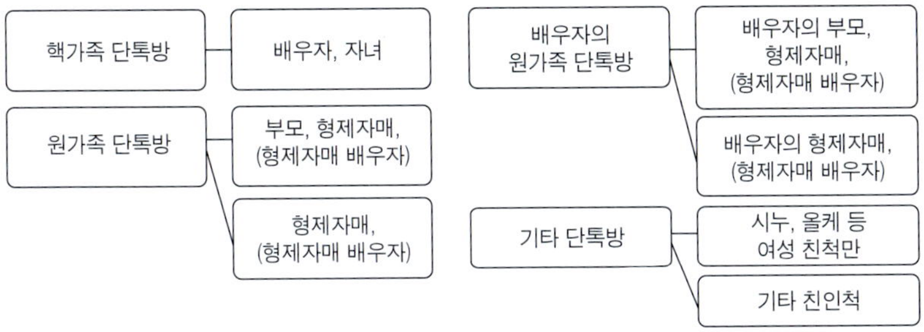

2. 일상과 정보를 공유하고 함께 의사결정하는 가족단톡방의 예시
   1) 가족의 행사, 일정 등에 대한 공지
      - 가족행사(예: 결혼식 등)를 위해 일시적으로 형성하기도 함.
      - 학령기나 청소년기 자녀가 있는 특히 풀타임 근무하는 여성 참여자들은 수행평가, 체험학습 일정, 가정통신문 등을 공유하며 자녀지도
   2) 가족과 공유하고 싶은 내용 공유(예: 기사, 유머, 문구, 사진)
      - 일방향 소통 위주: 부모세대 → 자녀세대
      - 가족과 대화하기 위해서보다 가족게시판과 같은 취지로 공유
   3) 가족과의 일상적인 대화
      - 쌍방향 소통 위주, 텍스트 외 사진, 동영상 등 다양한 매체 활용
      - 핵가족 단톡방: 실시간 위치, 안전 확인, 과거 사진 보며 추억 회상, 자녀끼리 장난 등
      - 원가족 배우자의 원가족 단톡방: 근황 공유, 사진 공유 (자녀, 부모, 풍경 등), 부모 건강 확인 등
   4) 가족 간의 의사결정
      - 주로 같이 살지 않는 부모, 형제자매 혹은 배우자의 원가족과 의사결정

3. 가족이라 편하지만, 가족이라 기대하고 조심스러운 가족단톡방
   1) 각자의 방식으로 사용하는 가족단톡방
      - 관계에 따라, 대화주제에 따라 조직되는 가족단톡방
      - 모두가 함께 모일 필요는 없는 가족단톡방
      - 스스로 나갈 수 있지만 돌아오기는 쉽지 않은 가족단톡방
   2) 유용하지만, 보조적으로 활용하는 가족단톡방
      - 감정을 숨기고 일상을 자연스럽게 공유할 수 있는 가족단톡방
      - 글자가 번거롭고, 모두가 실시간으로 보니 조심스러운 가족단톡방

3) 전화와 만남을 대체할 수 없는 가족단톡방
- 친밀한 관계의 가족과 면대면 대화, 전화 위주 소통
- 단톡방의 불편한 특성을 보완하기 위해 전화를 같이 활용

○ 가상의 거실 속에 전통적인 가족규범이 상호작용 패턴을 결정하고 있다고 생각하십니까?
○ 하위체계에 따라 가족을 실천하는 방식이 어떻게 다르다고 생각하십니까?
○ 가족에 대한 나의 가치를 점검하고, 이러한 가상의 거실, 가족단톡방에 대해 어떻게 생각하십니까?

출처: 이지훈 · 이재림(2023). 온 가족이 모여있는 가상의 거실: 기혼자의 가족단톡방 활용체험. 2023 생활과학분야 춘계공동학술대회 세션 2-2 한국가족관계학회 구두발표 자료집, pp. 54-57.

3. 가족가치에 대한 관점과 가족생활교육 적용

〈생각 나누기〉

Q 가정불화를 극복하지 못한 부부가 이혼을 결정했는데, 하나뿐인 아들의 양육권을 놓고 서로 팽팽하게 맞서는 상황이다. 두 사람 중 누구도 양육권을 양보할 의사가 없고, 더욱이 서로에 대한 감정의 골이 너무 깊어 어떤 대화도 할 수 없을 정도로 관계가 악화된 상태다. 어쩔 수 없이 양육권 결정을 법원에 맡겼다.

만일 당신이 이 사건의 배심원 자격으로 아래 주어진 정보에 근거하여 〈부모1〉과 〈부모2〉 중 한 사람에게 양육권을 주어야 한다면 누구에게 주겠는가? 아빠와 엄마로 구분하고 정보를 제공하면 그 자체가 객관적인 판단에 영향을 줄 수 있으므로 여기서는 〈부모1〉과 〈부모2〉로 구분하기로 하자.

〈부모1〉	〈부모2〉
보통 수준의 수입	평균 이상의 고수입
건강상태 보통임	사소한 건강한 문제가 있음
업무량 보통임	업무상 출장이 잦음
아이와의 사이 보통 수준임	아이와의 사이가 친밀함
사회생활 보통 수준임	사회생활 아주 활발함

프린스턴대학교의 엘다 샤피어(Elder Shafir)교수 연구팀의 연구결과에 따르면, 약 64%가 〈부모2〉에게 양육권을 맡겨야 한다고 결정했다. 그런데 판사가 배심원단에게 요청한 질문이 '어느 부모에게 양육권을 주어야 하는가?'가 아니라 '어느 부모에게 양육권을 주면 안 되는가'였다고 해

보자. 질문의 방향, 즉 프레임이 중요하지 않다면 동일한 답변이 나와야 할 것이다. 다시 말해 64%의 사람들이 〈부모2〉에게 양육권을 주어야 한다고 결정했기 때문에, 36%의 사람들만이 〈부모2〉에게 양육권을 주어서는 안 된다고 해야 할 것이다. 그렇지 않은가? 그러나 실제 결과에서는 무려 55%의 사람들이 〈부모2〉에게 양육권을 주어서는 안된다고 결정했다. 절반이 넘는 사람들이 〈부모2〉에게 양육권을 주어야 한다고 답했고, 동시에 절반이 넘는 사람들이 〈부모2〉에게 양육권을 주어서는 안된다고 답한 것이다.

어떻게 이런 모순된 결과가 나왔을까? 배심원의 입장으로 돌아가 보자. '어느 부모에게 양육을 맡겨서는 안되는가?'라는 질문을 받게 되면 장점보다 '단점'을 찾는 프레임이 활성화된다. 그러니 〈부모2〉가 눈에 띈다. 출장도 잦고 사회생활도 활발하기 때문에, 자녀와 같이 보내는 시간이 제한적일 수밖에 없어 보인다.

그러나 '어느 부모에게 양육권을 주어야 하는가?'라는 질문을 받게 되면 단점 대신 '장점'을 찾는 프레임이 활성화된다. 당연히 〈부모2〉가 눈에 띈다. 수입이 많고, 아이와의 사이도 친밀하다는 장점을 지니고 있으므로 〈부모2〉가 양육권을 갖는 것이 더 나아 보인다. 아이러니하게도 같은 사람임에도 불구하고 프레임에 따라 양육에 적합하게 보이기도 하고, 부족하게 보이기도 하는 것이다.

※ 우리는 세상을 있는 그대로 객관적으로 보고 있다고 생각하지만, 사실은 마음의 창을 통해서 채색되고 이를 통해 세상을 경험하고 있다.

출처: 최인철(2016). 프레임. 21세기 북스. pp. 265-267 인용

가치에 대한 정의들의 공통된 설명은 가치는 '개인과 사회가 열망하는 어떤 것'이라는 것이다. 그리고 가족에 대한 사람들의 기대나 생각을 가족가치라 한다면, 가족가치는 비교적 상대적인 가치에 속하며, 절대적인 가치에 비해 더 많이 변화하였다. 가족가치는 주로 가족의 유형이나 기능을 중심으로 논의되고 있으므로, 사회경제적 변화와 가치관의 변화에 따라 가족에 대한 개념이나 가족의 중요성에 대한 생각들도 끊임없이 변화하고 있다(정영금, 2015). 특히 가족의 형태와 관련하여, 우리가 전통적으로 가족이라고 생각해 왔던 모습은 감소하고 있으며, 그에 대응하여 다양한 형태가 나타나고 있다.

미국에서도 지난 반세기 동안 가족의 모습이 급격하게 변화하여 1인 가족과 한부모가족이 증가하였고, 어린 자녀가 있는 많은 어머니들이 직장에서 일하고 있다. 이러한 변화가 좋은 것인지 나쁜 것인지에 대한 견해는 각기 다르다. 다음

〈표 7-2〉는 가족문제 발생 원인에 대한 여러 학자들의 견해와 그를 뒷받침하는 미국 내 사회적·경제적 변화를 근거로 가일(Giele, 2013)이 여러 가지 모델을 비교한 결과이다(정영금, 2015; 정현숙, 2016 재인용). 가족문제 발생 원인에 대한 자신의 관점 방향이 어느 쪽이 좀 더 우세하냐에 따라 가족생활교육에 대한 방향성과 관심의 여부가 달라질 수 있다.

〈표 7-2〉 가족가치에 대한 관점

관점	변화의 원인	결과		해결책
보수주의적 관점	문화적, 도덕적 약화	가족해체, 이혼, 아버지의 부재, 가족감소	가난, 불리한 배경, 학업 실패, 범죄, 마약	· 가족가치의 복원 · 가족활동에 우선권을 주어 결혼을 활기차게 하는 것 · 십대임신 예방운동, 새로운 아버지운동, 전업주부를 위한 지지 집단 등 · 혼외출산을 줄이고 아버지의 존재감을 강조함으로써, 양부모가족을 회복하는 것
자유주의적 관점	시장경제 구조 변화	가족과 성별의 역할변화	다른 결과: 아동 가난 혹은 복지	· 전 가족의 균형 · 육아 등에 필요한 가족 정책 · 정부 주도의 안전망 확충/평등한 기회 제공 · 물질적 빈곤가족을 위한 정책
여성주의적 관점	결혼, 가족 그리고 성 역할의 문화적 재정의	주요 가족기능: 수익분배 혹은 구성원 돌봄	시간과 돌봄 그리고 부모와 자식, 노인과 장애인을 이해하는 것에 대한 결핍(불충분)	· 양성평등 지지와 커뮤니티 형성을 위한 정책 · 전생활주기를 통해 남녀 모두가 양육 역할에 대해 유연성을 가지고, 여성과 남성의 교육과 고용을 증진

출처: ① Giele(2013). Family policy and the American safety net. Chicago: Lyceum, 정영금(2015). 가족가치확산을 위한 정책과제와 대안. 한국자원경영학회지, 19(1), p.81 재인용.
② 정현숙(2016). 가족생활교육론 2판, p. 75 인용. 신정출판사.

보수주의자(전통주의자)들은 가족변화의 가장 중요한 측면으로 양부모 가족의 붕괴와 이혼의 증가, 동거, 사생아 증가, 아버지의 부재를 들고 있다. 이들은 이러한 변화가 자녀들에게 커다란 위험을 초래하며, 학업의 부진, 실업, 반사회적 행동들을 가져온다고 주장하였다. 보수주의자들이 제시하는 해결책은 미혼모나 여성가장에 대한 국가의 지원은 제한한 채 전통적인 도덕적 가치와 가족의 임무를 회복하는 것이다. 즉 결혼이라는 제도를 부각시키고, 결혼과 부모 됨에 높은 가치를 주는 방향으로 문화를 바꾸는 것이 필요하다고 주장한다(정영금, 2015). 따라서 보수주의적 관점을 갖고 가족생활교육을 실시한다면, 결혼이 갖고 있는 긍정적인 의미를 보다 부각시키고, 자녀양육에 있어 어머니의 역할이 매우 중요함을 강조하여, 자녀양육을 하는 전업주부들을 위한 부모교육 및 지지를 더 많이 할 것이다. 더불어 가정 내 아버지 역할의 중요성을 강조하여 자녀 성장에 있어 양부모가 모두 필요한 존재임을 보다 강조할 것이다.

현재 우리나라는 저출생 문제의 해법으로 결혼문화장려운동을 실시하고 있는 지자체도 있다. 줄어드는 혼인 건수를 늘리기 위해서 지자체 차원에서 미혼남녀 만남 행사를 주도하거나 민 · 관이 협력해 만남 사업을 추진하기도 하는데, 서울시, 인천시, 진주시, 김해시, 경기도 오산시 등에서 미혼남녀 만남 행사가 추진됐고 일부는 결혼친화도시 조성사업에 나서기도 했다. 그 중 결혼특구를 표방하는 대구 달서구는 결혼을 권장하는 사회분위기 조성이 매우 중요하다고 여겨 2016년에 전국 최초로 결혼장려팀을 신설하고, 결혼장려지원에 관한 조례도 제정하였다. 달서구는 결혼아카데미교육뿐만 아니라 결혼상담실도 설치하여 결혼친화문화조성을 지속적으로 장려하고 있다(우먼타임스, 2023. 3. 20.). 또한 여성가족부는 공동체 해체로 육아경험 전승이 어렵고, 가정-직장 간 분리로 부모로서의 절대시간은 감소한 반면, 부모의 역할과 부담이 증가하였기 때문에 부모교육의 중요성이 더욱 커졌음을 인식하고, 전국적으로 민주적인 부모-자녀관계 형성을 도울 부모교육을 활성화시킬 계획을 보고함(여성가족부, 2018. 3. 26.)에 따라 보편적인 가족복지서비스 중 하나로 부모 역할의 가치를 좀 더 부각시키고 있다. 가족서비스 실천 현장인 가족센터(또는 건강가정지원센터) 또한 2005년부터 가족 내에서 발생하는 문제를 예방하고 가족 구성원의 역량을 강화시키기 위해 (예비)부모, (예비)부부, 조부모, 자녀 등 가족을 대상으로 부부 또는 부모로서의 가치와 방향성에 대한 것을 탐색하는 생애주기별 가족생활교육을 필수사업으로 진행[5] 중에 있으며, 만약 전통적주의적 관점을 갖고 있다면 이러한 예방차원에서 진행되는 교육이 보다 활성화되어야 한다고 여길 것이다.

자유주의자들은 경제적으로 안정된 가족을 이상적인 가족으로 여긴다. 이들은 가족생활이 변화하고 있는 것은 동의하지만 이 변화의 원인을 가족가치의 상실보다는 경제적인 재구조화로 보았다(정영금, 2015). 경제적 구조 변화로 가족이 새로운 요구에 직면하게 되면, 사회적 지지체계가 수반되지 않은 '준비가 부족한 가족'은 당연히 문제를 경험할 수밖에 없다(정현숙, 2016). 또한 가족이 갖고 있는 기능 중 경제적 기능은 노동시장으로, 사회화 기능은 학교로 대체되어, 부모-자녀간 혹은 부부간의 정서적 기능이 상대적으로 높아졌기 때문에 '정서적 요구 또는 사랑의 욕구충족이 낮은 가족' 역시 해체 또는 변화를 경험하는 비율이 높을 수밖에 없다고 주장한다(정영금, 2015). 즉 시장경제 체제의 변화로 인

5) 예비부부교육 또는 신혼기부부교육의 예시(강북구가족센터 프로그램을 중심으로)

한 자유주의적 관점의 해결책은 일과 생활의 균형 그리고 개인과 가족이 아닌 국가가 자녀양육, 노인돌봄 등을 책임지는 것이 매우 필요하다고 주장한다. 따라서 자유주의적 관점에서는 우선적으로 여성의 고용촉진을 위한 교육과 경제적 안전망 확충이 중요한 정책일 것이다. 더불어 이 관점을 갖고 가족생활교육을 실시한다면 경제적으로 취약한 가족 내 스트레스 완화를 위한 부부 및 부모-자녀관계 프로그램이 보다 많이 제공될 것이다. 특히 저소득가족, 맞벌이가족[6], 한부모가족, 다문화가족, 재혼가족, 1인 가구 등 사회적 지지체계가 좀 더 약한 다양한 가족에 초점을 둔 가족생활교육이 좀 더 활성화될 것이라 여긴다.

여성주의자들은 가족의 특성이 무엇인가에 대한 문화적 개념들이 변화하고 있다는 데에 초점을 둔다. 여성주의적 관점은 남녀의 역할에 대한 생물학적인 이분법에 도전하여 생계담당자와 돌봄역할을 남녀 구분없이 할 수 있다고 본다. 이들은 가족의 갈등을 형태가 아닌 기능으로 보았으며, 자녀돌봄이라는 기능이 잘 수행되지 않는 이유는 양부모의 부재 때문이 아니라 한부모가족이나 교육수준이 낮은 가정의 저소득문제, 부적절한 아동돌봄의 문제, 주거 및 환경 문제 때문으로 보았다. 그렇기 때문에 여성주의적 시각에서 가족돌봄의 기능이 잘 수행되고 가족이 유지되기 위해서는, 양성평등을 통해 부모가 함께 자녀를 돌보고, 사

6) 맞벌이가족 프로그램 예시 (강북구가족센터 프로그램을 중심으로)

회자본을 형성하거나 이웃 및 지역사회가 지원하는 해결책을 강조한다(정영금, 2015). 즉 건강한 시민사회가 가족과 개인의 복지를 증진시킨다는 점을 강조하여 이웃, 지역사회 등의 사회적 지원망 유지 및 구축이 매우 중요하다고 주장한다(정현숙, 2016). 이러한 관점을 갖고 가족생활교육을 실시한다면 남성의 가정 내 역할 수행이 보다 적극적으로 이루어질 수 있는 교육이 보다 강조되고, 지역 내 네트워킹을 형성할 수 있는 품앗이 및 마을공동체 구축[7]을 위한 프로그램 확산을 그 예로 들 수 있다.

이와 같이 가족가치란 가족에 대한 기본적인 신념으로서 가족의 형성과 유지, 가족돌봄 등 가족 내에서 이루어지는 모든 행동과 태도를 선택하는 데 기초가 된다. 위에서 제시한 세 가지 관점은 각각 상호 배타적이라기보다는 서로 연관성이 높다. 세 가지 모두 가족과 일을 어떻게 조화롭게 양립하고, 전생애주기 동안 남자와 여자에게 요구되는 욕구들을 잘 맞추면서 조화롭게 살 것인가에 대해서는 어느 정도 일맥상통한 공통점도 있으나(정현숙, 2016) 각기 어떤 관점을 갖느냐

---

7) ① 천안시 사례: 아파트 주민공동시설 등 활용해 아홉 개 공동육아나눔터를 운영
천안시는 현재 30~40대 영유아 자녀가 있는 인구가 많은 특성을 살려 관내에서만 아홉개의 공동육아나눔터를 운영 중이다. 이 중 여섯 개가 아파트 주민커뮤니티 센터 내에 위치하고 있다. 이 곳은 아이와 함께 언제든지 자유롭게 이용할 수 있는 공간으로 영유아 대상 놀이 프로그램은 조기 마감될 정도로 인기가 좋다. 천안시 공동육아나눔터는 부모들이 장보기, 병원치료 등으로 일시 돌봄이 필요할 때 자녀돌봄 서비스를 제공해 주고 있고, 이웃 간 나눔문화를 실천할 수 있도록 하는 지역리더 강화 프로그램 운영(모든 나눔터) 및 부모와 자녀 간 쌍방향 소통을 할 수 있도록 상담과 부모교육 프로그램을 운영하고 있다.

② 서대문구 사례: 공간 특성을 살려 방학 중 돌봄 프로그램을 제공
서대문구는 방학 중 발생하는 맞벌이가구의 돌봄공백을 지원하기 위해 몇 해 전부터 방학 중 돌봄 서비스를 제공하고 있다. 주로 맞벌이가구의 초등학교 저학년 자녀를 대상으로 학습보다는 인성 및 사회성발달 교육, 체험활동 위주로 이루어져 부모들에게 만족도가 높다. 프로그램은 부모교육(미디어중독 예방교육, 자녀를 위한 부모 성교육 등), 인성과 사회성 발달교육(생명존중교육, 미술감성 멘토링, 창의미술활동, 만들기, 정리정돈 및 재활용 교육, '어린이장터'를 통한 경제 교육 등), 실내 체험활동(건강요리교실 '요리를 부탁해', 심폐소생술 교육, 안전체험 교육, 신체놀이활동, 아동 줌바댄스 교실 등), 외부 체험활동(눈썰매, 스케이트장, 박물관, 방송국, 연극 관람 등)으로 이루어져 있다(여성가족부, 2018. 3. 16.).

에 따라 다른 접근 또는 좀 더 강조되는 것들이 다름을 제시하였다.

가족가치는 가족 내에서 만들어지고 가족구성원에 의해 공유되며 가족체계의 중심이 되는 정신적인 개념으로서 가족의 정체성과 패러다임이 된다. 단지 가족마다 가족가치가 다르기 때문에 가족가치란 무엇인가 또는 가족의 중요성을 강조해야 할 것인가 아닌가에 대해서는 가족생활교육에 있어서 매우 중요한 문제라 할 수 있다.

4. 가족생활교육사의 가치관이 갖는 영향력

가족생활교육사가 갖고 있는 가치관은 교육 장면에서 가족생활교육 참여자에게 직·간접적으로 영향을 미칠 수 있다. 이 때 가족생활교육사는 참여자 개개인이나 참여집단의 특성을 충분히 파악해서 그들의 서로 다른 신념에 민감해야 할 필요가 있다. 특히 가족생활교육을 비롯한 사회과학은 가치 중립적이어야 한다는 신념 때문에 가족생활교육자가 가치판단을 한다는 것이 종종 문제가 되었다.

가족생활교육사는 가치와 관련된 주제를 직접 다루기도 하고, 또는 다른 주제를 다루면서 간접적으로 가족생활교육사 자신의 가치를 전달하기도 한다. 예를 들어 이혼을 주제로 하는 경우 이혼에 대한 가족생활교육사 가치를 이야기함으로써 참여자에게 직접적인 영향을 줄 수도 있지만, 한편으로는 부부관계를 주제로 다루면서 이혼을 하지 않는 것을 전제로 이야기함으로써 이혼에 대한 부정적인 견해를 전달하는 간접적 영향력을 미칠 수도 있다. 또한 가족생활교육사가 특정 종교를 믿으면 교육자의 종교적 가치를 참여자에게 전달하는 상황이 발생되기도 한다. 더불어 자신이 가족에 관해 어떤 관점을 갖느냐에 따라 프로그램의 중요성 여부에 관한 의견도 달라질 수 있다. 이처럼 가족생활교육사의 가치관은 참여자에게 뿐만 아니라 가족생활교육에 대한 방향성 또는 초점에도 영향을 주므로 자신의 감정과 태도를 효과적으로 다룰 수 있는 능력이 있어야 할 것이다.

따라서 가족생활교육사는 서로 다른 가족가치를 존중하고 표현해야 하며, 다양한 도덕적 관점에 민감해야 한다.

〈점검해 보기〉

Q 다음은 여성가족부 제4차 가족실태조사(2021.5.31.) 때 사용한 문항 중 '삶의 방식과 가족가치관'에 관한 문항이다. 체크를 해보고, 이것이 나의 가치와 어떻게 연결되는지 고려해 보자.

항 목	전혀 그렇지 않다	별로 그렇지 않다	보통이다	대체로 그렇다	매우 그렇다
1) 결혼하지 않고 독신으로 사는 것에 동의한다					
2) 결혼하지 않고 남녀가 함께 사는 것에 동의한다					
3) 이혼이나 재혼하는 것에 동의한다					
4) 결혼하고 아이를 낳지 않는 것에 동의한다					
5) 결혼하지 않고 아이를 낳는 것에 동의한다					
6) 부부가 따로 떨어져 사는 것(직장 등으로 주말부부가 된 경우 제외)에 동의한다					
7) 결혼생활에 대한 계약서를 쓰는 것이 필요하다					
8) 자녀의 성을 부부가 합의하여 어머니의 성으로 결정하는 것에 동의한다					

※ 그 외 결혼하기 전에 경제적 안정성, 안정적인 직업, 괜찮은 집을 갖추는 것이 얼마나 중요하다고 생각하십니까?

※ 다음의 문장에 얼마나 동의하십니까?
1) 아이들이 자라는 것을 보는 것은 인생의 가장 큰 기쁨이다
2) 자녀를 가지면 부모의 자유가 지나치게 제약된다
3) 자녀는 부모에게 경제적 부담이 된다
4) 자녀가 있으면 부모 중 누군가는 직업이나 경력의 기회가 제한된다
5) 성인이 된 자녀는 부모의 노후에 중요한 보탬이 된다
6) 성인이 된 자녀는 나이든 부모님의 생활비를 일부 혹은 전부를 지원하여야 한다
7) 부모는 자녀의 교육을 위해 경제적 능력의 최대치 만큼 지원해야한다
8) 부모는 자녀가 손자녀를 낳으면 양육에 도움을 주는 것이 좋다

Q 내가 중요하다고 생각하는 가치를 중심으로, 현재 내가 가족생활교육을 기획하고 실천할 수 있는 상황이라면 어떤 프로그램을 우선적으로 기획하고, 실천하고 싶으며, 어떤 내용으로 하고 싶습니까? 그리고 그 이유는 무엇입니까?

출처: 박주희(2010). 현대가족을 위한 가족생활교육의 실제, pp. 95-96 인용, 구상.

핵심용어 가치, 가족가치, 보수주의적 관점, 자유주의적 관점, 여성주의적 관점

학습실천과제
1. 가족가치의 관점에 따라 가족생활교육의 적용이 어떻게 달라질 수 있는지 다양한 사례를 제시해 본다.
2. 나의 가치를 점검해 보고, 이것이 가족생활교육을 기획하고, 실천할 때 어떤 영향력을 미칠 수 있는지 예측해 본다.

제8장

가족생활교육과 젠더

〈학습목표〉

1. 젠더 관점에서 파생되는 용어의 의미를 이해할 수 있다.
2. 젠더 관점에서 가족생활 내에서 발생하고 있는 것은 무엇인지, 그리고 가족생활교육을 실천함에 있어 적용되어야 할 것은 무엇인지 정리해 보도록 한다.
3. 가족생활교육사가 갖는 젠더의식 및 젠더 감수성이 가족생활교육에 어떤 영향을 미칠 수 있는지를 고려해 보도록 한다.

우리 사회에 여성 혹은 남성은 '~할 것이다'라는 편견이 있다. 이렇게 성별을 특정한 '틀로 규정짓는 것'이 젠더이다. 사회가 만들어 놓은 틀은 성장 과정이나 다른 사람과 관계를 맺을 때, 법과 제도를 만드는 순간 등 곳곳에서 힘을 발휘한다. 따라서 당연하게 여기는 관계, 통념, 제도에 의구심을 품는 것이 젠더 감수성이다. '남자다움' 혹은 '여자다움'을 엄격히 구분 짓고, 다른 역할을 부여하는 건 누구도 행복하지 않은 폭력적인 구조를 고착화할 가능성이 크다. 따라서 본 장에서는 젠더와 관련된 용어를 이해하고, 실제 우리 가족생활 속에 적용되고 있는 젠더의식은 어떤 것이 있는지 살펴보고자 한다. 마지막으로 가족생활교육사의 성차별 의식 또는 젠더 감수성을 점검하고, 이것이 가족생활교육을 실천함에 있어 어떠한 영향력을 미칠 수 있는지를 점검해 보고자 한다.

1. 젠더의 개념과 실제

젠더(gender)는 흔히 '사회적 성'이라 번역되는데, 이는 한 인간의 생물학적 성(sex)뿐만 아니라 그 성에 동반하는 외모, 성격 등의 속성과 역할에서부터 두 성의 관계까지 포함하는 다면적 개념이라 할 수 있다. 이와 유사한 용어로 성(sex)이 있는데, 이는 생리적, 호르몬적 차이와 자손 번식에서 각각 다른 역할을 하는 남성과 여성을 나누는 용어로, 두 성의 차이는 생물학적으로 공격성과 인지 차이가 있을 뿐 다른 차이가 없다고 밝힌다(이기숙, 2010). 그러나 여성과 남성은 결코 동등한 지위를 보장받지 않고 있고, 역사적으로 불평등한 사회가치와 이분법으로 나누어지는 것이 여전히 존재하고 있기 때문에, 성(sex)보다는 젠더(gender)의 관점으로 더 많은 현상들을 설명하고 있다.

젠더의식(gender awareness)은 젠더와 관련된 믿음과 태도를 포괄적으로 말한다. 따라서 젠더의식은 젠더에 관련한 관념, 가치관, 믿음 등을 포함하는 개인의 젠더 해석이라고 할 수 있다. 맥허그와 피렌체(McHugh & Frieze, 1997, 이수연 외, 2009 재인용)는 젠더와 관련된 구성요소를 다음과 같이 제시하였다.

첫째, 고정관념(여성과 남성의 특성에 대한 믿음)

둘째, 젠더 스키마(여성과 남성의 천성에 대한 믿음을 통합하는 지식체계)

셋째, 젠더 관련 특성과 관련한 스스로에 대한 평가(여성성, 남성성, 양성성에 관해 자기 평가)

넷째, 여성주의와 그 신념에 대한 태도

다섯째, 젠더역할 태도(여성과 남성에 있어 무엇이 적절한 역할인가에 대한 믿음)

이 구성요소들은 상호배제적이라고 할 수 없다(이수연 외, 2009 재인용). 남녀의 천성과 특성에 대한 믿음에 근거하여 젠더역할 태도가 나오고 또한 이것에 근거하여 여성주의에 대한 평가가 나올 수 있기 때문이다. 또한 자신의 여성성 혹은 남성성에 대한 평가도 자신이 믿고 있는 남녀의 속성에 근거하게 된다. 이처럼 이 요소들은 서로 연결되어 있으면서 동시에 고유한 역할을 가지고 있다고 할 수 있다. 이 구성요소들이 총체적으로 개인의 젠더의식을 만든다고 설명하였다. 이수연 외(2009)는 이러한 젠더의식을 통해 형성된 젠더역할 태도는 일상생활에서 부딪침을 일으킬 수 있다고 지적하였다. 젠더역할 태도는 가사의 분담, 여성의 경제활동 참여의 필요성과 정당성, 일터에서 남녀의 권리와 의무의 공정성 등과 관련된 태도를 말한다. 즉 아이를 키우는 데 어머니와 아버지 중 누가 더 적절한지, 학교나 정치 영역에서 지도자의 역할에는 누가 더 어울리는지, 직장에서 상사는 남녀 중 누가 되어야 하는지, 더 나아가 남녀 교제에 있어 누가 주도하는 역할을 맡아야 하는지 등에 대한 태도 등을 말한다.

젠더역할 태도는 성별 고정관념과 관련이 있다. 예를 들어 앞의 젠더역할에 관한 태도에서 정치 지도자는 남성이 되어야 한다고 생각하는 것은 남성의 성별 속성이 지도자의 속성에 더 잘 어울린다는 성별 고정관념이 바탕이 되고 있기 때문이다. 성별 고정관념은 여성과 남성이 선천적으로 다른 속성을 가지고 있다는 믿음이다. 젠더역할 태도가 성별 고정관념에 근거할 때 이 젠더역할 태도는 젠더역할 갈등을 초래할 가능성이 크다. 젠더역할 갈등이란 개인의 성정체성이 자신의 행동의 자유를 구속하거나 자존감을 해치는 것을 말한다.

마지막으로 젠더의식의 또 다른 부작용은 성차별 의식[1]이다. 성차별은 젠더 고정관념에 근거하여 여성의 역할을 한정짓고 남녀관계를 위계적으로 규정하는 것이다. 이러한 성차별은 오늘날 국가의 선진국으로의 도약에 결정적인 장애요소로 간주된다. 또 성차별은 여성들이 일과 가정을 양립하기 어렵게 만들어 저출산의 원인으로 지적되기도 한다. 이처럼 젠더의식은 다층적이면서도 복합적이다.

최근 여성가족부의 제 2차 양성평등 실태조사(2021. 9.～10. 전국 남녀 8,358명 조사) 결과, 5년 전(제 1차 양성평등실태조사 결과)에 비해 전반적으로 가족 내 역할 분담, 성별 직업분리 등 성역할 고정관념은 크게 완화된 것으로 나타났다. 우리 사회가 전반적으로 남녀에게 불평등한 정도를 질문한 결과(〈표 8-1〉 참조), 여성의 65.4%, 남성의 41.4%가 여성에게 불평등하다고 하였으며, 여성의 6.7%, 남성의 17.0%는 남성에게 불평등하다고 응답하였다. 이를 연령별로 살펴보면, 사회가 여성에게 불평등하다는 인식은 20～30대 여성의 경우 70% 이상이었으나, 남성의 경우 청소년(15～18세)의 31.5%, 20대의 29.2%만이 이에 동의해 큰 격차를 보이고 있다. 그러나 사회가 양성평등하다는 인식 또한 20～30대

1) 먼지차별: 눈에 잘 띄지 않지만 도처에 깔린 미세먼지만큼 해로운 작은 차별을 뜻한다. 미국의 시사용어 '마이크로어그레션(microaggression)'에서 착안한 단어로, 성차별뿐 아니라 나이, 성정체성, 장애 등 성소수자 전반에 대한 미세하지만 만연해 있는 차별, 혐오를 가리킨다. 물리적 폭력이나 욕설처럼 강한 강도로 체감되지 않기에 오히려 막상 겪었을 때 대처하기 쉽지 않다는 특성이 있다.
(한겨레신문, 2018. 4. 11., 1면, 장수경 기자)

무심코 하는 '먼지차별' 확인해 보세요		
	Yes	No
체육시간에 남자는 축구, 여자는 피구?		
'여직원', '여류작가', '여대생' 표현은?		
양부모 가정 전제한 '가정환경조사서'는?		
데이트할 때 한쪽만 주로 비용 부담?		
남자애한텐 로봇, 여자애한텐 인형 선물?		
"넌 왜 사투리 안 고쳐?" 물어보는 것?		

남성과 여성 모두 동의하는 정도가 증가하여 2030 청년층이 전통적 성역할 고정관념에서 벗어나 가사, 돌봄 분담 문화가 점차 확산되고 있는 것으로 나타났다.

〈표 8-1〉 성평등 수준 체감도

(단위: %)

구분	여성이 불평등				남성이 불평등				양성평등			
	여성		남성		여성		남성		여성		남성	
	2016	2021	2016	2021	2016	2021	2016	2021	2016	2021	2016	2021
전체연령	74.2	65.4	50.8	41.4	11.2	6.7	21.6	17.0	14.6	27.8	27.5	41.7
15-18세	-	60.3	-	31.5	-	3.2	-	14.2	-	36.5	-	54.2
20대	81.9	73.4	35.9	29.2	8.7	4.3	35.4	24.0	9.4	22.4	28.7	46.8
30대	84.5	76.8	54.1	40.7	8.4	3.6	22.2	19.3	7.2	19.6	23.7	40.0
40대	79.3	68.6	61.0	47.0	9.1	8.5	16.4	13.9	11.6	22.8	22.6	39.1
50대	71.4	65.5	50.7	46.4	12.7	6.8	18.0	15.6	15.9	27.8	31.3	38.0
60대 이상	60.5	54.1	51.4	42.1	15.2	8.4	17.3	14.0	24.2	37.5	31.2	43.8

출처: 여성가족부(2022. 4. 20.) 2021년 양성평등 실태 조사결과 보도자료집, p.7.

그럼에도 불구하고 남녀 모두 우선적으로 해결해야 할 성불평등 문제로 '여성의 경력단절', '고용 상 성차별', '남성의 낮은 돌봄 참여' 등은 모두 해결되어야 할 것이라고 응답하여, 성평등 사회 실현을 촉진할 수 있는 보다 적극적이고 꾸준한 노력이 필요한 시점으로 보고되고 있다.

이에 따라 최근 그동안 살아온 방식을 민감하게 바라보고, '당연하지 않다'고 느끼는 감각인 젠더 감수성에 대한 관심이 높아지고 있다. 사회가 요구하는 틀에 맞서 '나'답게 살 수 있기를 바라는 소망에서 시작된 관심으로 우리가 앞으로 만들어가야 할 젠더의식에 대해 우리 모두의 많은 관심과 노력이 필요한 시점이다.

〈생각 나누기〉

'남성성과 평등정책'

1) 남성성에 대한 두 편의 영화

The Mask You Live In (2015)

- 미국 10대~20대 청소년들의 '맨박스', 즉 남성에게 씌워지는 '남성성'과 '남성다움'을 다룬 다큐멘터리
- 청(소)년들의 이야기를 통해 '다양한 남성'들이 어릴 때부터 어떻게 남성성을 강요받는지, 그 과정에서 '여성적인 것'과 대비해 사회적인 남성성에 대한 고정관념이 자리 잡는지, 그리고 그 결과 어떤 사회적 문제를 일으키는지 드러냄.

트레일러 보기

바비 Barbie (2023)

- 바비인형이 사는 '여성중심' 가상세계 바비랜드를 배경으로 보조역할을 맡은 남성이 남성위주 현실세계를 맛보고 바비랜드를 가부장적 남성이 지배하는 세계로 바꾸기 위해 싸우는 과정을 그린 블랙코미디

관련기사 보기

- 개봉 이후 미국 내에서 영화가 '남성성을 유해한 것으로 묘사하고 왜곡된 성윤리를 가르친다는' 일각의 비판
- '강한 남성'과 전통적 가부장제 지지 VS 남성성과 성역할에 대한 인식변화에 대한 정치적 논쟁으로 확산

※ 유튜브 주소: The Mask You Live In - Official Trailer - YouTube
※ 관련기사: 한국경제(2023.7.26.), 영화 '바비'가 촉발한 남성성 논쟁…'진짜 남성'에 대한 정의는.. 오현우 기자 ohw@hankyung.com

2) 변화하는 남성성과 '젠더 갈등'

위의 두 영화는 남성이라는 규범 또는 굴레, 남성성의 '위기'를 둘러싼 갈등 두 가지를 보여 준다. '헤게모니적, 가부장적 남성성'으로 불리는 전통적인 남성성의 균열 그리고 '새로운 남성성'에 대한 논의는 오래전부터 등장해 왔다. 최근 성별 역할에 대한 경기도 20대의 의식조사를 살펴보면 다음과 같다.

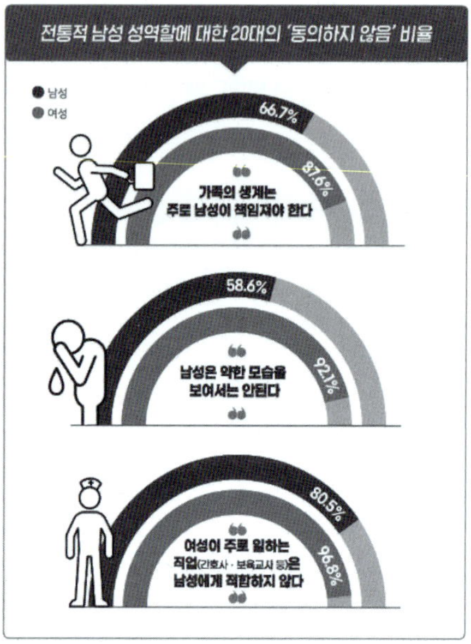

노경혜(2023). 경기도민 성평등의식 및 실태조사. 경기도여성가족재단 재구성

남성, 특히 청년 남성들은 전통적 남성성에 대한 거부감을 드러내고, 복합적인 정체성을 갖지만 이에 대한 '대안적 남성성은 부재하다고 지적하고 있다. 그리고 이것이 젠더 갈등으로 이어진다고 이야기를 한다.

3) '새로운 남성성'에 주목하는 해외 사례

독일의 '평등'정책

- 정부조직 '연방평등부' 내에 '소년과 남성을 위한 평등정책과'를 두고 남성참여형 정책 추진
- 교육 · 진로, 노동, 건강 등 여러 분야에서 전통적 남성성이나 성별 고정관념 때문에 남성이 겪는 어려움을 젠더관점으로 접근
- 남성 대상 상담지원 네트워크, 성별 고정관념 없는 진로선택 안내, 역할모델을 다양화 하는 프로그램 지원 등 추진

비정부 기구인 '연방남성포럼'이 발간하는 '남성성 성찰 상담가이드'

캐나다 원탁회의 *Calling Men and Boys In*

- 포용적인 사회 및 성평등 과정에 남성과 소년을 참여시키기 위해 캐나다 9개 지역에서 개최
- 분야별 대표성을 반영하는 남성과 소년들이 참여해 남성들의 역할모델 공유, 정책역할 논의, 주제별 상담 등을 진행
- 특히 '남성성에 대한 관점', '건강한 남성성' 등 기존의 젠더규범에 대한 변화와 참여 논의

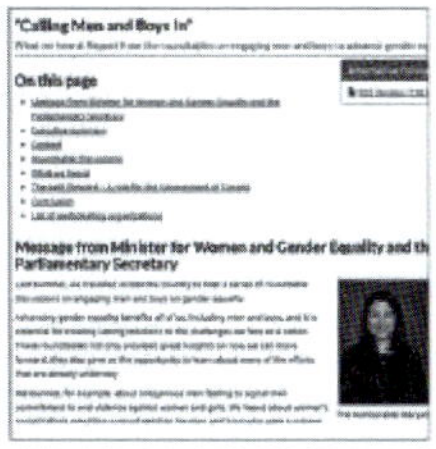

여성·성평등부의 남성참여 원탁회의 보고서

스페인 바스크 지역 남성참여 정책

- 스페인 자치주인 바스크의 정책관련 연구소인 Emakunde의 남성참여형 정책
- 남성과 소년들의 돌봄 실천, 남성성과 관련한 평등사업 추진
- 성차별·혐오 상황에 대응하는 온라인 게임 애플리케이션 "GAZTEAK BERDINTASUNEAN (평등한 청소년) 2.0"이 대표적

임혜경(2023). '젠더갈등' 대응을 위한 경기도 양성평등정책 발굴. 경기도여성가족재단 재구성

4) 남성의 삶에 주목하는 정책이 필요하다고 하는데, 여러분은 어떤 생각이 드는지 논의해 보시오.

출처: 경기 와이파이 352호(2023. 9. 18.), '남성성'과 평등정책, 경기도여성가족재단 발행.

2. 가정생활교육과 젠더의 반영

1) 일과 가정의 양립 – 부부의 가사노동과 자녀돌봄

2023년 통계청 「사회조사」에 따르면(〈표 8-2〉 참조), 19세 이상 인구 중 일과 가정생활의 균형을 중요시하는 사람은 47.4%로 2년 전보다 0.8% 감소하였으며, 일을 우선시 한다는 사람은 34.4%로 2년 전보다 0.9% 증가한 것으로 나타났다. 또한 남성이 여성보다 일을 우선시하는 경우가 상대적으로 더 높은 것으로 나타났다. 이는 최근 팬데믹 현상 이후 발생한 경제적 그리고 돌봄 관련 불안정 등이 주된 요인으로 해석되고 있다.

그러나 10년 전과 비교했을 때([그림 8-1] 참조), 일과 가정생활의 균형을 중요시한다는 경우는 계속해서 증가해 왔음을 알 수 있고, 일을 우선으로 하는 경우는 계속해서 감소되어 일과 가정의 양립에 따른 정책적 지원과 가치의 변화가 영향을 미치고 있음을 알 수 있다. 또한 30대와 40대가 20대, 50대, 60세 이상보다 일을 우선시하는 경우가 좀 더 낮은 것으로 나타나 결혼과 자녀양육 등 변인들이 영향을 미쳤을 것이라 예측해 볼 수 있다.

〈표 8-2〉 일과 가정생활의 우선도

	계[1]	일을 우선시	주로	대체로	둘 다 비슷	가정생활을 우선시	대체로	주로
2021년	100.0	33.5	12.7	20.8	48.2	18.3	14.0	4.3
2023년	100.0	34.4	13.1	21.4	47.4	18.2	14.3	3.8
남자	100.0	40.0	15.0	25.0	43.9	16.1	12.4	3.7
여자	100.0	27.2	10.6	16.6	51.9	20.9	16.9	4.0
19~29세	100.0	38.7	15.1	23.6	43.9	17.4	13.8	3.6
30~39세	100.0	31.3	12.3	19.0	43.7	25.0	18.5	6.5
40~49세	100.0	30.3	9.9	20.4	49.3	20.4	16.8	3.5
50~59세	100.0	37.6	14.6	23.0	49.8	12.6	10.6	2.0
60세이상	100.0	35.4	14.3	21.1	48.3	16.3	12.5	3.8

주: 1) 지난 1주일 동안 일한 적이 있는 사람
출처: 통계청(2023. 11. 8.) 2023년 사회조사결과 보도자료집.

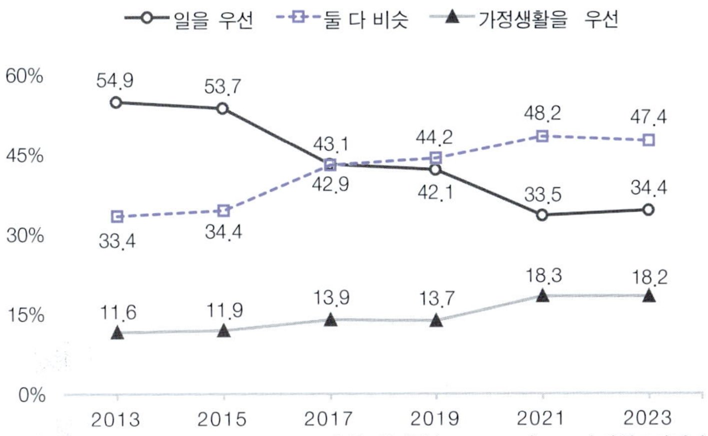

출처: 통계청(2023. 11. 8.) 2023년 사회조사결과 보도자료집.

[그림 8-1] 일과 가정생활의 우선도(2013~2023)

그 외 가사를 공평하게 분담해야 한다고 생각하는 비율([그림 8-2] 참조)은 2022년 64.7%로 2012년 45.3%에 비해 19.4% 증가하였음을 알 수 있으며, 연령대별로 보면, 연령대가 낮을수록 가사를 공평하게 분담해야 한다고 생각하는 비율이 높음을 알 수 있다. 그러나 [그림 8-3]과 같이 2022년 실제로 가사를 공평하게 분담하고 있다고 응답한 비율은 남편 21.3%, 아내 20.%로 2012년(남편 16.1%, 아내 15.5%) 대비 증가는 하였으나, 가사를 공평하게 분담해야 한다는 견해(64.7%)와는 차이가 나타나고 있음을 알 수 있다.

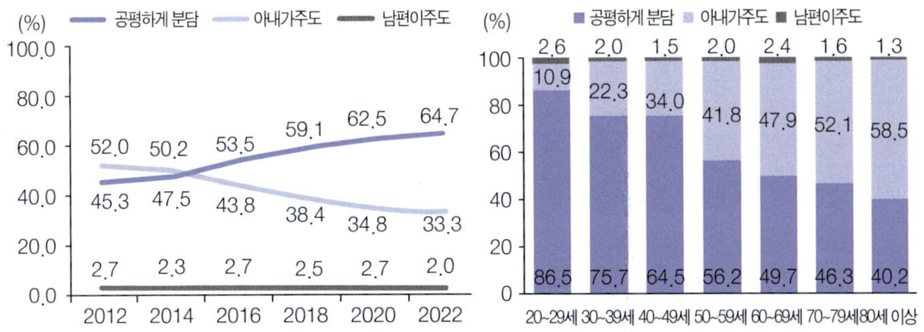

출처: 통계청(2023.7.11.) 저출산과 우리 사회의 변화 보도자료집.

[그림 8-2] 가사 분담에 대한 견해와 연령대별 가사분담에 대한 견해

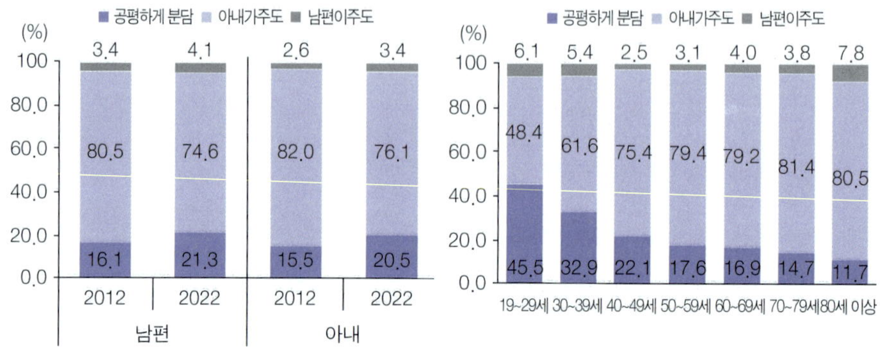

출처: 통계청(2023.7.11.) 저출산과 우리 사회의 변화 보도자료집.

[그림 8-3] 가사 분담실태와 연령대별 가사분담 실태

이를 뒷받침하는 결과(통계청, 2023)로 2019년 기준 맞벌이를 하는 가정이라도 여성이 평균 3시간 7분을 가사노동을 하는 것으로 나타났으며, 남성은 54분으로 2시간 이상 가사노동을 더 많이 하는 것으로 나타났다. 또한 외벌이 가구 중 남편만 취업한 외벌이 가구의 가사노동시간은 남편 53분, 아내 5시간 41분이며, 아내만 취업한 경우는 남편 1시간 59분, 아내 2시간 36분으로 나타났다. 전반적으로 성인(19세 이상) 가사노동 시간은 남자는 증가(1999년 33분에서 2019년 56분)하고, 여자는 감소(1999년 3시간 55분에서 2019년 3시간 13분)하고 있는 추세이나, 여전히 여성이 남성보다 가사노동을 주력으로 하고 있음을 알 수 있다.

현재 여성 고용률도 2000년 50.1%에서 2022년 60.6%로 높아졌다. 그러나 경력단절 여성 역시 여전히 많은 수준이다. [그림 8-4]과 같이, 특히 30~40대의 경력단절은 40%를 넘어서고 있는데, 이들이 경력단절을 하게 된 원인은 육아가 42.7%가 가장 많았고, 결혼이 26.3%, 임신 · 출산이 22.8%, 가족돌봄이 4.6%, 자녀교육이 3.6%로 조사되었다.

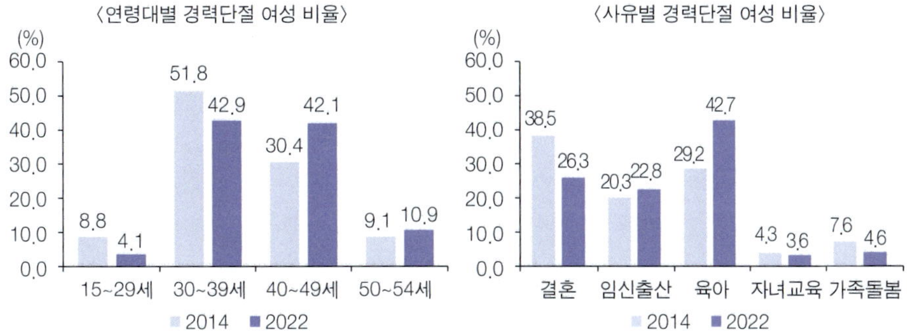

출처: 통계청(2023.7.11.) 저출산과 우리 사회의 변화 보도자료집.

[그림 8-4] 연령대별, 사유별 경력단절 여성비율

맞벌이 가정이 급증하고 있음에도 불구하고, 고정화된 성 역할은 결국 충돌을 야기할 수밖에 없다. 이것은 우리나라의 전통문화라고 이야기하고 있는 명절 때도 고스란히 드러난다. 1993년에서 2016년 신문기사를 통해 나타나고 있는 명절 스트레스 양상을 살펴본 김미동·김해란(2018)은 연도에 따라 관련 기사가 폭증하고, 양적으로 그리고 내용적인 논의에서도 여성에게 더욱 많이 부과되고 있는 높은 스트레스에 대한 내용이 계속해서 증가하고 있어 여전히 우리 사회의 중요한 이슈임을 밝혔다. 이것은 '가족에 대한 의무' 자체를 부정하기보다는 '가족에 대한 의무'가 가족성원들 사이에 불평등하게 배분되었기 때문이라고 해석하였다. 더불어 기혼여성뿐만 아니라 '사적영역'을 존중하지 않는 청년층에게도 세대 간 갈등을 야기시키는 요인이 되고 있기 때문에 가족문화를 유지함에 있어 남녀뿐만 아니라 세대 간의 정립이 시급히 이루어져야 한다고 주장하고 있다.

현재 일과 가정의 양립을 위한 정책적 노력은 이미 시작되었으나, 여전히 남성과 여성에게 다르게 적용되고 있는 사회적, 가족적 상황들은 결혼을 미루거나, 결혼을 했다 하더라도 자녀를 낳지 않는 양상을 증가시키는 데 많은 영향력을 미치고 있다. 이를 위해 부부교육의 주제로 평등한 역할뿐만 아니라 생애주기별 부부가 경험할 수 있는 다양한 이슈에 대한 접근의 교육이 계속적으로 진행될 필요성이 있다. 실제 국내 학술지에 게재된 커플관계교육 프로그램 개발과정을 분석한 박지수 외(2018)는 1990년대 '평등한 부부역할'에 관한 주제가 부각되었다가 2000년대 들어서서는 '갈등해결과 의사소통' 그리고 '관계성장을 위한 개인적 성장' 등 각 부부가 갖고 있는 이슈들을 해결할 수 있는 방안을 찾고, 함께하는 성장을 할 수 있도록 하고 있는 것으로 분석하였다. 즉 가족주기의 변화, 저출산·고령사회로의 사회적 변화는 새로운 패러다임의 부부관계 모습과 적응을 요구하고 있다. 이러한 변화는 가족생활교육에서의 평등한 부부관계를 구축하기 위한 교육에 대한 새로운 교육의 철학과 방향을 제공해야 할 것이다.

그 외 가사를 공평하게 분담해야 한다고 생각하는 사람들은 증가하고 있으나, 실제 행위는 그렇지 못한 이유를 장시간 노동의 비탄력적인 근무환경의 일 중심의 조직문화가 많이 지적되어 왔다. 따라서 직장이 이러한 문화를 함께 만들어 가지 않으면 일과 가정의 양립은 어려울 수밖에 없다. 이를 모범적으로 실천하는 기업체를 선발하여 가족친화기업체로 지정하는 등의 정책이 이루어지고 있으나, 여전히 대기업이 우선적으로 주체가 되고 있어 중소기업의 참여를 지속적으로 독려할 수 있는 인센티브가 필요하다. 직장 내 근로자들이 일과 가정을 양립할 수 있도록 지원할 수 있는 다양한 가족생활교육 프로그램이 개발되어야 할 것이다. 더불어 여성으로 하여금 자신의 태도를 점검하고, 역할을 어떻게 분담하고 나눌 것인지를 배우도록 하고, 절대 슈퍼우먼이 되려고 노력하지 말 것 그리고 죄책감에서 벗어날 것, 신체적 피로를 포함한 스트레스를 해소할 것 등을 제시하여야 할 것이다. 더불어 남성에게는 가정 내 역할공유의 중요성과 더불어 자녀양육의 참여효과가 어떤 것인지에 대한 역할 인식을 도와야 하고, 그 외 일과 가정의 양립을 위한 여러 가지 방안들을 제시하여야 할 것이다.

2) 성 역할 고정관념 지양 – 부모의 자녀양육

여전히 아이가 태어나면 병원에서 부모이름을 적은 팔찌를 걸어 주는데, 파란색과 분홍색으로, 어느 쪽이 남아이고, 어느 쪽이 여아인지를 구별하고 있다. 또한 초등학교에서는 새학기가 되면 모든 학생들에게 '미니빗자루 셋트'를 가져오도록 하는데, 이것 역시 분홍색 아니면 파란색으로 어느 쪽이 여학생 것인지, 남학생 것인지를 명확히 드러내고 있다. 가정에서 그리고 사회에서 제공하는 성고정관념이 아이들에게 그대로 흡수될 수밖에 없다. 방송국에서 고정관념이 확립되지 않은 7세 아동들을 대상으로 성 역할 고정관념이 아이의 사회성과 창의성에 어떤 영향을 미치는지 보여 주기 위해 약 3개월 동안 실험한 결과를 보여 주었다(SBS 스페셜, 2016. 1. 30.). 어른들이 생각하는 것보다 아이들은 우리가 생각하는 남아놀이와 여아놀이를 바꾸어서 놀게 하여도 매우 잘 적응하였고, 즐겼다. 또 예고 없이 등장한 유치원 남자 선생님으로 인해 아이들과 부모 모두 놀라는 상황이 벌어졌다. 그러나 아이들은 곧바로 남자 교사를 선생님으로 받아들인데 비해 참관수업을 왔던 부모들은 '유치원 교사는 남자가 할 일이 아니다.'라는 반응을 보였다. 실제 남성성 혹은 여성성이 강한 아이들의 집을 관찰한 결과 공통적으로 아이들에게 '남자답기'를 또는 '여자답기'를 가르치는 부모가 있다는 점을 발견했다. 반면 양성성이 높은 아이들의 공통점은 엄마아빠가 가사노동을 나눠서 하고, 아이들에게 고정관념을 주입시키지 않았다. 이를 통해 아이들의 성역할 고정관념은 부모의 의식에서 비롯되었음을 다시 확인하는 결과가 도출되었다. 3개월 동안의 실험을 통해 양성성이 높아진 아이들은 친구 관계에서 훨씬 유연하게 대처하고, 남을 배려할 줄 알게 되었으며, 소극적이고 방어적인 태도에서 적극적이고 주도적인 모습을 보였다. 즉 부모가 갖고 있는 젠더의식은 자녀에게 장기간 파급효과를 갖는다. 따라서 가족생활교육에서의 부모교육을 실행함에 있어 이는 중요한 방향과 시사점을 제공해 주고 있다.

3) 성욕(sexuality)에 대한 새로운 관점 – 젠더 감수성

2017년 이후 '미투(Me-Too)'운동이 활발히 일어나면서 남성과 여성의 성은 사회의 주된 이슈가 되고 있다. 2018년 3월 여성가족부는 성희롱, 성폭력 근절을 위한 개선방안에 대한 의견을 조사한 결과 참여자 1,811명 중 1,101명(60.8%)가사회, 조직문화의 개선이 되어야 한다고 응답하였다(〈표 8-3〉 참조). 그렇다면 어떻게 개선되었으면 하는지에 대한 질문 결과, 상대방을 존중하는 인식개선이 우선적으로 되어야 한다(503명, 45.7%)고 응답하였다(〈표 8-4〉 참조).

〈표 8-3〉 성희롱, 성폭력 근절을 위한 개선방안

항목	응답 수(명)	비율(%)
사회·조직 문화 개선 바람	1,101	60.8%
위드유 다짐 및 응원	474	26.2%
자기 경험 고백	27	1.5%
기타	209	11.5%
총계	1,811	100%

출처: 여성가족부(2018. 4. 5.). '위드유' 다짐을 담아 성차별 문화개선으로 – 위드유 캠페인, 온라인 국민참여 행사 결과 발표– 보도자료집.

〈표 8-4〉 사회, 조직문화 개선 바람의 종류

항목	주요 내용	건수	비율
인식개선 (상대방 존중)	· '방관하는 문화, 원래 그래 하는 문화' 버리기 · 여성을 성적 대상이 아닌 동등한 인간으로 존중하는 문화 만들기 · 'NO'라고 말할 수 있는 문화 만들기 · 피해 사실을 밝혀도 비난받지 않는 사회 되기 · 학교 및 직장에서의 성교육·성폭력 예방교육 실질화하기	503	45.7%
제도개선 (피해자 보호, 가해자 처벌)	· 고발이 용이하도록 직장 내 신문고, 신고센터 설치 의무화하기 · 익명성이 보장되는 통합신고센터 도입하기 · 신속·공정·투명한 신고절차 · 가해자 처벌 및 성폭력 은폐사실이 적발된 집단 처벌 강화하기 · 2차 피해 방지 제도 도입(징벌적 손해배상 등)	360	32.7%
회식문화 개선	· 회식 강요 없애기 · 음주 회식을 문화·레저 회식으로 하기	131	11.9%
성별 고정관념에 의한 업무분장	· 커피 심부름, 복사 등 보조 업무가 여성에게 강요되는 문제 없애기 · 성별고정관념에 의해 직장 내 경쟁에서 밀리는 여성들 없게 하기 · 고위직 여성 비율 확대하기	76	6.9%
언어개선	· 성희롱·성적 비하·외모평가 근절하기	31	3.1%
소계		1,101	100%

출처: 여성가족부(2018. 4. 5.). '위드유' 다짐을 담아 성차별 문화개선으로 – 위드유 캠페인, 온라인 국민참여 행사 결과 발표– 보도자료집.

과거 가족생활교육은 친밀한 관계를 위한 남성, 여성의 관계에 관한 교육에서 소위 성(sexuality)을 다루었는데, 이는 주로 생물학에 강조를 두는 출산과 위생교육 정도였고, 남성 중심의 성이었다. 성에 대한 이런 생물학적 관점은 욕구와 기능에서 오히려 성차별을 강화하고 여성과 남성의 유사성을 최소화시켰으며, 성욕과 관련해서 여성을 종속된 역할을 수행하는 사람임을 강조하였다. 즉 여성은 성욕에 대해 침묵을 지키도록 사회화되었고, 남성의 통제와 부정적 사회화 때문에 여성은 종종 자신의 성욕을 부정하고 성적으로 되어선 안 된다고 배우며, 성행위를 시도하지 않고, 성관계를 속이고 그 결과 성관계와 친밀성을 혼동하게 되었다. 이와 같은 성차별은 결국 현재 사회문제가 되었고, 해결하지 않으면 안 되는 이슈로 대두되었다(이기숙, 2010). 따라서 가족생활교육을 실천함에 있어 남녀가 자신의 성발달에 관한 자신의 편견을 인식하고, 차이점보다는 유사점을 배우고, 나아가 관계 향상 즉 친밀성의 기본이 되는 명쾌하고 개방적인 성적 의사소통의 중요성, 성적 만족을 위한 두 성의 욕구와 권리 등에 대해 지속적인 관심을 가질 수 있도록 해야 할 것이다.

3. 가족생활교육사의 젠더(gender)의식이 갖는 영향력

가족생활교육사는 자신이 갖고 있는 성평등성(equality)이 교육에 영향을 미칠 수 있음을 인식하여야 한다. 실제 젠더에 따른 불평등(차별)이 존재한다는 인식을 가져야 할 것이며, 이를 위해 젠더 불평등은 생물학적 차이가 아니라 사회구조에 원인이 있으며, 불평등의 상호연관성(젠더, 계층, 인종, 연령, 학벌, 섹슈얼리티, 장애 등)이 있다는 인식을 가져야 할 것이다. 가족생활교육 프로그램을 계획하고 실행함에 있어 가족생활교육사의 개인적 경험, 젠더 지향성, 역할모형, 잠재적 성편견 그리고 전문적 준비 등이 프로그램의 효과에 영향을 미칠 수 있음을 간과해서는 안 된다.

예를 들어, 맞벌이가족을 위한 가족교육 프로그램을 진행 시 가족생활교육사의 젠더의식이 부부의 역할을 점검할 때 반영이 될 것이라 여기며, 남성 대상 가족생활교육을 진행할 때 역시 가족생활교육사가 갖고 있는 젠더의식은 여러 가지로 영향을 미칠 수밖에 없다. 실제 결혼교육, 부모교육, 부부교육, 성교육 등을 포함하는 매우 광범위한 분야에서 젠더 관점을 어떻게 다루는지 관심을 갖고 분석해야 할 것이다. 이를 위해 가족생활교육사는 자신의 젠더의식에 대해 민감해야 하고, 이를 효과적으로 다룰 수 있어야 할 것이다.

〈점검해 보기〉

다음은 가정생활에서 귀하의 성평등의식이 어떠한지 측정하는 척도입니다. 각 문항을 읽고, 1점에서 4점으로 자신의 생각과 같은 것에 표시를 주세요.

Q 나의 성평등의식은 어디에서 영향을 받았는지 생각해 보고, 향후 가족생활교육을 실천하는 데 있어 어떤 영향력을 미칠 수 있는지 토론해 보세요.

문항		전혀 아니다	대체로 아니다	대체로 그렇다	매우 그렇다
권력관계 및 제도요인	부부는 결혼 중 얻은 재산을 공동명의로 해야 한다.	1	2	3	4
	아내와 남편은 집안의 모든 일에 똑같은 결정권을 가져야 한다.	1	2	3	4
	결혼한 남자는 처가쪽의 대소사를 자기 집과 똑같이 챙겨야 한다.	1	2	3	4
	딸, 아들 구별없이 집안일을 시키겠다.	1	2	3	4
역할요인	여자의 본분은 자녀를 키우고 집안일을 돌보는 것이다.	4	3	2	1
	가족의 생계는 남편이 책임져야 한다.	4	3	2	1
	아내는 경제적으로 남편에게 의존하는 것이 행복하다.	4	3	2	1
	집안일에는 남자가 할 일과 여자가 할 일이 따로 있다.	4	3	2	1

가부장적 가족주의 요인	아들을 낳지 못하면 여자는 시댁과 남편에게 떳떳하지 못하다	4	3	2	1
	결혼한 여자가 친정부모를 모시는 것은 시집식구에게 미안한 일이다.	4	3	2	1
총점 (표시된 칸에 적혀진 숫자를 모두 더해 보세요.)		(점수가 높을수록 귀하의 가정생활에 대한 성평등의식은 높은 편입니다.)			

출처: 한국여성개발원(1999). 한국형 남녀평등 의식검사 개발. p. 18.
이기숙(2010). 가족생활교육. p. 82 재인용. 신정출판사.

위의 성평등의식을 점검하고 나서, 아래에 있는 질문에 귀하의 생각을 편안하게 작성해 보세요. 자신이 쓴 내용의 실현 가능성은 있습니까? 없습니까? 그리고 쓴 내용의 걸림돌이 있다면 무엇이 있을 것이라 예측하십니까? 의견을 나누어 보세요.

부부리모델링

1) 아내가 하던 일 중 앞으로 남편이 할 수 있는 일은 무엇이 있을까요?

2) 남편이 하던 일 중 앞으로 아내가 할 수 있는 일은 무엇이 있을까요?

3) 그렇다면 평등하고 건강한 부부관계 조성을 위해 어떤 것들을 실천하면 좋을까요?

4) 위 내용을 실천하는 데 있어 걸림돌이 있다면 어떤 것이 있을 것이라 여기나요?

핵심용어 젠더, 젠더의식, 젠더역할태도, 성별 고정관념, 성차별의식, 젠더 감수성, 일·가정 양립

학습실천과제

1. 우리 가족생활 내에 존재하는 성차별의식 및 성고정관념은 무엇이 있는지 정리해 보시오.
2. 향후 양성평등한 가족생활 그리고 일과 생활의 균형을 이루기 위해 가족생활교육에서 실천해야 할 것들은 어떤 것들이 있는지 토의해 보시오.
3. 자신의 성평등의식(젠더의식)에 대해 점검하고, 향후 가족생활교육사로서 강점과 약점에 대해 서술해 본다.

제9장

가족생활교육과 다문화

〈학습목표〉

1. 다문화주의의 의미를 이해한다.
2. 우리나라의 다문화 다양성 포용 이해를 통해 가족생활교육에 적용해야 할 것이 무엇인지 정리해 보도록 한다.
3. 가족생활교육사가 갖는 다문화지식과 다문화 감수성의 영향력은 무엇인지 검토해 본다.

다문화는 다양한 문화와 생활양식이 공존하는 상태를 의미하며, 다문화 수용성은 다문화 지향의 사회를 긍정적으로 간주하고 다양한 가치관과 생활양식의 공존을 수용하는 태도를 의미한다. 현재 우리나라의 다문화가족은 그 숫자가 매우 많으며, 다문화정책 또한 무수히 많은 것들이 제시되고 실천되어 왔다. 현재 우리의 다문화 수용성은 어느 정도인지 정확히 파악하고, 다문화가족이 보다 건강한 가족으로 자리잡기 위한 방안들 역시 다시 한번 정리하고, 파악할 필요가 있다고 여긴다. 더불어 최근 발표된 '제4차 건강가정기본계획'에서 강조되고 있는 가족다양성 인정은 포괄적으로 모든 유형 및 다양한 특성이 있는 가족의 삶의 질 향상을 위한 가족관계와 가족생활을 지원하는 가족서비스로 구체화하는 작업을 필요로 한다. 이 장에서는 다문화주의 개념을 살펴보고, 가족생활교육에 다문화이해 및 다문화 감수성을 어떻게 적용해야 하는지에 살펴보고자 하며, 최근 이슈화되고 있는 다양성 포용의 개념과 적용에 대해 살펴보고자 한다. 마지막으로 가족생활교육사의 다문화 감수성을 진단하고, 이것이 앞으로 가족생활교육사로서 활동할 때 어떤 영향력을 미칠지를 예측해 보도록 한다.

1. 다문화주의의 개념과 가족생활교육

〈생각 나누기〉

Q 이미 다문화사회를 경험하고 정책을 펼치고 있는 다른 나라와 우리나라의 현재 다문화사회 경험은 같은 것일까요? 다른 것일까요? 실제 다문화사회를 형성하고, 문화적 다양성을 수용하고, 통합하는 방식이 나라마다 특성과 이슈가 있음을 우선적으로 이해하는 것이 필요합니다. 그렇다면 우리나라의 다문화는 어떻게 이해하고 어떻게 정책을 펼쳐가야 좋을지 의견을 나누어 보세요.

외국의 다문화

지구상에는 많은 나라가 다문화사회를 형성하고 있는데, 이들 각자의 나라마다 다문화사회를 이룬 역사적 배경이 다르다. 정책 또한 각자의 사회적 상황에 따라 다문화사회가 이루어진 배경, 추세, 방향, 내용이 다르고, 각자 자기 나라의 당면 환경에 맞추어 정책을 수립하고 집행하기 때문에 어떤 나라에서 성공한 정책이라 하더라도 다른 나라에서 적용하기 어렵다.

여러 다문화국가 중, 처음부터 다문화국가로 출발함으로써 상대적으로 다인종 사회라는 도전에 익숙했던 나라로 미국, 캐나다를 들 수 있으며, 반면에 단일문화국가에서 다문화국가로 변하는 과정을 경험한 나라 중 대표적인 나라는 영국과 독일을 들 수 있다.

미국 뉴욕에 가면 엘리스 아일랜드 박물관이 있다. 미국은 현재 해마다 100여 만 명에 가깝게 외국인이 이민해 오는 세계 최대의 이민국가이다. 과거 이민자들이 미국으로 들어올 때 꼭 거쳐야 하는 세관 심사를 위해 만들어진 곳이 엘리스 아일랜드였다. 이곳은 이민을 신청한 사람들이 미국에서 살기 적합한 사람인지 판단하고 허가하는 업무를 수행했다. 이민 허가 혹은 불허를 결정하는 곳이기 때문에 이민자들은 이곳을 지나치는 걸 두려워했다고 한다. 현재는 이민 박물관으로 전시되어 있다. 현재 미국은 동화주의 모델에서 다문화주의 모델로 옮겨 가고 있는 상황이다. 반면 캐나다는 1971년 다문화주의 다문화국가로 채택하여 다른 인종에 대한 차별을 법적으로 금지하고 있다.

현재 전 세계는 다민족, 다인종국가로 형성되고 있으나 그 배경이나 정책은 모두 제 각각이고, 그 결과 역시 여러 가지로 예측하기 어렵다. 영국 역시 잉글랜드의 계속적인 식민통치를 받아왔던 세 개의 지역(웨일즈, 스코틀랜드, 아일랜드)을 모두 통합하여 United of Kingdom으로 표방하고 있으나, 여전히 각기 다른 문화와 인종차이로 인해 분리가 요구되고 있다. 다문화국가마다 처한 현실은 제각각이다. 우리나라의 다문화 현실은 어떠하고, 다문화가족과의 통합을 위해 우리는 어떤 것들을 해 나가야 할까?

출처: 박경태(2016). 낯선 이들과의 동행: 다문화사회와 공존. 경기도 미래발전을 이끌 다양성과 통합의 리더십 최고위 과정 자료집, p. 111-114. 경기도가족여성연구원.

한국은 현재 다문화 사회인가? 그렇다면 언제부터 다문화 사회였는가? 그리고 한국은 지속적으로 다문화 사회일 것인가? 이를 논의하기 위해서는 먼저 다문화주의의 개념을 파악하고 이해해야 한다. 다문화주의 개념의 사전적 정의는 '다양한 문화와 유형의 서로 다른 주변 문화를 모두 제도권 안으로 수용하자는 입장' 또는 '서로 다른 문화를 세계주의나 다원주의 입장에서 유용하게 수용하자는 입장'을 말한다. 즉 동화주의에 대한 반작용으로 종교, 언어, 민족, 국적, 인종의 다양성을 존중하여야 한다는 함축적 의미를 갖고 있다. 그러나 다문화주의가 함의하는 철학적 · 문화적 · 정치적 의미는 민주주의만큼이나 매우 폭넓고 다양하다. 이렇게 폭넓고 매우 다양한 다른 관점과 해석 때문에 한국사회는 아직도 이 개념을 정의하고 표현하는 이론적 · 사회적 합의를 갖지 못하고 있다.

킴리카(Kymlicka, 2002, 김태환, 2015 재인용)는 '다문화주의(multicuturalism)'라는 용어가 내재적으로 혼동을 불러일으킨다고 하였다. 왜냐하면 캐나다나 호주 등과 같은 국가에서는 이 용어를 그들 국가로 이주한 이민자들을 언급할 때만 사용한다. 반면에 미국과 같은 국가에서 '다문화주의'는 인종 집단만을 포함하는 것이 아니라 토착민, 종교, 장애인, 여성, 성적 소수자 등을 아우르는 '정체성 정치'의 모든 형태를 포함하는 의미로 사용한다. 이는 다문화주의라는 용어에 국가들마다 서로 다른 의미를 부여하는 것을 알 수 있게 한다. 즉 캐나다에서 다문화주의는 편견이나 차별의 두려움 없이 이민자들이 자신의 인종·문화적 정체성을 표현할 수 있는 권리로 지칭되고 있으며, 유럽에서는 종종 민족적 공동체들 간에 권력을 공유하는 것을 지칭하며, 미국[1]에서는 그것은 종종 소외된 사회집단들의 요구를 수용해 주는 것으로 이해되고 있다.

한국사회는 세계화로 인한 범세계적 인구이동의 결과로 매우 짧은 기간에 다문화·다인종 사회가 되었다. 한국은 '다문화주의'를 결혼이주여성과 가족을 대상으로 한 협의의 접근으로 다양한 배경의 이주민을 배제해 왔으며, 한국사회로의 정착과 적응을 목적으로 한 동화주의적 접근을 하였다. 현재 한국에 거주하고 있는 이주배경인구[2]는 [그림 9-1]과 같이 2020년 218만 명에서 2040년 323만 명으로 증가하고, 총인구 중 이주배경인구 구성비는 2020년 4.2%에서 2040년 6.4%로 증가할 것으로 예측되고 있다. 이 중 내국인(귀화)은 2020년 19만 명에서 2040년 47만 명으로, 내국인(이민자2세)는 2020년 28만 명에서 2040년 60만 명으로 각각 2배 이상 증가할 전망이다.

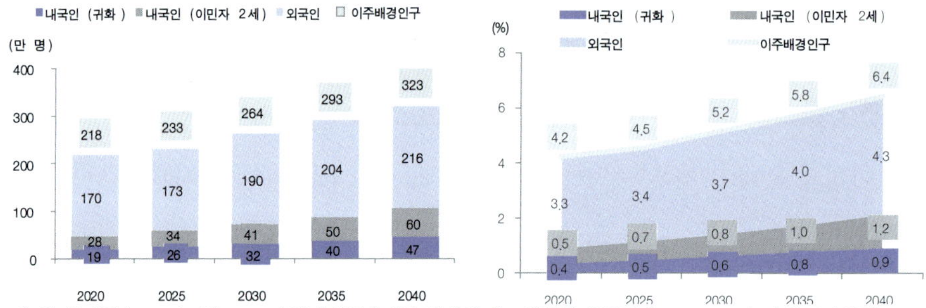

출처: 통계청(2022.4.14.). 2021년 장래인구추계를 반영한 내·외국인 인구전망: 2020~2040년 보도자료집, p.3.

[그림 9-1] 이주배경인구, 2020~2040년

---

1) Center for Korean Studies University of Hawaii at Manoa
미국 하와이대학교 내에 한국 전통가옥 캠퍼스가 있다. 이는 소수민족의 새로운 정통성을 획득하고자 하는 다문화주의의 철학을 보여주고 있다.

출처: 김민선(2023), 하와이의 상호문화 의사소통과 다문화주의, 2023 세계인의 날 기념포럼 자료집, p.14. 서울 사이버대학교 한국어문화학과, 서울시강북구가족센터, 한국가족정책학회.

2) 본인 또는 부모 중 적어도 한 명이 출생 시 또는 현재 외국 국적인 사람, 내국인(귀화), 내국인(이민자 2세), 외국인의 합으로 산출

특히 우리나라의 총인구성장률은 [그림 9-2]와 같이 2020~2025년 연평균 0.15% 감소에서 2035~2045년 연평균 0.27% 수준 감소로 감소률이 확대될 전망이다. 그 중 내국인 인구성장율은 2020~2025년 연평균 0.17% 감소에서 2035~2040년 연평균 0.33% 감소로 감소세가 전망되나, 외국인 인구성장률은 2020~2025년 연평균 0.29% 증가해서 2025~2030년 연평균 1.93% 증가로 확대되었다가 이후 증가세가 둔화될 것으로 전망되고 있어서 이주배경인구에 대한 관심과 정책이 매우 높은 시점이다. 따라서 현재 한국의 다문화사회를 논의할 때, 다문화가족지원법에 언급되어 있는 국제결혼을 한 가족뿐만 아니라 취업, 유학, 한국 문화에 대한 관심으로 한국에 왔거나 부모님의 결혼이나 취업 등으로 한국에 살게 된 자녀 등을 포함하여 이주배경을 가진 사람에 대한 포괄적인 논의와 정책이 이루어져야 한다고 주장되고 있다. 이에 정부는 최근 '이주배경인들과의 특별동행위원회' 출범(2023.3.27.)을 시작으로, 향후 이주배경 주민에 대한 정확한 이해 기반의 정책이 수립될 수 있도록 하고, 다양한 이주배경을 존중하고 배려할 수 있는 인식 전환 및 문화를 조성하기 위해서 교육 프로그램과 쌍방향 소통 방안을 모색하겠고 발표하였다(대한민국 정책브리핑, www.korea.kr).

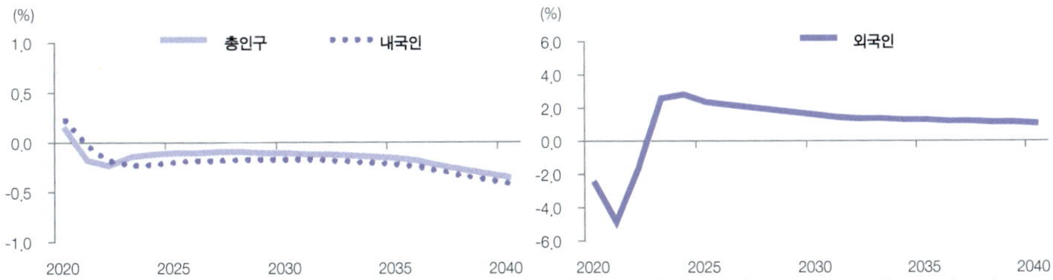

출처: 통계청(2022.4.14.). 2021년 장래인구추계를 반영한 내·외국인 인구전망: 2020~2040년 보도자료집, p.5.

[그림 9-2] 인구성장률, 2020~2040년

좀 더 넓은 의미에서의 이주배경인구 실태와 별도로, 다문화가족지원법에 규정된 다문화가족의 실태를 살펴보면 다음과 같다. 2021년 다문화 혼인은 [그림 9-3]과 같이 13,926건으로 전년도보다 감소하였으나, 이것은 사회적 거리두기라는 코로나 19 재난이 이에 영향을 미친 것이라 볼 수 있다. 2021년 다문화가족실태조사 결과(2022)에 따르면 다문화가구는 전체 346,017가구이며, 결혼이민자[3]가구가 82.4%(285,005가구), 기타 귀화자[4] 가구가 17.6% (61,012가구)이다. 이들은 과반수 이상(56.1%)이 수도권(서울, 경기, 인천)에 거주하고 있었으며, 동 지역 거주자(76.8%)가 읍 · 면 지역 거주자(23.2%)에 비해 3배 이상 많은 것으로 나타났다. 이들의 가족구성을 살펴보면, 부부+자녀가구 35.5%, 부부가구 30.0%, 한부모가구 10.9%, 1인가구 8.3%로 2018년 대비 부부가구의 비중이 지속적으로 증가하고 있으며, 평균 가구원 수는 2.82명으로 무자녀가구가 42.0%로 2018년도 대비 5.3% 증가하는 추세를 보였다. 또한 [그림 9-4]와 같이 15년 이상 거주자(39.9%)가 큰 폭으로 증가하였으며, 정착주기 장기화로 평균 연령대가 높아지고 있다. 이와 같이 장기 거주 결혼이민자가 증가하고, 다문화 한부모가족 및 본국 귀환(예: 베트남 귀환 다문화가족 3만명 추산, 2021년 기준) 다문화가족 등 다문화가족의 가구 유형이 다변화 추세에 있다. 다문화가족의 정착이 장기화됨에 따라 만 7-18세에 해당되는 다문화 아동 · 청소년도 빠르게 증가하는 추세(2017년 109,387명 → 2022년 168,654명으로 54.2% 증가)인데, 최근 5년간 전체 학생 수는 감소한 반면 다문화 학생수는 크게 증가하고 있는 추세이다. 특히 이들은 동일 연령대와 비교하여 학교생활 부적응 및 학력 격차 등 어려움이 심화되고 있는 것으로 나타났다.

3) 결혼이민자: 한국인과 혼인한 외국 국적자 및 혼인 귀화자
4) 기타귀화자: 혼인귀화 외의 방법으로 한국 국적을 취득한 귀화자

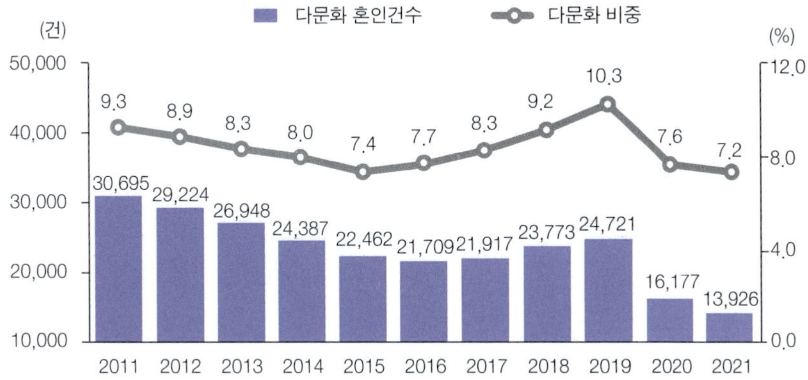

출처: 통계청(2022.11.3.). 2021년 다문화 인구동태 통계 보도자료집, p.5.

[그림 9-3] 다문화 혼인 건수 및 전체 혼인 중 다문화 비중 추이, 2011~2021년

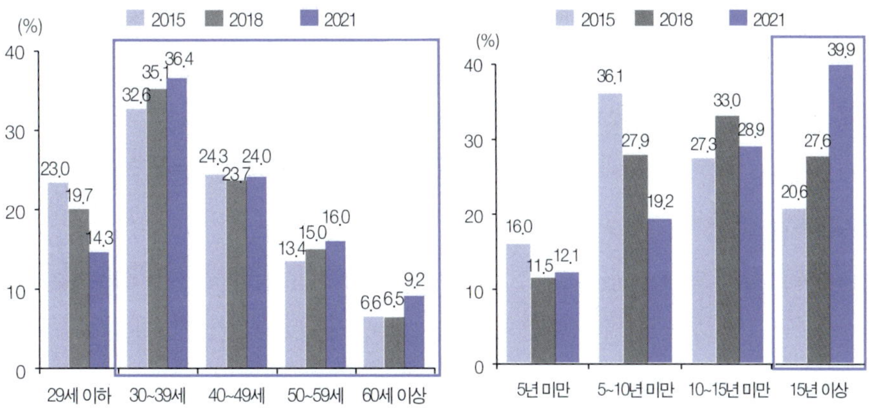

출처: 여성가족부(2022.6.28.). 2021년 전국 다문화가족실태조사 보도자료집, p.3.

[그림 9-4] 결혼이민자 · 귀화자의 연령대와 국내 거주기간

이와 같이 이주배경이란 용어를 사용하며 좀 더 넓은 의미에서 다문화 · 다인종 사회를 바라보고 준비해야 한다는 방향성 수립이 세워지고 있음에도 불구하고, 우리는 문화적 다양성, 다문화적 사회상황, 사회통합에 대한 경험이 많지 않고, 학문적 고민이나 성찰이 여전히 부족한 상황에서 다문화를 어떻게 다루어야 할지에 대한 논의가 심도 있게 더 많이 이루어져야 할 것이다. 특히 다문화현상

에 대한 섣부른 판단과 수용을 경계해야 하며, 정치 구호화된 다문화주의 혹은 현실에 대한 사려 깊은 성찰 없는 다문화주의 또한 혼란과 갈등을 초래할 가능성이 있음(엄한진, 2006) 또한 인식해야 할 것이다.

문화적 이슈를 바라보는 관점과 그 기반을 형성하고 있는 패러다임은 매우 중요하다. 무엇을 어떻게 바라보느냐에 따라서 전혀 다른 접근방법이 이루어지기 때문에 우리 사회의 문화적 다양성과 관련된 어떤 논리도 간과해서는 안 될 것이다. 현재 국적이 서로 다른 남녀가 결혼하여 구성하고 있는 결혼이민자가족은 다문화가족의 초점으로서 가족생활교육과 가장 많은 연관성을 갖고 있다. 따라서 이들에게 적용될 수 있는 가족생활교육이 일방적 동화를 강조하는 것은 아닌지에 대한 검토가 이루어져야 할 것이다. 현재 전국에 설치된 다문화가족지원센터에서 다문화가족을 대상으로 통합가족교육이 진행되고 있는데, 예를 들면 다문화가족 관계향상 지원을 위해 다문화가족 부부간의 성평등, 가족 간 성평등 인식고취 등을 위한 성평등교육과 부부의 문화적 차이 및 가족 내 역할인식을 돕는 배우자 또는 부부교육을 필수적으로 진행하고 있다. 다문화가족은 부부간의 연령차가 보통 한국인끼리의 부부 연령차보다 높고, 해마다 이들의 이혼율 역시 계속해서 증가하고 있는 추세에 비추어 부부갈등과 자녀양육, 가족해체, 사회적 편견과 차별에 있어 이들을 대상으로 한 가족생활교육은 배제될 수 없는 매우 중요한 주제라 할 수 있다.

2. 다문화 이해 및 다양성 포용

1) 다문화 이해

(1) 다문화 이해를 통한 다문화가족의 역량 강화

다문화 가족이 갖고 있는 어려움에 대한 면담조사 결과(이남철, 2017), 문화적인 어려움 및 생활방식의 차이에 대한 것이 가장 많이 나타났다. 그중 "한국문화를 이해하는 것이 어려웠어요. 한국에서 시부모와의 관계에 대해 알려 주는 사람도 없고, 어떠한 설명도 없이 며느리로서 지켜야 할 것들에 대한 일방적인 통보가 힘들었습니다(이○○, 중국).", "문화적 측면이 큰 갈등으로 다가왔어요. 베트남에서 한국에 오기 전에 한국말을 배워서 한국에 오면 잘 적응할 줄 알았는데, 실제로 그렇지 않았어요. 가족관계, 말투, 시어머니와의 관계 등이 적응하기 힘들었어요(김○○, 베트남)." 등의 이야기가 많이 대두되었다. 따라서 결혼이민자 가족의 관계 역량강화를 위해서는 상호 각 나라마다 갖고 있는 가족문화에 대한 이해가 반드시 필요하다. 이를 통해 다문화가족 내 부부관계, 부모-자녀관계, 3세대 관계 등 건강한 가족관계 형성을 도울 수 있는 여러 가지 방안이 절대적으로 필요하다. 또한 장기 정착 다문화가족을 위한 맞춤형 프로그램의 다양화 역시 요구되고 있는데, 특히 다문화가족 손자녀 양육을 위해 국내에 체류하는 조부모(결혼이민자의 부모)가 계속해서 증가하는 추세에 맞춰 이들에 대한 교육, 상담 등 서비스 도입이 이루어져야 하며, 미디어 이해, 활용 격차 해소를 위해 다문화가족 대상 맞춤형 디지털 미디어 리터러시 교육 등에 대한 지원 역시 필요하다.

2015년 다문화가족실태조사 결과([그림 9-5]), 언어 문제 호소가 높은 것으로 나타났으나, 거주기간별로 조금씩 차이가 있는 것으로 나타나 다문화가족을 대상으로 한 가족생활교육 역시 거주기간별 욕구를 명확히 파악하고 차별화된 프로그램이 제공되어야 할 것이다. 결혼초기에는 긴장을 야기하는 문화적 차이 및 생활방식에 대한 교육을 고려할 수 있으며, 특히 남편을 대상으로 한 배우자 나라의 문화 및 생활방식에 대한 이해교육 진행이 필요하다. 즉 다문화가족을 위한 프로그램 역시 가족생활주기에 맞는 부부 프로그램(예를 들어, 초기 부부대상 상호 이해 프로그램, 중기 이후 부부관계 증진 프로그램 등), 아버지(남편)교육 및 시부모대상 교육 프로그램, 자녀대상별로는 유아 아동 및 청소년교육 프로그램 등이 가능할 것이며, 특히 가족단위의 통합적인 프로그램(예를 들어, 3대가 함께하는 프로그램 운영) 등 가족참여 프로그램 등 다양한 것들이 계획될 수 있다(전세경, 2013).

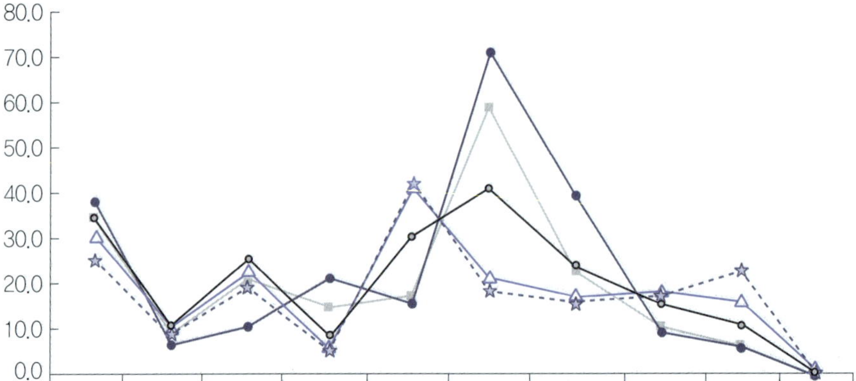

	외로움	가족 간의 갈등	자녀양육 및 교육	은행, 시·군·구청 등 기관 이용	경제적 어려움	언어문제	생활방식, 관습, 음식 등 문화차이	편견과 차별	어려움 없음	기타
2년 미만	39.4	7.3	13.4	21.0	16.0	71.9	39.2	9.9	7.4	0.0
2~5년 미만	36.8	10.8	21.8	15.0	18.8	59.2	23.7	11.0	7.9	0.4
5~10년 미만	36.5	12.6	26.1	9.5	30.5	40.3	24.1	15.3	11.9	0.5
10~15년 미만	32.7	11.0	23.3	7.4	40.0	21.9	17.5	18.6	17.2	0.8
15년 이상	27.0	9.7	19.8	6.9	41.1	18.0	16.3	18.1	23.5	0.9

출처: 여성가족부(2018. 3.). 제3차 다문화정책기본계획(안) 2018~2022.

[그림 9-5] 거주기간별 한국생활의 어려움(2015년 다문화가족실태조사)

그 뒤 조사된 2021년 다문화가족실태조사에 따르면, 결혼이민자(와 귀화자)들이 필요한 서비스([그림 9-6] 참조)는 일자리 소개(3.27점), 한국사회 적응교육(3.10점), 입국 전 준비교육(3.07점)으로 나타났으며, 자녀양육의 어려움([그림 9-7] 참조)으로 '학습지도 · 학업 관리 어려움'과 '진학 · 진로 등에 대한 정보 부족' 등을 가장 많이 꼽는 것으로 나타났다. 이에 따라 결혼이민자를 대상으로 한 자립, 취업역량 강화 지원이 요구되고, 더불어 맞춤형 직업교육훈련 프로그램 제공이 보다 다양하게 제공될 필요가 있다. 또한 학령기 다문화 아동 학습역량 제고를 위해 현재 가족센터를 중심으로 다문화 학부모들에게 자녀교육 관련 상담기회가 확대되고, 학령기 다문화 아동의 기초학습 지원 및 다문화 청소년 진로,

직업 프로그램 확대가 진행되고 있다.

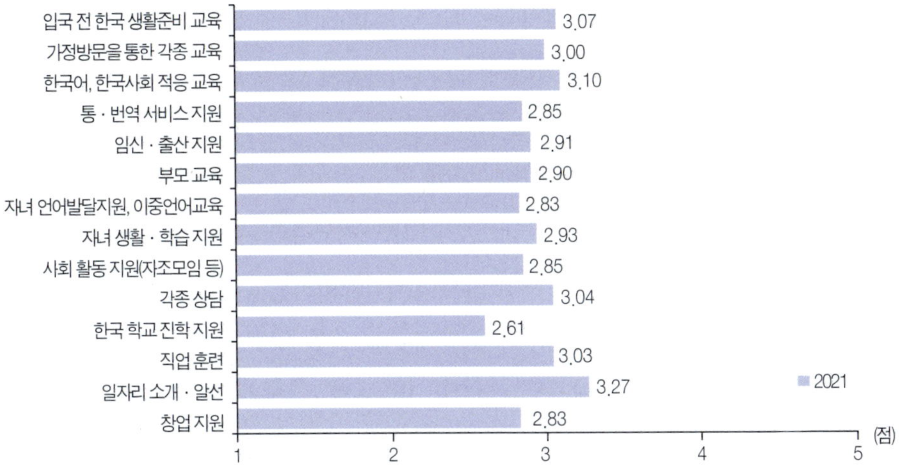

출처: 여성가족부(2022.6.28.) 제4차 다문화가족실태조사 결과 보도자료집, p.6.

[그림 9-6] 결혼이민자 · 귀화자의 지원서비스 요구

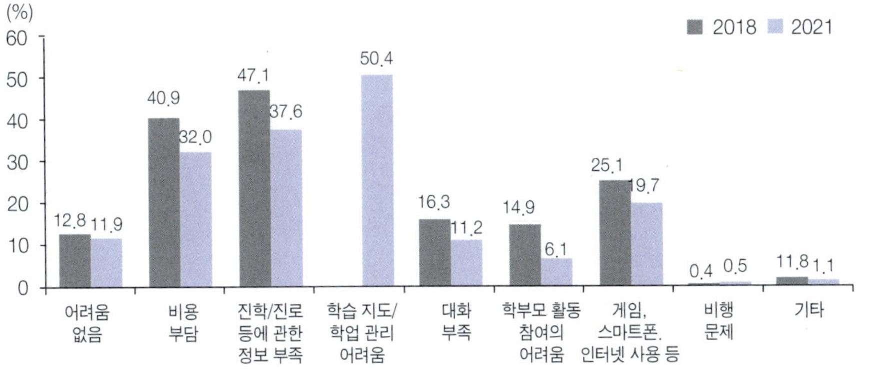

출처: 여성가족부(2022.6.28.) 제4차 다문화가족실태조사 결과 보도자료집, p.5.

[그림 9-7] 결혼이민자 · 기타귀화자의 만6세 이상 자녀 양육 시 어려움(복수응답)

(2) 다문화 수용성 제고를 위한 다문화이해교육 확대

2015년 국민 다문화 수용성 조사연구에 따르면 다문화 수용성은 다소 개선되고 있으나, 전반적으로 낮은 것으로 나타났으며, 다문화사회에 대한 부정적 인식

이나 역차별의 정서도 계속해서 증가하고 있는 것으로 나타났다. [그림 9-8]을 살펴보면, 한국은 타 국가에 비해 '다른 인종, 외국인노동자를 이웃으로 삼고 싶지 않다'는 비율이 높은 것으로 나타났으며, 이주민에 대해 한국의 문화나 관습을 따르도록 요구하는 비율(일방적인 동화 기대) 역시 높은 것으로 나타나(여성가족부, 2018. 3.), 이에 따라 다문화사회라 할 수 있는 우리나라의 경우 다문화 수용성 제고에 대한 관심이 더 높아야 되며, 다문화이해교육이 더 폭넓게 진행되어야 한다고 주장되었다. 이를 바탕으로 여러 가지 다문화 수용을 위한 다문화이해 교육 등 여러 가지 정책적 수행이 이루어졌다. 2021년 다시 수행된 '국민 다문화수용성조사' 연구 결과(여성가족부, 2022), 2018년에 비해 성인과 청소년 모두 일방적 동화 기대, 이중적 평가, 고정관념 및 차별, 국민정체성은 개선된 반면, 세계시민행동 의지, 문화개방성, 교류행동 의지는 성인과 청소년 모두 공통적으로 하락하고 성인의 다문화수용성 역시 하락한 것으로 나타났다. 이는 코로나 사태가 여러 가지 영향을 미쳤다고 해석되고 있는데, 우리나라에서도 코로나 바이러스가 외국으로부터 유입되었고, 사태가 심각한 시점에는 해외로부터의 유입을 차단하고 내국인과 외국인 감염자를 별도로 관리, 발표하기도 했으며 국내 거주 이주민 집단의 집단감염 문제가 보도되는 등 외국, 외국인, 이주민에 대한 경계심이 증가될 수 있는 상황이 전개되면서 대외협력과 이주민과의 상호교류 의지가 약화되었을 가능성이 높았기 때문으로 해석되었다. 이를 반영하여 제4차 다문화가족정책기본계획(2023～2027)[5]에 다문화 수용성 제고를 위한 다문화 이해교육 등을 확대하고자 하는 과제가 수립, 수행 중이다.

우리나라는 단일 민족주의 정서가 깊은 만큼 인식 및 태도변화에는 상당한 시간이 필요하다. 이주민과의 접촉경험과 빈도가 높을수록, 다문화교육·행사 등에 참여가 많을수록 수용성 개선에 긍정적 효과를 미친 것으로 분석되고 있어, 일반인을 대상으로 이들이 참여하고, 함께할 수 있는 것들이 지금보다 더 많이 제공되어야 할 것이다.

---

5) 제 4차 다문화가족정책기본계획(2023-2027)의 비전 및 목표

□ **비전 및 목표**

비전	다문화가족과 함께 성장하는 조화로운 사회	
목표	다문화 아동 · 청소년의 동등한 출발선 보장	다문화가족의 안정적 생활환경 조성

대과제	중과제
다문화 아동 · 청소년 성장단계별 맞춤형 지원	① 영유아 자녀양육 지원 ② 학령기 다문화 아동 학습역량 제고 ③ 다문화 청소년 진로개발 지원 ④ 다문화 아동 · 청소년의 정서안정 기반 조성
결혼이민자 정착주기별 지원	① 건전한 국제결혼 환경 조성 ② 다문화가족 가구상황별 맞춤형 지원 ③ 결혼이민자 경제활동 참여 확대 ④ 가정폭력 예방 및 피해자 보호
상호존중에 기반한 다문화 수용성 제고	① 다문화 이해교육 확대 ② 다양성 존중 인식 확산 ③ 다문화가족 사회참여 활성화
다문화가족정책 추진기반 강화	① 다문화가족정책 환류 시스템 구축 · 운영 ② 다문화가족 지원 서비스 접근성 제고 ③ 다문화가족정책 협력체계 강화

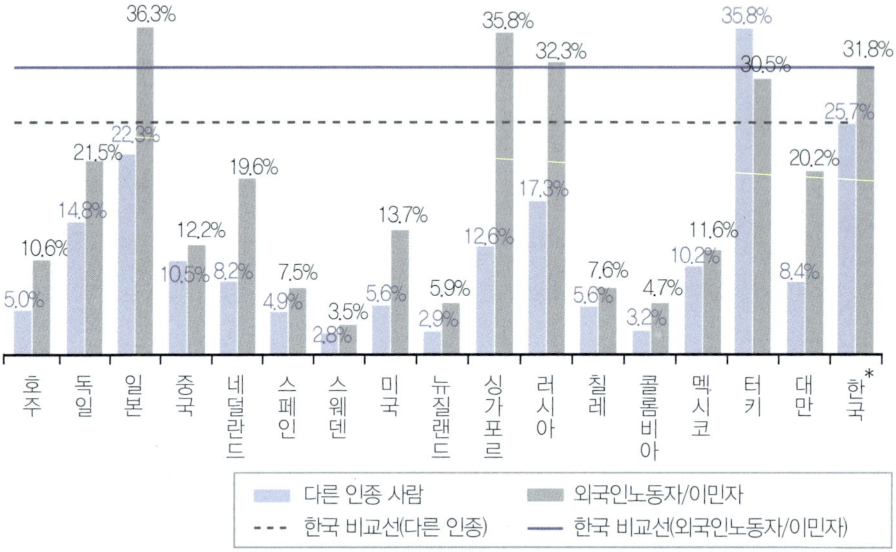

출처: 여성가족부(2018. 3.) 제 3차 다문화정책기본계획(안) 2018~2022.

[그림 9-8] 이웃으로 삼고 싶지 않은 비율(2015 국민 다문화 수용성 조사 연구)

다문화 수용성 제고를 위한 대상별 접근은 다문화이해교육이 광범위하게 이루어지고, 이에 따른 교육효과가 어느 정도 전제되었을 경우라 할 수 있다. 그러나 우리는 여전히 다양한 문화에 대한 이해가 매우 부족하다. 예를 들어, "한국에서는 가족이 아니어도 친근감의 표시로 어린아이의 머리를 쓰다듬곤 한다. 하지만 태국에서는 인체에서 가장 높은 곳에 있는 머리를 존중받아야 할 부위로 여겨 만지는 것을 금기시한다. 태국인들이 머리를 만지거나 쓰다듬는 행동을 불쾌하게 생각하는 만큼, 상대가 어린아이라고 하더라도 행동에 유의하는 것이 좋다."라거나, "한국에서는 웃어른에게 격식을 갖춰 인사할 때 보통 절을 한다. 하지만 베트남에서는 살아있는 사람에게 절을 하지 않는다. 예외적으로 절을 하는 경우는 큰 잘못을 저질러 용서를 빌 때, 두 번 다시 만나지 못할 상황에서 이별할 때뿐이다. 따라서 베트남 사람에게는 한국식으로 절을 하는 것이 쉽지 않으니 배려와 이해가 필요하다(레인보우, 2016)."라는 등의 요구가 매우 많다. 그럼에도 불구하고 우리는 여전히 타문화에 대한 이해가 매우 부족하고, 이것은 다문화사회를 형성하는 데 있어 걸림돌이 될 수밖에 없다.

현재 일반국민의 경우 다문화이해교육을 이수한 국민의 수가 극소수(5.2%)이며, 2018년에 비해 교육참여율이 0.6% 증가하였지만, 2015년보다 낮은 수준으로 시간의 흐름에 따른 누적 효과는 여전히 보이지 않고 있다. 즉 대다수 국민들은 여전히 다문화이해 교육 기회를 갖지 못하고 있는 실정으로 파악되고 있다. 이렇듯 제한된 다문화교육이 이루어지는 가운데, 다문화교육이 이루어지는 대상이 균질적이지 않음도 확인할 수 있었다. 즉 학생, 전문직, 관리직 등에 다문화교육이 집중되는 반면, 판매종사자, 기능/장치/조립종사자, 전업주부 등은 다문화교육 이수 비율이 매우 저조하였다. 또한 고등학생의 경우 2018년 27.5%이던 교육 참여율이 2021년 50.5%로 대폭 증가하였으나 다문화 수용성은 오히려 하락한 현황을 비춰볼 때, 일반국민 대상의 다문화 관련 교육프로그램 운영의 활성화가 우선되어야 한다는 주장과 더불어 '다문화수용성 제고'를 위한 방식이 교육만이 아닌 다양한 방식으로 접근할 필요가 있음을 알 수 있다. 현재 한국건강가정진흥원을 통해 지역 다문화프로그램과 다문화강사 양성교육 등이 이루어지고 있으며, 가족센터는 결혼이주여성을 통한 어린이집, 유치원, 초 · 중 · 고등학교를 찾아가는 '다이음(다문화이해교육)' 사업을 전국적으로 진행하였다. 그럼에도 불구하고 현재 이러한 노력은 여전히 체감할 수 있는 정도의 다문화 교육이수자들을 배출하고 있지 못한 실정이다.. 이는 앞으로 교육대상자 확대는 물론 대상자별 교육프로그램 개발 등이 보다 포괄적으로 그리고 광범위하게 추진될 필요가 있다는 것을 의미한다. 이와 병행하여, 사회교육 또는 평생교육의 틀에서 다문화이해교육을 적극적으로 확대하는 방안을 모색하여야 할 것으로 보인다. 이와 더불어 이번 조사에서 다문화 교육 이수 횟수별 차이를 검토한 결과, 1~2회 정도의 다문화 교육 참여는 다문화수용성 제고에 크게 기여하지 못하는 것으로 나타났다. 특히 3~4회 이상의 교육 참여가 '일방적 동화기대' 요소나 '이중적 평가' 요소 등에서의 수용성 변화에 효과적임을 나타내고 있는 것으로 볼 때, 이를 고려한 다문화 교육 운영을 검토하는 것이 바람직할 것으로 판단된다(안상수, 2016). 2018년 6월부터 다문화가족지원법에 근거, 유아, 초, 중등학생을 가르치는 교사들에게 다문화이해 관련 연수가 이루어지고 있으며, 이를 바탕으로 각 교육현장에서 다문화가족에 대한 인식 등의 내용이 반영되도록 하고 있으나, 이에 대한 효과성 역시 지속적으로 관심을 갖고 무엇을 보완해 나가야 할지에 대한 관심이 매우 필요하다.

2) 다양성 포용의 이해

진정한 다문화적 정체성은 민족적, 인종적 또는 문화적 '정체성'을 초월해서 상대방을 환영하는 태도이다. 어떻게 하면 배타적 정체성을 벗어나 좀 더 성숙하고 넓은 세계관을 가질 수 있을까? 이에 대한 좀 더 넓은 개념으로 '다양성 포용'에 대한 개념이 대두되고 있다.

미국 NCFR(National Council on Family Relations)은 학계와 실무에서 다양성에 대한 이해를 촉진하기 위해 다음과 같은 다양성 정의(definition of diversity)와 가이드를 제시하고 있다. "다양성 포용(embracing diversity)"이란 모든 사람이 똑같은 삶의 방식을 가지고 사는 것은 아니라는 것을 인정하는 것이다. 다양성(diversity)은 권력, 특권, 접근성의 격차, 취약한 집단의 주류사회로부터의 배제를 이해하는 눈(lens)을 제공한다. 이러한 다양성의 눈으로 보면 일부 집단은 우리 사회에서 존재하지 않거나 인식의 부족으로 폄하되거나 위축되어 있음을 알 수 있다. 또한 다양성은 개인, 커플, 가족, 집단 및 사회가 다양하게 존재하는 것의 강점, 지혜, 역량을 발견할 수 있게 한다(NCFR, 2018, 고선강, 2022 재인용). NCFR에서 제시하는 다양성의 요소들은 다음과 같다.

▶ NCFR에서 제시하는 다양성 요소
- ㅇ 비장애와 장애
- ㅇ 연령
- ㅇ 이중언어와 문화다양성/영어학습자
- ㅇ 체격과 몸상태
- ㅇ 전통과 관습
- ㅇ 교육, 전공 또는 직업, 지위
- ㅇ 민족, 인종, 국적 또는 문화적 정체성
- ㅇ 젠더, 성별 정체성 그리고 성별 표현
- ㅇ 지역적 배경과 위치
- ㅇ 원주민 또는 이민자의 지위 또는 정체성
- ㅇ 혼인상태, 관계(독신 포함) 그리고 가족구조 또는 정체성
- ㅇ 객관적, 주관적 세계관과 관점
- ㅇ 정치적 이념과 소속
- ㅇ 종교(무교), 영적 소속 그리고 신념
- ㅇ 성적 성향, 정체성 그리고 표현
- ㅇ 사회경제적 지위, 주거상태, 사회적 계층, 고용 그리고 군복부

※ 출처: 고선강(2022). 가족다양성 확장에 따른 가족서비스 방향성 연구. 한국건강가정진흥원, p.11.

미국 Massachusetts주(Massachusetts Family Engagement Coalition)는 "Strengthening Partnerships: A Framework for Prenatal through Young Adulthood Family Engagement"라는 가족사업과 가족서비스에 관여하는 실무자들을 위한 지침서를 제공하고 있다. 주정부에서 주관하는 사업에는 가족서비스, 보건의료, 교육현장 등에서 다양한 실무자들이 참여하고 있고, 실무자들이 서비스 제공에 도움이 되는 다섯 가지 원칙을 제시하였는데, 그 중 첫 번째와 두 번째 원칙이 다양성에 관한 내용이다.

원칙 1: 모든 가족은 가족마다 고유한 특성이 있으며, 다양한 모습을 나타낸다. 가족서비스는 개별가족의 신념, 가치, 선호, 목표 등에 대한 이해에서 시작되어야 하며 가족과 가족센터 종사자는 협력관계에서 공동의 의사결정을 해야 한다.

- 개별가족의 고유성에 대한 인식 및 존중
- 가족의 목소리와 관점 반영
- 가족을 위한 가족서비스 기획 및 실천이 아닌 가족과 함께 하는 서비스 기획 및 실천

원칙 2: 다양성은 인종, 종교, 민족, 문화, 언어, 가족구조, 능력, 성적 지향, 사회경제적 지위, 교육 수준 등과 같은 다양한 수준에서 경험되고 표현된다. 다양한 가족의 성공적인 가족서비스 참여를 위해서 다양성에 대해 인식 및 수용하고, 가족의 다양성에서 오는 강점을 인정하는 것이 필요하다.

- 개별가족이 가진 강점, 필요, 장애 요인을 포함하는 가족의 개별성에 대한 인식과 존중
- 서비스 기관, 보건의료, 학교, 지역사회 등에서 나타나는 가족 내부의 다양성과 가족 간의 다양성에 대한 인정
- 강점 관점으로 다양성에 접근

※ 출처: The Massachusetts Family Engagement Coalition(2020, p.9), 고선강(2022). 가족다양성 확장에 따른 가족서비스 방향성 연구. 한국건강가정진흥원, p.12 재인용.

정책 대상으로 특정 유형의 가족을 열거하는 방식으로 가족다양성을 정책에 적용하는 경우 다양한 가족을 특정 유형의 취약가족으로 낙인찍을 수 있음을 충분히 고려하여, 다양성에 대한 포괄적인 개념을 재정립하고 이해하는 것이 필요하다. 현재 다문화가족 역시 동일한 유형이 아닌 다양한 형태로 나타나고 있으며, 그만큼 가족의 생활이 다양해지고 있다. 따라서 다문화가족을 대상으로 하는 서비스 제공 방식 또한 동일한 방식이 아닌 이들의 다양한 욕구를 충족하고, 이들이 쉽게 접근할 수 있는 방식의 도입 역시 매우 필요하다. 최근 가족센터는 다문화가족과 비다문화가족을 통합으로 모집하여 진행할 수 있는 가족 프로그램을 기획하여 이들이 서로 함께 하는 문화를 이끌어 가고 있다. 그럼에도 불구하고 여전히 다양성의 관점에서 이를 적용하고 실천할 수 있는 방안의 어려움을 경험하고 있기 때문에, 이에 대한 이해 및 적용 그리고 실천 방법에 대한 논의가 지속적으로 이루어져야 할 것이다.

3. 가족생활교육사의 다문화 감수성이 갖는 영향력

다문화가족과 일하는 전문가의 역할을 살펴보면, 첫째, 문화가 지닌 구조와 가치가 얼마나 인간을 억압하거나, 주변화하거나 또는 소외시키는지, 이와 반대로 얼마나 특권과 권력을 생성해 내거나 향상시키는지 인지하고, 둘째, 다양한 집단들과 일하는 데 있어서 개인의 선입견이 가져올 수 있는 영향을 배제하기 위하여 자신에 대해 충분히 인지해야 하며, 셋째, 다름(difference)이 가지는 중요성에 대해 이해하고 이를 다른 전문가들과 나눌 수 있어야 하며, 넷째, 새로운 것을 꾸준히 배워야 함을 인정하고, 다섯째, 정보를 제공해 주는 사람들과 관계를 유지하는 역할을 담당한 것을 제안하고 있다(NASW, 2008, 최영민 외, 2015에서 재인용). 전문가 개인의 문화적 역량으로 '다문화적 가치와 자기인식', '다문화 지식', '다문화적 기술', '다문화적 제도 및 환경에 대한 민감성', '다문화실행' 등 학자마다 언급되는 내용은 조금씩 다르나, 공통적으로 타인, 타문화에 대한 편견과 차별을 인식하는 것, 다문화집단과 이들이 처한 환경에 대한 이해와 전문지식을 갖추어야 하는 것, 이를 실천할 때 요구되는 의사소통이나 문화에 민감한 기술을 활용할 수 있는 능력으로 구성되어 있다(최혜지, 2014). 이를 위해 다문화가족과 일하는 전문가들은 지속적으로 자신의 문화적 역량강화를 위한 교육이나 슈퍼비전이 필수적으로 수반되어야 한다. 다음 〈표 9-1〉은 다문화가족 관련 기관에서 종사하는 실무자들을 위한 문화적 역량 증진 프로그램의 예이다.

〈표 9-1〉 실무자 문화적 역량 증진 프로그램의 예

단계	프로그램 내용	활동
사전모임	· 프로그램 소개: 구체적인 일정 조정하기 · 동영상 관람: 자기소개, 참여동기 및 개인목표 소개	상호이해, 관계형성, 사전 설문지, 연구동의서 제출
	개인적 관점: 문화적 인식	
1회	· 문화적 인식 관련 동영상 관람 · 문화와 문화적 역량에 대한 개요 · 문화적 영향에 대한 자기 인식 · NASW 윤리강령과 한국의 윤리강령 비교분석 · 다양성 연습: 문화적 편견, 개인적 신념 등 자기인식	동영상 관람, 강의, 개별 활동, 버즈토론
2회	· 자기인식 자료물 함께 읽기 · 문화적 생태도와 문화적 가계도 나누기	토론 및 발표
	전문가적 관점: 문화적 지식	
3회	· 강점관점의 렌즈 - 자신의 강점 찾기, 강점을 확대시켜 나가기 - 자신이 경험한 결혼이주여성 또는 다문화가족의 강점 찾아보기	강의, 게임, 토론
4회	· 다문화가족에 대한 이슈: 대중매체(신문, 온라인 자료 분석) · 여성 결혼이민자에 대한 이해: 이민과 적응(문화, 사회, 결혼 등), 문화적 배경(중국, 베트남, 필리핀, 일본 등) 이해	
5회	· 최신의 다문화가족 관련 법과 제도, 정책 · 사례토론 및 슈퍼비전	강의, 게임, 공동작업 등
	조직적 관점: 문화적 태도 및 문화적 기술	
6회	· 다문화가족 관련 동영상 관람 · 강점관점 다문화가족 사례관리: 문화적 사정, 계획, 개입 · 실천방법 공유	동영상 관람, 강의, 토론, 공동작업
7회	· 동영상 관람 · 관계기술, 상담기술 배우기 · 사례토론 및 슈퍼비전	토론
8회	· 여성 결혼이민자의 국가별 문화의 특성 이해	소집단 발표 및 토론
9회	· 지역사회 네트워크 구성작업 · 조직적, 국가적 차원 건의안 만들기	개별활동, 전체토론
	문화적 역량 총괄	
10회	· 문화적 인식, 지식, 기술, 태도의 통합 · 프로그램 경험 나누기 · 프로그램 평가	강의, 개별 발표 등

출처: 김은영(2012). 문화적 역량증진 프로그램 개발: 다문화가족과 일하는 사회복지사를 중심으로. 이화여자대학교 박사학위논문. 최명민·이기영·김정진·최현미(2015). 다문화사회복지론. p. 389에서 재인용. 서울: 학지사.

가족생활교육사 역시 다문화가족과 일하는 전문가 중 하나로, 점점 증가하고 있는 다양한 인종과 민족의 배경을 가진 참여자들을 가르치기 위해 문화적 다양성에 대한 민감성과 능력을 갖추어야 할 것이다. 문화적 다양성에 민감하다는 것은 가족생활교육사가 다양한 문화집단에 대한 태도와 행동이 긍정적이어야 한다는 것을 필요로 한다. 다양한 문화집단 출신 참여자들은 교육 프로그램의 수행과정에서 나타난 교육사의 태도와 행동에서 그들의 다문화 인식수준을 알 수 있다. 더불어 다문화집단에 대한 정확한 정보를 얻는 것도 가족생활교육사에게 매우 중요하다. 획일적인 가족교육 프로그램은 실패로 끝날 확률이 높다. 다양한 문화집단에 대한 정확한 정보를 얻기 위해서 다양한 관점을 나타내는 정보자료를 주의 깊게 선별해야 한다. 이를 위해 교수방법의 변화도 필요하다. 가족생활교육사가 갖고 있는 문화적 다양성에 대한 이해 및 문화적 역량은 향후 다문화사회에서 반드시 갖추어야 할 영역일 것이다.

〈점검해 보기〉

Q 다음 용어에 관해 설명해 보고, 자신이 다문화와 관련된 용어를 얼마만큼 알고 있는지 점검해 보길 바랍니다.

다문화 지식

1. 문화(culture)
2. 민족성(ethnicity)
3. 인종차별주의(racism)
4. 주류화(mainstreaming)
5. 편견(prejudice)
6. 다문화교육(multicultural education)
7. 자민족주의(ethnocentrism)
8. 다원주의(pluralism)
9. 접촉가설(contact hypothesis)
10. 속성(attribution)
11. 문화초월(transcultural)
12. 문화적 보호망(cultural encapsulation)
13. 통합(integration)

출처: 최현미 외(2010). 다문화가족복지론, p.169 인용. 양서원.

〈점검해 보기〉

다음은 귀하의 다문화 감수성이 어떠한지 측정하는 척도입니다. 각 문항을 읽고, 1점에서 3점으로 자신의 생각과 같은 것에 표시를 주세요.

Q 나의 다문화 감수성이 향후 가족생활교육을 실천하는 데 있어 어떤 영향력을 미칠 수 있는지 토론해 보세요.

문항	그렇지 않다	보통이다	매우 그렇다
1. 나는 나와 다른 문화를 가진 사람들과 교류하는 것을 즐긴다.	1	2	3
2. 나는 나와 전혀 다른 문화를 가진 사람들에 대해 내 나름대로 그들이 첫인상을 규정하기 전에 기다리며 살펴본다.	1	2	3
3. 나는 나와 전혀 다른 문화를 가진 사람들에게 개방적이다.	1	2	3
4. 나는 나와 전혀 다른 문화를 가진 사람들과 교류할 때 이따금 그들에게 긍정적인 반응을 보여 준다.	1	2	3
5. 나는 나와 전혀 다른 문화를 가진 사람들을 만나야 하는 상황들을 피한다.	3	2	1
6. 나는 나와 전혀 다른 문화를 가진 이들에게 가끔 내가 그들을 잘 이해하고 있다는 사실을 언어로 혹은 비언어적 행동을 통해 보여 준다.	1	2	3
7. 나는 나와 전혀 다른 문화를 가진 이들과 내가 다르다는 것을 즐긴다.	1	2	3
8. 나는 나와 다른 문화를 가진 사람들과 함께 있는 것을 그렇게 좋아하지 않는다.	3	2	1
9. 나는 나와 다른 문화를 가진 사람들이 가진 가치관을 존중한다.	1	2	3
10. 나는 나와 다른 문화를 가진 사람들이 행동하는 그들만의 방법을 존중한다.	1	2	3
11. 나는 나와 다른 문화의 사람들이 가진 의견을 수용하지 않는 편이다.	3	2	1
12. 내가 가지고 있는 문화가 남의 문화보다 좋다고 생각한다.	3	2	1
13. 나는 나와 다른 문화의 사람들과 교류하는 데 상당히 자신이 있다.	1	2	3
14. 나는 나와 다른 문화를 가진 사람들 앞에서 말하는 것이 상당히 힘들다.	3	2	1
15. 나는 나와 다른 문화를 가진 사람들과 교류할 때 어떤 주제들을 가지고 대화해야 하는지 잘 알고 있다.	1	2	3
16. 나는 나와 다른 문화를 가진 사람들과 교류할 내가 원하는 만큼 사교적이 될 수 있다.	1	2	3
17. 나는 나와 다른 문화를 가진 사람들과 교류할 때면 심기가 불편해진다.	3	2	1
18. 나는 나와 다른 문화를 가진 사람들과 함께 있을 때 자꾸 의기소침해진다.	3	2	1
19. 나는 나와 다른 문화를 가진 사람들과 교류할 때 종종 이런 교류가 무의미하다는 느낌을 가진다.	3	2	1
20. 나는 나와 다른 문화를 가진 사람들과 교류 도중 그들이 보여 주는 미세한 표현들을 잘 알아차린다.	1	2	3
총점			

출처: 김옥순 · 전성민(2009). 초등교사의 문화 간 감수성 조사연구: 경기도를 중심으로. 한국교원교육연구, 26(1). 59-83에서 재인용.

핵심용어 다문화주의, 다문화 수용성, 문화적 역량, 다문화 감수성, 다양성 포용, 다문화이해교육

학습실천과제

1. 우리나라의 다문화와 관련된 홍보물(공익광고, 포스터 등) 또는 관련 영상물(영화, 드라마, 예능 프로그램 등) 등을 찾아보고, 이에 대해 서로 논의해 보시오.
2. 다문화가족 역량강화를 위한 프로그램 및 다문화 수용성을 위한 다문화이해교육 중 내가 알고 있는 사례들을 제시해 보고, 이것의 장점과 단점은 무엇인지 논의해 보시오.
3. 자신의 다문화 감수성에 대해 점검하고, 향후 가족생활교육사로서 강점과 약점에 대해 서술해 본다.

가족생활교육 프로그램은 예방적 측면으로 또한 치료적 측면으로도 개입할 수 있는 유용한 방법이다. 끊임없이 변하는 가족과 현대사회의 가치관과 변화에 따라 가족생활교육 프로그램의 주제, 내용, 실천 방법 등도 함께 변화해 나가야 한다. 따라서, 본 4부에서는 가족생활교육 프로그램 개발을 위한 이론적 모형을 설명하고, 가족생활교육 프로그램 계획을 위한 준비, 프로그램 실행과정 및 평가에 대해 살펴보았다.

제4부

가족생활교육 프로그램 개발과정

제10장

프로그램 개발 및 계획

〈학습목표〉

1. 가족생활교육 프로그램의 정의와 분류에 대해 이해하고, 프로그램 개발 모형에 대한 이론을 설명할 수 있다.
2. 가족생활교육 프로그램 계획과정을 설명하고 프로그램을 계획할 수 있다.

1. 프로그램의 개념

1) 프로그램의 개념

(1) 가족생활교육 프로그램

프로그램(program)은 광범위하게 사용되고 있는 용어로, 공연, 텔레비전, 컴퓨터 등과 같은 분야에서부터 모임, 여행 등 생활 속에서 자연스럽게 등장하여, 프로그램이라는 용어를 모르는 사람은 없을 것이다.

사전적으로 프로그램은 '어떠한 일의 진행계획이나 순서 또는 그 목록'을 의미한다(표준국어대사전 홈페이지). 사회복지 사전에서는 프로그램을 해야 할 일에 관한 계획과 지침으로 정의하고 있으며(Baker, 1995), 랩과 포트너(Rapp & Poertner, 1992)는 프로그램을 특정목표를 달성하기 위한 활동의 집합체로 정의하고 있다. 일부 학자들은 프로그램을 특정 교과과정이나 학습과정을 일컫는 용어로, 매우 제한적으로 정의하기도 하지만(Arcus et al., 1993a, 이정연 외 역, 1996), 프로그램은 어떤 내용이나

목적 혹은 목표만을 단순히 일컫는 것이 아니라 상당히 과정적인 개념으로 설명하기도 한다(민성혜 · 김송이 · 김영애, 2008). 이러한 프로그램의 특성에 따라, 프로그램은 목적지향적이고 활동중심의 교육목적이 설정되고 단계별 장단기의 구체적인 활동계획이 일목요연하게 제시되는 활동지침(Arcus et al., 1993a, 이정연 외 역, 1996)으로 정의할 수 있다.

프로그램의 정의가 다양하듯 가족생활교육 프로그램에 대한 정의도 학자에 따라 다양하다. 가족생활교육 프로그램은 건강한 가족을 형성하는 실천 활동으로(김희성 외, 2010) 정의하기도 하고, 이기숙(2010)은 가족생활교육 프로그램을 협의로는 특별한 안건이나 주제를 드러내는 교육이라는 의미로, 광의로는 어떤 기관 환경에서 제공되는 사업과 주요활동을 의미한다고 정의하였다. 송말희(2006)는 가족생활교육은 가족문제를 예방하고 가족의 건강성과 잠재력을 개발하여 개인과 가족의 복지를 증진시키는 평생 발달적 교육으로, 가족생활교육 프로그램은 이를 실시하기 위해 교육 목적을 설정하고 단계별로 장단기의 구체적인 활동계획을 일목요연하게 제시하는 활동지침으로 보았다.

무엇보다 가족생활교육 프로그램은 치료적 개선(therapeutic remediation)보다 예방교육(preventive education)에 초점을 두어야 한다(Arcus & Thomas, 1993). 가족생활교육 프로그램의 예방교육은 3단계 수준으로 구분할 수 있다(L'Abute, 1983). 1단계는 문제가 발생되기 전에 강한 관계(strong relationships)를 형성하기 위해 지식과 기술을 향상하도록 돕는 것이다. 2단계는 약간의 위기 신호를 보이는 가족들로, 문제가 더 심각해지기 전에 예방하는 단계이다. 3단계는 이미 많은 고통을 경험해서 교육적 프로그램만으로 충분하지 않은 가족들로, 치료가 요구되는수준이다. 1단계와 2단계 상태에 있는 개인과 가족은 가족생활교육 프로그램을 통해 변화가 가능하나, 3단계 상태에 있는 개인과 가족들은 가족생활교육 프

로그램과 함께 가족치료를 진행하여 가족생활교육 프로그램의 효과를 높일 수 있다.

국내외 학자들과, 가족생활교육의 예방적 측면을 강조하고 있는 정의를 종합해 보면, 가족생활교육 프로그램은 가족들이 가족생활주기에서 예측되는 발달과업을 수행할 수 있도록 지식과 기술을 제공하여 가족의 긍정적 발달을 돕는 예방적 차원의 과정들이라고 정의할 수 있다.

(2) 가족생활교육 프로그램의 분류

가족생활교육 프로그램은 대상의 욕구에 부응하는 효과적인 내용을 포함해야 하며, 가족생활주기에 따라 예측되는 발달과업들을 수행할 수 있는 내용으로 구성해야 한다. 가족생활교육 프로그램 내용 영역은 분류 기준에 따라 다르게 나타난다. 가족생활교육 프로그램은 '가족관계'적 측면뿐만 아니라 '가족생활'적 측면까지 고려해야 한다. 즉, 가족 내 인적 관계뿐만 아니라, 나아가 환경과 상호작용을 포함하는 다면적인 특성을 포함해야 하는 것이다(이연숙, 2003).

가족생활교육 프로그램 분류는 학자들의 기준에 따라, 사회적, 시대적 흐름에 따라 변화하였다. 시대의 흐름에 따른 분류로 전통적으로 가족생활교육 프로그램은 대인관계, 의사결정, 가족상호작용, 자녀양육 및 지도, 자원관리, 결혼, 가족구성원의 역할 및 책임 등으로 구분할 수 있고(왕석순, 2009), 최근에는 부모 됨, 가족의 변화양식, 가족의 위기와 관련되어 성교육, 부모교육, 부부교육, 소비자 교육 등 일반적인 내용으로 분류하고 있다(유영주 · 김경신 · 김순옥, 2008).

미국가족관계학회(National Council on Family Relations: NCFR)에서는 평생발달적 관점에 따라 가족생활교육 프로그램을 가족과 개인, 가족상호작용, 인간발달, 성, 대인관계, 가족자원관리, 부모교육, 가족법과 정책 등으로 분류하고, 아동기, 청소년기, 성인기, 노년기로 구분한 생애주기에 따라 내용을 구분하고 있다.

실제로 2023년 서울시 26개 구가 함께 운영하는 서울가족학교의 프로그램을 보면 생애주기에 따라 예비부부교육, 신혼부부교육, 아동기 부모교육, 청소년기 부모교육을 실시하고 있다.

송정아(1995)는 가족생활교육 프로그램을 가족생활주기에 따라 학습되어야 할 지식, 태도, 기술에 따라 분류하면서, 결혼과 자녀 출산과정에 따라 시간적 흐름을 경험하는 가족에게 필요한 중심주제와 다양한 가족(예: 미혼모, 이혼가족, 재혼가족 등)에게 필요한 중심주제로 구분한 통합적 접근방법을 제시하였다.

이기숙(2010)은 가족생활교육 프로그램을 연구자나 관련기관에서 개발한 공인프로그램, 가족생활교육사들이 대상과 주제에 적합하게 개발한 개발프로그램, 가족이 경험하는 문제와 위기가족을 지원하기 위한 정보프로그램, 가족발달단계와 주제별로 세분화한 주제를 연속적 · 단계적으로 지속하는 프로그램 등으로 구분하였다.

가족생활교육 프로그램을 대상에 따라 분류하면 유아기부터 노인에 이르기까지 모든 발달단계의 개인과 부부, 부모와 자녀(성인자녀와 부모), 형제 · 자매, 고부관계와 가족구성원 전체가 될 수 있다고(정현숙, 2016) 하였다.

가족생활교육 프로그램은 가족생활의 변화를 위한 의도적 개입과, 가족발달 및 문제를 해결할 수 있는 예방적 개입을 강조하기 때문에(전세경 · 양정혜, 2003), 가족생활교육 프로그램은 전 연령범위에서 교육이 요구된다. 따라서, 가족생활교육 프로그램은 가족생활주기, 대상, 가족관계, 중심주제, 가족유형에 따라 다양하게 가족생활교육 프로그램을 분류할 수 있다(〈표 10-1〉).

〈표 10-1〉 가족생활교육 프로그램 분류의 예시

구분	주제분류					
가족생활주기[1]	결혼전기	결혼 적응기	자녀 아동기	자녀 청소년기	자녀 독립기	노년기
가족관계	부부관계	부모-자녀 관계	형제-자매 관계	고부 또는 장서 관계	조부모-손자녀 관계	기타 친척 관계
대상	아동	청소년	1인가구	부부	부모-자녀	노인
중심주제	자기관리	대인관계	의사소통	성	자원관리	특수주제
가족유형	맞벌이 가족	이혼가족	재혼가족	입양가족	다문화 가족	조손가족

2) 프로그램 개발모형

프로그램 모형은 복잡한 프로그램 개발 과정을 도식적인 형태로 한눈에 이해할 수 있어 보다 효과적이고 경제적으로 요약할 수 있기 때문에 프로그램 개발 시 유용하게 사용된다(Print, 1993). 가족생활교육 프로그램에서 활용되고 있는 타일러(Tyler) 모형, 증거기반 프로그램, 휴스(Hughes) 모형, 계획의 바퀴 모델을 정리하였다. 이를 토대로 실제적인 프로그램을 개발할 수 있도록 가족생활교육 프로그램 개발과정을 제시하였다.

(1) 타일러(Tyler) 모형

타일러(Tyler, 2013)는 프로그램을 구성하는 과정에서 대상자의 관심과 생활경험, 사회의 가치와 의무, 주제 선택이라는 세 가지 요인에 초점을 두었으며, 이 요인들은 철학적 관점이나 이론적 주장과는 관계없는 원리로 설명하였다. 타일러 모형은 교수학습에 대한 다양한 견해를 가진 교육자들이 일련의 과정을 활용하여 프로그램을 개발할 수 있는 안내서이다. 이 모형은 프로그램 과정에서 첫째, 대상자의 학습(발달 요인, 대상자의 관심과 생활경험), 둘째, 현대적인 삶(집

1) Milton Erickson과 Carter&MacGoldrick을 중심으로 정문자 · 이현수 · 김연희(2002)가 구분한 가족생활주기 6단계를 제시함

단생활경험과 사회적 가치와 목표), 셋째, 전문 지식(합당하고 유용한 주제)에 초점을 두고 있으며, 특히 목표설정을 강조하는 모형이다.

타일러는 네 개의 근본적인 질문을 통해 합리적인 모형을 개발할 수 있다고 설명하였으며, 이를 모형화하면 [그림 10-1]과 같다.

첫째, 학교가 성취하고자 하는 교육적 목표는 무엇인가?
둘째, 이런 목표를 달성할 수 있는 학습 경험은 무엇인가?
셋째, 이러한 교육적 경험은 어떻게 효과적으로 조직될 수 있는가?
넷째, 이러한 목표가 달성되고 있는지 어떻게 평가할 수 있는가?

목표설정 ⇒ 학습경험 선정 ⇒ 학습경험 조직 ⇒ 평가

[그림 10-1] 타일러(Tyler) 모형

타일러 모형에서 프로그램 개발을 위한 첫 단계는 목표를 분명하게 설정하는 것이다. 목표설정은 프로그램을 계획하고 지속적인 개선을 위해 필요하며, 이는 자료의 선택, 내용 설정, 교육과정 개발, 평가 준비에 대한 기준이 된다. 따라서 효과적인 프로그램을 개발하기 위해서는 목표설정이 무엇보다도 중요하다.

두 번째 단계는 학습경험을 선정하는 것으로, 목표와 함께 학습경험을 강조하였다. '학습경험'은 교육과정에서 다루는 내용이나 교사의 활동이 아니라, 학습자와 그들이 반응할 수 있는 환경의 외부조건 간의 상호작용을 의미하며, 학습경험을 선정하는 일반적인 원리는 다음과 같다.

첫째, 학생들은 목표를 함축하고 있는 행동을 연습할 수 있는 기회를 제공받아야한다. 문제를 해결하는 기술을 향상하고자 하는 목표를 달성하기 위해서는, 학생들에게 문제를 풀 수 있는 충분한 기회를 얻을 수 있는 학습경험을 제공해야 한다.

둘째, 학습경험은 목표가 함축되어 있는 행동을 수행함으로써 학생들이 만족을 얻도록 해야 한다.

셋째, 학생들이 가능한 범위 내에 학습경험에서 바라는 반응이 포함되어 있어야 하며, 학습경험은 학생들의 현재 성취, 성향 등에 따라 적절해야 한다.

넷째, 같은 교육목표를 달성하는 데 활용할 수 있는 특별한 경험들이 많기 때문에, 다양한 경험으로 구성해야 한다.

다섯째, 같은 학습경험일지라도 다른 결과를 가져올 수 있음을 고려해야 한다.

세 번째 단계는 조직화로, 선정된 학습경험이 의미 있는 성과를 가져오기 위해서 여러 경험들을 조직하는 단계이다. 학습경험을 조직할 때는 어떤 경험을 먼저하고 어떤 경험을 나중에 할 것인가를 결정하는 수직적 조직과, 선정된 경험을 어떤 영역에서 다루고, 그 경험과 다른 영역의 경험을 어떻게 관련지을 것인가를 결정하는 수평적 조직, 이 두 가지 차원에서 이루어져야 한다.

마지막으로 평가단계에서는 설정한 목표가 프로그램을 통해 어느 정도 실행되었는지를 확인하고, 프로그램의 적절성과 효과성을 검증한다.

가족생활교육 프로그램을 개발할 때 주로 타일러 모형을 활용하였으며, 가족생활교육 프로그램 목표의 핵심을 인간의 변화로, 지식, 태도 · 가치, 행위의 변화에 초점을 두고 있는 부분이 이 모형으로 영향을 받았음을 보여 준다(Arcus et al., 1993a, 이정연 외 역, 1996).

(2) 증거기반 프로그램(Evidence-Based Programs: EBP)

증거기반 프로그램은 클라이언트와 협력적 관계를 맺고, 프로그램 개발자의 전문성을 토대로 검증된 조사연구 결과를 적용하고 평가하는 역동적 차원의 접근모델이다(김영미 · 박미진, 2008). 증거기반 프로그램(EBP)은 특히 아동, 청소년과 그들의 부모들을 위한 효과적인 프로그램으로, 프로그램의 열한 가지 원리를 제시하고 있다. 프로그램 개발과정을 프로그램 설계와 내용, 프로그램 타당성, 프로그램 실행, 프로그램 평가와 품질보증 등 4단계로 구분하였고, 열한 가지 원리를 각 단계에 따라 분류하였다.

프로그램을 개발하는 1단계는 프로그램 내용과 설계로 활동, 기술, 지식과 같은 프로그램 구성 부분이다. 2단계는 프로그램 타당성으로 프로그램 대상의 특성을 반영하고 욕구를 충족할 수 있도록 의도적으로 설계하는 단계이다. 3단계는 프로그램 실행으로 프로그램이 어떻게 전달되는가에 대한 내용을 구성하며, 마지막으로 4단계는 프로그램 평가와 품질보증으로 무엇을 달성하고자 하는지에 대한 기록과 프로그램 개발 및 개선, 효과성과 관련된 여러 가지 유형의 평가에 대한 내용으로 구성된다. 각 단계에 따른 열한 가지 원리와 그 내용은 〈표 10-2〉와 같다.

〈표 10-2〉 효과적인 프로그램의 열한 가지 원리와 내용

단계	원리	내용
프로그램 설계와 내용	① 이론에 근거	프로그램 내용, 활동방법과 같은 프로그램 구성의 기초가 되고, 프로그램 발달, 평가를 실행하는 근거
	② 충분한 기간과 강도	대상의 특징, 문제의 심각도, 요구되는 변화의 범위 반영
	③ 포괄적인	문제는 개인, 가족, 지역사회 수준에서 다양한 위험요소와 관련
	④ 적극적인·활동적인	프로그램이 효과적이기 위해서 참여자들이 흥미 있고, 새로운 기술을 배우고 실행할 수 있는 활동과 다양한 교수방법 사용
프로그램 타당성	⑤ 발달적으로 적합한	개인 발달에 너무 일찍 또는 늦게 전달되지 않도록 하는 예방적 프로그램
	⑥ 적합한 시기	가족이 가장 변화에 수용적인 적합한 시기(첫 아이의 탄생, 자녀 사춘기, 문제가 처음 발생했을 때)
	⑦ 사회문화적으로 관련	공통된 문화적 경험을 공유하는 사람들에게 맞춰 프로그램 제공
프로그램 실행	⑧ 자격이 충분한, 훈련받은 강사와 직원	프로그램 효과성은 강사들의 경험, 훈련, 헌신과 관련되어 있고 프로그램의 성공을 증명하는 가장 중요한 요소 중 하나
	⑨ 좋은 관계 만들기에 초점	참여자들이 신뢰할 수 있는 직원들과 좋은 관계를 유지하면, 프로그램 행동전략과 같은 효과를 지속하도록 도움
프로그램 평가와 품질보증	⑩ (문서에 의해) 충분히 입증된	프로그램 효과성을 이해하고 유지하고 다른 사람들이 활용하기 위해 문서화 필요
	⑪ 평가와 개선에 전념	프로그램 참가자에게 어떤 영향을 미치는지, 어떻게 효과가 있는지, 얼마나 잘 만들어졌는지를 확인하는 필수적인 과정

출처: Small, Cooney, & O'Connor(2009).

(3) 휴스(Hughes) 모형

휴스(Hughes, 1994)는 가족생활교육이 휴먼서비스분야에서 예방적 차원으로 점점 더 중요해지고 있으나, 가족생활교육 프로그램의 내용, 실행 등을 평가하는 데 필요한 가이드라인이 부족하다고 보았다. 때문에 가족생활교육 프로그램 개발을 위한 개념적 틀을 제시하였으며, 1단계는 내용(content), 2단계는 교수 과정(instructional process), 3단계는 실행 과정(implementation process), 4단계는 평가(evaluation) 과정으로 분류하였다.

1단계 내용은 프로그램의 기초단계로 명확한 이론과 연구에 기초하여 내용을 구성하고, 가족을 둘러싼 환경이 가족에게 미치는 영향을 고려하여 내용을 선정하는 단계이다.

2단계는 교수 과정으로 교육 계획을 적절하게 개발하고, 정보를 제시하는 단계이다. 목표설정, 회기, 프로그램 목적, 연령, 가족유형, 성별 등을 고려한 활동계획, 프로그램 회기 및 시간, 교육보조자료, 홍보(포스터, 팸플릿)를 고려하는 단계이다.

3단계는 실행 과정으로 기본적으로 프로그램에 참여하는 대상이 누구인지를 고려하고, 프로그램 실행방법, 프로그램 자료 및 가이드라인을 고려하여 실시한다.

4단계는 평가단계로 프로그램 개발 시 대상의 욕구를 고려한 과정을 거쳤는지와 교육과정 및 절차에 따라 실행되고 있는지를 평가하고, 프로그램 개선을 위한 형성 평가, 참여자와 프로그램 운영자 만족도 등을 통한 단기목표 달성 정도평가, 프로그램의 영향력을 확인하기 위한 효과 평가 등이 포함된다. 휴스는 가족을 돕기 위한 접근 방식의 유용성과 효과성 입증을 통해, 가족생활교육 분야가발전할 수 있다고 보면서, 평가의 중요성을 강조하였다.

출처: Hughes(1994), A framework for developing family life education programs, family relations, p. 75.

[그림 10-2] 가족생활교육 프로그램 개발의 개념틀

(4) 계획의 바퀴

클라크와 브레로프(Clarke & Bredehoeft, 2003)는 가족생활교육 프로그램 개발 모형으로 '계획의 바퀴'를 설명하였다. 이 모형은 총 6단계로 프로그램 개발을 설명하고 있다. 첫 번째는 가치(beliefs)단계로 가족생활교육 프로그램을 개발하는 사람과 그가 속한 기관이 기본적으로 추구하는 가치를 확인한다. 두 번째는 목적 (purpose)단계로 욕구분석을 통해 나타난 결과와 함께 프로그램을 통해 성취하고자 하는 목적을 확인한다. 세 번째 목표(outcomes)단계에서는 구체적인 행동용어를 사용하여, 구체적인 행동 결과를 확인할 수 있도록 목표를 명확히 해야 한다. 네 번째는 설계(design)단계로 프로그램 대상자들에게 제공할 학습경험을 결정하며, 이때에는 개발자와 기관의 가치와 설정한 목표가 일치하는지 다음과 같은 사항을 확인할 수 있다.

- 대상자의 요구에 부합하는 프로그램 설계
- 가족생활교육 자료, 프로그램 참여자 및 프로그램 효과 평가
- 다양한 교육 기술 활용
- 교육학 및 신학의 원칙 적용
- 홍보 및 홍보 전략 시행
- 교육적 효과를 높이기 위해 참여자 및 이해 관계자 참여
- 모든 형태의 다양성을 존중하는 가치, 공동체의 관심에 민감하게 반응

- 개인적 가치/신념과 FLE 영역 간의 관계에 대한 이해

다섯 번째 단계인 실행(implement)에서는 프로그램을 워크숍 형태로 가르치거나, 프로젝트로 운영하며, 이때에는 다양한 연습과 전략 채택, 기본 규칙을 사용하거나 집단 규범 확인, 연령에 적합한 교수법 원리 적용, 대상에게 적합한 순차적 단계로 콘텐츠 구성, 학습 스타일, 집단 크기 등을 고려해야 한다.

여섯 번째 단계인 평가단계는 1단계~4단계를 고려하여 결과를 평가하며, 마지막 단계는 평가결과를 기초로 내용이나 접근방식을 수정하는 재설계단계이다.

출처: Family life education methodology: The planning wheel(go.osu.edu/fcsfle)

[그림 10-3] 계획의 바퀴(The planning wheel)

3) 가족생활교육 프로그램 개발절차

프로그램 개발모형을 활용하여, 본 교재에서는 가족생활교육 프로그램을 개발하기 위한 절차를 3단계로 나누어 프로그램 계획, 프로그램 실행, 프로그램 평가로 구분하였다.

프로그램 개발과정의 첫 단계인 프로그램 계획은 프로그램 대상자의 욕구를 분석하고, 대상선정을 거쳐, 프로그램 목적과 목표를 수립하고, 내용을 선정한다. 두 번째 실행 단계에서는 프로그램을 관리하고, 홍보 · 모집 방안, 프로그램을 실제로 진행하는 내용으로 구성하였다. 마지막 평가 단계는 평가와 환류과정으로 구성하였다.

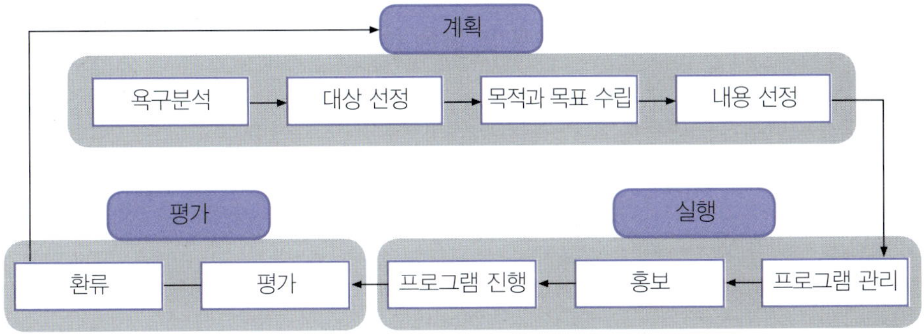

[그림 10-4] 가족생활교육 프로그램 개발과정

2. 프로그램의 계획

프로그램을 실행하기 위해서는 프로그램을 개발해야 하는데, 그 첫 번째 단계가 프로그램 계획이다. 가족생활교육 프로그램이 가족생활주기마다 경험하는 발달과업에 초점을 두고, 주제, 접근방법 등에 따라 다양하게 개발되어 있으나, 가족은 고정적이지 않고 변화하고 있으며 개인의 욕구도 시대에 따라, 사회적 상황에 따라, 지역에 따라 달라질 수 있기 때문에 지속적으로 개발해야 한다. 따라서 본 장은 가족생활교육 프로그램 계획절차와 각 절차에서 요구하는 바를 작성해 볼 수 있도록 실제적인 활동을 중심으로 구성하였다.

1) 욕구분석

프로그램 개발의 시작은 프로그램 대상의 욕구를 분석하는 것이다. 욕구는 개인, 가족, 집단 등이 무엇인가가 결핍되었다고 느끼는 상태로, 욕구가 충족되지 못 할 경우 사람들은 문제를 경험하게 된다(정무성, 2005). 대상자의 욕구를 파악함으로써 그들에게 적절한 프로그램을 개발할 수 있다.

욕구의 유형은 학자에 따라 다양하게 분류되고 있는데, 브래드쇼(Bradshaw, 1972)는 규범적 욕구, 인식 욕구, 표출 욕구, 상대적 욕구로 구분하였다. 규범적 욕구(normative need)는 전문가로부터 제시되는 욕구로, 전문가의 가치에 따라 다르게 정의된다. 또한 규범은 지식의 발달과 사회적 가치의 변화로 인해 변한다. 인식욕구(felt need)는 '욕구'의 개념에서 주관적 요소에 초점을 둔 욕구개념으로, 대상자들이 스스로 욕구라고 생각하는 욕구이다. 인식 욕구는 설문, 인터뷰, 초점집단 면접 등의 방법으로 직접적으로 느끼는 욕구를 파악할 수 있다. 표출욕구(expressed need)는 사람들이 받는 서비스 측면에서 욕구를 정의한다. 표출욕구는 사람들이 받는 서비스를 관찰하여, 개인이나 지역사회에서 많이 이용되는 서비스를 높은 욕구라고 평가한다. 그 때문에 이 욕구는 지역, 개인이 받는 서비스의 수 등에 따라 달라질 수 있다. 상대적 욕구(comparative need)는 자신의 상태와 관련 서비스 이용 사이의 일치 또는 불일치를 고려하여 객관적으로 욕구를 정의한다. 이러한 욕구 구분에 따라, 개인의 욕구를 파악할 수 있다.

욕구분석은 대상자의 욕구를 조사하는 방법으로, 제대로 된 욕구조사는 프로그램 개발 가능성과 프로그램을 어떻게 수행할 것인지도 결정할 수 있기 때문에 매우 중요하다(우수명, 2004). 욕구조사 방법은 다양하나 일반적으로 활용되는 방법으로는 기존통계 및 연구 분석, 질문지법, 사례연구, 초점집단 면접 등이 있다.

(1) 기존통계 및 연구 분석

기존통계는 정부기관 등에 의해 집계된 자료들로, 가장 많이 사용되는 통계는 인구조사가 대표적이다. 인구조사에는 성별, 연령, 주택, 소득, 직업 등 기본적인 자료들이 포함되어 있다. 인구조사 외에도 정부기관이나 시 · 군 · 구, 또한 기관들에서 각자의 목적에 따라 다양한 대상과 주제를 가지고 조사를 실시하고, 이렇게 실시된 조사들은 대부분 공개되고 있다. 기존통계 외에도 동일한 대상군을 연구대상으로 프로그램을 개발하고 적용하여 효과성을 검증하는 논문이나, 유사한 대상이나 주제로 연구된 논문들을 활용할 수 있다. 프로그램 개발자가 직접 대상자에게 욕구조사를 실시하지 않더라도 이미 연구된 자료를 분석하여 기초적인 현황과 실태를 파악할 수 있다.

학습 tip 기존통계 및 연구검색 사이트 목록

1. 통계

KOSIS 국가통계포털 kosis.kr
국내·국제·북한의 주요 통계를 볼 수 있도록 통계청이 제공하는 사이트로, 경제·사회·환경에 관한 국가승인통계, 국제금융·경제에 관한 IMF, Worldbank, OECD 등 자료 활용 가능

e-나라지표 www.index.go.kr
국가 공식 승인 통계자료, 현황이나 각종 행정자료를 가공한 내용, 시계열 자료를 통해 정책결과의 변동 자료, 이를 그래프로 도식화한 자료 등 제공

2. 연구

국회도서관 www.nanet.go.kr
국회도서관이 보유하고 있는 도서자료, 학위논문, 학술기사 등 목록 검색, 원문이 구축되어 있는 자료의 원문 이용 가능

학술정보연구서비스 RISS http://www.riss.kr
주요 학위논문, 국·내외 학술지, 단행본, 강의, 연구보고서 등 검색

한국학술정보 KISS http://kiss.kstudy.com
학술지, 국가지식, 공공저작물

디비피아(DBPIA) www.dbpia.co.kr
국내 학술저널, 전문잡지, 전자책, 웹 DB 등 제공

(2) 질문지법

질문지법은 대상자들의 요구를 파악하는 가장 보편적인 방법으로, 사회적 수준의 특징이나 경향을 수집할 때 유용하다(김희성 외, 2010). 질문지법은 제시된 질문에 대해 대상자들이 스스로 응답하는 방식으로, 지필식으로 응답할 뿐만 아니라 전화, 우편, 전자메일(e-mail)로도 가능하다. 따라서 짧은 시간 안에 많은 양의 정보를 수집할 수 있다는 장점이 있으나, 모든 가능한 질문과 응답을 포함하여 개발하기 어렵다는 단점이 있다.

(3) 사례연구

사례연구는 면접, 기록, 관찰 등을 이용하여 관심 있는 대상의 복합적인 측면을 깊이 있게 분석하고자 하는 방법이다. 대부분 사례연구는 질적 연구의 한 방법으로 분류하지만, 사례연구는 때에 따라 양적이기도 하고 질적이기도 하다. 이는 사례연구의 근거들을 표준화 검사, 상담기록, 자기평가, 주변 타인의 평가 등의 자료를 활용하기 때문이다(이은해 · 이미리 · 박소연, 2006). 사례연구는 대상의 독특한 특성을 구체적이고 상세하게 연구할 수 있으며, 포괄적으로 이해할 수 있다는 장점이 있다. 대부분의 사례연구는 특정한 사례-개인이나 소집단에 초점을 두고 심층적으로 분석하기 때문에, 얻어진 연구결과를 일반화시키기 어렵다는 단점이 있다(정현숙 · 유계숙, 2001).

(4) 초점집단 면접(Focus Group Interviews: FGI)

초점집단 면접은 이슈, 관심, 아이디어 등에 대해 6~8명의 소규모 집단을 인터뷰하는 방법이다. 이 방법은 관심주제에 대한 관점을 심층적으로 파악하는 것을 목적으로 한다. 욕구조사에서 이 방법을 통해 특정 분야 사람들의 잠재적 욕구나 관심, 문제나 욕구가 존재하는 이유, 특정한 해결전략에 대해 사람들이 어떻게 반응하는지, 일반적인 생각이 무엇인지와 기관이나 프로그램에 대한 태도나 그들의 주제를 조사해 나가는 방식 등을 이해할 수 있다(조승석 외, 2005: 100).

2) 대상자 선정

대상자 선정은 프로그램에 참여하는 클라이언트를 선정하는 단계이다. 현재 프로그램 개발 시 대상자 선정으로 가장 많이 활용되는 방식은 타버와 피네건(Taber & Finnegan, 1980, 조승석 외, 2017 재인용)이 제시한 '표적집단 추정방식'이다. 이 방식은 인구집단을 구분하여 순차적으로 좁혀가는 방식으로 여기에서 인구집단은 일반집단, 위험집단, 표적집단, 클라이언트집단으로 구분한다.

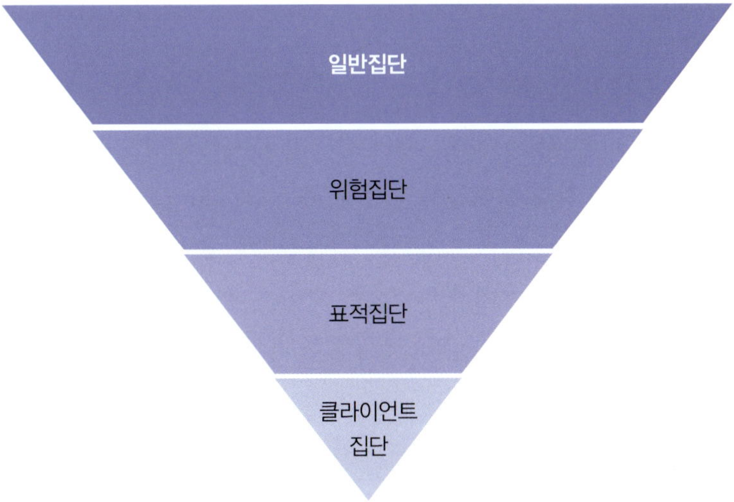

[그림 10-5] 대상자 선정

일반집단은 해당문제나 욕구를 가질 수 있다고 판단되는 가장 포괄적인 인구집단이다. 일반집단은 지역 내에 거주하면서 대상자의 기본적인 속성을 가지고 있는 집단으로, 일반적으로 일반집단은 클라이언트가 속한 지역 또는 행정구역 내에 있는 모든 사람을 포함하여 제시할 수 있다. 예를 들어, 한부모가족을 대상으로 하는 프로그램이라면 '2016년 전체 저소득 모자가정 수 14만 5,258세대'로 기술할 수 있다.

위험집단은 위기집단으로 명명하기도 하며, 일반집단 중에서 특정 문제를 경험한 가장 넓은 잠재적인 클라이언트집단을 의미한다. 위험집단을 결정하기 위해서는 프로그램에 특정한 개입이 필요한 사람들을 추정해서 산출한다. 예를 들어, '일반대상 중 모자가족복지시설(기본생활지원) 거주 모자가정 수 1,026세대'로 제시할 수 있다.

표적집단은 클라이언트가 가지는 문제에 직접적으로 노출되어 문제 해결이 필요한 대상자로, 위험집단 중에서 우선적으로 욕구충족이 필요한 인구 대상을 선정한다. 다시 말해, 위험집단 중에서 프로그램의 직접적 수혜자로 선정될 수 있는 자격을 갖춘 사람들로, 표적집단과 실제 프로그램 참여자인 클라이언트집단이 일치할 수도 있다. 표적집단은 '위기대상 중 전북지역 모자가정 수 86세대'로 기술할 수 있다.

클라이언트집단은 실제로 프로그램에 참여하게 되는 대상을 의미한다. 표적집단 중에서 접근성, 표적집단 대상자의 상황, 프로그램 규모 및 예산 등 다양한 요인에 적합한 대상자가 클라이언트집단이 된다. 이때, 표적집단 중 누가 서비스를 받을 것이며 누가 받지 못할 것인가를 정하는 것은 중요한 부분으로, 클라이언트를 선정할 때, 프로그램 실현 가능성, 참여자의 자발성과 자기결정권, 클라이언트의 능력과 자원을 고려할 수 있다(정무성, 2005). 클라이언트집단은 '표적대상 중 자녀양육이 곤란하여 프로그램에 신청한 모자가정 수 20세대'로 기술할수 있다.

대상자를 선정하는 이 방식을 적용하기 위해서는 일반집단, 위험집단, 표적집단, 클라이언트집단의 수를 명시하여야 하는데, 이때 그 근거를 제시한다(〈표 12-3〉).

〈표 10-3〉 대상자 선정 예시

대상구분	산출근거	인원수[1]
일반집단	2016년 전체 저소득 모자가정 수	175,281세대
위험집단	일반대상 중 모자가족복지시설(기본생활지원) 거주 모자가정 수	1,026세대
표적집단	위기대상 중 전북지역 모자가정 수	86세대
클라이언트집단	표적대상 중 자녀양육이 곤란하여 프로그램에 신청한 모자가정 수	20세대

2) 여성가족부(2017). 2017년 한부모가족지원사업 안내.

3) 목적과 목표

(1) 목적

목적은 프로그램이 추구하는 방향, 달성하고자 하는 지향점이나 가치를 의미한다. 프로그램 목적은 대상의 어떤 문제를 어떻게 변화시킬 것인가로 표현된다. 프로그램 목적을 기술하기 위해서 고려해야 할 점은(Rapp & Poertner, 1992), 첫째, 문제분석이나 욕구분석에서 도출하여야 하고, 둘째, 대상자의 바람직한 변화를 위주로 나타내어 성과 지향적으로 기술해야 한다. 셋째, 목적을 기술할 때 '누구'라는 대상을 기술해야 하고, 넷째, 부정적으로 기술하기보다 긍정적으로 변화하는 방향으로 기술한다. 이러한 점을 고려하여, 프로그램의 목적을 진술할 때는 구체적인 집단(누가), 현재의 문제영역(무엇을), 바람직한 상태(어떻게)가 잘 드러날 수 있도록(이기숙, 2010) 작성할 수 있다. 예를 들어, 중년기 부부의관계향상을 위한 가족생활교육 프로그램을 계획할 때, 목적은 '중년기 부부간의 갈등대처능력을 향상하고, 안정된 부부관계 유지를 통해 부부관계의 질을 향상한다.'로 설정할 수 있다.

연습해 봅시다	예비부모교육 프로그램의 목적을 작성해 봅시다.	
________ (누가)	________ (무엇을)	________ (어떻게)

(2) 목표

목표는 대상의 욕구와 변화하고자 하는 모습으로, 프로그램 계획의 첫 단계인 욕구분석과 이에 따른 목적을 기반으로 설정된다. 목적과 목표를 혼용해서 사용하는 경우도 있으나, 목적은 바라는 결과에 대한 추상적이고 일반적인 진술이고, 목표는 바라는 관찰가능한 결과에 대한 구체적이고 조작적인 진술이다(Chambers, 2000). 따라서, 목적과 목표는 구별해서 사용해야 한다. 목표를 수립하고자 할 때, 프로그램 개발자는 다음과 같은 질문을 해 볼 수 있다.

첫째, 프로그램 대상이 무엇을 알기를 원하는가?

둘째, 프로그램 대상이 향상하거나 변화하길 원하는 가치와 태도는 무엇인가?

셋째, 프로그램 대상이 어떤 행동을 변화하길 바라는가?

넷째, 프로그램 대상이 배우길 바라는 중요한 기술은 무엇인가?

프로그램 목표는 프로그램 효과를 평가하기 위해 달성해야 하는 것으로, 목적보다 구체적이고, 측정가능하도록 진술되어야 한다. 정무성(2000)은 목표의 기준으로 SMART를 제시하였다. SMART 목표는 Specific(구체적으로), Measurable(측정가능하게), Attainable(성취가능하게), Result-oriented(결과지향적으로), Time frame(시간구조를 갖도록)을 의미한다. 이는 목표는 추상적 용어보다 구체적 용어로 기술해야 하며, 평가를 통해 효과성이 나타날 수 있도록 측정가능해야 한다. 프로그램 대상자들이 목표를 이룰 수 있도록 성취가능해야 하며, 최종적으로 이루어야 하는 결과를 알 수 있도록 기술한다. 마지막으로 프로그램은 시간적 제한을 정해서 시간구조를 갖도록 기술한다.

① 목표의 유형

목표는 상위목표, 하위목표 또는 세부목표로 구분된다. 프로그램 목적과 상위목표, 그리고 하위목표는 연계성을 가져야 한다. 상위목표는 보다 포괄적이고 핵심적인 목표이고, 세부목표는 상위목표를 세분화한 목표를 말한다. 세부목표는 산출목표, 성과목표로 나눌 수 있다.

산출은 실적을 의미하며, 산출목표는 프로그램을 통해 발생하는 산출물을 말한다. 프로그램을 운영하면서 발생하는 산출물은 프로그램 이용자 수, 제공된 프로그램 시간 등이 될 수 있다. 산출목표는 바람직한 결과인 성과목표를 가져오기 위한 과정이나 단계를 의미하기 때문에 과정목표라고도 할 수 있다. 산출목표는 프로그램 대상자의 변화를 보여 주고 있지는 않지만, 활동내용이 문제를 어떻게 다루는가를 전체적으로 이해하는 데 중요한 목표이다(Coley & Scheinberg, 정무성 역, 1998). 예를 들어, 예비 아버지의 부모준비프로그램 산출목표는 '예비 아버지 열 명에 대한 부모준비 교육은 주 1회, 회기당 2시간, 총 5회 시행, 참석률 90%' 등으로 작성할 수 있다.

성과목표는 프로그램 결과로 대상이 변화하게 될 행동이나 태도를 기술하는 것이다(Cynthia, 2002, 김희성 외, 2010 재인용). 성과목표는 프로그램 참여자에게 예상되는 이익으로, 행동, 지식, 태도, 조건의 변화를 나타내기 위해 '줄이다, 증가하다, 촉진하다, 획득하다' 등과 같이 행위를 나타내는 동사를 사용한다(Coley & Scheinberg, 정무성 역, 1998). 성과목표 달성 여부를 파악하기 위해서는 성과가 성취되었는지를 판단하는 근거로 성과지표를 설정해야 한다. 예를 들어, 예비 아버지의 부모준비 프로그램을 실시할 때, 성과목표는 '예비 아버지들이 긍정적 부모양육 태도를 형성한다'로 작성할 수 있다.

〈표 10-4〉 산출목표와 성과목표 예시

<table>
<tr><th colspan="2" rowspan="2">목표</th><th colspan="3">평가방법</th></tr>
<tr><th>지표</th><th>자료수집방법</th><th>자료수집시기</th></tr>
<tr><td rowspan="3">산출
목표</td><td>10회기 프로그램 제공</td><td>교육 프로그램
진행 횟수</td><td>과정일지</td><td>프로그램 종료 후</td></tr>
<tr><td>회기별 참여자 20명(10쌍)</td><td>프로그램 참여율</td><td>출석부</td><td>프로그램 종료 후</td></tr>
<tr><td>프로그램 만족도 4.0점 이상</td><td>프로그램 만족도
평가</td><td>만족도 조사</td><td>프로그램 종료 후</td></tr>
<tr><td rowspan="2">성과
목표</td><td rowspan="2">· 신혼기 부부 대상 교육을 통해 서로에 대한 이해를 높이고, 가족 건강성을 강화하여 건강한 부부관계 형성
· 신혼기 부부 대상 교육을 통해 서로에 대한 이해를 높이고, 가족 건강성을 강화하여 건강한 부부관계 형성</td><td>가족 건강성</td><td>가족 건강성
설문지</td><td>프로그램 사전/사후</td></tr>
<tr><td>부부관계 만족도</td><td>부부관계 만족도
설문지</td><td>프로그램 사전/사후</td></tr>
</table>

목적과 목표, 그리고 세부목표는 논리적 일관성을 가져야 한다. 포괄적이고 거시적인 목적을 먼저 설정하고, 목적을 성취할 수 있는 구체적인 목표들을 설정한 다음, 다시 이 목표들을 성취하는 데 필요한 하위목표들을 보다 구체적인 수준에서 세분하여 설정한다(김영숙 · 김욱 · 엄기욱 · 오만록 · 정태신, 2002). 이에 따라 진술한 예시는 〈표 10-5〉과 같다.

〈표 10-5〉 목적과 목표의 위계적 관계 예시

목적	청소년기 자녀와 부모가 서로를 이해하고, 관계 개선을 통해 가족의 건강성을 증진시킨다.	
목표	① 청소년기 자녀와 부모가 서로의 성격특성에 대해 안다.	② 청소년기 자녀와 부모의 긍정적인 의사소통 능력을 향상한다.
세부목표	① 부모는 청소년기 자녀의 발달특성에 대해 알고, 청소년기 부모의 양육태도에 대해 안다. ② 청소년기 자녀는 부모의 어릴적 양육방식에 대해 알고, 현재 부모의 양육태도에 대해 이해한다. ③ 부모와 청소년기 자녀는 서로의 성격유형에 대해 알고, 서로의 성격적 유사점과 차이점에 대해 안다.	① 부모와 청소년기 자녀는 자신의 의사소통 방식에 대해 안다. ② 부모와 청소년기 자녀가 긍정적인 의사소통 방식에 대해 알고, 생활속에서 적용할 수 있다.

② 목표 진술

목표를 진술할 때는 '누가, 어떻게, 무엇을, 한다'의 순서로 구체적이고 측정가능하고, 달성가능하고 지향적인 특징이 포함될 수 있도록 기술한다.

- 누가(who): 프로그램 대상

  예 중학생 자녀를 둔 아버지, 결혼 3년 내 무자녀 신혼기 부부
- 어떻게(how): 변화를 위한 활동이나 계획

  예 의사소통 기술 프로그램, 부모-자녀관계 개선 캠프
- 무엇을(what): 변화하고자 하는 심리, 정서, 행동 측면

  예 부모-자녀 관계, 우울, 학교 적응, 의사소통 능력 등

• 한다(do): 변화하고자 하는 심리 정서, 행동의 변화방향이나 정도
예 향상한다, 이해한다, 증가한다 등

〈표 10-6〉 프로그램 목표 진술 예시

누가	어떻게	무엇을	한다
중년기 부부	관계 개선 프로그램에 참여	부부 대화시간	증가한다
예비 부부	결혼예비 교육을 통해	효과적인 의사소통 방식	습득한다

연습 해봅시다 목표를 작성해 봅시다.

예비부모교육 프로그램을 개발하고자 할 때, 목표를 작성해 봅시다.

______ (누가) ______ (어떻게) ______ (무엇을) ______ (한다)

한부모가족을 대상으로 부모-자녀관계 개선 프로그램을 개발하고자 할 때, 목표를 작성해 봅시다.

______ (누가) ______ (어떻게) ______ (무엇을) ______ (한다)

4) 내용 선정

프로그램의 목표를 설정한 후에는 목표달성을 위해, 대상자들이 프로그램을 통해 학습해야 하는 내용을 선정하는 과정이 필요하다. 프로그램 내용 선정은 활동내용의 범위로 '무엇(what)을 할 것인가?'를 의미하기 때문에(김영숙 외, 2002), 프로그램 실행에 영향을 미치는 중요한 단계이다.

프로그램 내용을 선정할 때, 많은 요인들이 영향을 미치는데 프로그램 목적과 목표, 대상의 특성과 욕구, 문화, 인종·민족, 다양성, 실제 삶에 적용 등을 고려하여 선정할 수 있다. 또한 내용은 선정된 목표를 달성할 수 있어야 하며, 시대에 맞게 가치가 있고 역동적인 것으로 선정해야 하며, 사회적 특성을 반영해야 하고, 프로그램 참가자들의 흥미, 필요, 능력 등 개인적 특성을 반영할 수 있어야한다(김영숙 외, 2002).

(1) 프로그램 내용 선정 원리

프로그램 내용을 선정할 때 고려할 몇 가지 기준을 제시하면 다음과 같다(김성수·권일남, 1998; 김진화, 2001; 정무성·정진모, 2001).

첫째, 합목적성의 원리로 프로그램 내용이 목적과 목표 달성에 부합되는 내용이어야 한다.

둘째, 동기유발의 원리로 프로그램 내용이 참여자의 욕구와 목적의식에 일치하는 것으로, 프로그램 대상자의 요구, 흥미, 능력수준을 고려하는 것을 의미한다.

셋째, 성취가능성의 원리로 프로그램 내용을 프로그램 대상자들이 성취할 수 있는 것으로 선정해야 함을 의미한다.

넷째, 기회의 원리로 선정된 내용이 프로그램 목적과 목표가 규정하는 바의 행동을 수행하고 경험할 수 있는 기회를 참여자들에게 마련해 주어야 한다는 원리이다.

다섯째, 포괄성(다양성)의 원리로, 이는 다목적달성의 원리라고도 한다. 선정된 내용은 프로그램 참여자가 여러 성과를 얻을 수 있도록 가능한 한 포괄적이고 다양해야 한다는 것을 의미한다.

여섯째, 현실성의 원리로 프로그램 내용은 현실을 반영하여 선정해야 한다는 것을 말한다.

일곱째, 지역성의 원리는 프로그램 내용이 지역의 특수성을 반영하여 선정할 필요가 있음을 의미하는 것으로, 이는 대부분의 프로그램이 특정지역을 중심으로 계획되고 실행되기 때문이다.

(2) 프로그램 내용 선정 방법

프로그램 내용을 선정하는 방법은 원칙에 따라 달라질 수 있는데, 가족생활교육 프로그램을 진행하는 현장에서 주로 활용되고 있는 목표중심의 내용선정 방법(김진화, 2001)을 소개하고자 한다. 목표중심의 내용선정방법은 프로그램의 목적과 목표를 달성하는 데 직접적으로 관련된 내용을 중심으로 선정하는 방식이다. 이 방법에서는 프로그램 개발의 타당성 자료를 검토하여 클라이언트의 욕구, 기관의 욕구와 사회적 욕구 등을 확인한다. 욕구분석 내용 중에서 스크린 과정을 걸친 결과를 검토한다. 설정된 프로그램 목적과 목표를 확인하여 이를 성취하기 위한 아이디어와 프로그램 내용을 나열하여 선정한다. 이러한 과정을 통해 내용을 선정한 예시는 〈표 10-7〉와 같다.

〈표 10-7〉 목표중심의 내용 선정 예시

프로그램명		영아기 자녀를 둔 부모교육 프로그램
목적		영아기 자녀를 둔 부모들의 효과적인 부모역할을 형성하여 부모-자녀관계 만족감을 증대하여 건강한 가족관계를 형성한다.
프로그램 내용선정	목표 1	영아기 자녀를 둔 부모들이 자녀발달의 특성에 대해 이해한다.
	내용	① 영아기 자녀의 발달 특성 ② 안정된 애착 형성
	목표 2	영아기 자녀를 둔 부모의 긍정적인 양육태도를 형성한다.
	내용	① 나의 양육태도 점검 ② 긍정적인 양육태도 방식

출처: 김진화(2001). 평생교육 프로그램 개발론. p.309 양식 참고.

핵심용어

가족생활교육프로그램, 타일러(Tyler) 모형, 증거기반 프로그램, 휴스(Hughes) 모형, 욕구분석, 프로그램 대상, 목적, 목표, 내용 선정

학습실천과제

1. 가족생활교육 프로그램이 무엇인지 서술해 본다.
2. 프로그램 개발 모형 중 가족생활교육 프로그램을 개발하기 위해 가장 적합한 절차가 무엇일지 논의해 본다.
3. 가족생활교육 프로그램 주제를 정하여, 이에 적합한 대상을 선정하고, 목적과 목표를 기술해 봅시다.

제11장

프로그램 실행과정과 평가

〈학습목표〉

1. 프로그램 실행과정, 프로그램 평가의 개념과 방법에 대해 알고 프로그램의 전반적인 흐름을 파악한다.
2. 프로그램 계획의 전반적인 과정을 이해하고, 실제 가족생활교육 프로그램을 계획할 수 있다.

가족생활교육 프로그램의 목적과 목표를 정한 후, 교육 내용과 대상 등을 결정하고 나면 실제 실행을 위한 준비를 해야 한다. 본 장에서는 프로그램 관리를 위한 예산, 시간계획, 수행인력, 프로그램 참여자 모집을 위한 홍보, 실제 프로그램 진행과정에서 필요한 것에 대해 알아보고, 효율적인 프로그램 진행을 위해 어떤한 요소들이 필요한지 살펴본다. 또한 프로그램이 잘 진행되었는지 확인하기 위해 필요한 과정중에 하나가 평가이다. 평가는 프로그램 실시 전 · 후에 이루어지는 과정으로, 프로그램 과정이나 내용뿐만 아니라 프로그램 준비과정, 제반환경, 후속조치까지 모두 평가에 포함될 수 있다.

1. 프로그램 실행과정

1) 프로그램 실행을 위한 관리

(1) 예산 편성

계획된 프로그램이 실제 진행되기 위해서는 이에 따른 예산이 확보되어야만 운영이 가능하다. 여기서 예산이란 실제 프로그램을 진행하는데 필요한 비용을 말한다. 이미 계획한 프로그램의 소요예산이 마련되어 있다면, 이를 토대로 소요예산을 편성하면 된다. 만약 예산수립이 되어있지 않다면 소요예산을 어디로부터 조달할 것인지도 함께 계획해야 한다. 예산수립과정에 있어 신원식, 김민주(2016)는 ① 프로그램의 목표 검토 ② 프로그램의 목표달성 비용 추정 ③ 기관의 기대수입 추정 ④ 목표달성에 필요한 비용과 기대수입의 비교 ⑤ 예산안 작성의 5개의 세부 단계로 나누어 설명하기도 하였다. 본격적으로 예산을 작성하기 위해서는 먼저 프로그램 수행에 필요한 모든 자원을 목록화 한다. 이때 자원은 인적자원과 물적자원 모두를 포함한다. 그 뒤, 목록의 자원들을 성격에 따라 크게 인건비, 사업비, 관리비 등으로 분류하여 예산을 편성할 수 있다. 예산을 작성할 때에는 임의적으로 예산을 책정하기보다는 시장조사를 통해 현실적인 금액을 반영하여 예산을 수립해야 한다. 또한 항목을 세분화 하지 않고 대분류로 예산을 책정하는 경우 어떤 항목의 예산이 얼마나 집행되었는지 비교하기 어려워지므로 항목을 어느 정도 세분화하는 것이 더 효율적인 방법이라 할 수 있다.

〈표 11-1〉 예산 편성 시 각 항목에 포함되는 내용

항목	설명	해당 내용
인건비	해당사업을 직접적으로 수행하는 인력에 투입되는 비용	프로그램 담당자, 보조담당자 인건비
사업비	프로그램의 수행에 필요한 직접 비용	강사비, 자원봉사자 수당, 자문비, 회의비, 행사진행비, 홍보물품 구입, 사업결과보고서 제작비 등
관리운영비	프로그램의 수행에 필요한 관리 비용	사무용품, 냉난방비, 우편료, 사업담당자 교통비 등

출처: 신원식 · 김민주(2009). 프로포절 작성의 실제, p. 91.

(2) 프로그램 진행 일정 관리

프로그램을 실행하기 위해서는 실행을 위한 계획, 준비, 실제 진행 등 여러 개의 활동이 필요하다. 프로그램 진행을 위한 관리기법으로 ① 시간별 활동계획표(Gantt Chart) ② 월별 활동계획 카드(Shed-U Graph)를 소개하고자 한다.

① 시간별 활동계획표(Gantt Chart)

시간별 활동계획표는 간트(Gantt)가 창안한 것으로 간트차트라고도 한다. 이는 프로그램의 일정관리를 위해 각 업무별로 일정의 시작과 끝을 그래픽으로 표시한 것을 말한다. 시간별 활동계획표는 작성하기가 쉽고 개별활동에 대한 이해가 쉬운 반면, 개별활동 간 상호관련성 표시가 불가능하여 활동과 활동사이의 관계를 알 수 없다는 단점이 있다(김학주, 2008; 신원식 · 김민주, 2009; 이봉주 · 김기덕, 2014)

〈표 11-2〉 프로그램 진행계획표

목표활동		3월		4월				5월				6월				8월				9월	
		3	4	1	2	3	4	1	2	3	4	1	2	3	4	1	2	3	4	1	2
요구도 조사		■	■																		
준비	강사 모집 및 워크북 제작			■	■	■	■														
	홍보 및 참여자 모집							■	■	■	■										
프로그램 진행												■	■	■	■	■	■				
프로그램 평가												■	■	■	■	■	■	■	■		
결과보고서 작성																				■	■

② 월별 활동계획 카드(Shed-U Graph)

월별 활동계획 카드는 활동이나 업무를 작은 카드에 기입하여 월별로 만들어진 해당란에 카드를 붙이거나 꽂아서 관리하는 방법이다. 월별 활동계획 카드는 활동 일정의 변경되면 카드를 쉽게 이동할 수 있어 관리에 편리하나, 시간별 활동 계획표와 같이 업무 간 관계를 알 수 없다는 단점이 있다(신원식 · 김민주, 2009).

〈예시〉 월별 활동계획 카드

영유아기 자녀 아버지교육 프로그램 계획

2월	3월	4월	5월
• 프로그램 홍보	• 대상자 선정 • 사전 평가	• 영유아기 자녀 아버지 교육 실시	• 사후 평가

(3) 수행인력

프로그램을 효율적으로 운영하기 위해서는 많은 인력이 필요하며, 이들간의 협조가 잘 이루어져야 한다. 실제 가족생활 프로그램을 기획하는 프로그램 기획자를 비롯하여, 프로그램을 실제 진행을 총괄하는 책임자, 회기별 프로그램 진행 전문가(강사), 프로그램 진행을 보조하는 보조인력, 수퍼바이저(자문가), 프로그램의 홍보 및 예산관리자, 공간사용 및 기기관리자 등 다양한 인력이 함께 하나의 프로그램을 수행해야 하므로 원활한 협조체계가 중요하다. 담당인력을 구성할 때에는 이 프로그램을 수행할 능력을 갖추고 있는지, 프로그램 규모에 맞는 인력이 배치되었는지, 불필요한 인력이 배치된 것은 아닌지 검토하면서 적절한 인력을 구성하도록 해야 한다.

2) 홍보 · 모집

프로그램을 실행하기 위해서는 프로그램에 참여할 대상자들을 모집해야 한다. 프로그램에 참여자들이 모집되지 않는다면, 프로그램 실행 단계로 진행이 불가능하기 때문에 홍보계획은 중요하지만, 가족생활교육 프로그램 개발과정에서 적극적으로 다루어지지 않았다. 홍보는 마케팅(Marketing)의 성격이 강하며, 프로그램 개발자는 이에 대한 지식을 키워야 한다.

던컨과 고다드(Duncan & Goddard, 2011)는 프로그램 홍보를 위한 마케팅은 기본적인 마케팅의 4P(product, price, place, promotion)와 사회마케팅의 4P(publics, partnership, policy, purse strings)를 결합하여 설명하였다.

(1) 상품(Product)

프로그램에서 상품이란 대상에게 전달되는 전문적 서비스 전체를 의미한다. 따라서, 상품은 대상자들의 욕구에 맞추어 만들어져야하고, 이를 위해서는 대상에 대한 평가가 요구된다. 대상에 대해 여러 측면을 평가할 수 있지만, 기본적으로 국가, 지역, 도농지역 등 지리적 특성, 연령, 성별, 가족생활주기, 소득, 교육수준, 인종/민족 등과 같은 인구학적 특성, 가족력, 건강상태와 같은 의학적 특성, 생활양식, 가치, 개인특성과 같은 심리적 특성, 태도, 의견, 신념 등과 같은 사고방식, 다른 관련 활동, 미디어 등 행동적 특성을 평가한다.

대상의 특성을 명확히 확인한 후에는 그들에게 문제가 되는 이슈가 무엇인지를 찾아내고, 프로그램이 그들에게 어떤 이득을 줄 수 있는지에 대해 어필하여, 프로그램에 대한 사람들의 인식을 극대화할 수 있다. 이는, 프로그램 개발의 첫 단계인 문제분석 시에 대상자들의 특성과 욕구를 제대로 분석하여 프로그램을 개발한다면, 상품에 대한 신뢰성이 높아져, 대상자들의 참여를 이끌어낼 수 있음을 의미한다.

(2) 가격(Price)

가격은 서비스를 이용하기 위해 내야하는 비용으로, 돈과 같은 유형적 비용과, 시간과 같은 무형적 비용을 포함한다. 프로그램에 참여하게 되면, 시간, 에너지, 교통, 경쟁활동(좋아하는 TV프로그램시간과 프로그램 참여시간이 같음) 등이 발생할 수 있다. 가격은 인간의 동기적 측면과 관련되어 있어, 참여자들이 지불하는 비용보다 가족생활교육 프로그램에 참여하게 되면서 얻는 이득이 더 커야 한다.

(3) 장소(Place)

프로그램이 이루어지는 물리적인 장소로, 이용자의 편의는 프로그램 참여를 결정하는 중요한 문제가 될 수 있다. 장소는 접근가능성과 안전성을 의미한다.

가족생활교육 프로그램은 참여자들이 접근가능해야 하며, 접근가능성은 편리한 시간, 장소, 진행자(staff) 등을 의미한다. 특히, 프로그램 진행자가 너무 바쁘지 않아서 프로그램 참여자의 욕구에 반응할 수 있고, 참여들이 지원이 필요할 때 기다리지 않게 해야 한다. 또한 모든 참여자들을 위한 안전한 분위기를 만드는 것이 필요하다. 참여자들은 신체적으로 심리적으로 안전한 장소를 원한다. 또한 자신들의 사생활이 지켜질 것임을 확인받고 싶어 한다. 따라서, 장소는 참여자들이 친숙하여 여겨지는 지역사회 내의 대학, 교회 등의 시설에서, 대상자들의 사생활이 지켜질 수 있는 특정 공간에서 프로그램을 실시해야 한다.

(4) 홍보(Promotion)

대상자들에게 서비스를 알리는 방법으로 광고와 입소문을 포함한다. 더 많은 대상자들에게 서비스를 확대하기 위해서 프로그램에 대한 적절하고 훌륭한 이미지를 지속시켜야 한다.

홍보의 방법은 방송매체, 신문, 포스터, 홈페이지, SNS, 전화, 문자, 이메일, 현수막, 면대면, 입소문 등 다양하다. 이 중 한 가지 방법만을 사용하기 보다는 동시에 여러 가지 방법을 사용하는 것이 더 효과적일 수 있다. 또한 표적집단이 아니더라도, 모든 가족이 잠재적 참여자가 될 수 있으므로 어떠한 프로그램이 운영되고 있는지 많은 사람들에게 알려 미래의 프로그램 참여자를 확보할 수 있도록 한다.

홍보를 할 때에는 프로그램의 주제, 장소, 시간, 기간, 전문강사, 주관기관 등을 명시해야 한다. 사람들의 이목을 집중하기 위해서 관심을 끌 수 있는 주제(제목)를 만드는 것도 중요하다. 주제는 프로그램의 내용을 압축적으로 포함하면서 호기심과 관심을 유발할 수 있도록 해야 한다.

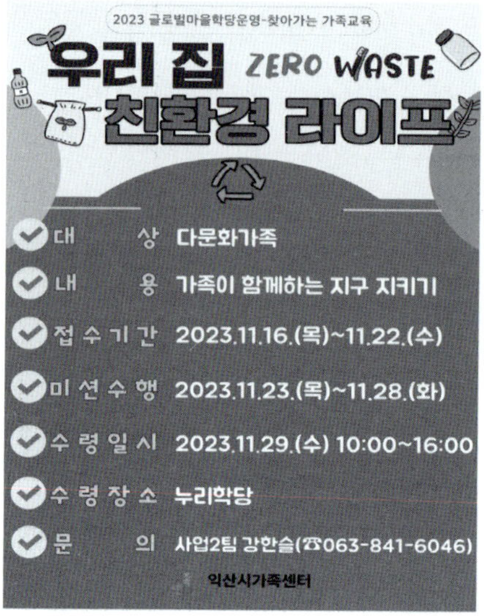

2023 행복플러스-찾아가는 가족교육

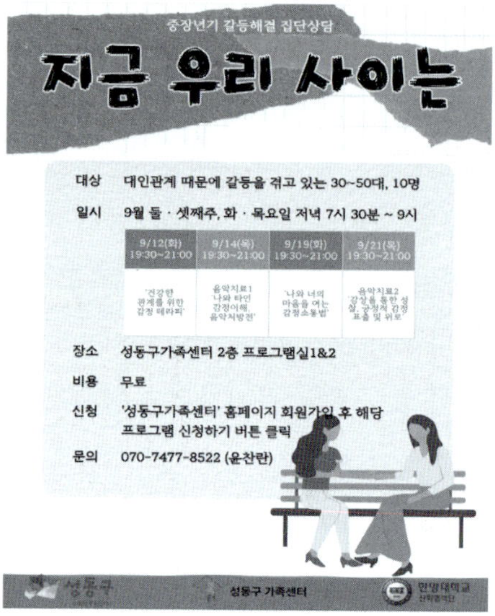

[생애주기별] 중장년기 갈등해결 집단상담

출처: 가족센터 홈페이지(www.familynet.or.kr)

[그림 11-1] 가족생활프로그램 홍보 예시

(5) 집단(Publics)

집단(publics)은 프로그램 내외부의 집단을 의미하는 것으로, 대표적인 집단은 대상자들의 의견에 영향을 주는 배우자, 부모, 친구와 같이 그들을 둘러싼 사람들로 구성된다. 또다른 집단은 공공정책 개발자로 프로그램을 승인할 수 있는 환경을 만드는데 영향을 미치는 시와 정부 공무원이다. 세 번째 집단은 라디오나 TV감독, 리포터와 같은 미디어 전문가와 공공메시지 접근을 통제할 수 있는 기업가와 같은 사람들로 구성된다. 표적 대상자들은 아니지만, 그들을 둘러싸고 있는 환경에 어떻게 접근하느냐에 따라, 참여자들의 지속적인 프로그램 참여, 프로그램에 대한 긍정적인 이미지 제고, 프로그램의 실행까지도 영향을 미칠 수 있다. 따라서, 가족생활교육 프로그램이 성공적으로 수행되기 위해서는 프로그램에 영향을 주거나, 잠재적으로 영향을 미칠 수 있는 집단변수에 민감할 필요가 있다.

(6) 기관 협력(Partnership)

가족들이 직면하게 되는 문제들은 대개 복잡하기 때문에 한 기관에서 다룰 수 없고, 다른 기관들과 협력이 요구되기도 한다. 다른 기관과 협력하는 것은 인적, 재정적 자원뿐만 아니라 대상자에 대한 접근성이 증가하는 것이다. 가족생활 교육사들과 같은 목적을 공유하는 비슷한 목표를 가지는 기관들로는 학교, 지역정부, 대학 등이 있다. 따라서, 가족생활교육 프로그램을 개발하고 진행하는 기관에서는 관련 기관들과 긴밀한 협조체계를 구축하고, 필요에 따라 협력해야 한다.

(7) 정책(Policy)

더 큰 수준에서 정책 변화들은 표적된 사고방식과 행동 변화를 초래하는데 지역사회 지지 부분이 필수적으로 제공된다. 개인의 변화와 같이 문화적 변화는 때때로 필수적이다. 가족생활교육사는 그들이 원하는 변화를 야기하기 위하여 정책에서의 어떤 변화 또는 법률 제정 등에 대한 변화를 알고 있어야 한다.

(8) 예산 확보(Purse strings)

가족생활교육 프로그램을 실행하게 되면, 대상자에게 들어가는 직접적 비용, 홍보비용 등 예산이 필요하다. 프로그램을 계획할 때에는 프로그램 실행을 위해 소요되는 예산을 확보할 수 있도록 다양한 자원을 고려해야 한다. 대부분의 가족생활교육 프로그램은 무료로 진행되고, 유료로 진행되더라도 그 비용이 크지 않아 참가비로는 예산이 충분하지 않다. 따라서, 정부기관, 사회복지공동모금회, 협력기관 등과 같이 프로그램을 유지하기 위한 다른 자원들을 찾을 수 있다.

3) 프로그램 진행

실제 프로그램 실행이란 그 목적과 목표를 달성하기 위해 계획된 프로그램을 실제로 전개하는 것을 말하는 것으로, 해당 프로그램의 활동이 직접적으로 전개되는 과정을 의미한다(김영숙 외, 2002). 이 단계는 프로그램의 목적과 목표가 실현되는 순간으로 지도자의 능력과 자질이 그 결과에 지대한 영향을 미친다. 또한 이 단계는 프로그램 기획자, 관리자, 실행전문가, 보조자 등이 모두 하나가 되어 프로그램이 최대한 잘 운영될 수 있도록 협력해야 하는 단계이다. 대부분 프로그램의 실행은 프로그램이 실제 진행되는 시간동안 이루어지는 과정으로 도입-전개-마무리로 제시가 된다. 여기서는 프로그램 진행뿐만 아니라 진행을 위한 직전 준비와 프로그램 후의 정리시간까지를 포함하여 총 5단계로 설명하고자 한다.

(1) 준비

프로그램 시작 전 준비단계에서는 먼저, 프로그램에 참여하기로 한 사람들에게 다시 한번 참여 시간과 장소를 공지한다. 프로그램 관리자와 진행보조자는 프로그램 활동지, 교재 등 진행관련 준비물을 체크하고, 프로그램이 원활히 진행될 수 있도록 돕는 컴퓨터, 빔프로젝트, 포인터 등의 보조 기기가 작동이 잘 되는지 확인한다. 그리고 프로그램 진행시간에 따라 다과나 식사를 준비할 수 있다. 다과의 위치를 잘 선택하고, 프로그램 운영방식에 따른 책상과 의자 배치 등도 함께 체크해야 한다. 이러한 준비는 프로그램을 효율적으로 운영할 수 있도록 도우며, 프로그램 참여에 대한 만족도를 좌우할 수 있다. 마지막으로 프로그램 진행 강사와, 보조자, 관리자가 각자의 역할분담 내용을 다시 한 번 확인하고 체크하여 운영에 차질이 없도록 준비해야 한다.

(2) 도입

실제 프로그램이 시작되면 도입-전개-마무리의 단계를 거친다.

먼저, 도입단계에서는 참여자들에게 프로그램의 목표에 대해 기초적인 설명을 하고 프로그램 전개과정에 대한 안내를 한다. 또한 프로그램 진행자와 참여자가 함께 소개를 하고 인사를 나누며 긴장감을 완화할 수 있는 시간을 갖는 것도 필요하다. 실제 프로그램 도입단계에서 긴장을 풀고 참여자들간의 친밀감을 형성하고 프로그램 진행을 원활히 도울 수 있도록 간단한 게임 등을 시도하기도 한다. 이것을 '아이스 브레이킹(ice breaking)'이라고 한다. 아이스브레이킹은 첫 회기에만 실시하는 경우도 있고 회기가 여러 번 반복되는 경우에도 매 회기마다 진행할 수도 있다. 또한 도입단계에서는 여러 회기를 하는 경우 두 번째 회기부터는 지난 회기의 교육 내용을 회상할 수 있도록 정리를 해주거나 과제를 점하는 활동을 할 수 있다.

(3) 전개

전개단계는 목표한 내용을 본격적으로 전달하는 단계로 프로그램 실행에서 가장 많은 시간이 소요된다. 보통 강의와 활동으로 이루어지는데, 프로그램 진행자는 참여자들의 수준을 파악하고 그에 맞는 수업을 전개해야 한다. 또한 자발적인 학습을 할 수 있도록 긍정적인 피드백을 주고, 참여자 스스로 자기주도적으로 프로그램에 참여할 수 있는 분위기와 기회를 제공해야 한다(전세경, 2013).

프로그램 진행 중 참여자들이 잘 이해하고 있는지, 진행환경에 불편함을 없는지 피드백을 받아 프로그램 진행의 효율성을 높일 수 있도록 해야 한다. 프로그램에 진행에 있어 여러 수행인력들이 함께 하면서 각자의 역할이 있지만 상황에 따라 자신의 역할이 아니라 할지라도 융통성을 가지고 여러 가지 역할을 함께 수행하여 프로그램 진행에 문제가 발생하지 않도록 해야 한다.

(4) 종결

종결단계는 프로그램 참여자들에게 마지막 시간으로 경험한 것을 종합하는 단계이다. 이 단계에서는 전개단계에서 활동한 내용의 핵심을 다시 한 번 정리해주고, 참여자들이 이해하고 습득한 정도를 확인하며 평가하는 시간을 갖도록 한다. 이를 위해 질문을 받기도 하고, 참여한 소감을 듣기도 한다(전세경, 2013). 또한 다음 회기가 있다면 과제를 줄 수 있으며, 다음회기에 다룰 내용에 대해 간략히 안내해야 한다. 여러 회기 중 마지막 회기의 종결단계라면 지금까지의 내용을 모두 통합하고, 학습한 결과가 생활 속에서 지속적으로 내면화 되어 적용 될 수 있도록 강조하고 격려한다. 여기서 프로그램을 완수함을 격려하고 앞으로의 삶에 잘 적응 하겠다는 다짐 등에 도움이 될 수 있도록 수료증이나 서약서 등을 작성하여 전달하기도 한다.

(5) 정리

프로그램이 다 끝나고 나면 오늘 프로그램에 대한 평가를 위한 설문지를 작성할 수 있도록 준비하고, 프로그램 수행인력들이 그날의 프로그램에 대한 피드백을 통해 다음 회기에서 더 신경써야 할 것이 무엇인지 이야기한다. 또한 다음사람들이 해당 강의실을 사용하는 데 불편함이 없도록 책상이나 의자 등 교실환경을 프로그램이 진행되기 이전의 상황과 같도록 해 놓는 것이 필요하다.

2. 프로그램 평가

1) 평가의 개념 및 목적

평가에 대한 개념은 학자들에 따라 다양하게 정의내려 진다. Weiss & Jacobs(1988)는 과학적 조사방법을 통해 프로그램 수행과정과 결과를 측정하는 일련의 절차라고 정의하였고(이기숙, 2010에서 재인용), 김영숙 외 4인(2002)은 프로그램의 목적과 목표 달성도를 확인하는 것 뿐만 아니라, 그 진행과정에서의 제반 의사결정에 필요한 정보를 제공하며, 프로그램 기획과 실행과정을 개선하여 후속적인 프로그램을 개선하는데 있어 방향을 제시해주는 것이라고 설명하였다. 이기숙(2010)은 가족생활 프로그램의 평가란 계획, 실행, 결과에 관한 자료를 과학적인 절차와 방법을 통해 수집 분석하여, 교육의 향상과 개발에 관한 중요한 의사결정을 돕는 조사활동이라고 정의하였다. 이러한 정의를 종합해 보면, 가족생활교육에서의 평가란 프로그램의 목표를 달성하고 프로그램의 결과를 더 좋은 방향으로 이끌어가기 위해 체계적으로 진행되는 모든 조사활동이라고 볼 수 있다. 또한 정현숙(2016)은 평가란 교육자가 프로그램에 대해 더 잘아가는 과정으로, 가족생활교육의 발전을 위해 가장 중요한 과정 중 하나라고 강조하면서, 프로그램 질적 향상을 위해 개발된 프로그램에 대한 자체평가와 실행된 프로그램의 효과성을 측정하여 프로그램의 유용성을 판단해야 한다고 설명하였다.

이러한 정의를 통해 가족생활교육에서의 프로그램 평가의 목적을 정리하면 다음과 같다.

① 프로그램이 목적과 목표에 맞게 진행되었는지 확인하기 위해서 이다. 프로그램을 진행한 뒤 본래의 목적과 목표를 유지하며 진행하였는지, 참여자들에게 프로그램내용이 잘 전달되었는지 확인해 보아야 한다.

② 프로그램을 진행하는데 있어 문제점을 발견하고 해결하기 위해서 이다. 여러 회기를 진행하는 경우 회기마다 종결 후 즉시 평가를 할 수도 있고 진행과정 중 불편사항을 보고하는 자가 있다면, 바로 해결이 가능한 문제들에대해서는 필요에 따라 즉각적으로 처리할 필요가 있다.

③ 현재 프로그램 및 후속프로그램을 개선하는데 도움을 주기 위해서 이다. 현재 프로그램이 조금이라도 더 효율적으로 잘 운영되도록 하기 위해서는 프로그램의 평가에 대해 언제든 개방적으로 피드백을 수용해야하며, 해당프로그램을 다음에 재운영하거나, 더 나은 프로그램으로 수정 · 개선을 하는 경우 프로그램의 평가내용을 반영하는 것이 효율적이다.

또한 평가는 계획된 노력을 얼마나 전문적으로 잘 실천하였는지 프로그램을 기획한 사람의 자기성찰적인 측면을 포함해야 한다. 프로그램의 평가는 프로그램 참여자, 진행자, 운영자 모두 참여할 수 있으며, 대상에 따라 평가의 방법을 다르게 진행 할 수 있다.

2) 평가모델

제이콥스(Jacobs, 1988) 프로그램에 따라 평가가 이루어져야 할 필요성을 제기하였으며, 이를 토대로 5단계 평가모델을 제안하였다. 이 모델에서는 프로그램 실행 이전의 계획단계에서 욕구 사정, 형성평가, 총괄평가를 포함하여 가족생활교육 프로그램을 평가할 수 있는 내용들을 광범위하게 제시해주고 있다.

〈표 11-3〉 제이콥스(Jacobs's)의 5단계 평가모델

단계	목적	내용
1단계. 실행 전 (preimplementation)	· 지역사회의 요구와 프로그램 사이의 적합성 평가	· 지역사회 욕구사정 실시 · 욕구사정 자료에 기초한 프로그램 계획 수정
2단계. 적합성 (accountability)	· 프로그램을 참여하는 대상과 의도한 대상이 프로그램에 참여하고 있는지 확인	· 프로그램 설문지를 통해 사회인구학적 데이터를 조사하는 등, 프로그램을 받는 대상 인원 수와 특성을 적절하게 결정
3단계. 프로그램명료성 (program clarification)	· 프로그램 내용과 전달방식의 개선을 프로그램 진행자와 참여자에게 수집, 반영	· 참여자의 프로그램 만족도 평가 · 프로그램 과정이 목적과 목표에 적합한지, 수정이 필요한 부분이 있는지, 프로그램이 계획에 충실한지에 대한 진행자 자료 수집
4단계. 목표달성 과정 (progress toward objectives)	· 프로그램 효과성과 단기성과 문서화	· 목적과 목표에 연계된 신뢰할 수 있는 측정도구를 사용하여 결과 데이터 수집 · 단기성과 달성 정도를 보여 줄 수 있는 데이터 분석 실시
5단계. 프로그램의 장기 영향 (program impact)	· 프로그램 효과성과 장기성과 문서화 · 프로그램 보급을 위한 프로그램 제시	· 프로그램 효과성을 보여 주기 위해 무작위 할당, 종단적 자료 수집 등을 활용한 자료 분석 실시

출처: Jacobs(1988), Duncan & Goddard, 2011 재인용.

3) 평가의 유형과 환류

프로그램의 평가의 방법은 평가시기, 조사방법, 평가대상, 평가영역 등에 따라 다양하게 분류할 수 있다. 평가시기에 따라 사전평가, 과정평가, 총괄평가로 분류할 수 있으며, 조사방법에 따라 양적 평가와 질적 평가로 분류할 수 있다. 평

가대상에 따라서는 참여자 평가, 교육자 평가, 관리자 평가 등으로 분류할 수 있다. 평가영역에 따라서는 프로그램 계획단계에서 계획서, 홍보, 예산 등에 대한 평가를 할 수 있으며, 교육과정에서는 교육내용에 대한 평가, 교육방법에 대한 평가, 교육자에 대한 평가, 프로그램 환경 및 관리에 대한 평가, 개인적 만족도 등을 평가할 수 있다. 프로그램 평가 시 평가를 통해 얻고자 하는 것이 무엇이냐에 따라 평가의 방법을 적합하게 선택해야 한다. 본 장에서는 중복되는 부분들은 반영하여 평가시기에 따른 평가유형과 조사방법에 따른 평가유형으로 나누어 설명해 보고자 한다.

(1) 평가시기에 따른 평가유형

① 사전평가

사전평가란 프로그램 참여 전 시점에서의 참여자의 정보, 프로그램 참여에 대한 요구와 기대, 프로그램 참여 전의 신체 및 심리상태 등을 확인하기 위해 실시하는 것으로 진단평가, 사전검사라고도 한다. 사전평가를 실시하는 목적은 프로그램 전의 상황을 파악함으로써 앞으로 실시될 프로그램에 적절한 개입전략을 세우고, 프로그램 참여 후 변화정도를 비교하기 위해 실시한다.

② 과정평가

프로그램이 시작되면 운영자 또는 평가자는 프로그램 참여자의 특성과 반응, 진행사항 등을 즉각적으로 파악하고 기록해야 한다. 과정평가란 프로그램의 진행과정에서 실시하는 것으로 프로그램 준비와 진행에 있어 문제점을 확인하고 수정·보완하기 위해 실시하는 것을 말한다. 이는 프로그램 진행상의 문제를 수정·보완하는 것 이외에도 참여자들의 변화정도를 확인하여 참여자 개개인의 현 위치와 진전사항을 지속적으로 확인함으로써 프로그램을 수정하고 개별화하는 데 도움을 줄 수 있어야 한다.

③ 총괄평가

총괄평가란 프로그램 종료 후 프로그램의 결과를 평가하는 것으로 프로그램이 의도한 목표를 잘 달성했는지를 확인하는 과정이며 성과평가라고도 한다. 총괄평가는 효과성(effectiveness) 평가와 효율성(efficiency) 평가로 나누어 설명할 수 있다. 효과성 평가란 프로그램 운영에 있어 실제 효과가 있었는지 참여자들의 변화정도를 측정하는 것으로, 객관적인 지표를 사용하여 변화정도를 확인할 수도 있고, 참여자 개인이 목표를 정하여 각자 변화정도를 스스로 확인하도록 할 수도 있다. 또한 프로그램 참여과정에서 결과물이 있다면 결과물을 통해서도 평가가 가능하다. 효율성평가란 프로그램에 투입한 비용과 프로그램의 성과를 비교하여 프로그램 운영의 경제적인 측면을 평가하는 것으로, 프로그램에 투입된 돈, 시간, 에너지 등을 말한다(김영숙 외, 2002; 성미애 · 어성연 · 이재림, 2014; 이기숙, 2010, 정현숙, 2016).

〈표 11-4〉 프로그램 평가 시 주요 내용

사전평가	1. 프로그램 참여동기 2. 프로그램 요구사항 3. 개인적 특성(예: 성별, 연령, 자존감, 스트레스 등 객관적 척도)
과정평가	1. 프로그램 진행사항에 대한 평가(시간, 장소, 운영방식 등) 2. 프로그램 목적과 내용 일치 여부 3. 교육방법의 적절성
총괄평가	1. 프로그램의 목표달성 정도 2. 참여자들의 변화 정도 3. 프로그램운영의 효율성

(2) 조사방법에 따른 평가유형

① 양적 평가

프로그램 평가방법 즉, 평가를 위해 수집된 자료의 성격에 따라 양적평가와 질적평가로 구분할 수 있다. 양적평가는 평가 결과를 계량화 하여 객관적으로 분석할 수 있는 평가방법이다. 표준화된 척도, 개별화된 척도, 만족도 등이 있다. 표준화된 척도는 프로그램 참여자의 심리 · 정서 및 행동변화를 측정하는데 있어 표준화된 검사도구를 활용하는 것을 말하는 것으로 우울, 불안, 자아존중감, 관계만족도 등을 예로 들 수 있다. 개별화된 척도란 프로그램 참여자들의 변화정도를 프로그램 내용의 특성에 맞게 문항을 구성하여 사용하는 것을 말한다. 만족도란 프로그램 전반에 대한 만족감을 측정하는 것으로 프로그램 내용 및 운영방식, 프로그램 효과 등에 대한 만족 등으로 분류 할 수 있다. 양적평가는 평가 결과를 비교하는데 있어 방대한 양의 자료를 효율적으로 관리할 수 있어 유용하다.

② 질적 평가

질적평가는 개방형 질문을 통해 자료를 수집하고 분석하는 평가방법이다. 주로 관찰, 개별면담, 집단면담 등의 방법을 사용한다. 관찰은 프로그램 진행시 관찰자가 직접 관찰한 내용을 즉시 기록하는 것으로 참여관찰과 비참여 관찰로 분류할 수 있다. 참여관찰은 프로그램에 함께 참여하면서 관찰을 하는 것을 말하며, 비참여관찰을 프로그램에 참여하지 않고 관찰자의 역할만 수행하는 것을 말한다. 개별면담은 심층면접이라고도 하며, 프로그램 참여자 개개인이 프로그램 경험을 통해 생각하고 느낀 것을 언어를 사용하여 표현하는 것으로, 형식없이 자연스럽게 대화식으로 이루어지는 비구조화 면담과 평가목적을 반영하여 구성한 질문지 목록에 따라 대화를 진행하는 구조화된 면담으로 분류할 수 있다. 집단면담은 프로그램 참여자를 소규모의 그룹으로 나누어 그룹별로 프로그램 평가에 대한 질문을 하고 응답을 구하는데 있어 토론 형식으로 이루어지는 것을 말한다. 질적평가는 양적평가로 알 수 없는 부분에 대해 구체적으로 정보를 수집할 수 있다는 점에서 유용하다.

(3) 평가자료 수집방법

평가를 효과적으로 진행하기 위해서는 평가방법 뿐만 아니라 평가자료를 어떠한 방식으로 진행하느냐에 대한 자료수집 방법에 대해서도 고민해야 한다. 프로그램 과정에서의 평가는 프로그램 운영관리자가 프로그램 진행시 평가내용을 기록할 수 있으며, 훈련받은 자에게 관찰일지나 관찰표를 제시하고 평가하도록 하여 회기별 과정평가를 진행할 수 있다. 또한 프로그램 회기마다 출석부를 사용하여 참여율을 확인하고, 경우에 따라 활동결과물이 발생하는 경우 이를 통해 평가할 수 있다.

프로그램 진행 후 참여자들의 변화정도를 확인하기 위해서는 객관화된 척도를 프로그램 실시 전과 완료 후에 진행하여 비교할 수 있다. 또한 참여자들이 어떤 변화가 있었는지 구두나 서면으로 직접 보고 할 수 있다.

(4) 평가 시 유의사항

프로그램의 평가결과는 프로그램 개선과 발전뿐만 아니라 프로그램 참여자의 개인과 가족의 성장과 발달에 영향을 미친다. 그러므로 최대한 객관적이고 정확한 평가를 위해 계획적이고 체계적으로 평가를 준비하고 진행해야 한다. 따라서 평가과정에서 일반적으로 발생하는 문제를 최소화하기 위해 다음 사항에 유의하여 평가를 진행하는 것이 필요하다.

첫째, 평가자의 평가문항은 참여자들의 수준에 맞게 작성해야 한다.

둘째, 평가자가 솔직하게 답변할 수 있는 환경을 제공한다.

셋째, 다른 프로그램과 비교하는 경우 그 내용과 맥락적 특성을 고려하여 비교해야 한다. 가족생활교육은 그 영역과 대상이 매우 다양하므로 단순히 프로그램만 가지고 비교하지 않도록 한다.

넷째, 총괄평가는 프로그램 전반에 대한 평가를 반영해야 한다. 프로그램 진행기간이 긴 경우 여러 회기를 거치면서 초반부보다는 후반부의 기억이 더 많이 남으므로, 최근 프로그램 중심으로 평가가 치중될 수 있다. 이러한 문제를 최소화하기 위해서는 매 회기마다 일정한 틀을 가지고 지속적으로 기록을 하는 것이 좋다.

다섯째, 프로그램 평가 시 객관성을 가지고 평가에 참여해야 한다. 프로그램에 참여 했거나 참여하지 않았다는 이유로 또는 주관기관이나 상부기관 등을 의식하여 지나치게 관대하거나 또는 지나치게 부정적인 입장에 치우쳐 평가하지 않도록 한다.

여섯 번째, 프로그램 평가는 프로그램 계획 단계에서부터 준비한다. 평가는 보통 프로그램 진행단계나 진행 완료 후 이루어지므로 프로그램 계획단계에서 미처 생각하지 못할 수 있다. 하지만 프로그램의 목적을 달성하고 참여자의 변화 정도를 정확히 파악하기 위해서는 프로그램 계획단계에서부터 어떠한 질문과 척도를 사용할 것인지 계획해야 한다.

(5) 환류

프로그램 평가를 마치고 나면 프로그램 결과를 보고하고 공유하기 위해 보고서를 작성해야 한다. 결과보고서는 프로그램의 계획, 프로그램 내용, 진행과정, 평가결과 등 지금까지 실시되었던 모든 과정을 한눈에 볼 수 있도록 구성해야 한다.

먼저 프로그램 계획에 대한 요약으로 프로그램명과 프로그램 목적, 운영기간, 예산, 참여현황 및 담당부서 또는 담당자 등을 기록한다. 그 후 프로그램에 대한 개괄적인 내용으로 추진배경과 목표, 일정, 세부진행사항 등을 기록하고, 마지막으로 프로그램진행 결과로 예산사용내역, 프로그램 평가내용을 분석하여 기록한 다음 평가결과에 따른 개선사항과 추후 개선방향에 대해 논의한 결과를 기록한다.

핵심용어

예산, 시간별 활동 계획표(Gant Chart), 8P(Product, Price, Place, Promotion, Publics, Partnership, Policy, Purse strings), 사전평가, 과정평가, 총괄평가, 양적평가, 질적평가

학습실천과제

1. 프로그램 홍보와 대상자 모집 및 유지를 위한 방안을 생각해 봅시다.
2. 가족생활교육 프로그램 운영을 위한 계획서를 작성해 봅시다.(부록 3 참고).
3. 가족생활교육 프로그램 운영시 다양한 평가 대상과 방법이 있는데, 이 중 누구의 평가가 가장 중요하고, 어떠한 평가방법이 유용할지 논의해 봅시다.

제5부는 가족생활교육 실천 현장에서 필요한 요구를 사정하고 요구에 기반한 프로그램을 개발하여 이를 실행할 수 있는 실천 능력을 함양하기 위해, 기존에 개발되어 시행된 여러 가지 가족생활교육 프로그램을 고찰하여 분석했다. 즉, 가족생활교육 실천 현장의 다양한 프로그램을 보다 폭넓게 이해하도록, 실천 현장에서 개발된 여러 가지 프로그램의 개념과 필요성, 프로그램 참여 대상자와 목표 설정, 프로그램 내용 구성을 위한 이론적 기초, 프로그램 시행의 효과를 분석한 선행 연구 분석 등을 고찰하고, 예시가 될 수 있는 프로그램을 제시했다.

디지털 사회로의 변화가 가속화되는 현재의 가족생활교육 현장에서는 한국 가족의 급격한 변화에 대응하는 여러 가지 종류의 프로그램이 개발, 시행되고 있다. 그러나 제5부에서는 가족생활교육이 다른 교육 영역과 뚜렷하게 구별되는 가족문제의 예방, 잠재력 개발, 문제해결 능력 향상 및 건강가정 문화 조성 등의 목적을 위해 가장 기본이 될 수 있는 커플 관계 향상 프로그램(결혼준비교육, 부부교육)과 부모-자녀 관계 향상 프로그램(아동발달 단계별 부모교육, 아버지교육)을 제시했다. 이와같은 기본 프로그램을 기반으로 다양한 가족의 요구에 대응하는 프로그램을 응용하여 프로그램을 개발할 수 있도록 한다.

제5부

가족생활교육 프로그램의 실제

제12장

커플관계 향상 프로그램

〈학습목표〉

1. 커플관계 향상과 관련한 여러 가지 가족생활교육 프로그램을 조사하여, 비교, 분석, 평가할 수 있다.
2. 성인기 삶의 다양한 삶의 유형 중 커플관계를 선택, 유지하는 삶이 가지는 가치를 이해하여 결혼준비교육 프로그램을 구성하여 실천할 수 있다.
3. 커플관계 향상을 위한 다양한 실천적 방안을 탐구하여, 부부 교육 프로그램을 구성하여 실천할 수 있다.

전통 농경사회에서 성인기의 삶은 결혼 적령기로 알려진 연령에 혼인을 해서 자녀를 출산하여 양육하며 노부모를 모시고 사는 삶이 전형적으로, 이 전형적 삶에서 벗어나는 사람은 매우 드물었다. 그러나 20세기 중반 이후부터 성인기 삶의 유형은 전형성이 아닌 다양성이 증가하는 추세이다. 예로, 커플관계를 형성하더라도 전 생애를 통해 단 한 사람과 커플관계를 유지하는 것이 아니라, 연속적으로 여러 사람과 관계를 형성, 해소하는 사례가 점차 증가하고 있다. 또는 혼인신고를 통해 법적인 커플관계를 선택하지 않고, 단지 생활의 동거만을 선택하기도 한다. 또 20년 이상 혼인 관계를 선택했지만, 황혼 이혼을 하거나, 법적 이혼 대신에 생활의 장소만을 분리하는 졸혼(卒婚)의 사례도 증가하고 있다. 또는 전

생애에 걸쳐 비혼(非婚)을 선택하여 누군가와 함께 사는 삶이 아니라 '혼자 살기'의 삶을 선택하는 비율도 증가하고 있다.

이처럼 과거에는 커플관계를 형성하는 결혼의 삶이 운명론적인 사회적 압력으로 작용해서 전형적인 모든 성인들의 삶의 유형이 되었지만, 현대 사회에서 성인기 삶의 유형은 본인의 선택이 가장 중요한 사항으로 받아들여지면서 다양성이 점점 더 증가하고 있다. 이러한 급격한 변화에도 불구하고 우리나라와 대부분의 국가에서는 아직도 여전히 누군가와 함께 삶을 공유하는 커플관계를 형성하는 인구가 비혼을 선택하는 성인기 인구보다 더 많다. 다시 말하면, 성인기 삶의 다양성이 사회적으로 허용되는 추세임에도 불구하고, 여전히 더 많은 성인들이 비혼보다는 커플관계를 형성하여 '함께 살기'를 선택하고 있다. 따라서 이 장에서는 커플관계를 형성하는 과정에서의 결혼준비교육 프로그램과 생애주기별 커플관계를 향상시키기 위한 부부교육 프로그램에 대해 살펴보기로 한다.

〈생각 나누기〉

Q 다음 기사를 읽고, 성인기 삶을 선택할 때 무엇을 고려해야 할지 의견을 나누어 봅시다.

"영국에 '고독부'... 벤치마킹하는 일본...선진국은 국가 대응 속도 높이는 중'

일찍이 일본이나 유럽 등 선진국에서는 가족 관계의 해체, 1인 가구의 증가에 따른 고독사가 사회문제로 대두됐다. 영국에서는 '고독부(部)'를 신설하고 일본에서는 신종 코로나바이러스 감염증(코로나19)으로 더욱 심해지는 고립 문제를 막기 위해 '고립 · 고독 대책 담당실'을 마련해 국가 차원의 대응에 나섰다. 〈중략〉
이는 지난해 일본에서 코로나19에 따른 고립으로 자살률이 급격히 증가함에 따른 조치다. 이 밖에도 일본 민주당은 영국 정부의 '고독부(Ministry for Loneliness)'를 벤치마킹해 당국에 고독부 창설을 요청 중이다. 〈중략〉
특히 배우자가 없거나 이웃이나 친구, 가족이 없는 고위험군을 고독사 예방 관리 대상자로 선발하고 고독사 예방 상담 전화 등을 설치했다. 영국의 경우 지난 2018년부터 체육 시민사회부 장관이 '고독부 장관(Minister for Loneliness)'을 겸직하고 있다. 〈후략〉

출처: 해럴드경제(2021. 08. 13.). 영국에 '고독부'...벤치마킹하는 일본...선진국은 국가 대응 속도 높이는 중. 신주희 기자.

1. 결혼준비교육 프로그램

1) 결혼준비교육 프로그램의 개념과 필요성

결혼준비교육 프로그램이란 결혼을 앞두고 있는 예비부부, 아직 미혼상태에 있는 사람들을 대상으로 성공적인 결혼생활 방법과 자녀교육 방법, 출산과 임신 등의 과정을 교육하는 프로그램을 의미한다. 다시 말하면, 결혼과 가족생활에 관한 전반적인 이해를 돕고, 예비부부들이 가진 잠재력을 개발하여 건강한 자아, 건강한 부부, 행복한 부부로 성장할 수 있도록 돕는 데 목적을 둔 프로그램이다(송정아 외, 2003). 백지은 외(2003)는 예비부부들이 가진 잠재력을 개발하여 독립된 자아를 이루고, 이들이 독립된 개체로서 보다 바람직한 상호작용을 통해 서로를 수용하고 건강한 관계를 정립할 수 있도록 지식, 태도, 기술 면에 도움을 제공할 수 있는 교육 프로그램을 목적으로 하는 것이라 했다.

결혼 전 예비부부관계는 중요한 발달과업으로 개인의 발달뿐 아니라 배우자 선택과 결혼에 이르기까지 성인기 이후 전 기간에 지속적인 영향을 미치는 요소이며(이민재, 2001). 또한 결혼 전 관계의 건강도는 결혼 결정과 결혼 만족도를 예측할 수 있는 중요한 선행 요소이다(Holman, Larson & Harmer, 1994). 또 안정적으로 유지되는 친밀한 관계가 전 생애 동안의 인간의 행복에 가장 중요한 요소가 된다는 하버드 대학의 70년 장기 연구의 결과(Vaillant, 2010)는 커플관계를 형성하려는 젊은 미혼 남녀를 대상으로 하는 결혼준비교육 프로그램의 필요성을 환기시키는 중요한 연구 결과이다. 그러나 건강하고 행복한 결혼생활을 한다는 것은 점점 더 도전적인 일이 되고 가고 있는 것이 오늘날의 실정이다(Benjamin, 2003). 2022년도 이혼비율을 혼인지속기간을 중심으로 살펴보면, 혼인 지속 기간 0~4년의 신혼기 이혼이 전체 이혼의 18.6%로 가장 많은 것으로 나타나서(통계청, 2023), 결혼 전 예비부부들을 대상으로 하는 결혼준비교육 프로그램이 가족의 안정성과 관련해서도 매우 중요한 교육적 의의를 가짐을 알 수 있다. 결혼

위기는 성인뿐 아니라 자녀들에게 높은 정서적, 재정적, 사회적 비용을 초래한다는 연구 결과들은 예방차원의 결혼준비 개념과 결혼 전 예비부부관계에 대한 관심의 중요성을 증가시키고 있다(Doherty & Anderson, 2004; Stanley, 2001)

부부가 된다는 것은 성장 배경이 다른 두 성인이 만나서 공동체를 형성하는 것이므로 서로의 협력이 가장 요구되는 과정이며, 부부가 되는 과정은 가족생활주기 과정에서 가장 복잡하고 어려운 과정(Stahman & Salts, 1993)이므로, 결혼준비교육을 혼인신고를 위해 의무화하는 국가들(타이완, 싱가포르, 미국의 오클라호마주, 플로리다주, 미네소타주 등)이 증가하는 추세이다. 아직 우리 사회는 결혼준비교육을 법적인 혼인을 위해 의무화하고 있지 않지만, 국가적 재앙으로까지 분석되는 우리 사회의 세계 최저의 초저출생 현상의 장기화가 결혼과 가족생활에 대한 부정적 인식이 영향을 끼쳤다는 원인 분석이 설득력을 가지면서, 결혼과 가족생활에 대한 바른 인식을 위한 공교육의 교과과정으로서의 필요성이 국가적 차원에서 추진되고 있다(왕석순, 2009). 또 평생교육 및 사회교육 차원에서 '서울가족학교'를 포함한 전국의 '가족센터', '종합사회복지관'은 물론, 여러 종교기관 등의 민간 단체에서도 결혼준비교육 프로그램의 필요성을 인식하여, 예비부부 및 신혼기 부부는 물론이고 미혼 남녀를 대상으로 하는 결혼준비교육 프로그램을 개설하여 이를 활성화하려는 노력을 기울이고 있다. 또 보건복지부에서는 발달주기에서 친밀한 대인관계를 주요한 발달과업으로 하는 청년층인 대학생을 대상으로 친밀한 대인관계 형성과 관련한 친가족적 가치 강화를 위한 인구교육 관련 강좌를 2012년부터 지원하며(왕석순 · 심준영, 2019), 대학생들을 대상으로 사랑, 이성 교제, 결혼 등에 대한 내용을 중심으로 하는 결혼준비교육 프로그램을 확대하고 있다.

2) 결혼준비교육 프로그램 참여 대상자와 프로그램의 목표

결혼준비교육 프로그램은 현재 커플관계를 이루고 있는 사람만이 아니라 결혼에 관심이 있는 미혼 남녀, 결혼에 관심이 없는 사람이라도 결혼에 대한 의사결정을 위한 객관적 정보를 확장하여 자신의 결정을 확고히 하려는 요구를 가진 사람들이 모두 프로그램 참여 대상자가 될 수 있다. 이영호 외(2004)는 결혼준비교육 프로그램이 더 많은 대상자가 참여해서 활성화하기 위해서는 종래의 시민단체가 중심이 되었던 프로그램에서는 예비부부로 참여자를 제한했던 것에서 미혼 남녀로 확대할 필요성이 있다고 주장하며, 대학생 커플을 대상으로 결혼준비 프로그램을 개발하여 실행한 바 있다. 이처럼 프로그램 실시 대상자가 주로 미혼의 남녀로 설정된 경우에는, 결혼 당사자인 미혼인 자신에 대한 이해를 제고할 수 있는 교육 내용을 바탕으로 자신에 대한 이해를 도모하도록 함에 우선적인 목표를 둔다. 부부나 가족의 건강성은 그 단위를 이루는 가장 기초가 되는 개인의 건강성이 우선한다(한국가족관계학회, 1998). 따라서 부부가 될 개인의 명확하고 강한 자아정체감 및 자아존중감의 향상에 대한 목표가 결혼준비교육 프로그램에 설정되어야 한다. 또 가족 체계에 대한 이해를 프로그램에 반영하는 것이 중요하다. 가족은 가족 구성원이 서로 관련되어 하나의 집단적 체계로서 작용하기 때문에 가족원에 발생하는 모든 것이 가족 내의 모든 사람에게 영향을 줄 수 있는 체계적 특성을 가진다. 이것은 자신의 출생 가족의 역동을 이해하게 하면서, 미래 배우자로서 가족의 다양한 역할과 발달과업을 효과적으로 달성할 수 있는 파트너로서의 긍정적 자질을 갖추도록 하는데 궁극적 목표를 둔다. 또 미래 커플관계를 행복하고 효율적으로 형성, 유지, 발전시키는데 필요한 다양한 인간 관계 향상의 기술들을 학습하도록 하는 것에 목표를 두어 프로그램을 구성하는 것이 필요하다.

또 결혼을 준비하고 있는 예비부부와 결혼 초기 신혼기 부부들을 프로그램 실시의 대상으로 설정한 경우의 결혼준비교육 프로그램은 다음과 같은 구체적인 목표를 설정하여 프로그램을 구성하기도 한다(이연숙, 1998).

① 배우자와 결혼에 대한 비현실적인 기대를 감소시킬 수 있는 기회를 제공한다.

② 상호 친밀감을 향상시켜서 건전한 사랑을 학습시킨다.

③ 올바른 성지식을 학습하여 건강한 성생활을 위한 태도를 형성하게 한다.

④ 바람직한 의사소통기술을 습득하여 상호존중, 문제해결에 능동적으로 대처해 나갈 수 있는 능력을 향상시킨다.

⑤ 가족구성원으로서의 서로가 공유하는 역할과 책임감을 갖도록 한다.

3) 결혼준비교육 프로그램의 내용 구성을 위한 이론적 기초

결혼준비교육 교육 프로그램은 커플관계를 가진 예비부부뿐 아니라 친밀한 관계 형성을 위해 아직 커플관계를 가지고 있지 않은 미혼 남녀를 포함하는 교육이다. 우리 사회에 만연된 사랑과 결혼에 대한 가장 위험스러운 현실은 사랑이나 결혼에 대한 지나친 일반화와 비현실적인 기대를 부풀리는 대중매체와 주변인의 경험에 의한 부풀리기이다. 부부간의 갈등이 많아서 만족도가 낮은 상태를 지속하는 원인 중의 하나가 결혼에 대한 비현실적인 기대를 지적하고 있으며(한국 가족관계학회, 1998), 비혼의 중요한 원인의 하나는 주변인과 대중매체의 결혼에 대한 부정적 전언이라고 분석되고 있다(왕석순 · 전주람 · 류경희, 2015). 대부분의 사람들은 가족의 의미나 결혼의 실체를 낭만적 기대 또는 부정적 선입관에 의해 결정한다. 따라서 결혼준비교육 프로그램은 결혼과 가족에 대한 전문적인 정보를 프로그램으로 구성하여 결혼 전의 사람들이 보다 과학적인 정보에 의해 결혼이나 친밀한 대인관계를 선택하는데 도움을 주기 위한 교육 프로그램이다. 따라서 결혼 전 미혼 남녀와 예비부부들을 모두 참여 대상자로 포괄하며, 관계 형성 초기에 교육하는 것이 중요하기 때문에 '결혼준비교육'으로 명명하여 프로그램을 개발하는 것이 바람직하다.

Olson(1983)은 다음과 같은 이유에서 결혼 전 예비부부들을 위한 교육이 중요하다고 주장해 왔다. 첫째, 많은 연구들은 결혼 전에 있었던 문제들이 결혼 이후에도 여전히 문제로 존재한다고 일관성 있게 규명하고 있다. 둘째, 긍정적인 의사소통 기술과 문제해결 기술은 당사자들의 문제가 좀 더 심각해지기 전에 배우는 것이 더 효과적이다. 셋째, 결혼생활이 상호 간에 만족스러운 관계로 유지되기 위해서는 시간과 노력이 요함을 깨닫게 한 후 결혼생활을 시작하게 하는 것이 좋다. 넷째, 어떤 예비부부는 결혼을 연기하거나 포기하는 것이 더 현명한 경우도 있다. 다섯째, 자신과 배우자에 대한 매우 이상적이고 비현실적인 기대를 현실화할 수 있다. 이와같은 Olson(1983)의 주장과 같이 결혼준비교육 프로그램은 결혼식을 준비하는 것에 초점을 두는 프로그램이 아니라 자기 자신에 대한 이해에서 출발하여 이상적인 배우자로서의 자신의 현재 모습을 수용하는 것에서 출발해야 한다. 그리고 결혼에 대한 비현실적인 기대를 수정하여 나와 조화를 이룰 수 있는 상대방의 특성을 이해하도록 하는 등 배우자 서로에 대한 이해를 도와주는 기회를 제공하여 결혼 후의 적응을 향상시킬 수 있는 내용을 강조해서 다루는 것이 필요하다.

Warren(1992)이 제시한 결혼 결정을 위한 10가지 원칙도 결혼준비교육 프로그램을 구성하는데 좋은 지침이 될 수 있다. Warren이 제시한 10가지 원칙은 다음과 같다(정현숙, 2019에서 재인용).

① 배우자 선택에서 가장 흔히 저지르기 쉬운 일곱 가지 잘못들을 제거하라.
② 자신이 원하는 이상적 배우자 상을 분명히 하라.
③ 나를 있는 그대로 좋아하는 사람을 찾아라.
④ 결혼 전에 내가 건강한 사람이 되어야 한다.
⑤ 열정적 사랑을 신중하게 다루어 사랑이 성숙되도록 한다.
⑥ 결혼을 결정하기 전에 열정적 사랑이 우애적 사랑으로 발전하도록 하라.
⑦ 두 사람간의 친밀성이 확대되도록 노력하라.
⑧ 친밀한 관계에서 당연하게 발생하는 갈등처리방법을 배워야 한다.
⑨ 평생관계로 가기로 결정 전까지는 진행속도를 늦추는 것이 좋다.
⑩ 가족과 친구들의 충분한 지원을 받는 결혼을 하는 것이 좋다.

여기에서 첫 번째 원칙인 결혼에서 가장 흔하게 저지르기 쉬운 일곱 가지 잘못들은 다음과 같다. ① 결혼 결정을 너무 빨리한다. ② 너무 이른 나이에 결혼 결정을 한다. ③ 한쪽/ 둘 다 너무 열렬히 결혼하고 싶어한다. ④ 한쪽/ 둘 다 다른 누군가를 즐겁게 하기 위해 배우자를 고른다. ⑤ 두 사람의 경험의 토대가 너무 약하다. ⑥ 두사람이 결혼에 대해 비현실적인 기대를 가지고 있다. ⑦ 한쪽/ 둘 다 중요한 성격적/행동적 문제가 있는데 이를 간과한다와 같은 사항들이다(정현숙, 2019에서 재인용). Warren(1992)의 주장들은 결혼준비교육 프로그램의 내용 요소로 반영되어, 프로그램 참여자들이 과정에서 숙고해 보는 경험을 제공하는 것이 필요한 내용들로, 결혼준비교육 프로그램의 목표 달성을 위해 좋은 지침이 될 수 있다.

□ 결혼에 관한 다섯 가지 환상

1. 부부관계는 친구가 되어야 한다.
결혼관계에서 우정은 매우 중요한 요소임에는 분명하지만, 부부관계란 그 특성상 친구관계와는 엄연히 다른 것으로 보다 복잡한 특성을 가진다. 우정이란 부부간의 사랑의 한 측면으로, 부부간의 사랑은 우정 이외에도 육체적, 정신적인 다양한 사랑의 측면이 포괄된다.

2. 건강한 부부관계는 서로의 과거를 알고 시작되어야 한다.
과거사를 고백하는 쪽은 후련할 수 있지만 상대방은 오히려 그것을 듣는 순간 고통을 떠맡게 될 수도 있다. 혼인 외 출생한 자녀, 불임을 초래할 신체적 조건 등의 문제라면 당연히 결혼을 결정하기 전에 검토되어야 하며, 두 사람의 미래를 위해 꼭 알려야 할 내용인지 잘 생각해 본다.

3. 결혼은 50 대 50의 관계이다.
평등한 부부관계를 주장한다면 가사 노동이나 권력관계 등 모든 영역에서 완벽한 평등을 요구해야 한다고 생각할 수 있지만, 그러나 실제적으로 모든 과제를 정확하게 분배할 수 없다. 따라서 최선의 결혼관계란 서로가 모두 조금은 손해보는 기분일 필요가 있다. 사안에 따라 주고 받음에 균형과 조화를 취하는 일이 더 중요하다

4. 행복한 결혼을 위해서는 자녀가 필수적이다
자녀가 있음으로써 부부간의 공유시간이 길어지고 상호작용이 많아질 수 있다는 것이 중요한 초점이다. 부부관계가 좋지 않아서 이를 개선시킬 목적으로 자녀를 갖는 것은 매우 위험한 발상이다.

5. 낭만이 사라지면 부부간의 사랑도 사라진다.
신혼기의 낭만만을 유일한 사랑으로 착각하지 않아야 하며, 부부는 낭만적 사랑을 대체하는 새로운 사랑을 발견하고 키워나가야 한다.

출처: 이정덕 · 김경신 · 문혜숙 · 송현애 · 김일명(2002). 결혼과 가족의 이해. 227-228쪽 재구성.

가족생활교육 실천 현장에서는 결혼준비교육의 의의와 결혼준비교육이 결혼

이후 부부의 긍정적 적응의 효과가 수용되면서(이재림 외, 2012), 또 최근의 혼인율 감소, 만혼화, 비혼화에 의한 저출산 심화에 대한 결혼준비교육의 필요성에 대한 사회적 인식의 변화 등이 작용하면서(왕석순, 2009; 고미숙 · 전영자, 2015; 왕석순 · 심준영, 2019), 비교적 다양한 프로그램이 개발되어 있다. 결혼준비교육 프로그램을 구성하고 내용 선정을 위한 아이디어를 탐구하기 위해 이미 연구, 개발되어 시행된 결혼준비교육 프로그램을 고찰할 필요성이 있어, 이를 〈표 12-1〉에 제시한다.

〈표 12-1〉 결혼준비교육 프로그램의 주요 현황

개발자(연도)	연구제목	회기/시간/참여자	목표	프로그램명/ 주요주제
정민자(1996)	결혼준비교육 프로그램 개발에 관한 연구 I.	5회기/회기당 3시간	바람직한 결혼 결혼 준비 강화	자신과 상대방의 자아상 검토/ 결혼관계, 가족관계, 가족계획, 가정경제/ 성지식/ 의사소통훈령/ 성역할태도
이영호 · 최보아 · 서미란 · 지영숙(2004)	건강가정육성을 위한 결혼준비 교육 프로그램 개발-시민단체의 활동을 중심으로.	6회기 /회기당 1시간 20분/대학생 커플	결혼에 대한 충분한 이해를 바탕으로 스스로의 몸과 마음가짐을 바르게 이해하고 적용하여 계획적이고 건전한 결혼준비를 할 수 있음	캠퍼스 커플을 위한 결혼준비교육/ 결혼에 대한 전반적인 이해/ 사랑과 결혼/ 관계향상 대화법/ 생활설계/ 성에 관한 이해/ 혼례예절
손정영 · 김정옥(2005)	결혼준비교육 프로그램의 개발 및 효과 검증	4회기/주 1회/대학생	결혼 당사자가 자신에 대한 이해와 발전을 도모하도록 하고, 미래 배우자에 대한 파트너로서의 긍정적 자질을 갖추고 미래 부부관계를 행복하고 효율적으로 유지, 발전시킬 수 있도록 함	결혼 탐험 혼자서 떠나는 여행/ 자기 이해/ 결혼의 동기/ 부부간 의사소통/ 부부 성생활/ 결혼준비 결혼에 관련된 법률 상식/
정현숙(2005)	결혼준비교육 프로그램의 개발 및 평가	3회기/주 1회/ 미혼 성인남녀-대학생, 직장인	결혼준비 영역별 정보 제공, 결혼과 가족의 의미 이해, 결혼과 가족의 사회적 의미에 대한 인식	서로 알아가기/ 부부의 의미/ 부부 성생활/ 부부간 의사소통/ 부모준비 및 역할

이성희 · 김희숙 (2007)	결혼준비교육 프로그램의 적용 효과	4회기/주 1회/ 회기당 120분/ 남녀	〈평등한가족〉결혼에 대한 당위성이 부족한 미혼남녀들을 대상으로 결혼에 대한 기대감을 높일 수 있도록 함	결혼과 가족의 소중함/결혼준비의 필요성/ 생물학적 성 차이와 성정체감/ 양성평등가족
강연아 (2008)	예비부부의 결혼준비교육 프로그램 참여 경험에 관한 질적 연구	4회기/ 건강가정 지원센터 프로그램 참여자 5쌍	결혼준비교육 프로그램 참여를 통한 회기별 참여자들의 반응을 관찰하고 참여의 의미를 발견하고자 함	결혼생활에 대한 기대 나누기/ 부부의 의사소통 기술 익히기/ 부부 갈등 대처에 대한 의사소통 기술 익히기/ 사랑 만들어 가기(친밀감 형성)
박주희 · 임선영 (2009)	예비부부를 위한 "결혼준비교육프로그램"의 개발에 관한 연구	4회기/ 회기당 120분/ 8쌍의 커플	예비부부를 대상으로 그들의 잠재적 가족문제를 예방하고 미래 결혼 생활의 향상을 위한 능력을 강화 시키는데 도움이 되는 효과적인 프로그램을 제공	결혼과 가족에 대한 전반적인 이해/ 부부관계와 성 역할의 교육/ 의사소통과 갈등해결의 기술교육/ 사랑과 성에 대한 이해 교육
최정란 (2014)	사티어경험적 가족치료모델 의사소통훈련 결혼준비교육이 참여자들에게 미치는 영향-자존감과 친밀감을 중심으로-	6회기/ 회기당 2시간 /4쌍 부부	교육과 상담을 병행. 자감증진과 친밀감향상을 경험하게 하여 커플관계의 변화를 갖게 하는 것	사티어경험적 가족치료모델 의사소통훈련 결혼준비교육/ 결혼에 대한 이해와 서로의 장단점 찾기/원 가족 특히 부모님에게서 받은 영향 알아보기/ 의사소통규칙 찾기, 심리 내면 빙산 탐색하기, 의사소통 유형 찾기와 일치적 의사소통 방법 배우기/ 친밀감의 영역 형성하기/ 긍정적 방향의 결혼의 목표 세우기
두란노 서원* (2023)	두란노 결혼예비학교	3주간/ 온라인 또는 현장강의	성경적 원리 안에서 결혼의 가치를 깨닫고, 서로를 배우고 깊이 있게 나눔으로 배우자와의 건강한 연합을 돕고자 합니다	부부계명완성(결혼의 성경적 가르침, 너와 나 다름의 축복)/ 성결 서약식(하나 됨의 비밀)/ 청혼식-수료식(신혼, 재정의 첫걸음, 건강한 자아상)
서울가족학교* (2023)	2023 서울가족학교- 예비부부교실-우리, 결혼할까요?	5회기/ 회기당 2시간	서로를 이해하는 시간을 갖고, 결혼을 탄탄히 준비하여 행복하고 건강한 예비부부의 모습으로 나아가	우리, 결혼할까요?/ 서로의 차이 이해하기/ 행복한 커플 대화법/ 결혼의 의미와 체크리스트/ 결혼 재무관리

* '두란노 서원'과 '서울가족학교'는 온라인 수강 신청 서류를 중심으로 재구성함

〈표 12-1〉을 보면, 1996년 정민자(1996)의 결혼준비교육 프로그램을 시작으로 2010년경까지 다양한 개별 연구자들의 프로그램 개발이 활발하게 이루어지며 프로그램이 시행되다가, 2010년경부터는 개별 연구자들의 프로그램 개발이나 시행이 여러 연구 데이터베이스에서 검색되지 않았다. 이러한 변화는 2005년 입법된 건강가정기본법 시행으로 인해, 한국의 가족생활교육이 2000년대 중반 이후 공공영역에서 양적으로 크게 성장한(기쁘다 외, 2020; Lee & Son, 2018) 결과를 반영한 것으로 분석된다. 또, 사례가 많지 않지만(최정란, 2014), 결혼준비교육 프로그램이 가족상담 이론과 융합해서 가족생활교육이 상담 및 치료 활동의 융합과 같은 새로운 방향성의 변화도 나타내고 있음을 시사한다.

4) 결혼준비교육 프로그램 시행의 효과

2000년대 이후의 결혼준비교육 연구에서는 결혼준비교육 프로그램 참여가 참여자의 결혼 적응과 관련한 여러 가지 인지적 태도 변화에 효과적인지를 규명하는 프로그램 효과성 평가 연구가 진행되었다. 결혼 전 미혼 남녀가 참여자인 경우를 먼저 살펴보면, 13회기로 구성된 결혼준비교육 프로그램의 효과를 실험집단과 통제집단의 사전-사후 검사를 실시하여 두 집단의 점수를 비교, 검증한 결과 프로그램의 효과가 있었던 것으로 나타났다(고미숙 · 전영자, 2015). 즉, 결혼준비교육 프로그램 강좌에 참여한 실험집단은 낭만적인 사랑관에서 현실적인 사랑관으로 인지의 변화를 보였고, 성공적 결혼을 위한 노력에 있어서 긍정적인 변화를 보였으며, 결혼의 불합리성에 대한 인지에도 긍정적인 변화를 보였으며, 성역할태도에 있어서도 성차별주의적인 태도에서 양성평등한 태도로 인지의 변화를 보여, 긍정적인 효과가 나타났다. 그러나 배우자 선택 기준에 대한 변화는 나타나지 않았다.

한편, 예비부부를 대상으로 한 결혼준비교육 프로그램의 효과성 분석 결과에서는(박주희 · 임선영, 2009), 결혼준비교육 프로그램을 이수한 이후에 예비부부들의 의사소통 수준에 의미 있는 변화가 나타났지만, 성역할 태도에는 통계적으로 유의한 변화가 나타나지 않았다. 이재림 외(2012)는 2010년까지 발행된 모든 학술지와 석사 및 박사학위 논문을 대상으로 결혼준비교육 프로그램 강좌의 참여 효과를 분석한 13편의 연구 결과를 메타 분석을 통해 분석했다. 그 결과 의사소통 및 갈등 해결과 양성평등의 태도에서 참가 전후의 차이가 있는 것으로 나타났고, 이러한 차이는 참가자가 커플 참가자들로 구성된 교육 프로그램에서 더 큰 것으로 나타나서, 결혼준비교육 프로그램의 효과가 예비부부에게 보다 효과적이라는 점을 시사했다. 이 메타 분석 결과에서는 프로그램 참여로 인한 관계 만족도와 적응 및 친밀감에서는 통계적 차이가 유의한 것으로 나타나지 않았다. 특히 성역할 태도에서의 변화가 의사소통 및 갈등 해결의 크기보다 크지 않다는 점도 이 메타분석 결과가 보여 주는 중요한 연구 결과라고 할 수 있다. 한편, 예비부부 3쌍과 신혼부부 2쌍을 대상으로 사티어경험적가족치료모델 의사소통훈련 결혼준비교육을 실시한 연구에서는 프로그램 이후에 참여자들에게 자존감증진과 친밀감향상을 가져왔다는 연구 결과는(최정란, 2014), 결혼준비교육 프로그램에서 예비부부들을 대상으로 상담을 병행하는 프로그램 구성이 효과적일 수 있다는 이후의 프로그램 구성의 방향성과 가족생활교육사의 역량에 상담 및 치료 역량의 함양이 필요함을 시사해 주었다.

한편 결혼준비교육 프로그램에의 참여자 참여를 촉진할 수 있는 요인에 대한 규명도 매우 중요한데, 박지수 외(2022)는 Andersen과 Newman의 행동모델을 토대로 예비부부교육 참여의향 및 참여행동을 예측하는 선행, 자원, 욕구요인을 규명했다. 그 결과 예비부부교육 참여 의향은 남성보다 여성이, 결혼계획이 구체적으로 있을때, 전반적인 교육주제에 대한 요구도가 높을때 높았다. 성별로 나누어 분석하면, 남성의 경우 교제 기간이 짧을수록, 관계자신감이 높을수록, 구체적인 결혼계획이 있을 때, 결혼생활준비도가 낮을수록 예비부부교육에 참여할 가능성이 높았다. 여성의 경우 종교가 있는 경우, 교제 기간이 짧을수록, 구체적인 결혼계획이 있을 때, 결혼준비도가 낮을수록 예비부부교육에 참여할 가능성이 높았다. 이같은 연구 결과는 결혼준비교육 프로그램의 참여자를 모집하거나, 초기 교육 단계에서 참여자의 특성을 파악하는데 가족생활교육사들이 참고해야 할 중요한 기초자료라고 할 수 있다.

5) 예시 프로그램

결혼준비교육 프로그램에 대한 고찰을 기준으로 바람직한 결혼준비교육 프로그램을 기획한다면, 결혼준비교육 프로그램의 효과성은 예비부부를 대상으로 할 경우에 더 효과적이지만, 미혼 남녀를 대상으로 한 결혼준비교육 프로그램의 효과성도 높기 때문에, 결혼 기피와 만혼화로 인한 저출산의 사회 현안이 심각한 우리나라에서는 결혼준비교육 프로그램을 예비부부뿐 아니라 미혼의 남녀에게도 시행할 수 있는 프로그램이 요구된다. 또 결혼준비교육 프로그램은 자아에 대한 건강성을 확인하여 자신이 미래의 배우자로서 어떤 특성을 가지는지에 대한 객관적 인식을 경험할 수 있는 기회를 제공하며, 자신의 성격과 부합하는 상대 배우자의 성격 특성을 이해하도록 하는 경험이 포함되는 것이 필요하다고 할 수 있다. 결혼에 대한 낭만적 기대는 물론이고, 결혼에 대한 부정적 선입견을 사고해 볼 수 있는 경험의 제공은 결혼준비교육 프로그램이 포함해야 할 가장 중요한 내용 요소라고 할 수 있다.

이 절에서는 이러한 분석의 결과를 반영한 예시적인 결혼준비교육 프로그램을 제시하므로, 이 프로그램을 수정, 보완하여 결혼준비교육 프로그램을 실천할 수 있는 역량을 키워본다.

□ 결혼준비교육 프로그램의 예

- 전주대학교 결혼예비학교 프로그램 (왕석순, 2005; 2006)

□ **프로그램 목표**

- 결혼이나 가정이 가진 의미와 실체를 발견하며, 혼인 후의 건강한 결혼생활을 예비하기
- 결혼과 가정생활에 관한 이해를 돕고, 문제해결을 위한 잠재력 개발

□ **프로그램 참여자 및 프로그램 구성**

미혼 남녀, 커플관계인 예비부부 등/

총 5회기/ 1회기당 4시간

프로그램명: 행복 접속! 결혼가족 전문가 교수님과 디자인 해가는

'쿨한 신세대 커플의 행복결혼 접속!

1. 첫째 만남 : 나와 너를 알고 함께 떠나는 결혼 여행
   - 결혼의 신화 해부하기 : 결혼의 동기, 결혼의 환상, 배우자 자질 경매 게임
   - 배우자의 성격 특성 알기 : 나와 배우자의 욕구 강도 프로파일
2. 둘째 만남 : 우리 커플의 사랑 궁합이 궁금해요
   - 나의 사랑의 유형은?: 사랑의 구성요소를 통한 사랑의 상황 이해
   - 사랑의 능력은 어디에서 오는 걸까요?: 성인 애착 검사와 이해
3. 셋째 만남 : 신세대 커플의 건강한 성 이야기
   - 성에 대한 환상과 바로 알기: 관계적 성의 의의 이해하기, 성에 대한 환상
   - 임신과 출산, 태교, 피임
4. 넷째 만남 : 부부싸움은 칼로 물 베기?-창조적으로 싸워서 건설하는 가족공동체
   - 커플 커뮤니케이션: 사랑의 언어 점검하기, 나 전달법, 반영적 경청하기
   - 모두가 이기는 커플간 갈등 해결의 방안: 무패 방법 이해하기
5. 다섯째 만남 : 부자 되기의 가정경제 이야기와 함께 디자인해 가는 혼례예절
   - 장기적인 결혼생활 디자인하기: 장기생활 설계와 균형적 삶, 소비성향 점검
   - 혼례 디자인하기: 결혼식, 신혼여행지, 혼수 등에 대한 새로운 생각

□ 2차시 예시

두번째 만남 〈 주제: 궁금한 남, 여 이성간의 사랑 이야기〉 강사: 왕 석순 교수

시 간		주요 진행사항	담 당	스텝 역할	준비 사항
도입	15:00~ 16:10	테이블 세팅	전 체		테이블 세팅 일체
	16:10~ 16:45	기도모임 및 준비사항 점검	전 체		찬양, 영상(카메라), 음향, 다과, 식사,
	16:45~ 17:15	출석점검 및 환영 찬양	찬양팀	주차지도: 2명 등록 안내: 2명 테이블 안내: 2명	안내표시 등록원부, 이름표, 연락처 등
	17:15~ 17:17	기 도 .	-		
전개 1	17:17~ 18:35	★강의1 : 나의 사랑의 유형과 배우자와의 궁합 • 파트너끼리 결과 나누기 • 조별로 결과 나누기 • 전체 나누기	강사 : 왕석순	• PPT화면 준비 • 척도 작성시 배경 음악	• 필기도구 • 노트북, 빔 프로젝터 • 척도 작성시 배경 음악
	18:40~ 19:00	☆사랑의 편지 읽어주기 싱글 참석자는 좋은 배우자감을 예비해 줄 것을 소망하는 기도문 읽기(지난주 숙제분임)	진행자	• 초 준비	• 초준비(전체소등하고, 편지를 듣는 사람이 초 들고 있기)
19:00~19:20		식 사	식당으로 이동 안내		식사준비
19:20~19:35		찬 양	찬양팀	간단한 율동 찬양	
19:35~20:00		조별 인사, 구호 제창	진행자	진행 보조 1명	조별 구호 게시
전개 2	20:00~ 21:00	★강의 2: 사랑할 수 있는 능력은 어디에서 오는 걸까요? • 파트너끼리 결과 나누기 • 조별로 결과 나누기 • 전체 나누기	강사 : 왕석순	• PPT화면 준비 • 척도 작성시 배경 음악	• 필기도구 • 노트북, 빔 프로젝터 • 비디오기기(비디오 볼 것임) • 척도 작성시 배경 음악
	21:00~ 21:10	☆부모님께 대한 편지 써 온 것 서로 나누기(지난주 숙제분임)	21:00- 21:10	• 배경 음악 깔아주기	• 배경음악
종결	21:10~ 21:20	• 조별로 첫째주 모임 평가 (연락처 배부) • 다음 주 과제 소개	진행자	• 교재 앞 조원끼리 주소록 나누도록 지도	
과제물 주기		1. 나누어 주는 달걀을 24시간 동안 가지고 다니며 생활하고, 느낀 점 써오기		1. 달걀에 아이 사진 붙이기나 그리기 도와주기	1. 달걀 준비와 나누어주기 2. 조원끼리 참석 전화, 조장 전화

□ **프로그램 평가 및 효과**

- 프로그램 효과를 측정하기 위해 양적 검사와 질적 검사를 병행함
  - 양적 평가: 질문지를 활용한 교육 실시 전 사전 검사, 교육 종료일 사후 검사 실시함
  - 질적 평가: 프로그램을 공동 기획, 진행한 전주대학교 선교지원실 직원 대상 질적 평가 시행
- 사전 검사와 사후 검사는 일반적 배경 사항 7문항, 상호 이해와 수용, 배려에 대한 10문항, 의사소통 10문항, 정서적 독립 10문항, 갈등 해결 10문항, 성에 대한 태도 10문항 등 5주 프로그램 영역별 사전 사후 문항임
- 사후 검사에서는 프로그램 만족도 조사를 병행함
- 2005년과 2006년 등 총 2회 프로그램 실시후, 사전-사후 검사(paired-t test)에서 전체 영역에서 통계적으로 유의한 변화가 나타남
- 만족도 조사는 5점 만점 기준으로 2005년의 4.75점, 2006년 4.87점으로 나타남.
- 프로그램 효과성 검증에서 통계적으로 정적인 유의한 결과가 나타났고, 프로그램 참여자 만족도가 5점 척도 기준 4.87점으로 매우 높았지만, 예산 여건 및 프로그램 진행자 인적 자원 구성의 어려움으로 프로그램 종료됨

2. 부부교육 프로그램

〈생각 나누기〉

Q 다음의 기사를 읽고 부부관계 향상을 위한 가족생활교육 프로그램 기획의 대응 방향과 방안에 대해 토의해 봅시다.

"더는 못 살아"…20년 차 '황혼 이혼', 신혼보다 2배 많았다.

결혼하는 부부가 해마다 줄어들면서 지난해 이혼 건수도 덩달아 줄어들었지만 20년 이상 함께한 부부의 '황혼 이혼' 비중은 갈수록 늘어나는 것으로 나타났다. 자식들이 성장해 출가하면서 '내 삶을 찾겠다'고 외치며 가정의 틀에서 벗어나는 5060의 이혼이 크게 늘고 있는 영향으로 풀이된다.
〈중략〉 전체 이혼 건수는 9만 3,000건으로 전년(10만 2,000건)보다 8.4% 감소했는데, 20년 이상 함께 한 부부의 이혼 비율이 전체 3명 중 1명으로 가장 많았다. 전체 이혼 비율 중 20년 이상 함께 한 부부 이혼이 36.7%로 1위였고, 이어 4년 차 이하 부부가 18.6% ▲5~9년 18% ▲10~14년 14.8% ▲15~19년 12% 순이었다. 19년 차 부부까지 범위를 넓히면 이혼 부부 2쌍 중 1쌍이 20년 전후 부부인 셈이다. 지난해 혼인 가운데 여성 재혼 비율은 18.3%로, 2015년 대비 0.9%포인트 늘었다. 혼인 종류별로 보면 여성 초혼-남성 초혼이 77.4%로 가장 많았고, 여성 재혼-남성 재혼이 12.3%로 나타났다.

출처: 서울신문(2023. 09. 07). "더는 못 살아"…20년 차 '황혼 이혼', 신혼보다 2배 많았다. 최재헌 기자

1) 부부교육 프로그램의 개념과 필요성

부부교육은 가족의 중심체계인 부부의 건전함과 잠재력을 지원하여 부부관계의 향상을 도모할 뿐 아니라, 전체 가족을 건강하게 향상시키는 방향 모색의 기초를 마련하고자 하는데 목적을 둔 교육을 말한다. 즉, 부부의 문제를 해결하도록 도와주며 갈등 및 문제의 심화를 사전에 예방하기 위해 실시할 수 있도록 실용적인 측면이 강조된 교육 프로그램을 말한다(한국가족관계학회, 1998).

부부가 되는 것은 제2의 탄생이라고 언급될 정도로 개인의 생애에서 가장 복잡하고 어려운 변화의 하나로, 개인적 성장뿐 아니라 상대방과의 관계에서 지속적인 성장과 변화를 요구하는 적응을 필요로 한다. 부부 두 사람의 만족스러운

결혼생활은 부부에게는 물론이고 부부와 관련된 가족 구성원 모두의 신체적, 심리적 건강의 원인이 된다. 특히 자녀들의 정신건강에도 심각한 영향을 미치기 때문에(왕석순, 1996; 왕석순, 2009; 원복연 외, 2013; 이은영 · 장진경, 2016; Waite & Gallagher, 2000), 부부관계는 부부 둘만의 문제가 아니라 가족 구성원 전체의 신체적, 심리적 건강성의 기초가 된다. 더욱이 가족은 사회의 가장 작은 공동체가 되므로, 부부관계의 해체는 사회의 가장 작은 공동체인 가족이 해체되는 한 개인의 문제이기도 하지만, 동시에 사회 · 경제적 비용 등의 문제를 유발시키는 사회 문제로 확대되는 문제이므로 사회적 차원에서 접근되어야 할 필요가 있다(이은영 · 장진경, 2016).

부부의 안정성이 가족의 안정성의 기초가 되어 사회 안정의 기반이 된다는 점을 고려하면, 최근에 우리 사회에서 증가하고 있는 결혼생활 20년 이상의 중년기 부부들의 '황혼 이혼'의 증가에 대해서도 주목해야 한다(서울신문, 2023). 결혼생활의 적응 문제로 인해 이혼의 가장 많은 비율을 차지했던 '신혼기 이혼'의 비율만큼 증가하고 있는 '황혼 이혼'을 고려하면 오늘날의 부부 적응 및 만족의 문제는 모든 세대의 문제로 확대되고 있어서 이에 대한 도움이 필요하다고 사료된다. 또 법적인 개념은 아니지만 주거지를 분리하고 부부가 상대방의 사생활을 간섭하지 않는 등의 사적인 계약으로 이루어지는 졸혼(卒婚)의 사례가 5060세대에서 증가하고 있는 추세이다(김정석 · 김미선, 2020; 더중앙플러스, 2023). 오늘날의 이와 같은 상황을 고려하면 부부교육은 부부 적응의 요구가 큰 결혼 초기의 부부뿐 아니라 중년기 부부와 노년기 부부에게도 그 필요성이 커지고 있는 가족생활교육 프로그램으로 전 생애적 관점에서 이루어져야 함을 시사하고 있다.

부부를 위한 국내 집단프로그램은 M.E(Marriage Encounter)가 1977년에 개발된 이후 지난 30년 동안 다양하게 개발되어 왔다(천성문 · 함경애 · 조용재, 2015). 그런데 부부교육이 부부의 관계적 측면에만 초점을 맞추다 보니, 부부 두 사람이 부부라는 장기적 관계에서의 역동을 기반으로 개인적으로 성장하며 발전하는 내적 변화와 성장에 대한 부분이 다소 소홀하게 다루어진 경향이 있음이 지적되고 있다(전영자, 2005). 이에 대한 대안으로 결혼 · 가족 전문가들은 개인적 차원의 특성인 자기 존중감, 자율성이나 내부 통제성 등의 교육을 통해 부부관계 향상이 가능하다고 하였다(정현숙, 2000; 전영자 2005; 원복연 외, 2013). 이처럼 어떤 생활 요구나 문제에 직면할 때 이에 성공적으로 대처하고 성장할 수 있는 개인이나 부부는 잠재력(내적 자원)을 가지고 있다고 본다(지영숙, 2004). 때문에 부부교육은 부부의 문제를 해결하도록 도와주며 갈등 및 문제의 심화를 예방하기 위해 대화 기술을 통해 부부 서로에 대한 이해와 수용을 통해 부부관계의 질을 증진시키는 것뿐 아니라, 부부 자신들이 가지고 있는 개인의 잠재력과 가능성을 개발하여 자신들의 정체성과 자존감을 확립하는 자기 변화를 통한 개인의 성장을 지향하는 교육도 지향한다. 이처럼 부부체계 내에서 개인적 성장과 관계 성장을 지향하는 가족생활교육 프로그램을 부부교육 프로그램이라고 한다.

2) 부부교육 프로그램 참여 대상자와 프로그램 목표

부부가 되어 하나의 가정을 만들어 가는 것은 기대만큼 쉬운 것이 아니다. 왜냐하면 부부관계는 서로 전혀 다른 배경에서 성장한 남녀가 결혼이라는 제도를 통해 육체적, 정신적, 심리적, 정서적, 경제적 결합을 바탕으로 하나의 새로운 가족이라는 공동체를 형성, 유지, 발전시켜 가야 하는 다양한 적응의 측면을 가지기 때문에 부부 두 사람의 사랑만으로 유지되기 어려운 측면을 가지고 있다. 따라서 결혼생활을 하는 부부 두 사람 사이의 갈등은 오히려 자연스럽다고 할 수 있어서, 문제가 없는 상태이기보다 문제를 해결해 가는 능력이 더 중요해서 이를 위한 지속적인 학습의 과정이 필요하다고 할 수 있다. 다시 말하면 성숙한 부부관계는 절대로 저절로 이루어지는 것이 아니므로, 부부라는 지속적인 상호작용의 과정에서 변화와 성장 가능성을 거듭하며 의도적으로 노력하려는 태도가 더 중요하다. 따라서 부부교육의 대상자는 결혼의 위기에 처한 부부이거나 위기가 잠재화된 상태여서 아직 표면적으로 드러나지 않는 부부들과 같이 부부의 문제를 가진 부부들에게만 필요한 것이 아니다. 오히려 부부 문제를 가졌는지의 여부에 관계없이 모든 부부들이 전 생애를 통해 자신들이 가지고 있는 잠재력과 가능성을 개발하여 보다 나은 결혼생활을 할 수 있도록 하기 위해 예방적 · 발달적 차원에서 부부들을 돕기 위한 활동이다(박경아 외, 2021). 따라서 부부교육의 대상자는 전 생애주기의 모든 부부들이 대상자라고 할 수 있다. 이것은 Hawkins 외(2008)와 Blanchard 외(2009)는 부부교육의 초점이 부부 사이에 발생할 수 있는 여러종류의 문제를 '예방'하는 데 있다고 해서, 부부교육을 "보편적 예방(universal prevention)", 또는 "예방적인 개입(primary, preventative intervention)"이라고 한 것과 관련된다.

이처럼 부부교육의 목적은 부부체계를 강화하여 행복하고 성장하는 부부관계를 맺도록 도와 건강한 가족을 만들도록 하는데 있는데(Thomas, Arcus, 1992), 다음과 같은 몇 가지 기본전제를 설정하고 있다(한국가족관계학회, 1998).

① 건강한 부부관계는 문제가 전혀 없는 상태가 아니라 문제 해결 능력을 가지고 있다.
② 기능적인 부부관계는 우연히 이루어지는 것이 아니며 부부의 성장 잠재력을 개발함으로써 부부가 함께 성장할 수 있다.
③ 대부분의 부부가 부부의 관계 향상에 대한 강화 또는 향상의 방법을 잘 모르고 있으며, 건강하고 기능적인 부부생활을 위한 기술과 정보의 필요성을 인식하고 있다.
④ 건강하고 기능적인 부부관계 향상 유지는 한 가지 방법만으로 가능하지 않다.

이상의 부부교육의 기본 전제들은 여러 가지 부부교육 프로그램 개발의 기본 전제로 영향을 주었는데, 최근의 부부교육 프로그램에는 부부교육에 심리 상담적 개입을 병행하는 추세가 증가하고 있다. 가족생활교육은 상담보다는 예방적 교육에 초점을 두고 하고 있으나, 사회변화에 따라 다양하고 심각한 부부문제가 많아지고 교육 내용도 부부문제와 관련한 주제를 많이 다루게 되면서 교육을 병행한 심리적인 개입의 상담 과정을 추가한 가족생활교육 프로그램의 개발이 증가하고 있다(이성희 외, 2018). 부부교육 프로그램에서도 마찬가지 경향이 반영되어서, Satir, 현실치료, 해결중심, Gottman, Imago, 정서중심 등 다양한 상담이론에 근거하여 부부교육 프로그램이 개발되거나(강리리, 2010; 김정민, 2011; 김희진, 2005; 김홍숙, 2006; 박남숙, 2005; 박민자, 2010; 송정아 외, 2004; 성혜옥, 2010; 원복연 외, 2013), 통합 치료적 접근으로 증상 개선이나 관계 향상에 초점을 둔 부부교육 프로그램(이동숙, 2008; 최정숙, 2009), 마음훈련의 한 방법인 명상을 통해 부부가 건강한 관계를 이루도록 돕는 프로그램(천성문 외, 2015), 등이다.

1970년대에 이르러 우리나라에서 전개되기 시작한 다양한 부부교육 프로그램이 현시점(2023년)으로 발달해 오면서 부부교육에 보편적인 예방 교육적 개입 차원 이상의 상담적 개입의 내용이 병행되고 있지만, 부부교육을 위한 대부분의 가족생활교육 프로그램의 목표는 여전히 다음과 같은 사항을 기본 방향으로 설정하고 있다 (한국가족관계학회, 1998).

① 성장발달적인 측면에서 부부관계-개인차원 · 관계차원-의 정확한 인지 구조 파악 및 향상
② 자기 노출을 통한 부부의 상호 이해 · 수용 및 친밀성 향상
③ 기술차원으로서 개방적인 의사소통을 통한 공유되는 감정 및 존중감 나누기
④ 변화와 관련된 적응 · 대처 능력 및 갈등 · 문제 해결 능력 향상

다시 말해서 부부교육 프로그램의 목표는 자신에 대한 이해를 상대방에게 제공하고 서로의 필요 충족 및 목표 성취를 위해 상호 간에 도움을 주게 되므로 정서적 만족이 커지고 관계가 증진되어 서로 간에 신뢰와 조화 정도가 커지며 부부 의사소통, 갈등, 자아존중감, 내적 통제성 등 문제해결 및 변화에 대한 적응능력을 배양하여 보다 만족스럽고 기능적인 부부관계를 영위하도록 도움을 주는 것

(이정미 외, 2006)을 목표로 하여, 예방 · 교육적, 성장 · 발달 지향적, 상호작용 지향적 관점으로서(한국가족관계학회, 1998)의 목표를 지향하는데 초점을 둔다. 또, 부부문제의 증가와 심각성이 커지면서 부부문제가 부부 교육내용에 포함되어 상담적 개입을 병행할 수 있지만, 이를 위해서는 상담이론에 대한 충분한 숙지와 함께 상담자적 자질 수련의 수준을 고려하여 신중하게 접근하도록 한다.

3) 부부교육 프로그램의 내용 구성을 위한 이론적 기초

결혼은 두 개인에게 심리적이고 사적인 영역(즉, 성적, 신체적, 정서적 적응)과 물리적이고 공적인 영역(즉, 주거적, 경제적, 법적, 사회문화적 적응)의 다각적인 구조로 이루어져 있어서, 이들 각 영역의 조화로운 적응이 만족스러운 부부관계 형성에 필수적이라고 할 수 있다. 즉, 부부는 결혼과 동시에 한 개인으로서가 아닌 부부라는 체계로 자신들의 정체성을 형성하게 되며 지금까지와는 다른 가족관계(상대 배우자, 부모, 친인척 등), 사회관계(친구, 배우자의 친구, 동료 등)를 형성하도록 기대된다. 결혼이 가진 속성을 정리하면, 다음의 〈표 12-2〉와 같다.

〈표 12-2〉 결혼의 속성

속성	설명
법률적 승인(legal approval)	법적 혼인의 지위 및 의무
애정적 교류(affectionate exchange)	정감적 관계 및 교류
정서적 지지(emotional support)	감정적, 도덕적 지지
상호 돌봄(mutual care)	부부간 일상생활 돌봄 수행
경제자원 공유(sharing of economic resources)	수입 및 소비생활의 공유
생활공간 공유(sharing of living space)	부부의 생활공간 공유 여부

출처: 김정석 · 김미선(2020). 졸혼(卒婚)에 대한 사회학적 단상: 졸혼의 정의, 특성, 기제 및 전망. 102쪽 재인용

〈표 12-2〉에서 제시한 결혼관계가 가지는 광범위한 속성들에 대해 부부는 결

혼을 통해 상호 긍정적인 관계를 발전시켜 가야 하는 과업을 가진다. 이 과정에서 부부는 각자의 성장 배경과 개인적 기질의 차이로부터 오는 갈등을 끊임없이 관리해야 한다. 여기에 더해서 부부는 결혼으로 인해 야기되는 출산, 자녀 양육, 경제적 문제, 부부 갈등과 같은 현실적인 측면들도 나타나므로, 부부는 결혼 당시의 애정이나 친밀감만으로 긍정적 부부관계를 유지, 발전시키는 것은 어려운 측면이 크다(김현미, 2021). 따라서 결혼의 발달단계에 따라 부부의 적응 과제를 이해하여 부부 두 사람이 적응을 위한 공동의 노력을 기울여야 한다.

〈표 12-3〉 발달단계별 부부 적응 과제

신혼기 부부	자녀 양육기	중년기	노년기
- 결혼생활의 기초를 확립하는 시기 • 부부로서의 정체감 확립(원가족 독립) • 가족의 규칙과 역할 체계 정립하기 • 자녀 출산과 양육 합의와 조정하기 • 부부의 성격적, 성적 적응하기 • 인척관계 적응하기	- 자녀 출생으로 가족 체계 변동에 적응하는 시기 • 부모로서의 새로운 정체감 수립하기 • 자녀 양육 기술 공유하기 • 재정적 지출 증가에 따른 경제 관리하기 • 부부로서의 유대감과 친밀감 유지하기	- 인생의 재평가, 부부관계 재평가 시기 • 빈 둥지 시기 적응하기 • 중년기 위기감에 대비하여 인생의 황금기로 승화시키기 • 부부의 심리적 성역할 전환의 변화에 적응하기 • 노부모와 관계 재정립하기 • 자녀의 결혼, 독립 등에 적응하기	- 은퇴 적응, 배우자 및 자신의 죽음을 준비하는 시기 • 노년기 개인적 통합감과 행복감 수립하기 • 신체적 노쇠에 적응하기 • 은퇴 적응과 재정관리 • 노부부관계 재정립 • 손-자녀 관계 확립하기 • 배우자와 자신의 죽음에 대비하기

부부의 성공적인 결혼생활에 기여할 수 있는 요인들에 대해서는 다양한 연구들에서 규명을 시도했는데, 결혼 · 가족 전문가들은 다음과 같은 요인을 제시한다(서병숙, 1998; 유영주 · 김순옥 · 김경신, 2022).

① 개인의 관심이 가족 중심의 생활에 있을 때 성공적이다. 부부의 공동 관심이 가정, 자녀, 사랑 및 종교와 같은 문제에 있을 때 그들의 결혼은 돈, 명예, 향락, 오락 등에 관심을 둔 부부보다 안정되고 성공적이다

② 부모들의 결혼생활이 행복했을 때 자녀들의 결혼생활이 행복하게 될 가능성이 많다. 즉, 행복한 가정과 부모 밑에서 자라난 사람일수록 자기들의 생활을 행복하게 꾸며 나갈 소질을 가지고 있다.

③ 결혼 전 교제 기간이 길었던 사람들이 행복하게 적응할 수 있다. 즉 갑작스런 기분이나 일시적인 충동으로 이루어진 결혼일수록 지속성이 적다.

④ 비슷한 사회적 · 문화적 배경을 지닌 사람들이 성공적이다. 즉 교육, 직업, 생활정도, 취미가 비슷할 때에 적응이 용이하기 때문이다.

이상의 기준들은 결혼 이전에 배우자를 선택하는 시기에도 미래의 결혼생활의 적응을 위해 고려해 볼 수 있는 기준들에 해당한다.

부부관계는 그들을 둘러싸고 있는 외적 환경에 의해서도 영향을 받지만, 동시에 부부 각자의 내면세계에 의해서도 영향을 받게 된다. 만일 낙천적인 생각을 가진 사람들은 많은 어려움에도 불구하고 성공적으로 결혼생활에 적응할 수 있으며, 행복한 결혼생활을 유지할 수 있다. 이렇듯 삶에 대한 긍정적인 태도는 건강한 부부관계를 만들어 나가는데 있어서 중요하다. 무엇이 결혼생활을 지속하게 하는지에 대한 Rovert와 Lauer가 351쌍의 부부를 대상으로 조사를 한 결과, 흥미롭게도 남편과 부인들이 중요하다고 지적한 요인들이 매우 유사했으며, 특히 상위 7위까지는 똑같았다(Olson, DeFrain & Olson, 1998). 〈표 12-3〉의 내용은 부부교육 프로그램 구성에서 남편과 부인에 대한 프로그램 구성의 일관성에 대한 이론적 근거가 되며, 동시에 성별에 따른 차별적 요소를 무엇을 고려해야 하는지를 시사하고 있다.

〈표 12-4〉 무엇이 결혼생활을 지속하게 하는가?

	남편 순위	부인 순위
배우자는 나의 가장 친한 친구이다	1	1
인간적으로 배우자를 좋아한다	2	2
결혼은 끊임없는 헌신이 요구된다	3	3
결혼은 신성한 것이다	4	4
부부가 같은 목표와 목적을 가지고 있다	5	5
배우자에 대해 점점 더 매력을 느끼게 된다	6	6
부부관계가 성공적이기를 바란다	7	7
친밀한 부부관계는 사회적 안정을 위해 매우 중요하다	8	10
부부가 함께 웃는다	9	8
배우자가 성취한 것에 대해 나는 자부심을 느낀다	10	15
부부의 삶의 철학이 비슷하다	11	9
부부는 성생활에 대해 만족한다	12	14
부부는 애정표현 방식이 비슷하다	13	10

출처: Olson , DeFrain & Olson(1998). Building Relationships.을 21세기 가족문화연구소(2002) 편역의 '행복한 결혼, 건강한 가족' 88쪽에서 재인용함

한국가족관계학회에서는 부부교육이 부부 체계 내, 또는 부부 각자 개인적 과정의 개인적 성장 발달과 관련된 '개인적 차원'과 의사소통 및 관계적 문제해결에 기여할 수 있는 부부 체계 내 또는 부부과정의 상호작용에 초점을 두는 '관계적 차원'의 구성요인으로 내용이 구성되어야 한다고 했다. 또, 이은영 · 장진경(2018)은 Hawkins 외(2008)의 문헌을 인용해서 부부교육은 첫째, 의사소통과 문제해결기술을 포함한 관계적 기술(relationship skills), 둘째, 결혼생활 관련 정보와 이를 기반으로 형성되는 긍정적 태도를 포함하는 지식과 태도(knowledge/attitudes), 셋째, 동기와 덕목(motivations/virtues)으로 결혼생활에 헌신(commitment)하고자 하는 동기와 덕목의 세가지 차원으로 구성되어야 한다고 주장했다. 이상의 부부관계의 향상에 기여하는 다양한 요인들에 대한 고찰의 내용들은 부부교육 프로그램 개발 과정에서 교육의 내용 요소를 개발하는 이론적 기초가 될 수 있으므로, 이것을 기초로 대상자를 고려하여 창의적인 부부교육 프로그램을 구성하면 좋다.

4) 부부관계 프로그램 시행의 효과

우리나라의 부부교육은 1970년대 가톨릭 종교 단체를 기반으로 국내에 도입되기 시작한 이래 부부관계의 안정성이 끼치는 가족 안정성의 효과에 대한 필요성이 수용되면서 그 자료는 방대한 수준이다. 국내에서 개발, 시행된 부부교육은 주로 1990년대까지는 부부관계에 대한 지식과 정보를 제공하는 데 초점을 둔 프로그램들이며, 2000년대 이후에 들어서면서 한국의 특수 상황인 다문화 가족, 맞벌이 부부, 또는 이혼 및 재혼 가족 부부의 적응, 그리고 가족생활주기에 따른 요구를 반영한 맞춤식 부부교육이 다양하게 이루어졌다(홍달아기 · 박경옥, 2004, 이정미 · 김정옥, 2006).

방대하게 이루어진 국내 부부교육 프로그램에 대한 효과성을 검증하기 위해 여러 연구들에서 부부교육의 긍정적 효과를 검증하기 위한 시도가 이루어졌다. 관련 연구 문헌들은 부부교육이 다양한 부부관계의 영역에서 긍정적인 효과가 있음을 보고하고 있다(이성희, 2002; 이동숙, 2008; 송미진, 2012; 박정미, 2014; 이은영 · 장진경, 2018).

부부관계 향상에 관련된 효과성 검증 연구는 초기에는 개별적 변인들의 효과성을 검증한 논문들이 주를 이루었다. 즉, 부부교육은 건강한 결혼가치관의 정립과 결혼 생활의 문제해결력을 강화시킨다(김수현 · 최혜경, 2007; 김숙기 · 이경화, 2010; 이은영 · 장진경; 2016). 또한, 부부 의사소통능력을 증진시키며(강리리, 2010; 오명선 · 최외선, 2008; 이지은, 2008), 부부의 갈등대처 능력에 긍정적 효과가 있다고 보고되었다(강리리, 2010; 권수정 · 전영주, 2007; 차경선, 2014). 그 결과, 부부의 결혼만족도를 향상시키고(박행님, 2005; 지아가 외, 2014; 진명자, 2005), 결혼생활 적응을 증진시키는 등의 효과가 있는 것으로(백은영 · 이명우, 2014; 최정숙, 2009), 나타났다.

부부교육의 효과성 검증 연구에서 개별적 변인들의 효과성 검증에 제한점을 인식하여, 2000년대 이후인 이성희(2002)와 이동숙(2008)의 연구에서는 부부교육의 효과를 한국가족관계학회에서 부부교육의 구성요인으로 제시한 부부의 개인적 성장과 관계성장의 두 가지로 분류해서 검증했다. 또 박정미(2014)는 부부교육의 효과를 인지, 정서, 행동의 세 요소로 분류하여 효과성을 검증하여 그 효과성을 제시했다.

그런데, 선행연구에서 나타나는 부부교육 효과 관련 결과가 항상 일관된 것은 아니어서, 부부교육 프로그램이 의사소통능력(김영실, 2002; 연우석 · 채규만, 2014)이나 갈등대처능력(김홍숙, 2006; 차경선, 2014) 등에서 유의미한 효과가 나타나지 않은 연구들이 있었다. 또 부부교육 프로그램 실시 후 부부의 결혼만족도 역시 유의미한 효과가 나타나지 않는 연구들도 있었다(원복연 외, 2013; 이주석, 2010; 현진희, 2007). 이러한 효과성 검증의 연구 간의 차이가 있는 연구 결과와 방대해진 부부교육 관련 연구 결과들을 보다 체계적으로 분류하여 정리하기 위해 송미진(2012)과 이은영 · 장진경(2018)은 부부교육의 효과성을 메타분석을 통해 검증하였다.

송미진(2012)은 부부교육의 효과를 결혼만족도, 의사소통, 갈등대처, 성적 태도 및 만족도, 자아 존중감의 다섯 가지로 분류하여 효과성을 메타 분석의 결과로 제시하였다. 이은영 · 장진경(2018)은 부부교육 관련 주제어를 사용해서 총 670편의 논문을 수집하고, 이를 논문 선정기준에 따라 선별하여 1990년대 논문 15편과 2000년대 논문 61편의 총 76편의 부부교육 프로그램 논문에 대한 메타 분석을 통해 부부교육의 효과를 정리하여 제시했다. 그 결과를 구체적으로 제시하면, 다음과 같다. 첫째, 전체 한국 부부교육 프로그램은 메타분석 결과에서 중간보다 큰 효과가 있었다. 즉, 유의미한 수준에서 참가자의 생활 태도를 변화시키고 문제를 예방하는 것으로 나타났다. 둘째, 한국의 부부교육 프로그램은 특히 참가자의 자아존중감을 향상시키고, 부부 사이의 의사소통기술을 향상시켜 결혼적응을 높이는 데 가장 큰 효과가 있는 것으로 분석 결과를 나타냈다. 셋째, 한국 부부교육 프로그램의 종속변수 영역을 범주화한 결과, 부부교육은 개인내적 범주와 관계적 기술 범주에서 참가자의 생활 태도를 변화시킬 정도로 의미 있는 효과가 나타난 것으로 분석되었다. 넷째, 한국 부부교육 프로그램은 다양한 가족 생활주기의 참가자를 혼합하여 교육하는 경우가 가장 많았으며, 이와 같이 집단을 구성할 때 효과가 가장 높았고, 다음으로 중년기부부를 대상으로 한 프로그램의 효과가 높은 것으로 나타났다.

부부교육의 효과성 분석 연구 결과에 대한 고찰은 가족생활 교육사들이 자신이 미래에 기획하는 부부교육 프로그램에서 참여자 구성 및 교육 내용 요소 선정에서 무엇을 강조해야 할지를 사고해 보며, 특히 현대 가족의 다양한 변화로 나타나고 있는 요구에 대응하기 위한 다양한 부부교육 프로그램 개발에서 어떤 측면에 중점을 두어야 할 것인지에 대한 실마리를 찾는 기초자료로 활용해야 한다.

5) 예시 프로그램

기존의 부부교육 프로그램에 대한 고찰을 기준으로 하면, 부부교육은 부부가 전체 가족기능에 중요한 영향을 미치기 때문에 다른 하위체계보다 효율적으로 기능해야 할 필요성이 크다. 여기에서 부부관계를 향상시키기 위해 예방적이고 성장 지향적 접근의 부부관계 향상을 위한 가족생활교육 프로그램으로, 부부간 관계 기술 증진과 상호작용을 위한 내용 뿐만 아니라, 개인적 특성을 고려하는 내용을 함께 구성했으며, 글라서(Glasser)의 현실치료 상담 이론을 적용하여 개발한 프로그램을 예시하고자 한다. 이 프로그램에서는 특히, 자기통제의 방법을 배우게 되면 문제를 비난하는 대신 해결하는 방향으로 긍정적 에너지를 사용할 수 있다고 본 상담이론인 현실치료 이론을 적용해서 부부관계 강화를 적용한 부부관계 강화 프로그램을 제시한다.

□ 부부관계 향상 프로그램의 예

- 이성희(2002). 부부관계강화 프로그램의 개발과 효과 검증-선택이론, 인지정서행동이론, 관계향상 기법을 중심으로. 가정과 삶의질 학회지, 20(6), 11-24.

□ **프로그램 목표**

- 부부관계 향상을 위한 부부간 관계 기술 증진과 상호작용 증진
- 부부 개인의 성장(자기 통제 방법, 상대방의 행동에 대한 유용한 해석 지원)

□ **프로그램 참여자 및 프로그램 구성**

- 8쌍의 부부, 가족생활주기는 다양하게 구성함
- 총 8회기/ 1 회기당 2시간
- 프로그램 구성:

1회기: 오리엔테이션
2~4회기: '인간의 기본욕구', '나의 질적인 세계', '전 행동'과 요가 활동
5회기: 인지정서행동이론의 부부 행동 적용(배우자 이해하기)
6~7회기: 인지정서행동이론과 관계향상기법(부부 갈등의 의미와 문제해결, 역할극)
8회기: 통합 과정으로 현실치료의 WDEP 과정을 익히기

□ 4회기 예시

주제	좋은 상황 내 것으로 만들기	
목표	1. 상황의 선택에 대한 자신의 역할 자각 2. 나쁜 상황을 좋은 상황으로 바꾸어 나가는 과정 3. 전 행동에 대한 이해 증진	
진행	내용	준비물
도입	지난 주간의 생활과 과제 체크, 평가 지난 모임의 정리 오늘의 목표 설명	출석부, 녹음기, 공테이프, 명찰, 간식
강의	1. 전 행동에 대한 이해 - 행동의 4요소(활동, 사고 감정, 신체요소)에 대한 이해 2. 활동/사고에의 통제로 인한 감정/신체요소의 효과에 대한 이해	개인용 교육자료파일지
적용 활동	1.전 행동에 대한 이해를 돕기 위해 다음의 지시에 따르게 한다. - 눈을 감아 보세요, 손에 땀이 나게 해 보세요, 슬프게 느껴 보세요, 산을 생각해 보세요, 박수를 쳐 보세요. 2. 부부싸움을 하였을 때의 상황을 점검해 보고 전 행동에 따라서 상황을 분석해 보고 이야기 나누기	
평가	1. 새롭게 배우고 느낀 점, 그것을 자신과 어떻게 연결할 수 있는가 2. 오늘 모임에 대한 성원들의 피드백과 기대를 나눈다.	펜, 나의 want 점검표, 회기별 평가, A4용지
과제	1. 가족성원들과 한 주일 동안 지내면서 나타난 갈등상황에서 전행동으로 분석해 보기	과제물 paper

□ 프로그램 평가 및 효과

- 프로그램의 평가를 위해, 실험집단과 통제 집단을 구성함
- 연령, 결혼기간, 교육수준, 가족 월수입 등의 사회 인구학적 변인을 고려하여 통제집단을 동일배합법으로 모집하여 비교함
- 통계방법으로는 Wilcoxon matched pair test를 적용함.
- 질적 평가는 개인별 사후질문지와 회기별 평가자료를 분석함.
- 실험집단 부부들의 내외 통제성, 부부 의사소통(배우자 이해, 나 전달, 타협의 영역) 모두에서 사전-사후 검사에서 통계적으로 유의한 변화가 나타남. 결혼 만족도의 경우 배우자 만족 영역, 배우자 대화 영역, 결혼생활의 기대

및 역할에 대한 영역에서는 실험집단 부부의 사전-사후 검사에서 유의한 변화가 나타남. 단, 결혼자체에 관한 영역 및 가정에서의 역할, 직업에 대한 영역에서는 유의한 차이가 나타나지 않았음.

- 프로그램의 진행 및 내용에 대한 참여자들의 자세한 느낌이나 변화, 평가 정도를 살펴보기 위하여 사후질문지 평가와 각 회기별 평가 내용을 분석함. 집단의 진행과 참여 만족도에 관한 질문의 응답은 5점 척도에서 4.32점, 프로그램 내용에 대해서는 4.41점으로 가장 높은 회기는 8회기였음. 단, 과제의 유용 정도를 묻는 항목은 보통 수준인 3점대를 보여 타 항목에 비해 상대적으로 낮은 점수를 보였음.

핵심용어 커플관계 향상, 결혼준비교육 프로그램, 부부교육 프로그램

학습실천과제

1. 이 책에서 제시하지 않은 커플관계를 찾아보고(예: 노년기 부부 관계, 다문화 가족 부부 등), 조사한 커플관계의 향상을 위한 가족생활교육 프로그램을 개발해서 발표해 보시오.
2. 저출산의 사회 현안을 개선하는데 적용할 수 있는 결혼준비교육 프로그램을 국민 아이디어 제안 등의 정책 제안서로 개발해 보시오.
3. 주변의 '가족센터' 또는 '건강가정지원센터에서 운영하는 부부교육 프로그램에 적용할 수 있는 부부관계 향상을 위한 상담이론을 찾아 기존 프로그램을 발전시켜 보시오.

제13장

부모-자녀 관계 향상 프로그램

〈학습목표〉

1. 부모-자녀 관계 향상에 관련한 여러 가지 가족생활교육 프로그램을 조사하여 비교, 분석, 평가할 수 있다.
2. 아동발달 단계에 따라 자녀와 부모의 요구가 모두 충족될 수 있는 부모교육 프로그램을 개발하여 실천할 수 있다.
3. 현대사회에 적합한 아버지의 역할을 탐구하여 아버지교육 프로그램을 개발하고 이를 실천할 수 있다.

결혼은 소수의 경우를 제외하고는 부부 두 사람의 관계로 끝나지 않고 두 사람의 애정의 산물인 자녀와 더불어 삶을 영위하는 부모기로의 이행이 이루어진다. 물론 선택적 자녀관을 포함해서 가족에 대한 전형적 형태에 대한 고정관념이 빠르게 사라지고 있지만, 부부의 결혼생활은 자녀가 있음으로써 부모-자녀 관계가 성립되어 여러 세대의 조화를 요구하는 가족으로서의 의의를 지닌다(유영주 외, 2022). 현대 사회에서는 부모가 되는 다양한 방법이 나타나고 있지만, 부모로서의 부부는 대개는 자녀의 생명의 수혜자가 되며 자녀의 인생의 모델로서 자녀가 성인으로 성장하기까지 자녀의 모든 것을 책임져야 하고, 이로 인해 자녀의 인성과 사회화에 부모가 끼치는 영향력은 지대하며 그 영향력이 지속적이며 장기적인 특성을 가진다.

부모만이 아니고 자녀도 부모에게 영향을 끼치는데, 부부관계에 영향을 끼치는 수많은 요인 중에서 자녀와의 관계는 중요성에 있어서 단연 으뜸을 차지한다. 실제로 부부는 부부 자신의 문제 이외에 자녀문제로 인한 복합적 갈등에 휩싸이게 되는 경우가 많다(이정덕 외, 2002). 부부관계와 부모-자녀 관계가 조화되지 못하는 가장 대표적인 경우는 부부가 부모 역할과 가족 부양자의 역할에 지나치게 몰두한 결과 역할 긴장을 초래하는 경우이다. 여성들이 자신의 정체감을 어머니 역할과 분리하지 못하여 자신이나 배우자에게 할애할 시간적 여유를 무시하게 되면 부부 만족도가 급격하게 감소되고 궁극적으로 자녀에게도 부정적 영향을 끼치게 된다. 또 부모로서의 아버지 역할이 자녀의 긍정적인 성장과 발달에 어머니만큼 중요한 영향을 끼친다는 사실에도 불구하고, 남성들이 자녀 출산 이후 부모로서 자신의 정체감을 확장하지 못하는 경우에도 부모로서의 부부관계는 부정적 영향을 받을 수 있다.

부부관계와 부모-자녀 관계는 분리할 수 없으며 상호 영향을 주고 받는 가족 안의 중요한 인간관계이다. 따라서 결혼 초기부터 부부는 부모가 됨으로써 나타나게 될 가족 역동성의 변화를 인식하여 부부는 물론 자녀와의 건강한 의사소통을 통해 부모가 자녀와 삶을 동행하는 건강한 관계로 성장, 발전시켜 가기 위한 부모-자녀 관계를 준비하는 것이 필요하다. 따라서 이 장에서는 가족 안의 중요한 인간 관계의 축인 부모-자녀 관계를 향상시키는데 기여할 수 있는 부모-자녀 관계 향상과 관련한 가족생활교육 프로그램을 살펴보기로 한다.

〈생각 나누기〉

Q 다음 기사를 읽고, 나 자신이 건강한 독립을 한 어른인지 성찰해보고, 바람직한 자녀 교육관을 어떻게 설정해야 할지 모둠별로 의견을 나누어 봅시다.

50代 '은둔캥거루족' 돌보는 80代 부모…고령사회 '8050리스크'

어려서부터 김효진(42 · 가명)씨에게 방은 가장 '안전한' 공간이었다. 아버지와 오빠의 지속적인 폭력으로부터 벗어나, 잠시나마 스스로를 보호할 수 있는 대피소였다. 그 방에서 효진 씨는 15년간 은둔생활을 했다. 〈중략〉

급속한 고령화가 진행되고 있는 한국 사회에서 40대의 효진 씨처럼 '은둔 청년'에서 '은둔 중장년'으로 넘어가는 이들이 적잖다. 4월16일 국무조정실의 '2022년 청년 삶 실태조사' 분석 자료에 따르면 한국에는 약 24만 4,000명에 달하는 '은둔 청년(20~30대)'이 있을 것으로 예상되는데, 이들이 향후 은둔 중장년(40~50대)이 될 가능성이 높다. 은둔 중장년의 특징은 70~80대 고령의 부모가 자녀를 부양한다는 점이다. 부모가 경제능력을 잃거나 사망할 경우 은둔 중장년의 삶 또한 같이 위험에 처할 가능성이 높다. 우리보다 앞서 은둔형 외톨이(히키코모리) 문제를 경험한 일본에서는 이를 70대 부모가 40대 은둔 자녀를 부양하는 '7040 문제' 혹은 80대 부모가 50대 자녀를 부양하는 '8050 문제'라고 부른다. 자립할 준비가 되지 않은 은둔 중년은 자신을 돌봐주던 부모가 갑작스럽게 사망할 경우, 비극적 범죄에 연루되기도 한다. 〈중략〉

우리나라 50세 미만 성인 10명 중 3명이 독립하지 않고 부모와 같이 사는 것으로 나타났다. 20~30대뿐 아니라 40대에서도 미혼자 2명 중 1명은 부모와 동거 중이었다. 만혼(晩婚) · 비혼(非婚) 풍조가 퍼지고 취업난과 주거비 부담 등이 겹쳐 자녀들이 부모로부터 독립하지 못한다는 분석이다. 2022년 6월28일 한국보건사회연구원이 펴낸 '보건복지포럼 6월호'에 따르면 국내 만 19~49세 남녀 중 29.9%가 부모와 동거하고 있는 것으로 조사됐다.〈후략〉

출처: 건강신문(2023. 12. 15.). '50代 '은둔캥거루족' 돌보는 80代 부모…고령사회 '8050리스크'. 문윤홍 기자.

1. 부모교육 프로그램

1) 부모교육 프로그램의 개념과 필요성

부모교육의 정의는 학자들마다 다양하다. 이순형 외(2010)는 "자녀의 성장과 발달에 대한 부모의 이해와 지식을 증진시킴으로써, 부모로서의 역량을 키우고 이를 토대로 부모 스스로 효과적인 자녀양육 방법과 기술을 개발하여 자녀에게 실천하고 적용하도록 지원해 주는 다양한 교육활동"이라고 하였다. 조성연 외

(2014)는 부모로서의 역할 기능을 원활히 수행할 수 있도록 부모에게 정보나 지식을 전달하거나 기술을 가르치는 것으로, 부모교육의 목적은 부모가 기관의 도움 없이 혼자 힘으로 정보 및 서비스를 활용하는 능력을 배양하는 데 있다고 했다. 또, '가족체계 혹은 자녀돌봄 체계에서 자녀양육과 관련된 지식과 기술을 변화 혹은 향상시키기 위한 구조화된 프로그램을 사용한 노력'(Brock, Oertwein, & Coufal, 1993; 이재림 외, 2013에서 재인용)이라는 협의의 정의도 있다. 이처럼 부모교육은 학자들에 따라 다양하게 정의되고 있지만, 첫째, 부모교육을 자녀양육 등 부모에게 필요한 지식, 기술을 제공하는 학습 과정으로 정의하며, 둘째, 부모교육을 지식과 기술을 전달하는 교육활동을 통해 부모의 역량을 향상시키고 부모의 다양한 지원을 끌어내는 과정으로 정의하고 있다는 공통점을 보인다.

부모교육의 개념은 부모훈련, 부모참여, 부모개입, 부모상담, 부모지지 등의 다양한 용어로 혼용하여 사용하고 있고, 이를 위한 구체적인 프로그램도 부모교육 프로그램, 부모참여 프로그램, 부모개입 프로그램, 부모훈련 프로그램 등으로 다양하게 표현하지만, 우리나라에서는 부모교육이라는 용어로 통칭하여 사용하는 경향이 있다(조성연 외, 2014). 이것은 부모교육이라는 용어가 초기에는 부모훈련과 같이 전문가가 가르치고 부모가 배우는 일방적인 의미가 강조되었으나, 현재에는 부모 참여와 개입이라는 쌍방적인 의미를 포함하는 포괄적인 의미를 가진 용어로 사용되며 부모교육에서 부모에 대한 관점을 반영한 변화라고 할 수 있다(정옥분 · 정순화, 2019).

최근 우리나라에서는 세계에서도 가장 두드러지는 초저출산국가로의 변화로 이를 극복하기 위한 노력의 일환으로 시민교육 차원에서 체계적인 부모교육이 필요하다는 점이 부각되고 있다. 부모교육은 부모 됨이 인간의 근원적 본능이라는 고정관념에 대한 도전으로, 부모 됨도 학습을 통하여 공부해야 한다는 필요성이 증가하며, 특히 국가 차원에서 부모역할 지원과 부모의 역량강화와 같은 예방적 활동이 가족정책의 주요 과제로 떠오르면서 정책적으로 부모역할을 지원하고 부모의 역량을 강화하기 위한 구체적인 방안으로 부모교육이 부각되고 있다. 이것은 아동학대 행위자 중 82%가 친부모이며, 친부모의 아동 학대 원인은 '자녀 양육기술 및 지식의 부족'으로 인한 부적절한 양육태도가 가장 높은 비율을 차지하고 있다(중앙아동보호전문기관, 2016)는 조사결과를 살펴볼 때, 부모 됨에 대한 적절한 학습이 요청되고 있음을 시사하고 있다. 자신의 자녀를 학대하는 학대부모 이외에도 대부분의 부모 역시 부모역할이 중요함은 잘 인지하고 있지만 좋은 부모 됨을 어떻게 실현해야 하는지에 대해서는 '잘 모르겠다'고 말하는 경우가 많은 결과(EBS 다큐프라임-가족쇼크)를 고려하면 부모 됨은 의도적인 교육을 통하여 길러야 할 중요한 인간의 역량임을 확인할 수 있다(전미경 · 이은주 · 유난숙 · 왕석순 · 최새은, 2017).

이재림 외(2013)는 부모교육은 가족생활을 향상시키고 가족이 경험하는 문제나 어려움을 예방하기 위한 가족생활교육의 한 가지 영역으로서 예방적인 성격을 띤다고 했다. 건강한 부모-자녀관계는 부정적인 자녀발달을 예방하는 기능이 있으며, 부모의 변화를 목표로 하는 예방적 활동은 개인과 지역사회에서의 위험요인을 감소시킬 수 있기 때문이다(Coie et al., 1993; Weissberg, Kumpfer, & Seligman, 2003). 자녀 양육은 가족의 고유기능이면서 기초기능이므로, 개인과 가족의 안녕을 강화하고 풍요롭게 하는 것을 목적으로 하는 가족생활교육에서 부모교육은 가장 기본적인 교육 프로그램의 하나이다. 부모교육을 통해 자녀 양육과 관련된 정보를 제공받고, 기술을 습득하며, 문제해결 능력을 증진시킴으로써 부모는 자녀의 욕구를 보다 효율적으로 충족시켜 줄 수 있으며, 나아가 부모도 자녀와 보다 만족스러운 상호작용을 경험하게 될 것이며, 사회적 차원에서도 효율적인 사회복지의 방편이 되기도 한다. 뿐만 아니라 부모교육은 이에 참여했던 부모들뿐만 아니라 그들의 자녀들도 긍정적인 자아개념을 형성하고 사회적 능력, 인지 및 학업성취능력이 향상되는 것으로 나타났고(정옥분 · 정순화, 2019), 그 대상이 되는 부모와 자녀뿐 아니라 가족, 친구, 지역사회, 교사 및 교육기관에 이르기까지 수평적인 파급효과를 가져온다(최미경 · 박성연, 1991). 따라서 부모교육은 개인적, 가족적 필요를 뛰어넘어 궁극적으로 건강한 국가 사회의 지속 가능성을 담보하는 사회적 차원의 필요성을 가지는 대표적인 가족생활교육 프로그램이라고 설명할 수 있다.

2) 부모교육 프로그램 참여 대상자와 프로그램의 목표

부모교육은 이미 부모가 된 사람과 미래 부모가 될 사람을 대상으로 부모 역할과 태도 및 가치관을 형성하기 위해 도움을 주고자 실시하는 교육이므로(조성연 외, 2014), 그 대상자는 매우 광범위하다. 즉, 부모교육 대상자는 어머니, 아버지, 자녀, 조부모나, 교사 등 다양한 자녀 양육의 당사자나 주체 등이 포함될 수 있다.

예비 부모인 자녀, 즉 중 · 고등학생이나 대학생과 같은 예비부모를 대상으로 한 부모교육은 후일 자신이 부모가 되었을 때를 대비하여 부모로서의 역할에 대한 이해를 도와줄 수 있는 예방적인 효과뿐 아니라 현재 자신의 부모와의 관계 개선이나 의사소통 증진에 도움이 될 수 있다. 부모역할의 어려움이나 부모 자신의 발달 과정인 중년기나 노년기에서 경험하는 어려움 등에 대해 교육을 시킴으로서 자녀로 하여금 부모에 대한 이해를 돕고 부모-자녀 관계 개선에도 도움이 될 수 있다(왕석순, 2009; 정옥분 외, 2019). 이러한 인식하에 우리나라 공교육 과정인 중 · 고등학교에서 '예비 부모교육'의 내용을 다루는 가정교과의 시수 확대는 물론이고, 병행하여 가족생활교육에서 청소년을 부모교육의 대상자로 확대하는 시도가 필요하다.

한편, 부모교육 프로그램은 참여 대상의 연령층이나 집단 특성에 따라 구분되어 프로그램이 세분화되어 개발되고, 여기에 맞추어 부모교육 프로그램 참여자가 구분되어 구성되는 것이 필요하다. 이재림 외(2013)는 2006년에서 2011년까지 국내 학술지 논문을 대상으로 한 메타분석을 통해 부모교육 프로그램의 효과성을 분석했는데, 대상자별 부모교육의 차이가 있음을 규명했다. 구체적으로 미취학 자녀를 둔 부모를 대상으로 한 프로그램이 취학 자녀를 둔 부모를 대상으로 한 프로그램에 비해 부모의 행동적 변화 및 자녀의 변화에 더 효과적이었고, 교육인원수가 15명 이하의 소집단인 프로그램이 16명 이상을 대상으로 한 프로그램에 비해 부모의 행동적 변화와 내적 변화에 더 효과적이었으며, 어머니만을 대상으로 한 프로그램이 어머니와 아버지 모두를 대상으로 한 프로그램과 비교할 때 부모의 행동적 변화와 내적 변화를 이끌어 내는데 더 효과적으로 나타났다. 아버지만을 대상으로 한 프로그램을 분석에 포함하지 않은 점은 이 기간에 아버지 대상 프로그램의 개발이 미미한 부모교육 연구 경향을 반영한 것으로 보인다. 즉, 2010년에서 2019년까지 국내 학술지에 발표된 미취학기 아동을 둔 부모를 대상으로 개발된 총 80편의 부모교육 프로그램의 연구동향을 분석한 연구에 따르면(김경철 · 오도희, 2020), 어머니를 대상으로 한 프로그램 연구는 55편으로 가장 높게 나타났으며 아버지를 대상으로 한 연구는 4편(5%)으로 2014년 2편(2.5%) 2015년 1편(1.3%), 2016년 1편(1.3%)이 연구되었고, 이후에는 전혀 없다고 했다. 이러한 연구 동향들은 부모교육 프로그램의 대상자로 공동 양육자로서의 중요성이 큰아버지의 참여를 증가시킬 필요성을 시사해준다.

또 이은경 · 이종연(2023)은 1990년부터 2022년까지 발표된 국내 학술지 및 학위논문 78편을 대상으로 부모교육 프로그램을 분석하여 청소년 시기의 자녀를 둔 부모교육 프로그램에 관한 연구의 수가 다른 특정 시기(영아기, 유아기, 아동기)에 해당하는 부모교육 프로그램에 관한 연구의 수보다 현저히 적다고 하였다. 이것은 영 · 유아기와 아동기에 집중되어 있는 부모교육 프로그램이 자녀의 발달 단계에 따라 다양하게 개발되어, 부모교육의 대상자로 중고등학교의 사춘기 자녀를 둔 부모를 보다 확대할 필요성을 시사하고 있다. 또 정옥분 외(2019)는 조부모들이 손자녀를 돌보는 대리 부모의 역할 수행 경향이 증가하고 있으므로, 부모교육의 대상이 조부모로 확대될 필요성을 강조했다. 조부모는 부모-자녀 간의 정서적 긴장 관계에서 피신처 역할을 해주며, '무릎 학교'로서의 기능을 통해 가정교육의 훌륭한 수행자임에도 불구하고, 지나치게 허용적인 과잉보호로 인한 부모 세대와의 갈등도 나타내고 있다. 공적 육아의 확대에도 불구하고 여전히 조부모에 대한 의존도가 높은 현 시점의 사회 현실을 고려하여 조부모를 부모교육의 대상자로 확대하는 것도 요청된다.

한편, 부모교육 참여 대상자 특성과 부모교육 프로그램에서 강조하는 주제 특성(의사소통, 자기 이해, 자기 개발 등), 또는 부모교육 프로그램이 표방하는 부모교육이론(STEP이론, PET 이론, APT이론, 등) 에 따라 부모교육의 세부적인 목표는 다양할 수 있지만, 부모교육이 다루는 목적은 다음의 4가지로 설정해야 한다(정옥분 외, 2019; 신용주 · 김혜수, 2017; 김지현 · 정지나 · 조윤주 · 한준아, 2008).

<table>
<tr><th>과정</th><th>내용</th><th>과정</th></tr>
<tr><td>A 정보제공
• 강연
• 집단토의
• 관련서적 읽기
• 부모집단모임</td><td rowspan="2">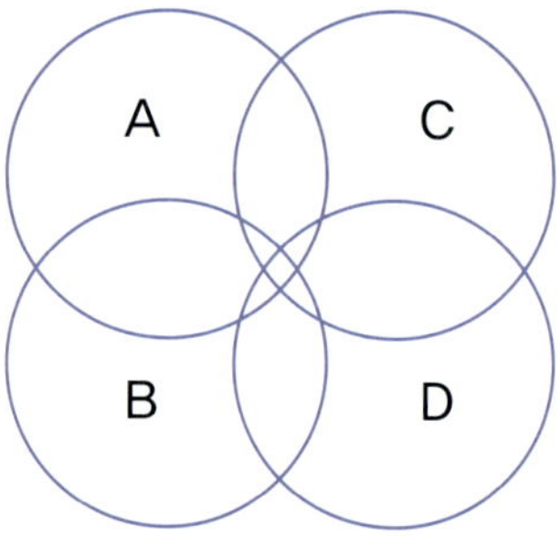
</td><td>C 기술 습득
• 시범 · 연습 · 피드백
• 관련서적 일기
• 토의</td></tr>
<tr><td>B 신념 변화
• 집단토의
• 개별 · 집단활동
• 자기분석 연습
• 읽기쓰기와 기록</td><td>D 문제해결
• 과제에 대한 피드백
• 관찰에 대한 피드백
• 토의
• 추후검토</td></tr>
</table>

[그림 13-1] 부모교육 프로그램의 보편적인 목적

출처: Fine, M. J., & Henry, S. A. (1989). Professional issues in parent education. In M. J. Fine(Ed.), Handbook on parent education, pp. 3-20. San Diego, CA: Academic Press.를 정옥분 · 정순화(2019). 58쪽에서 재인용.

첫째, 부모교육의 일차적 목표는 자녀의 성장과정이나 양육방법과 관련된 폭넓고 전문적인 지식이나 정보를 제공해 주고, 이를 상호 간에 교환할 수 있도록 도와주는 것이다.

둘째, 부모가 자신의 부모로서의 신념에 대해 명료하게 인식하게 하고, 문제가 있을 경우에는 이를 변화시키도록 도와주는 것이다.

셋째, 부모로 하여금 효율적인 부모역할을 수행할 수 있도록 특정한 기술을 습득하도록 도와주는 것이다. 가장 보편적으로 다루는 기술은 부모-자녀간의 상호작용 촉진과 관련된 것이다.

넷째, 일상생활에서 부모-자녀 간의 상호작용에서 직면하게 되는 여러 가지 문제들에 대한 문제해결력 능력을 증진시켜 주는 것이다. 자녀의 잘못된 행동 습관의 수정이 가장 일반적인 내용이다.

이상과 같은 부모교육의 목표를 고려하면, 부모교육은 부모의 자존감, 부모 자신의 발달적 욕구를 우선적으로 고려하여야 하며, 부모 역할을 수행할 수 있는 역량을 배양하고 이를 통해 부모역할에 대한 자신감을 갖게 해야 한다. 또한 부모교육은 지나치게 세부적이고 기술적인 측면에 치중하기 보다는 부모로서의 가치관, 신념이 확립되도록 해야 한다. 또 무엇보다도 가족생활교육으로서의 부모교육은 부모-자녀 관계라는 좁은 의미에서 벗어나 가족 기능의 강화를 목적으로 해야 한다(김지현 외, 2008)

3) 부모교육 프로그램의 내용 구성을 위한 이론적 기초

부모교육 프로그램을 가족생활교육 실천현장에서 개발, 실행하기 위해서는 부모-자녀 관계에 대한 기본적인 이해가 필요하다. 부모-자녀 관계는 대부분 혈연관계인 생물학적인 기초로 형성되어 자녀가 성숙하면서 좀 더 효과적인 기능을 하는 어른이 되도록 가르치기 위한 양육이 중심이 된다. 그런데 부모로서의 역할 행동인 양육은 다양한 요소들에 의해서 나타나기 때문에 부모교육 프로그램에서는 이러한 다양한 역할행동의 역동성을 이해하도록 프로그램을 구성하는 것이 필요하다.

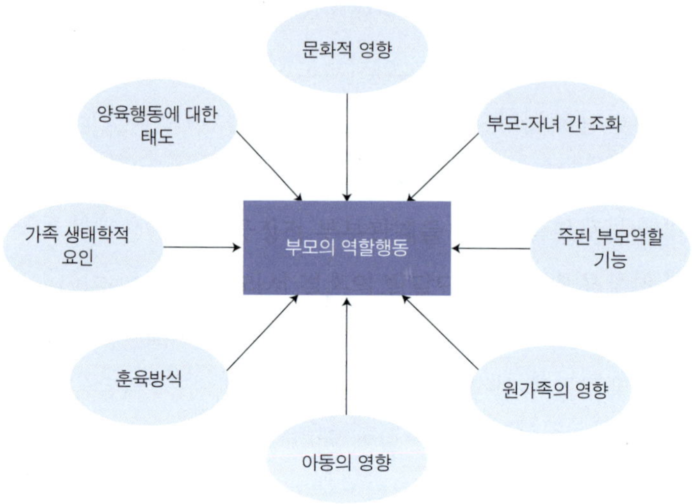

[그림 13-2] 부모의 역할행동에 영향을 끼치는 요소

출처: Jerry J. Bigner(2006). Parent-Child Relations: An Introduction to Parenting. 7th Ed., pp. 21, Pearson Education, Inc.,를 박성연 외(2007). 18쪽에서 재인용.

[그림 13-2]에 나타낸 8가지 요인은 다양한 상호작용 과정을 통해 한 개인이 부모로서 자신의 역할 행동을 유형화하는데 영향을 끼친다. 물론 부모가 자녀의 성장 발달에 가장 큰 영향을 끼치는 존재임은 분명하지만, 부모 개인만의 독자적 영향이기보다 다양한 영향 요인의 상호작용으로 자녀에 대한 영향력이 발생한다는 자각은 부모로서의 지나친 부담감을 줄이며, 부모가 부모역할을 위해 활용할 수 있는 주변의 다양한 자원을 이해하도록 조력하기 때문에, 부모교육 프로그램에서는 이들 8가지 요인에 대한 자각을 위한 주제를 포함하는 것이 바람직하다.

한편, 송정아 외(2003)는 자녀의 발달단계에 따라 부모가 자녀에게 수행해야 할 부모 역할의 핵심적 성격을 다음과 같이 제시했다. 이것은 자녀발달 단계에 대한 이해와 함께 부모교육 프로그램을 구성하기 위한 주요한 이론적 기초에 해당하므로, 이를 이해하는 것이 중요하다.

〈표 13-1〉 자녀 발달 단계별 핵심이 되어야 하는 부모 역할

영아기 부모 역할	유아기 부모역할	학동기 부모역할	사춘기 부모역할
• 보육자, 보호자로서의 역할 • 기본적인 신뢰감 형성의 조력자 역할 • 상호작용 대상자로서의 역할 • 자극 제공자로서 역할 • 자율성 발달 조력자로서 역할 • 학습경험 제공자로서 역할	• 양육자로서의 역할 • 훈육자로서의 역할 • 자아개념 발달 촉진자로서 역할 • 주도성 발달 조력자로서 역할 • 학습경험 제공자로서 역할	• 격려자로서의 역할 • 훈육자로서의 역할 • 근면성 발달 조력자로서 역할 • 긍정적 자아개념 형성 조력자로서 역할 • 학습경험 제공자로서 역할	• 상담자와 격려자로서 역할 • 정체감 발달의 조력자로서 역할

출처: 송정아 · 전영자 · 김득성(2003). 가족생활교육론. 181-182쪽. 재구성함

한편, 부모가 자녀와 건강한 부모-자녀 관계를 맺고 유지할 수 있도록 지원하는 부모교육 프로그램에서는 1970년대 이후에 개발된 다양한 부모교육이론을 이론적 기초로 활용할 수 있다. 이 이론들은 강조점이나 구체적 지침은 서로 다르지만, 공통적으로 부모가 자녀의 감정과 행동을 더 잘 이해하고 수용하며, 긍정적이고 효율적인 상호작용 방식을 훈련받아 적용할 수 있도록 돕는데 초점을 맞추고 있다(조성연 외, 2014). 또 대상관계 이론이나 현실치료 이론과 같은 다양한 상담이론을 부모교육 이론에 연계하거나, 에니어그램 등의 성격 분석 등을 활용한 부모교육 프로그램의 개발은 2000년대 이후에 나타난 부모교육 프로그램 개발의 중요한 방향성이다. 이와 같은 전문화된 부모교육 이론 및 상담이론과의 연계를 통한 부모교육 프로그램 개발 및 실천은 미래 부모교육 프로그램을 전망하는데 적절한 방향성이라고 할 수 있다.

〈표 13-2〉 주요 부모교육 이론의 기본원리와 상호작용 기술

부모교육 이론	기본 원리와 목표	부모-자녀 상호작용 촉진 방법
Dreikurs의 민주적 부모교육 이론	• 자녀와 평등한 관계 형성으로 민주적 양육태도 갖기 • 소속감에 의한 잘못된 행동목표 • 자녀의 행동 목표 파악	• 아동의 잘못된 행동목표/ 긍정적 행동목표 이해하기 • 자녀의 인지반사행동 파악하기 • 자연적, 논리적 결과 • 격려
Ginott의 인본주의 부모교육 이론	• 자녀의 수용 • 효과적인 상호작용 기술 습득	• 자녀와의 대화 • 칭찬과 비판의 방법 • 책임감과 독립심 강조 • 행동의 한계 설정
Gordon의 부모 효율성 이론	• 효율적인 의사소통 방법과 기술의 습득	• 행동 수용성 수준 파악하기 • 문제의 소유자 파악하기 • 적극적 경청하기 • 나-전달법/ • 무승부법
Berne의 교류분석 이론	• 인간관계에서의 교류방법과 의사소통(스트로크) • 인간 성격의 3가지 자아상태	• 세 가지 자아상태와 언어적 표현 • 각본 분석(인생태도)/ • 시간의 구조화 • 교류유형(상보적, 교차적, 이면적 교육)
Popkin의 적극적 부모 역할 이론	• 성격형성과 잠재력 개발의 기초: 용기, 자아존중감 기르기 • 더불어 살아가기: 책임감, 협동기르기 • 부모의 지도자적 역할	• 상호존중/ 한계 내에서의 자유 • 잘못된 행동목표/ 성공회로, 실패회로 • 격려의 4가지 방법/ • 적극적인 의사소통 • 나-전달법, 자연적 논리적 결과
행동수정이론	• 고전적 조건형성이론(자극-반응) • 조작적 조건형성이론(강화) • 사회학습 이론(모방학습, 대리강화)	• 행동수정기법(처벌, 소거, 타임아웃, 포화, 반응대가, 대체행동강화, 체계적 둔감화, 과잉정정, 이완법) • 바람직한 행동 형성 방법(정적강화와 부적강화, 행동형성과 행동연쇄, 용암법, 토큰경제, 자기조절법:자기관찰, 자기계약 등)

4) 부모교육 프로그램 시행의 효과

다른 유형의 가족생활교육 프로그램보다 부모교육 프로그램의 연구와 개발은 압도적으로 그 양이 많다. 예방 프로그램의 근거(evidence)가 공유될수록 더 좋은 프로그램이 사용될 것이므로(Kellam & Langevin, 2003), 연구성과가 축적된 부모교육 분야는 효과성 검증을 통해 질 좋은 근거를 만들고 공유할 필요가 커지고(노신애 외, 2018), 또 새로운 통계기법인 메타 분석 방법이 확산되면서, 2010년대 이후로 효과성 분석 연구가 증가하고 있다.

이정주 · 이종연(2014)은 1983년부터 2012년까지 발표된 학위논문 300편, 학술지논문 80편의 부모교육 프로그램을 분석했는데, 우리나라 부모교육 프로그램들이 초기에는 선행 프로그램 내용을 재구성하여 운영했으나 2010년 이후부터는 체계적인 절차로 개발한 프로그램을 시행하는 추세로 변하고 있다고 했다. 예방 목적의 프로그램이 가장 많지만, 치료를 목적으로 하는 프로그램과 예비 부모교육 프로그램 개발이 증가하는 추세이며, 여전히 아버지 대상 부모교육 프로그램은 미흡하다고 분석했다. 이재림 외(2013)는 2006년에서 2011년 사이 발표된 부모교육 프로그램 중 실험연구 방법을 적용한 총 41편의 부모교육의 시행 효과를 메타분석을 적용해서 분석했다. 그 결과 부모교육 프로그램 이수 이후 부모의 행동적 변화(양육태도, 의사소통 등), 부모의 내적 변화(양육스트레스, 부모효능감 등), 자녀의 변화에서 통계적으로 유의미한 효과가 나타났고, 부모의 행동적 변화와 자녀의 변화에 대한 효과의 강도는 크며(large effect size), 부모의 내적 변화도 중간보다 큰 효과 크기를 보여서, 부모교육 프로그램의 시행 효과가 있다고 했다. 여기에서는 취학 자녀보다 미취학 자녀를 둔 부모 대상 프로그램이, 교육 인원 수가 15명 이하의 소집단인 프로그램이, 그리고 어머니만 대상 프로그램이 부모 모두를 대상으로 한 프로그램보다, 그리고 프로그램이 8회기 이하보다는 9회기 이상인 프로그램이 부모의 행동적 변화와 자녀의 변화에 더 효과적인 것으로 규명되었다. 특히 장애아 또는 미숙아의 부모, 저소득 부모, 이혼한 부모, 결혼이민자 어머니 등 특수한 상황에 처한 부모를 대상으로 한 프로그램이 일반적인 부모를 대상으로 한 프로그램에 비해 부모의 내적 변화에 더 효과성이 큰 것으로 나타나서, 특수 요구를 가진 집단에 대한 예방적 성격의 부모교육 프로그램이 더 필요함을 시사했다.

장애아동을 대상으로 한 2000년에서 2018년까지의 총 41편의 국내 학위논문을 분석한 연구(김지영 · 김화수, 2019)에 따르면, 우리나라의 장애아동을 대상으로 한 부모교육 프로그램은 ADHD 아동을 다룬 부모교육 연구가 9편(21.95%)으로 가장 많다고 했다. 또 결혼 이주여성들을 대상으로 시행된 총 21편의 부모교육 프로그램의 효과성을 검증한 결과(이진아 · 박서진, 2023)는, 부모교육 프로그램의 시행이 어머니들의 양육관련요인(지식, 태도, 행동, 효능감, 스트레스), 부모역할 만족감과 효능감, 어머니와 영아의 상호작용 증진에 긍정적인 효과가 있어서 다문화가족 대상의 부모교육 프로그램도 부모의 역량 변화에 효과적이라고 했다.

2000년부터 2020년까지 수행된 미취학기 자녀를 둔 부모 대상의 부모교육 프로그램의 효과성에 대한 메타분석 결과는(유지윤 · 김수영, 2022), 부모교육 프로그램 전체 평균 효과 크기, 부모교육 프로그램이 부모 양육태도에 미치는 효과 크기, 부모-자녀 간 의사소통에 미치는 효과 크기는 통계적으로 유의미한 차이가 있다고 했다. 특히, 부모교육에 적용되는 다양한 부모교육 이론들 중 STEP, APT, PET, 감정코칭 프로그램이 부모의 양육태도 및 부모-자녀 간 의사소통에 큰 효과를 가지는 것으로 나타났다. 이중 STEP 프로그램은 양육태도 뿐만 아니라 부모-자녀 간 긍정적 의사소통기술 향상에 미치는 효과가 통계적으로 유의미한 것으로 나타났다. 한편 이남기(2023)는 국내 학술논문과 학위논문 중 총 8건을 분석 대상으로 메타분석을 통해 에니어그램 부모교육 프로그램의 효과를 분석했는데, 전체 효과 크기는 0.40으로 중간에 가까운 효과 크기이며, 긍정적 양육태도의 효과 크기가 0.42로 부정적 양육태도의 효과 크기 0.29 보다 높은 효과

크기로 나타났고, 양육 스트레스 대처 효과 크기는 0.72로 큰 효과 크기에 근접한 값이 나타났다고 분석했다. 특히, 자아 관련 변인의 심리적 상태 개선의 효과 크기는 0.52가 나와 중간 정도의 효과가 있음이 나타나서, 에니어그램 부모교육 프로그램은 부모들의 긍정적 양육태도 함양, 양육 스트레스 대처, 자아 관련 변인의 심리적 상태 개선에 효과가 있음을 보고했다. 이와같이 부모교육 이론이나 성격이론을 부모교육 프로그램에 적용한 연구 결과들의 효과성 검증 이론은 이후의 부모교육 프로그램 구성에서 전문화된 부모교육 이론이나 상담이론 적용의 필요성을 시사하였다.

한편, 중등학교 자녀를 둔 부모 대상의 부모교육을, 1990년부터 2022년까지 국내 학술지 및 학위논문 78편을 분석한 결과로 살펴보면(이은경 · 이종연, 2023), 청소년기 자녀 부모교육은 학교에서 이루어진 경우가 가장 많았고, 부모교육 프로그램 연구의 개발 목적이 훈련 · 성장을 목적으로 한 연구가 57편(76.0%)으로 가장 많았고, 교정 · 치료를 목적으로 한 연구 14편(18.7%), 예방을 위한 연구 4편(5.3%)으로 나타났다. 실제 중등학교 자녀 대상 부모교육 프로그램은 다른 시기 자녀 대상 부모교육 프로그램에 비해 양적으로 많지 않았다. 따라서 축적된 부모교육의 시행 효과에 대한 연구 성과를 메타분석의 방법으로 체계적으로 분류 평가해서, 이후의 프로그램 방향성을 구체적으로 제시하는 연구가 요청되고 있다.

부모교육은 학제적 분야이지만, 노신애 외(2018)는 가족학 분야를 중심으로 1990년대 이후에 전개된 부모교육 프로그램의 변화를 분석했다. 가족학 분야의 부모교육 프로그램은 1990년대에 본격적으로 관련 연구가 나타난 뒤 2000년대에 들어 양적으로 급성장을 보였고, 주제 면에서도 1990년에는 부모역량 강화 및 자녀와의 관계 향상 등이 주를 이루었으나 2010년대에는 독서 상호작용, 학습코칭, 감수성 훈련, 양육코칭, 감성리더십 등으로 내용이 세밀해졌다. 대상도

입양부모, 한부모가족, 장애아 부모, 다문화가족의 부모, 조부모 등으로 확대되었고, 가정폭력 피해 여성 및 시설 청소년 부모 등 특수한 상황에 놓인 부모를 대상으로 하는 교육 프로그램도 개발되었다. 특히 가정안전교육, 가족여가, 밥상머리 교육, 성학대예방교육 등 대상이나 상황보다 시대적 흐름에 부응하는 여러 가지 프로그램 주제도 나타났다. 건강가정지원센터 설립 전과 후를 비교해 보면, 건강가정지원센터의 설립과 맞물려 이후 시기에 두드러지게 부모교육 관련 연구가 증가해서, 우리나라의 가족 관련 정책이 기존의 '위기 가족'을 위한 지원에서 예방적 차원의 지원으로 패러다임의 전환이 이루어지고 있음을 보여준다고 보고했다(노신애 외, 2018). 이는 건강가정지원센터의 출현과 더불어 부모교육을 포함하여 가족생활교육에 대한 관심이 높아졌음을 의미해서, 건강가정지원센터가 가족생활교육을 실시하는 전달체계로서 잘 기능하고 있음을 시사하는 것으로 평가할 수 있다.

한편, 가족생활교육 실천 현장에서 가장 큰 위기의 시기는 코로나19로 인한 비대면 시기가 장기화되는 시점이라고 사료된다. 이재림 · 노신애 · 박지수(2021)는 2020년 6월~10월에 서울시 14개 자치구 건강가정지원센터에서 실시한 총 17건의 비대면 아동기 부모 교실에 참여하여, 사전조사와 사후조사에 모두 응답한 213명의 부모들을 대상으로 부모교육의 효과를 검증했다. 그 결과 프로그램 참여자의 양육지식, 양육 스트레스, 양육효능감이 프로그램 참여 이후에 통계적으로 유의한 변화를 나타냈고, 이중 양육지식의 효과 크기가 가장 컸다고 보고했다. 특히 우울 성향을 가진 참여자의 변화의 폭이 컸다는 결과는 부모교육 프로그램이 가진 부모 자신의 변화와 관련한 치료적 접근의 가능성을 시사한 것으로도 해석된다. 또 이 연구는 컴퓨터나 PC를 이용한 집단의 양육지식이 스마트폰으로 참여한 집단보다 큰 폭의 변화가 있었다고 해서 비대면 교육에서는 스마트기기의 특성이 결과에 끼치는 영향력을 규명할 필요성도 시사했다.

비대면 교육을 포함하여 기존의 다양한 부모교육 프로그램 시행의 결과를 평가한 결과들에 대한 이해는 부모교육 프로그램을 개발하고 실천해야 할 가족생활교육사들에게 중요한 기초자료가 된다. 부모교육 프로그램의 참여 효과가 미취학 연령의 부모들이며, 이들이 대체적으로 디지털 기술에 능숙한 세대적 특성을 가지고 있는 MZ세대이므로, 21세기 부모교육 프로그램에서는 다양한 에듀테크 기술을 활용하여 접근성을 향상시켜 줄 수 있는 교육 방법의 변화를 고려하는 등의 탐구가 필요하다고 사료된다.

5) 예시 프로그램

가족생활교육 프로그램 중 부모교육 프로그램은 현재 시점(2023년 12월 검색일 기준)으로 가장 많은 연구 논문들이 있으며(전주대학교 도서관 디스커버리 서비스 통합 검색 활용, 검색어 '부모교육'으로 검색, 총 1,822개 검출), 이들 축적된 부모교육 연구들에 대한 프로그램 시행의 효과성을 평가하는 메타 분석 연구도 2010년 이후로 활발하게 진행되고 있다. 또 여러 유형의 가족생활교육 프로그램 중 부모교육의 효과성에 대한 공공의 지지가 가장 커서, 공공분야 주도로 개발된 부모교육 프로그램들이 많다.

예로 1981년에서 2014년까지 정부 주도로 개발된 영, 유아기 대상의 부모교육 자료만 88편에 이르므로(박선미, 1988), 현재 시점으로 이를 확대하고, 영아기와 유아기를 벗어나서 아동기와 청소년기로 그 기준을 확대하면 부모교육과 관련한 개발된 프로그램의 수는 더욱 많아질 수 있다. 따라서 이 절에서는 공공영역인 정부 수준에서 개발한 부모교육 프로그램을 예시하고자 한다.

여성가족부에서는 2018년 아동학, 가족학, 상담학, 교육학, 여성학, 심리학, 사회복지학 등 다양한 배경을 지닌 전문가가 참여하여 부모교육 매뉴얼을 개발했고[1], 개발된 자료의 활용 시에도 여성가족부를 중심으로 범부처적 협력을 통

1) 여성가족부 부모교육 매뉴얼 개발 사업(2018)에 이 책의 공동저자인 왕석순은 '청소년 예비부모'(3권, 4권) 개발에 공동 연구자로 참여하여 매뉴얼을 개발했음.

해 건강가정지원센터, 육아종합지원센터, 학부모지원센터 등 관련 기관에서 공동 활용하고, 민간에서도 활용하도록 했다. 예로 현 시점에서도 여성가족부 홈페이지(https://www.mogef.go.kr/kps/pec/kps_pec_s001.do?mid=mda777&cd=kps)에서는 비디오 영상을 포함하여 부모교육 매뉴얼을 서비스하고 있다.

〈표 13-3〉 정부 부처별 부모교육 통로

부처	여성가족부	보건복지부	교육부
온라인	여성가족 홈페이지, 건강가정지원센터 홈페이지, 다문화가정지원센터 홈페이지 등	복지부 홈페이지, 육아종합지원센터 홈페이지, 복지로 웹사이트 등	교육부 홈페이지, 학부모지원센터 홈페이지 등
오프라인	건강가정지원센터 · 다문화가정지원센터 청소년상담복지센터 등	육아종합지원센터, 어린이집, 아동보호전문기관 등	학부모지원센터, 유치원, 학교, 대학, 평생교육시설 등
민간: EBS, 네이버, 종교기관, 산부인과, 문화센터 등			

출처: 여성가족부(2018). 좋은부모 행복한 아이-부모교육 강의실-부모교육 강사 매뉴얼: 총론 9쪽.

이 방대한 부모교육 매뉴얼은 먼저 총론을 포함하여 전반적인 부모교육의 개론을 담은 '공통'부터 중 · 고등학생, 대학생 등 '예비부모', 자녀의 발달을 고려하여 '영유아'와 '학령기', 아버지, 가족특성, 상담 등 13권의 부모교육 매뉴얼(총론 + 각론 12권)이 개발되어 있다. 각 매뉴얼에는 5~6개의 주요 강의 주제가 담겨있고 이를 강의하기 위한 강사용, PPT자료가 개발되어 구성되어 있다. 또한 각 권을 대표하는 주제를 녹여 5분 내외의 동영상을 개발하여, 동영상도 함께 여성가족부 홈페이지에 업로드되어 있다. 즉, 부모교육 시 강사가 즉시 활용 가능한 강의용 PPT 총 62편, PPT 내용을 강의할 때 강사가 참고할 강의용 매뉴얼 총 13권과 동영상 13편(총괄 1편+권별 1편)으로 구성되어 있다. 구체적인 내용은 다음의 [그림 13-3]과 같다.

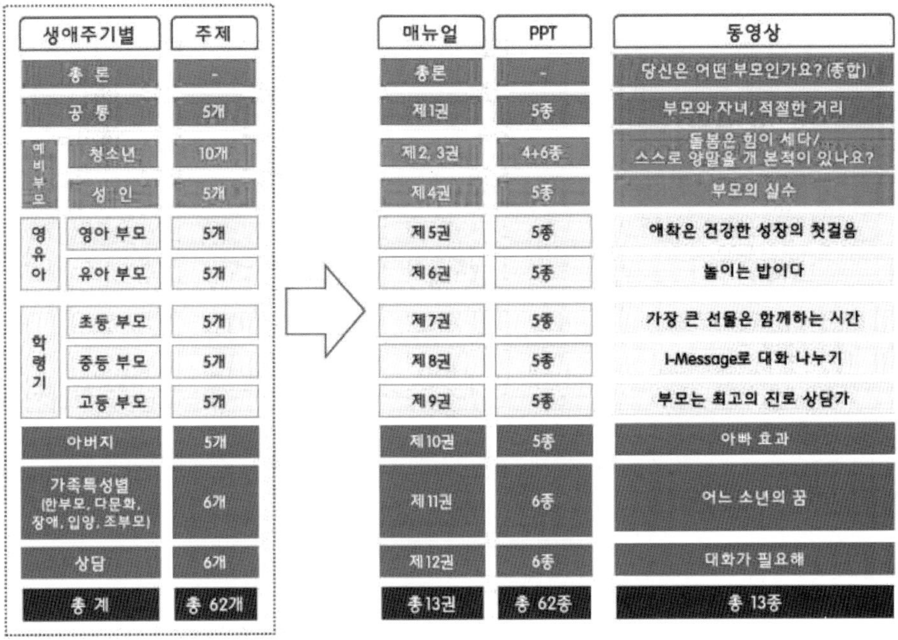

[그림 13-3] 여성가족부 부모교육 강사 매뉴얼 및 교육자료 구성

출처: 여성가족부(2018). 좋은부모 행복한 아이-부모교육 강의실-부모교육 강사 매뉴얼-총론. 12쪽.
(https://www.mogef.go.kr/kps/pec/kps_pec_s001.do?mid=mda777&cd=kps)

이 매뉴얼의 활용은 모듈식 활용법으로 개발한 매뉴얼의 전체 62개 주제를 개발자가 구성한 내용을 강사가 그대로 사용하기보다 대상의 특성 및 요구도에 따라 필요한 부분을 발췌, 조합하여 사용할 수 있도록 구성했다. 그리고, 부모교육 대상의 특성과 필요에 따라 가장 적절한 교육내용을 전달하기 위해 강의자 또는 수강자가 전체 강의 주제 62개 중 선별 구성하여 맞춤형 교육이 가능할 수 있도록 구성하면 된다. 또 이 매뉴얼은 부모교육 프로그램 수행 이후의 프로그램 효과성을 진단하기 위한 평가지표를 제시해서, 부모교육 운영에서 효과성 검증을 위한 편의성을 제고했다.

영역	요소	항목	평가지표	배점
Ⅰ. 교육의 질	1. 교육 구성 [20점]	Ⅰ-1-1. 교육주제 적절성	1) 주제의 흥미 유발 정도	5
			2) 해당 (예비)부모 시기에 필요로 하는 주제의 포괄성 정도	5
		Ⅰ-1-2. 교육 시간 적절성	1) 교육 시간의 적절성	5
		Ⅰ-1-3. 교육 자료 구성의 적절성	1) 해당 교육자료(파워포인트, 동영상 등)의 적절성	5
	2. 강사 질 [20점]	Ⅰ-2-1. 강의의 충실성	1) 다양한 자료 활용 정도	5
			2) 교육대상자의 흥미 유발, 주의 집중 등 강의자 강의 스킬 우수성 정도	5
			3) 교육 대상자와의 소통 정도	5
		Ⅰ-2-2. 강사 만족도	1) 교육대상자의 만족도 점수	5
영역 배점				40

부모교육 강의 평가 지표(부모용)

영역	요소	항목	평가지표	배점
Ⅱ. 교육 효과	1. 교육 효과 [20점]	Ⅱ-1-1. 양육 지식 증진	1) 부모교육을 통한 해당 시기 자녀에 대한 이해 증진 정도	5
			2) 부모교육을 통한 해당 시기 부모 역할에 대한 이해 증진 정도	5
		Ⅱ-1-2. 부모 역할 지원	1) 부모교육을 통한 양육효능감의 증진 정도	5
			2) 부모교육을 통한 양육 관련 문제 해소 정도	5
		Ⅱ-1-3. 양성평등 및 다양한 가족 이해 증진	1) 부모교육을 통해 양성평등적 가치관 증진 정도	5
			2) 다양한(한부모, 다문화, 조부모, 장애, 입양 등) 가족에 대한 이해 증진 정도	5
영역 배점				30

부모교육 효과 평가 지표(부모용)

영역	요소	항목	평가지표	배점
Ⅲ. 강의 지원	1. 교육 콘텐츠 및 매뉴얼 [20점]	Ⅲ-1-1. 충실성	1) 교육자료(파워포인트, 동영상 등)의 내용이 해당 주제를 충분히 담고 있는지 정도	5
			2) 수업에 활용 가능한 참고자료를 제시하는 정도	5
		Ⅲ-1-2. 활용도	1) 교육자료(파워포인트, 동영상 등)만으로 강의 진행이 가능한 정도	5
			2) 매뉴얼의 지시가 명확한 정도	5
		Ⅲ-1-3. 교육자료 만족도	1) 교육자료(파워포인트, 동영상 등) 만족도	5
			2) 매뉴얼 만족도	5
영역 배점				30

강사용 부모교육 평가 지표

[그림 13-4] 여성가족부 부모교육 강사 매뉴얼 및 평가 진단 척도

출처: 여성가족부(2018). 좋은부모 행복한 아이-부모교육 강의실-부모교육 강사 매뉴얼-총론. 33-35쪽.
(https://www.mogef.go.kr/kps/pec/kps_pec_s001.do?mid=mda777&cd=kps)

한편, 서울시건강가정지원센터에서 운영하는 서울가족학교 사업 중 '아동기 부모교실'과 '청소년기 부모교실'은 자녀의 발달적 특성을 이해하고, 양육 및 훈육에 필요한 정보와 기술을 습득하는 기회를 제공함으로써, 자녀와 함께 부모도 성장할 수 있도록 지원하는 프로그램이다. 이중 아동기 부모교실은 2015년에 개발되어 2016년에 서울시 15개 자치구에서 시범사업을 하였으며, 2017년에 20개 자치구로 확대되었고, 2018년부터는 서울시 25개 모든 자치구에서 실시하고 있다. '차시'로 불리는 다양한 교육주제를 25개 지역센터별로 몇 가지를 선택하여 120분을 한 회기로 하는 다회기 교육을 하고 있다. 이같은 부모교육에 누적 참여자수를 추산하면, 2018년 2,766명, 2019년 2,428명, 2020년 1,797명인 것으로 나타났다(이재림 외, 2021).

주제	대규모·병합형	참여형
1	좋은 부모 되기: 현명한 훈육법 부모역할의 이해 나와 아이 특성 이해하기 ∣ 아동학대 예방	나와 내 자녀 바로알기 부모로서의 나 이해하기 내 아이 특징과 마음 알기
2	자녀와 소통하는 대화 비법 효과적인 듣기 기술 칭찬의 기술	부모의 생활양식과 자녀와의 관계 부모의 탁월성 찾기 생활양식(라이프 스타일) 알아보기
3	자존감으로 성장하는 내 아이 부모와 아이의 자존감 관계 우리 아이 자존감 높이기	부모와 아이가 서로 존중하는 대화 긍정적인 소통: 경청과 의사표현하기 자녀 격려하기
4	맞춤형 학습 아동기 학습 유형 ∣ 효과적인 학습 방법	행복하게 자란 내 아이가 만드는 미래 부모가 바라는 아이의 미래 ∣ 자녀의 강점 찾기
5	성인지 감수성 및 디지털성폭력 예방교육 부모가 알아야 하는 초등학생의 性 ∣ 성폭력 · 디지털성폭력 예방교육	
6	자녀 디지털 기기 사용 지도 디지털 기기에 의존하는 아이들 ∣ 디지털 기기와 뇌 발달 ∣ 디지털 과의존 개선방법	
7	우리 가족 이야기 가족 공유활동의 중요성 ∣ 우리 가족에 대한 사랑과 고마움 표현하기 ∣ 미래의 우리 가족 이야기책 만들기	
8	우아한 가족인권 이야기 유·아동기 자녀를 둔 가정에서 발생하는 인권침해 상황 인지 권리존중과 관계에서의 상호존중을 위한 실천방안 모색	

아동기 부모교실

주제	대규모·병합형	참여형
1	청소년기 제대로 바라보기 청소년에 대한 이해 청소년기 자녀와의 갈등해결	청소년에 대한 이해 : 우리 아이 올바로 사랑하고 품어주기 가족 구성원 간의 관계 ∣ 내 아이 특징 및 마음 알기
2	바람직한 부모 역할 : 함께 성장하는 부모 되기 세대차이의 이해 ∣ 아이들의 권리	부모자녀 관계 형성을 위한 교육 : 부모자녀 사이의 걸림돌 찾기 나의 부모 점수는? ∣ 내 안의 규칙 나누기
3	사춘기 자녀와의 대화법 부모의 마음을 전하는 대화기술 자녀의 마음을 움직이는 대화기술	자녀와의 의사소통 이럴 때 소통이 힘들다! 힘들어! 느낌과 욕구 중심 대화 연습
4	자녀 진로의 나침반되기 내 아이가 경험할 미래 기질과 직업의 연관성	우리 자녀의 진로와 교육 가치관 탐색 욕구 중심의 진로 찾기 부모의 교육 가치관 탐색하기
5	성인지 감수성 및 디지털 성폭력 예방교육 성의 본질과 흐름 ∣ 성평등 교육 ∣ 부모가 알아야 하는 청소년의 性 ∣ 성폭력 예방 교육	
6	자녀 디지털 기기 사용 지도 디지털 기기에 의존하는 청소년 ∣ 디지털 기기와 뇌 발달 ∣ 디지털 과의존 개선방법	
7	우리 가족 이야기 가족인생곡선 ∣ 가족에 대한 사랑과 고마움 표현하기 미래의 우리 가족 이야기책 만들기	
8	우아한 가족인권 이야기 청소년기자녀를 둔 가정에서 발생하는 인권침해 상황 인지 권리존중과 관계에서의 상호존중을 위한 실천방안 모색	

청소년기 부모교실

[그림 13-5] 서울가족학교 부모교실 부모교육 내용

출처: 서울특별시-분야별 정보-가족복지-가족소식-2022 서울가족학교-아동기부모교실과 청소년기 부모교실 교육내용 홍보물(https://news.seoul.go.kr/welfare/archives/543321?listPage=1). 2023년 12월 18일 검색.

이재림 외(2021)는 이상의 서울가족학교 아동기부모교실 2020년 6월~10월 참여자 213명에 대한 효과성 검증을 양육지식, 양육효능감, 양육 스트레스 등을 중심으로 참여자의 사전-사후 점수 비교(paired t-test)를 통해 유의미한 변화를 측정하고, 효과크기는 Cohen의 d(Cohen, 1988) 값으로 검증했다. 그 결과 부모교실 참여 이전에 비해 참여 이후 양육지식과 양육효능감 수준이 유의하게 증가하였고, 양육스트레스 수준은 유의하게 감소하였다고 했으며, 효과크기는 양육지식(d = -.72), 양육스트레스(d = .46), 양육효능감(d = -.28)의 순으로, 아동기 부모교실의 일차적 교육목표라고 볼 수 있는 양육지식 수준의 향상에서는 비교적 큰 효과가 있었고, 양육스트레스 감소에서도 중간에 가까운 크기의 효과가 발견되었으며, 양육효능감 증가에 대해서는 상대적으로 작지만 유의미한 효과가 검증되었다고 했다.

2. 아버지 교육 프로그램

〈생각 나누기〉

Q 다음의 기사에서 다루고 있는 '라떼 파파(Latte PaPa)'의 신조어의 의미를 찾아보고, 라떼 파파가 가지는 사회적, 가족적, 개인적 의의에 대해 모둠별로 토의해 봅시다.

'라떼 파파' 2만 명 넘었다…육아휴직 5명 중 1명이 남성

지난해 '아빠 육아휴직자'가, 남성 육아휴직제를 도입한 2009년 이후 처음으로 2만 명을 넘은 것으로 집계됐다. 전체 육아휴직자의 5명 가운데 1명 수준으로, 아이 돌봄의 책임은 부모가 함께 져야 한다는 인식이 커진 영향으로 풀이된다. 고용노동부는 22일, 지난해 민간 부문 남성 육아휴직자가 전년도(1만 7,665명)보다 26.2% 늘어난 2만 2,297명이었다고 밝혔다. 전체 육아휴직자 가운데 남성이 차지하는 비율은 2015년 5.6%에서 해마다 5% 안팎씩 꾸준히 늘어, 지난해엔 21.2%를 기록했다. 전체 육아휴직자도 역대 최대 규모로, 2018년(9만 9,198명)보다 6% 늘어난 10만 5,165명이었다. 남성 육아휴직자가 이렇게 늘어난 것은 300인 미만 중소기업 종사자의 육아휴직 사용이 대폭 증가한 영향이 큰 것으로 보인다. 2018년 7,170명이었던 중소기업 남성 육아휴직자는 지난해 9,794명으로 36.6% 증가했다. 그럼에도 아직은 300인 이상 대기업에서 육아휴직을 하는 남성(56.1%)이 절반 이상이었다. 반면, 전체 육아휴직자로 보면 중소기업 종사자가 54.5%로 대기업 종사자보다 더 많았다〈중략〉.

남성 육아휴직자의 증가는, 엄마뿐만 아니라 아빠도 자녀를 양육하는 힘듦과 기쁨을 누려야 한다는 사회적 분위기의 영향으로 볼 수 있다. 아내의 권유로 1년 육아휴직 중이라는 서울의 한 아빠는 "육아휴직 중이던 아내에게 '왜 이렇게 피곤해하냐. 아이들 돌보면서 쉬는 거 아니냐'고 했던 내가 후회됐다. 아이를 혼자 힘으로 온전히 돌본다는 건 쉬운 일이 아니다"라면서도 "아이들과 같이 온전히 시간을 보내는 것이 가장 큰 즐거움"이라고 말했다.

출처: 한겨레(2020. 01. 23.). '라떼 파파' 2만 명 넘었다…육아휴직 5명 중 1명이 남성. 조혜정 기자.

1) 아버지 교육 프로그램의 개념과 필요성

전통사회의 아버지와 전혀 다른 새로운 아버지상을 강조하는 사회적 패러다임의 변화는 아버지들에게 새로운 여러 가지 역할을 학습하도록 하는 아버지 대상의 다양한 교육프로그램이 개발되고 적용되도록 하는데 영향을 끼치고 있다. 특히 대가족 체계에서 이루어지던 자녀 양육이 부부만의 가족 구조로 급변하면서 소위 독박육아로 비판되는 어머니 단독 육아의 문제점, 그리고 양성평등의 가치 확산과 여성들의 출산으로 인한 경력 단절의 문제 등으로 인해 우리 사회는 맞벌이와 무관하게 아버지 역할 행동의 변화를 요구하고 있다. '가족부양에 전념하는 아버지'보다 '자녀양육에 참여하는 친구 같은 아버지'가 좋은 아버지로 인식되기 시작하였고, '두란노 아버지학교', '딸 사랑 아버지모임' 등과 같이 새로운 아버지 역할에 대한 사회적 요구를 반영하는 아버지들의 모임이 형성되고 급속히 성장하면서, 아버지는 더 이상 부차적 양육자가 아닌 적극적 양육자로서 기대되고 있다(김성은, 2017). 국가적이고 사회적인 차원에서도 일차 양육자로서의 아버지, 능동적이고 적극적인 아버지에 대한 강조가 이루어져 남성의 자녀양육 참여를 독려하는 정부 주도의 정책들과 캠페인이 최근에 시작되었고 대중매체에서도 아버지의 영유아기 자녀양육과 돌봄을 관찰하는 다양한 프로그램이 급격히 증가하는 등 과거 권위적인 생계부양자로서의 아버지에서 '양육적이고', '친근한 아빠'로서의 아버지 상의 변화를 보여주고 있다(배선영, 2013).

영국의 옥스퍼드대학교에서는 영국 국립아동발달연구소에서 1958년생 17,000여 명을 지속적으로 추적 조사한 장기 종단적 연구 자료를 분석해서 '아이의 발달과 교육에 적극적인 아빠'를 둔 아이는 학업성취도가 높고, 사회성이 좋고, 결혼생활에 성공적이라는 결과를 발표했다. 이를 파크 교수는 아빠효과(father effect)라고 명명하면서, 아버지가 자녀 양육에 끼치는 효과는 긍정적일 뿐만 아니라 장기적이므로, 아버지의 자녀 양육에의 적극적 참여는 자녀의 건강한 성장, 발달을 위해 매우 중요하다고 했다(여성가족부, 2018). 그런데 아빠효과는 좁게는 아이만을 향하는 효과를 말하지만, 넓게 보면 아빠 본인은 물론 배우자에게도 매우 긍정적인 영향을 미쳐서, 결혼 생활의 만족도를 올리며 특히 아빠 자신의 삶의 만족도에 긍정적 효과를 나타내서 아버지 본인의 자아존중감과 자신감, 아빠역할에 대한 만족이 향상되며, 긍정적인 자아이미지를 향상시킨다고 했다. 그러므로 결국 남성이 자녀를 양육하는데 적극적으로 참여하는 것은 가족구성원 모두에게 바람직한 일로 여겨지면서, 아버지됨을 향상시킬 수 있는 아버지교육 프로그램의 필요성은 더욱 커지고 있다(서은주, 2012). 특히 아버지교육 관련 여러 연구들이 아버지교육 프로그램이 아버지의 역할에 대한 사회적 기대 변화와 자녀양육에 대한 아버지의 실제 행동 간의 차이를 좁힐 수 있는 효과적인 수단이 될 수 있음을 규명한 여러 연구들이 축적되면서, 아버지교육 프로그램의 필요성을 더욱 강화하고 있다.

2) 아버지교육 프로그램의 참여 대상자와 프로그램 목표

아버지 역할에 대한 시대적 변화와 자녀 양육에 대한 아버지의 긍정적 효과가 사회적, 학문적 차원에서 폭넓게 연구되어 그 성과가 대중매체를 통해 꾸준히 확산되면서 우리 사회의 아버지들은 아버지교육의 필요성에 대해 비교적 잘 인지하는 편이다(권혜진, 2010). 아버지교육 프로그램 실시에 대한 요구도 조사결과(김진희 · 정회연, 2005; 송혜림 외, 2010; 홍길회 · 황정해, 2006)를 살펴보면, 아버지 교육 참여 경험은 높지 않으나 참여하려는 태도는 높은 편으로 나타나고 있다. 따라서 아버지교육 프로그램의 참여 대상자는, "좋은 아버지"가 되고 싶은 열망이 자리하고 있는 모든 아버지들을 대상으로 할 수 있다. 좋은 아버지가 되고 싶은 내면의 요구는 있지만, 사실 대부분의 아버지들은 새롭게 요구되는 아버지 역할을 실제적으로 어떻게 수행해야 할지 잘 모르거나, 현실적인 여건인 직장생활의 문제 때문에 역할 수행에 어려움과 갈등을 겪고 있다(권혜진, 2010). 특히 현대의 아버지는 이전 세대의 아버지에 비해 아버지로서 자녀양육이나 교육에 과거보다 많은 참여를 요구받고 있는 동시에, 여전히 전통적인 부양자 역할에 대한 책임과 기대 역시 강력하게 받고 있기 때문에 현실적으로 자녀양육에 참여할 수 있는 물리적 시간이 절대적으로 부족한 실정이다(이숙현 · 권영인, 2009). 이런 상황으로 아버지들은 시간적, 정신적 여유가 부족하여 자녀와 함께 하는 시간이 적고, 자녀의 교육이나 인성, 정서적인 면에 도움을 주지 못하고 있다고 생각하여서 자신이 생각하는 바람직한 아버지 상과 현실적인 자아상(전연우 · 조희숙, 2013) 사이에 괴리를 경험하여(김성은, 2017), 이러한 문제해결에 도움을 구하고 싶은 모든 아버지들은 아버지교육 프로그램의 참여 대상자가 될 수 있다.

이와 같이 아버지교육은 가족 내 남성 및 아버지의 역할 강조와 돌봄노동 참여, 일 · 가정 양립에 대한 의식의 변화와 가치의 전환이 주된 프로그램의 목표가 되어야 한다. 이것은 아버지교육 프로그램의 참여로 인해 나타나는 변화가 단순히 자녀 양육에서의 긍정적 효과에서 멈추는 것이 아니라, 아버지 개인의 발달적 성장 변화와 부부간의 결혼 만족도 향상에 긍정적인 효과를 가져오는 가족생활 전체의 긍정적인 효과와 관련되기 때문이다. 2006년에서 2011년 기간 동안 건강가정지원센터 아버지 및 남성 대상 운영된 프로그램을 분석하면(서은주, 2012), 아버지 프로그램은 생애주기별 가족생활교육의 영역에서 '남성의 돌봄노동 참여를 위한 아버지교육', 가족친화문화 조성 사업과 가족문제 예방 역량강화 사업 영역에서 '찾아가는 아버지교육'으로 진행된 아버지가 행복한 일터 만들기 교육 프로그램, 자녀 연령별로 영 · 유아기, 아동기, 청소년기 자녀를 둔 아버지를 대상으로 나누어 진행하는 남성 대상 가족친화 교육 프로그램 '친구같은 아빠로 만나요' 등의 다양한 프로그램들이 실시된 바 있다. 건강가정지원센터에서 진행되는 아버지교육 프로그램이 물론 다양하지만, 아버지교육 프로그램의 내용은 공통적으로, 아버지 자신에 대한 이해와 탐색, 아버지 역할에 대한 인식, 가족 친밀감 증진을 위한 놀이 기술과 가족관계 향상을 위한 대화법 등이 포함되어 있다(서은주, 2012).

1985년부터 2016년까지 석 · 박사학위 논문과 학술지에 발표된 총 89편 논문들을 대상으로 아버지 교육 프로그램의 목표를 분석하면(김성은, 2017), 아버지 개인과 자녀의 발달이나 성장을 목적으로 하는 프로그램 연구가 가장 높은 비중을 차지해서, 2003년과 2008년을 제외하고 2000년 이후 매년 마다 꾸준히 발표되었다. 그리고 미술치료, 놀이치료, 치료놀이 등을 통해 아버지들의 내적 치료나 자녀들의 행동문제 교정을 도모하는 프로그램 연구가 2011년 이후 지속적으로 증가하고 있다. 이것은 아버지교육 프로그램의 목적이 교육의 영역에서만이 아니라 교정 · 치료로도 확장되었음을 의미한다. 즉, 가족생활교육 프로그램의 일환에서 이루어지는 아버지교육 프로그램은 단순한 정보 제공과 교육에 의한 지식 습득만이 아니라 상담과 치료와의 접근이 병행되어 문제 예방, 잠재력 개발, 문제 해결의 목표를 반영하는 것으로 진화하고 있음을 시사하고 있다.

3) 아버지교육 프로그램의 내용 구성을 위한 이론적 기초

가족생활교육 실천 현장에서 아버지교육 프로그램을 개발하여 실천하기 위해서는 아버지의 양육참여를 도모하고 양육자로서의 아버지역할에 대한 사회적 기대와 실제 아버지 역할 수행 간의 불일치를 감소시키는 도구로서 아버지교육 프로그램을 구성하기 위한 이론적 기초를 고찰하는 것이 필요하다.

아버지의 역할 수행과 자녀 발달 특성에 관한 국내외 연구를 메타 분석한 결과를 살펴보면 아버지가 부역할을 많이 수행할수록 아동 및 청소년 자녀의 경우 자아존중감이 높고 우울이 낮으며, 학교생활 적응을 잘하고 문제행동이 적은 것으로 나타났다. 또한 성별 차이가 있어서 아들의 경우는 내면적 발달 특성에서, 딸의 경우는 사회적 발달 특성에서 아버지 역할 수행의 영향을 더 많이 받는다고 보고되었다(여성가족부, 2018).

이재림 외(2012)는 아버지 역할 수행과 자녀의 내적, 외적 발달 특성의 관련성을 규명한 2006년부터 2010년까지의 국내 연구 성과(총 15편)를 통합적으로 정리하여 효과성을 검증하기 위해 메타 분석 방법을 적용하여 분석 결과를 보고한 바 있다. 여기에서는 성별과 연령 차이뿐 아니라 문화적 차이를 검증하기 위해 도서관의 검색 프로그램(ProQuest)을 사용하여 수집한 미국 박사논문(총 10편)과의 비교 분석 결과도 제시하였다. 이 연구 결과에서는 한국 아버지의 역할 수행과 자녀의 내적 발달 특성 및 자녀의 외적 발달 특성의 긍정적 경향성의 변화가 미국 아버지의 부모역할 수행과 자녀가 긍정적인 발달 특성을 보이는 경향성보다 더 강한 효과성을 나타내는 것으로 나타났다. 또 딸과 아들, 연령의 효과성 크기에 대한 결과를 살펴보면, 내적 발달 특성에서는 아버지의 역할 수행이 딸과 아들의 성별 차이 및 연령(초등학생, 중고등학생)에 끼치는 효과의 크기에서 차이가 없었다. 그러나 외적 발달 특성에서는 연령 차이는 없지만, 성별 차이가 있어서 아버지의 역할 수행이 딸의 외적 발달 특성에 끼치는 영향력이 아들보다 더 큰 것으로 나타났다. 이 연구는 아버지의 역할 수행이 자녀의 발달 특성에 끼치는 영향이 우리나라 아버지가 서구의 아버지 역할 수행보다 자녀에게 끼치는 영향력이 좀 더 강하다는 것을 시사해 주었고, 자녀의 발달 특성과의 관련성에서 연령 차이가 없다는 점은 모든 시기에서 아버지가 끼치는 영향력이 중요하며, 이 경우 딸의 외적 발달 특성과의 관련성이 가장 크다는 점을 시사해 주었다.

한편, 아버지 역할이 자녀에 끼치는 긍정적인 기능뿐 아니라, 아버지의 자녀 양육 참여는 어머니의 양육 스트레스를 완화함으로써 부부관계 만족도를 높여서 가족 전체의 긍정적인 관계 확산에 중요한 요인이 된다. 이것은 아버지 역할이 아버지 자신을 성숙한 인간으로 성장하는 계기를 마련해줄 뿐만 아니라 아버지의 행복감에도 영향을 미치는 이유에서 비롯된다고 할 수 있다(김성은, 2017). 그리고 아버지의 가정에서의 역할 수행이 자녀뿐 아니라 전체 가족의 역동성에 중요한 축이 되므로, 가족관계 개선을 통한 건강한 가족 형성을 중요한 목적으로 하는 가족생활교육 프로그램에서 아버지 교육의 중요성을 시사해 주었다.

〈표 13-4〉 좋은 아버지상의 변화

전통적인 좋은 아버지	현대적인 좋은 아버지
• 자녀를 위해 목표를 세운다. • 자녀를 위해 일하고 무엇인가를 주는 것을 강조한다. • 자녀에게 무엇이 옳은 것인지를 안다고 생각하여 부모가 자녀의 규칙을 정한다. • 아버지는 항상 옳고 강하며 권위적이다. • 자녀에게 지시 · 명령을 하고 순종하기를 요구한다. • 아버지로서 책임의식이 강하고 자녀를 관리한다. • 자녀에게 엄하고 과묵하다.	• 자녀의 자율성과 실패할 자유를 허용한다. • 자녀에 대해 비현실적 기대를 갖지 않고 잠재력을 개발하도록 돕는다. • 자녀의 특성과 기질, 생각과 감정을 이해하고 규칙을 정할 때 자녀의 의견을 존중해 준다. • 아버지도 실수할 수 있고 잘못을 사고할 수 있다. • 자녀를 인격체로 대하고 지적 · 사회적 · 정서적 발달을 자극시킨다. • 아버지가 되는 것을 선택하고 자녀와 함께 하는 시간을 즐긴다. • 칭찬과 격려를 잘한다.

출처: 최규련(2018). 가족관계학. 179쪽.

이처럼 우리 시대의 아버지들에게 '경제적 능력이 있고 자녀와도 시간을 보내는 좋은 아버지'가 되어야 한다는 인식이 증가하고 있는 것은 사실이지만, "아버지는 훌륭한 남성이 되면 훌륭한 아버지가 되는 것이지, 반드시 직접적으로 자녀 양육에 참여해야 하는 것은 아니다"와 같은 사회적 통념도 여전히 강하게 남아 있어서 아버지 역할을 제한하고 있다(최규련, 2018). 또 아버지 역할에 대한 중요성을 인식하고 있다고 하여도 여전히 한 가정의 가장으로서 생계부양 역할을 강조하는 남성과 아버지에 대한 또 다른 고정관념은 직업역할로 인해 가족 및 아버지 역할을 다하지 못할 경우 자책감이나 낮은 아버지 역할 만족도를 보이며(백진아, 2009; 송혜림 외, 2010; 이숙현, 1996), 아버지 역할과 생계 부양자로서의 이중적 역할 수행으로 자신을 희생시키는 아버지들도 있다. 또는 좋은 아버지상에 대한 시대, 사회적 변화로 인해 많은 아버지들이 아버지 역할이 중요하다는 것을 인식하고 있지만, 본인의 성장기에 경험한 애착관계의 영향으로 아버지 역할을 수행하는 방법을 모르거나 혼란을 겪는 아버지들이 많은 것도 사실이다. 또는 자녀양육에 필요한 지식과 기술의 미흡함으로 인해 자녀를 돌보거나 자녀와 친밀한 관계를 형성하는데 어려움을 느낀다(권기남, 2014; 권혜진, 2005; 유해미 · 정주영 · 양유진, 2013). 이로 인해 유아 자녀의 아버지들은 아동발달, 양육방법, 자녀와의 상호작용 및 놀이방법 등에 대한 지식의 부족으로 아버지 역할 수행에 제약이 있다고 하였고(김정희, 1999; 송혜림 외, 2010), 영 · 유아 자녀의 아버지들도 자녀와의 상호작용을 위한 기술과 지식이 필요하다고 하여(손순복, 2016; 유해미 외, 2013), 남성들의 부성 실천에는 여전히 어려움이 있음을 알 수 있다.

특히, 아버지는 자녀의 어느 한 단계에서 멈추어 있는 존재가 아니라 자녀의 성장 발달에 따라 변화하고 적응해야 하는 존재이고, 자녀의 발달 단계에 따라서 아버지로서 수행해야 하는 아버지 역할이 다를 것인데, 다양한 연령대 보다 전문적인 교육 내용이 포함된 프로그램의 부족이 아버지 교육 프로그램 개발과 실천의 어려움에 해당하므로, 이러한 요구를 아버지 교육 프로그램에 반영하려는 노력이 필요하다고 사료된다. 또, 사회와 직장에서도 좋은 아버지 역할을 정립하고, 아버지 역할이 자녀에게뿐 아니라 가족 전체에 끼치는 긍정적인 효과를 지지하는 가족친화적인 정책과 프로그램을 실시하여야 한다. 따라서 가족생활교육 실천 현장에서 아버지 교육을 구성할 때는 일반적인 부모교육 프로그램, 특히 주로 어머니들을 대상으로 하는 부모교육과 구분되는 아버지 교육 프로그램으로 구성하려는 적용이 중요하다. 아버지 역할은 학습할 수 있지만 저절로 익혀지는 것은 아니므로, 아버지 역할을 효과적으로 수행하기 위해선 교육이 필요하다.

아버지 역할은 아버지라는 위치에서 자녀를 양육하는 일을 수행하도록 기대되어지는 특징적 행동이며, 아버지의 역할수행은 자녀와 상호작용하거나 자녀의 복지 및 안녕을 도모하기 위한 아버지의 행동이다(이재림 외, 2012). 그러므로 아버지교육 프로그램의 내용 구성에 반영하기 위한 아버지 역할의 구성 요소를 살펴보고, 이들 구성 요소를 아버지교육 프로그램의 내용 요소로 반영하는 것이 필요하다. 그런데 아버지의 부모 역할에 대한 구성 요소에 대한 학자들의 견해는 다양하다.

Hawkins 외(2002)는 아버지 역할을 훈육, 공동양육, 칭찬과 애정 표시하기, 학교일의 지지, 경제적 부양, 함께 이야기하기, 관심 갖기, 재능개발 고려하기 등이라고 했다. O'Shea와 Windell(2006)은 아버지 역할을 함께 놀아주기, 독립심 키워주기, 훈육하기, 정서적 지능 개발 하기, 행동, 성격, 학업 등에서 최선을 기대하기 등으로 정의하였다. Cookston과 Finlay(2006)은 아버지의 부모역할을 아버지와 대화, 아버지와 자녀의 친밀감, 아버지와 함께하는 활동 등으로, Plunkett 외(2009)는 감독, 학업에 대한 조력, 교육적 조언으로 제시하였다.

아버지 역할에 대한 국내 연구자들의 견해도 매우 다양하다. 김희숙(1996)은 보호자와 생계담당자, 자녀 양육에서의 참여자, 일관성 있는 자녀 양육자, 자녀의 교육자, 자녀의 의사를 반영하는 청자, 아내를 사랑하는 배우자 등으로 제시했다. 최경순(1992)은 생활지도와 학습지도 참여, 가사 참여, 여가생활 참여를 포함시켰다. 이영환 외(1999)는 생산적 아버지 노릇을 발달적 지지, 함께하는 활동, 돌보기 및 지도 등으로, 박은주(2013)는 조력자, 정서적 지지자, 공동 양육자, 활동 공유자, 경제적 부양자 등으로 제시하였다.

이숙희(2022)는 부산과 경남지역에 국한된 결과이기는 하지만, 육아종합지원센터를 통해 2018년부터 2021년까지 전개된 총 374회의 아버지교육 프로그램을 분석한 결과, 아버지 교육의 내용은 양육정보, 부와 자녀의 체험활동, 부의 자기이해 및 가족관계 개선 등으로 다양하게 구성되었는데, 최근에는 아버지와 자녀가 함께 그림책을 읽거나 동식물 관찰을 하거나 요리, 목공 등과 같은 체험을 하는 활동이 64.1%로 많이 이루어졌고, 양육정보와 관련된 교육은 점차 감소하는 추세라고 했다. 이것은 몸으로 놀아주기를 특성으로 하는 아버지 역할의 특성을 반영한 교육 프로그램 구성의 변화를 시사하고 있다고 해석할 수 있다. 한편, 이재림 외(2021)는 서울시 건강가정지원센터 서울가족학교에서 실시된 아동기 부모를 대상으로 한 비대면 부모교육의 참여자의 프로그램 참여 전후의 양육 지식, 양육 스트레스, 양육효능감의 유의한 변화가 있다고 보고한 바 있다. 또 권기남(2014)도 아버지들을 대상으로 한 e-learning 기반 부모교육 프로그램 참여가 유아의 행복감 증진에 효과적이며, 유아의 행동 문제 감소에 효과적인데, 특히 자녀의 불안 및 미성숙 행동, 외현화 행동 문제에서는 과잉 및 공격행동 수준에서 프로그램 참여 아버지들의 효과적인 자녀 변화가 나타났다고 했다. 이와 같은 비대면 프로그램 교육 방법의 효과성의 입증 결과는, 아버지 역할의 중요성에 대한 인식을 가지고 있으며, 프로그램에 참여 의지도 있지만 시간적 제한점을 가진 아버지들을 대상으로 한 아버지교육 프로그램에서는 적극 적용해 볼 수 있는 구성 방안이라고 할 수 있다.

4) 아버지 교육 프로그램 시행의 효과

부모로서 가족의 역동에서 아버지가 중요한 축임에도 불구하고, 양육에 대해서는 이차적 존재로 평가절하되어 온 고정관념으로 인해 외국에서도 Lamb(1975)이 아버지를 '아동발달의 숨은 공로자'로 제시한 이후(정옥분 · 정순화, 2008)에야, 아버지에 대한 연구가 활발하게 이루어지기 시작했다. 국외의 아버지에 대한 연구들은 주로 아버지의 의미와 아버지 역할, 그리고 아버지가 자녀의 발달에 미치는 영향, 아버지의 양육 참여 관련 요인에 대한 연구들이 주를 이루고(김경은 · 김연아, 2017), 아버지교육 프로그램 연구들의 동향분석 연구나 메타분석 연구의 출판(Fagan & Kaufman, 2015; Holmes, Galovan, Yoshida & Hawkins, 2010; Knox, Cowan, Cowan& Bildner, 2011)을 통해 아버지교육 프로그램 연구의 발전을 이뤄왔다(김성은, 2017).

그러나 우리나라의 경우 영 · 유아기 아버지 대상 연구는 1980년대에 처음으로 1편이 이루어졌고, 1990년대 17편, 2000~2006년까지 47편인 것으로 나타났다(김정원 · 김유정, 2007). 우리나라 영 · 유아기 아버지 관련 연구의 동향을 1990년~2016년까지의 등재 학술지에 게재된 총 249편의 논문을 분석한 결과 국내 아버지 연구는 2000년대 들어서 증가하기 시작해서, 이러한 결과는 외국에 비해 국내 아버지에 대한 학술 연구가 늦게 시작됐음을 반영한다(김경은 · 김연아, 2017). 실질적으로 아버지 양육 참여의 정책적 지원이라 할 수 있는 것은 1988년 '남녀고용 평등법'이 시행된 이후, 2007년 '남녀고용평등과 일 · 가정 양립 지원에 관한 법률'로 개정(김형배, 2010)되면서, 대중적으로 민주적 아버지상, 아버지 역할에 대한 관심이 증가하고, 아버지들의 양육 참여의 기회를 확장시키기 위한 사회적 노력들이 나타나면서라고 분석할 수 있다(김경은 · 김연아, 2017). 최근의 장기적인 초저출산의 사회적 현안과 소위 '아빠 효과'로 불리는 아버지가 가족 전체에 가져오는 긍정적 효과에 대한 다양한 연구 결과들도 '맞돌봄'이란 용어로 표현되는 아버지의 자녀 양육 참여의 당위성을 확산하면서, 이를 위한 아버지 교육 프로그램의 필요성을 확대하고 있다. 실제로 국내에서도 건강가정지원센터, 육아종합지원센터, 다문화가족지원센터 등에서 아버지 및 남성교육이 아버지와 남성을 대상으로 자녀와의 관계를 향상시키고 성별 돌봄노동의 격차를 줄이며 남성과 여성의 일 가정 양립을 지원하고 남성의 가정생활 참여에 대한 중요성을 강조하는 시민교육으로 확대하고 있다.

이에 국내에서도 다양한 아버지교육 프로그램의 효과성 검증 연구가 전개되고 있다. 1985년부터 2016년까지의 석 · 박사 학위논문 및 학술지 발표의 총 89편 논문들을 분석한 결과(김성은, 2017)를 보면, 양적분석 연구가 35편(70%)으로 가장 많고, 질적분석 연구는 5편(10.0%)으로 2011년부터 게제됐고, 양적분석과 질적분석을 함께 적용한 논문은 8편(16.0%)으로 2012년부터 증가하고 있었다. 프로그램의 효과성 검증에서 실험집단과 통제집단을 대상으로 사전 · 사후 검사 실시의 연구가 55.8%로 가장 많고, 추후검사를 포함한 프로그램 효과성 평가 연구도 2010년 이후 처음 발표되었다. 한편, 메타분석은 기존의 축적된 연구 성과를 통합적으로 정리, 분류해서 결과의 효과성을 분석해 주는 대표적인 분석 방법이나, 국내 아버지교육 프로그램에 대해 메타분석 방법을 적용한 연구가 없어서, 향후 메타 분석 적용의 효과성 분석 연구가 요청되고 있다.

한편, 아버지교육 프로그램 참여자들의 변화를 분석한 결과를 살펴보면, 아버지 교육 프로그램에 참여한 아버지들은 적극적인 아버지 역할에 흥미를 느끼고, 양육 스트레스가 감소했으며(McBride, 1991), 아버지의 양육활동 참여수준이 더 높아졌고(Taskin & Erkan, 2009), 아버지-자녀관계가 긍정적으로 변화했고, 양육자신감이 높아졌으며(권기남, 2014), 자녀들의 여러 가지 행동문제 발생이 감소된다(Helfenbaum-Kun & Oritz, 2007)와 같은 다양한 연구결과가 보고되었다. 우리나라에서도 영유아기 자녀를 둔 아버지 교육프로그램이 부모의 양육불안감을 감소시키고 양육 관심을 높이는 것으로 나타났다(이영애 · 김정미, 2009; 최영미 · 이희영, 2018; 이재희 · 박원순, 2020). 특히, 아버지교육을 받은 후 일-가정 균형에 대한 인식도 개선된(송혜림 외, 2010) 것으로 나타나서, 아버지교육 프로그램이 가족 전체의 관계 개선과 같은 가족 역동과 아버지 자신의 성장 발달에도 유의미한 긍정적 영향을 끼치는 가족 생활교육 프로그램이라는 효과성이 검증되고 있다. 또, 최근에는 아버지교육 프로그램의 효과가 자녀의 다양한 내재적 행동 및 외현화 행동문제 개선에 도움이 되는 효과성이 검증되고 있다(권기남, 2014). 김성은(2017)은 1985년부터 2016년까지 발표된 아버지 교육 관련 연구들에서 교정 · 치료를 목적으로 하는 연구가 19.0%, 예비교육을 목적으로 하는 연구가 10.3%로, 아버지의 내적 치료나 자녀의 행동 교정을 목적으로 하는 연구들이 2011년 이후부터 소수이지만 증가하고 있다고 했다. 이것은 아버지 교육 프로그램의 목적이 치료 및 행동 교정으로 확장하고 있음을 시사하였다.

한편, 프로그램의 장기적 효과를 추적하는 것은 프로그램의 효과성뿐 아니라 프로그램이 시간이 지나면서 참여자들에게 오히려 해가 되는지를 파악하도록 한다(Dishion, McCord, & Poulin, 1999)는 점에서 중요하다. 아버지 교육 프로그램의 장기 효과에 대한 대표적인 추적 연구는 1958년생들에 대한 장기 추적 연구 결과인 옥스퍼드대학의 연구 결과가 있지만(여성가족부, 2018), 우리나라 아버지교육 프로그램의 장기적 효과를 검증한 연구는 아직 없어서 향후 아버지교육 프로그램의 장기적인 효과를 추적하는 연구가 요구됨을 시사했다.

또, 아버지교육 프로그램에서 특수한 맥락적 상황에 놓은 아버지들을 대상으로 한 프로그램 개발과 접근은 아직 미미하다(김성은, 2017). 강기정 · 이윤정(2010)은 다문화 가족의 아버지 대상의 아버지 요구와 부인인 결혼이주 여성의 프로그램에 대한 요구를 사정하여, 총 5회기 10시간의 아버지교육 프로그램을 12명의 참여자를 대상으로 시행하고 효과성을 분석했다. 여기에서는 회기별 참여자 집단의 변화를 질적으로 고찰하고, 아버지의 자아존중감과 부모효능감을 사전-사후 검사의 평균 변화로 분석했다. 그 결과, 자아존중감과 부모 효능감에서 모두 긍정적인 큰 폭의 평균 변화가 있었는데, 특히 부모 효능감 영역에서 자녀와의 문제에서 문제해결력과 부모로서의 무력감, 자녀에 대한 실망감 등에서 변화가 가장 컸다고 했다. 이 결과는 아버지교육 프로그램에서도 다문화가정, 한부모 및 재혼 가정, 장애 아동을 둔 가정 등의 특수한 맥락적 상황으로 인해 특별한 요구를 가진 집단을 대상으로 하는 프로그램의 개발과 효과성 검증이 이루어져야 함을 시사했다.

5) 예시 프로그램

일반적으로 가족생활교육 실천 현장에서 접근성이 어려운 집단으로 아버지 집단, 맞벌이 부부 집단이 많이 언급된다. 이것은 이들 집단이 가족생활교육 프로그램에 대한 요구가 낮기 때문이 아니라 이들 집단이 가진 시간적 제한 때문에, 가족생활 교육 프로그램에 접근이 상대적으로 어려운 것으로 사료된다. 김길숙 외(2016)는 대부분의 학부모가 영유아시기 부모교육이 필요하다고 인식하며, 부모의 64.6%는 부모교육이 의무화 돼야 한다고 응답했다고 한다. 아버지와 맞벌이 부부를 위한 부모교육 프로그램을 개발하고 효과성을 검증한 이재희 · 박원순(2020)도 부모교육의 접근성을 높이기 위해 부모교육의 전달방식을 다양화해야 한다는 것을 시사했다. 특히 부모로서의 적절한 역할 행동에 대한 사회적 인식이 확산된 최근에는 자녀 양육에 따른 부담감과 죄책감을 줄여주고 발달단계별 올바른 자녀 양육방법과 어머니와 아버지의 역할을 알려줄 수 있는 부모교육이 필요한 상황이다. 그 방안으로 비대면 부모교육 방안이 하나의 방안으로 제시되고 있다.

권기남(2014)은 80명의 아버지를 대상으로 총 10회기 30분 내외의 e-learning 기반 아버지교육 프로그램을 개발, 실시하고 프로그램의 효과성을 자녀의 행복감과 행동 변화 등을 중심으로 검증하였다. 그 결과 e-learning 기반 아버지교육 프로그램의 실험집단 자녀가 행복감 향상과 내면화, 외현화 행동 문제 감소에 통계적으로 유의한 변화가 나타났다고 했는데, 이것은 아버지교육 프로그램에서

비대면 교육의 가능성을 시사하였다. 이나연 외(2021)는 영유아 자녀를 둔 아버지들 369명을 대상으로 온라인을 활용한 부모교육 프로그램에 참여하는 아버지들의 특성을 분석했는데, 35-39세의 연령의 아버지, 자녀 수가 많은 아버지일수록 부모교육 참여가 적었지만, 학력 수준이 높고, 프로그램 참여 동기가 높은 아버지들의 온라인 부모교육 프로그램 완료 비율이 높다고 했다. 또 주당 41~52시간의 근로 시간을 가진 아버지들의 온라인 부모교육 참여비율이 가장 높다고 해서 근로 시간도 아버지들의 부모교육 참여에 영향을 끼칠 수 있음을 시사했다. 따라서 아버지 대상 부모교육 프로그램에서는 근로 시간을 고려해서 비대면 프로그램이나 온라인 활용 교육 등의 운영 방법이 접근 가능성을 제고할 수 있는 방안의 하나임을 시사했다. 실제 이재림 외(2021)는 서울시 전역의 건강가정지원센터에서 실시된 서울가족학교 비대면 아동기 부모교실에 참여한 부모들의 효과성 분석을 했는데, 비대면으로 전환된 교육이지만, 프로그램 참여자의 양육지식, 양육스트레스, 양육효능감에서 통계적으로 유의미한 변화가 나타났다고 하여 비대면 교육의 효과성을 입증한 바 있다.

실제로 현 시점(2023년 12월)에서는 여성가족부, 교육부, 보건복지부를 중심으로, 또 최근에는 노동부 등 부모교육에 관련한 정부의 유관 부처들, 그리고 한국건강가족진흥원, 국가평생교육진흥원, 유아교육진흥원, 보육진흥원, 근로복지공단과 같은 산하기관 및 지역 건강가정지원센터, 평생교육진흥원, 육아종합지원센터 등의 전달 체계를 통해 다양한 부모교육 프로그램이 개발 · 보급되고 있다. 그런데 이들 기관의 부모교육 프로그램은 온라인 기반의 프로그램이 많은데 이러한 온라인 부모교육은 교육 참여에 대한 동기를 가졌지만, 시간적 제한점을 가진 특성이 많은 아버지 대상의 교육에서는 교육의 접근성을 높일 수 있는 하나의 대안이 될 수 있다.

이 절에서는 이러한 분석의 결과를 반영해서 국가기관인 교육부, 국가평생교육진흥원, 전국학부모지원센터에서 개발하여 온라인으로 지속적으로 서비스하고 있는 아버지교육 프로그램을 제시한다. 이 프로그램[2]은 2016년 개발되어 2017년부터 현재에 이르기까지(현시점 23-12기 운영 중), 국가평생교육진흥원 전국학부모지원센터의 '학부모 On누리' 플랫폼(학습마당-부모역량강화-http://www. parents.go.kr/;jsessionid=3F7B3CB0869FB8A6800CA9F3C-B75C22/usr/wap/detail.do?app=10930&seq=2527034)을 통해 전국적인 서비스(무료)가 되고 있는 온라인 아버지교육 프로그램이다. 이 프로그램은 현재 한국어, 영어, 일본어, 중국어, 베트남어, 러시아어 등의 5개 언어로 서비스가 이루어지고 있어서, 다문화가족 아버지교육 프로그램을 운영하는 데에도 활용할 수 있다. 총 5차시, 각 차시 20분 내외의 동영상과 동영상의 강의에 따라 워크북을 활용한 활동으로 프로그램이 구성되어 있다.

□ 아버지교육 프로그램의 예 - 나도 좋은 아버지가 되고 싶다 (국가평생교육진흥원 학부모교육지원센터, 2016)

[그림 13-6] 아버지교육 프로그램

출처: 국가평생교육진흥원 전국학부모지원센터(2023). 학부모On누리. 학습마당-부모역량강화. 2023년 12월 검색.

2) 해당 아버지교육 프로그램은 교육부 국가평생교육진흥원에서 개발되었고, 이 프로그램 개발에 이 책의 공동 저자인 왕석순은 개발 책임자로 참여하여, 프로그램 동영상 강의도 현재 진행하고 있다.

□ **프로그램 목표**

- 자신을 사랑하는 아버지가 되기
- 현명한 격려를 잘하는 아버지, 바른 훈육도 하는 아버지 되기
- 자녀와 소통을 잘하는 아버지가 되기 위한 기본 역량인 의사소통의 방법을 이해하여 실천하기
- 가정생활에서 배우자와 공동의 협력 관계 형성하기

□ **프로그램 참여자 및 프로그램 구성**

- 아버지교육에 동기를 가진 모든 연령의 아버지(유아기, 학령기, 중고등학교 자녀 중심)
- 다양한 언어(한국어, 영어, 중국어, 일본어, 베트남어, 러시아어)로 동영상 강의가 서비스되고 있어, 다문화가족 아버지 가능함
- 총 5회기/ 회기당 동영상 강의 20분 내외 / 워크북 활동/ 실생활 적용하기 활동으로 구성
- 프로그램명: 나도 좋은 아버지가 되고 싶다

1. 좋은 아버지 되기의 출발점
   - 현재의 나를 이해하기: 중년기 발달과업 이해하기, 나의 자아개념 이해하기
   - 과거의 나를 이해하기: 성인 애착 검사와 해석
   - 온전한 어른으로 성숙되기: 내가 겪은 아픔을 되풀이하지 않는 방법
   - 실생활에 적용하기
2. 자녀와의 의사소통 방법: 통(通)하는 아버지 되기
   - 부-자녀 간 의사소통 척도: 상대방에 대한 존중을 기반으로 의사소통 척도로 이해하기
   - 말이 없는 우리 자녀들: 자녀의 마음을 닫게 하는 부정적인 말
   - 말 잘 듣고, 잘 말하는 아버지: 잘 듣는 방법(반영적 경청), 잘 말하는 방법(나-전달법)
   - 실생활에 적용하기: 협동적 문제해결하기 이해와 연습
3. 좋은 아버지의 비결 Ⅰ: 격려
   - 완벽한 부모, 책임있는 부모: 심리적 양육이 필요한 이유
   - 격려의 중요성: 격려의 마법과 노력의 중요성을 격려하는 격려의 연습하기
   - 이렇게 격려해 주세요: 약이 되는 격려하기 연습하기
   - 실생활에 적용하기

4. 좋은 아버지의 비결 Ⅱ : 단호함
- 단호하고 엄격한 훈육이 필요한 이유: 건강한 성장 발달과 좋은 습관 형성을 위한 훈육
- 바른 훈육 방법, 단호함: 올바른 훈육의 원칙, 책임감을 가르치는 훈육 방법, 행동수정원리
- 실생활에서 활용하기

5. 가족의 공동 CEO, 아버지
- 고독한 리더에서 가족의 공동 CEO로: 부부 비전 수립과 부모로서의 정체감 개발하기
- 아내와 협동하는 성공적인 부모되기: 가족 경계 수정하기 및 가정관리 재조정하기
- 실생활에 활용하기: 배우자 알기, 배우자 장점 찾기, 배우자와 작은 일부터 함께하기

□ **프로그램 평가 및 효과**

- 국가 수준의 온라인 서비스 교육 프로그램이므로 효과성 검증은 미시행
- 워크북 내의 다수의 척도를 사전-사후 검사 척도로 활용하여 t-test로 효과성 검증할 수 있음
- 실험집단과 통제 집단의 구성을 통한 차이 비교 효과성 검증도 가능함

핵심용어 부모-자녀 관계 향상, 부모교육 프로그램, 아빠 효과, 아버지교육 프로그램

학습실천과제

1. 이 책에서 제시하지 않은 특별한 상황적 맥락의 부모-자녀 관계를 찾아보고(예: 이혼 및 재혼가정의 부모-자녀 관계, 노부모-성인자녀 관계 등), 조사한 부모-자녀 관계의 향상을 위한 가족생활교육 프로그램을 개발해서 발표해 보시오.
2. 부모교육 프로그램이 전 국민 의무교육으로 시행되어야 하는 이유를 정책 제안서로 개발해 보시오.
3. 이 책에서 예시한 온라인 아버지교육 프로그램을 실천해보고, 효과성 검증을 위한 계획을 수립해 보시오.

참고문헌

참고문헌

「KDI」경제정보센터(https://eiec.kdi.re.kr). 〔2022년 혼인·이혼 통계〕, 2023년 11월 30일 검색.

OECD(2015). 한눈에 보는 연금.

SBS 스페셜(2016. 1. 30.). 어떻게 영재가 되는가-섬세한 아빠, 터프한 엄마 편.

강기정·이윤정(2010). 다문화가족 아버지교육 프로그램 개발과 효과분석. 한국가정관리학회지, 28(4), 89-101.

강민정(2019). 유아의 자기조절력에 영향을 미치는 어머니의 양육변인:가족건강성의 매개효과를 중심으로. 배제대학교 대학원 박사학위 논문.

강리리(2010). ENRICH 프로그램이 저소득 부부의 자아존중감, 우울, 의사소통, 갈등해결양식 및 부부적응에 미치는 효과. 가톨릭대학교 박사학위논문.

강연아(2008). 예비부부의 결혼준비프로그램 참여경험에 관한 질적연구: 건강가정지원센타를 중심으로. 숭실대학교 대학원 석사학위 논문.

건강가정기본법. [시행 2020. 5. 19.] [법률 제17280호, 2020. 5. 19., 일부개정]

건강신문(https://news.mt.co.kr/mtview.php?no=2023113008560469115). [라떼 파파' 2만명 넘었다…육아휴직 5명 중 1명이 남성], 2023년 12월 21일 검색.

경기도가족여성연구원(2018). 합계출산율 1.05명 시대, 경기도 시·군의 인구정책과 가족정책이 가야 할 방향. 정책토론회 자료집.

경향신문(2017. 1. 2.). 맘고리즘이 계속되면, 엄마도 가정도 사회도 행복할 수 없다. 이영경 기자, samemind@kyunghyang.com.

고미숙·전영자. (2015b). 결혼준비교육프로그램이 대학생들의 결혼에 대한 인지 변화에 미치는 효과. 인지발달중재학회지, 6(3), 111-128.

고선강(2022). 가족다양성 확장에 따른 가족서비스 방향성 연구. 한국건강가정진흥원.

고정자·김갑숙(1999). 부부의 심리적 복지와 삶의 질에 대한 연구. 대한가정학회, 37(6): 59-76.

고선주·이현아·이기영·최진아·유우영. (2003). 가족 및 관리의 통합적 접근에 기반한 결혼준비교육 프로그램: 행복한 부부생활을 위한 결혼준비교육 프로그램. 41(6), 47-61.

국민일보(2018. 03. 01.). "야근 금지… 돌발휴무 훈련" 日 기린의 '육아 워라밸' 실험. 천지우 기자.

관계기관 합동(2023. 4.) 제 4차 다문화가족정책기본계획(2023~2027).

권기남(2014). 아버지의 e-learning 기반 부모교육 프로그램 참여가 유아의 행복감 및 행동문제에 미치는 영향. 아동교육, 23(2), 5-24

권미경·박원순·엄지원(2016). 가정 내 양육 내실화 방안 연구. 서울: 육아정책 연구소.

권수정·전영주(2007). ENRICH를 활용한 결혼초기 부부관계향상 프로그램 개발 및 효과 검증. 한국가족치료학회지, 15(2), 247-275.

권오균·강금희(2009). 노년기 부부관계향상 프로그램 개발 및 효과 성에 관한 연구. 한국가정관리학회지, 27(5), 137-145.

권혜진(2010). 영유아기 아버지의 양육참여가 아버지 역할만족도와 역할효능감에 미치는 영향-자녀와의 친밀감의 매개효과 탐색. 한국보육학회지, 10(4), 87-106.

_____(2013). 아버지교육 참여자 경험을 통해 살펴본 아버지교육의 의미. 한국보육지원학회지, 9(5), 461-488.

기쁘다 · 성미애 · 이재림(2020). 가족생활교육. 한국방송통신대학교출판문화원.

김경은 · 김연아(2017). 국내 아버지 관련 연구 동향 - 영유아기 자녀를 둔 아버지를 중심으로. 인간발달연구, 24(2), 1-18.

김경은 · 최은희(2010). 가족건강성이 청소년의 학교적응에 미치는 영향:자아탄력성의 매개효과. 한국생활과학지, 19(4), 641-653.

김경철 · 오도희(2020). 영유아 부모교육 프로그램의 연구 동향 분석 : 2010년~2019년 국내학술지 중심으로. 한국유아교육학회 정기학술발표논문집, 2020(1), 317.

김길숙 · 김지현 · 이혜민(2016). 부모교육 프로그램 내용분석 및 활용방안. 서울: 육아정책연구소.

김나미 · 서영석 · 김덕일(2012). 한국판 prepare 검사의 요인구조 분석 및 타당화 연구. 상담학연구, 13(2), 1043-1063.

김난도 · 전미영 · 최지혜 · 이수진 · 권정윤 · 한다혜 · 이준영 · 이향은 · 이혜원 · 추예린 · 전다현(2023). 트렌드 코리아 2024. 미래의 창.

김명소 · 김혜원 · 차경호 · 임지영 · 한영석(2003). 한국 성인의 행복한 삶의 구성 요인 탐색 및 척도개발. 한국심리학회지: 건강, 8(2), 415-442.

김미동 · 김해란(2018). 1993~2016년 신문기사를 통해 본 명절스트레스 양상에 대한 내용분석. 한국가족관계학회지, 22(4), 107-134.

김민선(2023), 하와이의 상호문화 의사소통과 다문화주의. 2023 세계인의 날 기념포럼 자료집, p.14. 서울사이버대학교 한국어문화학과, 서울시강북구가족센터, 한국가족정책학회.

김성수 · 권일남(1998). 청소년 수련활동 지도론. 서울: 서울대학교 출판부.

김성숙 (2019). 가족건강성이 유아의 행복감과 사회적 유능감에 미치는 영향. 열린부모교육연구,11(4), 69-86

김성아, 박민진, 김정아(2022), 서울시 1인가구 외로움·사회적고립 실태와 대응전략, 서울시.

김성은(2017). 아버지교육 프로그램 연구동향. 열린부모교육연구, 9(4), 75-100

김성희(2007). 건강한 가정만들기를 위한 자가진단척도의 개발의 기초연구-감마모델을 중심으로. 한국가족자원경영학회지, 14(2), 55-71.

김수현 · 최혜경(2007). 부부교육프로그램 평가도구 개발을 위한 개념적 틀. 한국가족관계학회지, 12(1), 191-236.

김숙기 · 이경화(2010). 부부교육프로그램의 효과 검정을 위한 부부관계 측정도구. 평생교육 HRD연구, 6(1), 179-195.

김숙희(1990). 대한가정학회 사회변천에 따른 가정학 영역. 제43차 총회 및 추계학술대회.

김승권 · 김유경 · 김혜련 · 박종서 · 손창균 · 최영준 · 김연우 · 이가은 · 윤아름(2012). 2012년 전국 출산력 및 가족보건·복지실태조사. 한국보건사회연구원.

김승권 · 장영식 · 조홍식 · 차명숙(2008). 한국인의 행복결정요인과 행복지수에 관한 연구. 한국보건사회연구원.

김승권·조애저·이삼식·김유경·송인주(2000). 2000년 전국 출산력 및 가족보건 실태조사. 서울: 한국보건사회연구원.

김영미·박미진(2008). 증거기반실천모델의 채택에 대한 사회복지사의 태도 연구. 사회과학연구, 23(2), 281-303.

김영숙·김욱·엄기욱·오만록·정태신(2002). 사회복지 프로그램 개발과 평가. 서울: 교육과학사.

김영실(2002). 결혼초기 부부들의 결혼만족도, 의사소통, 상호수용에 대한 부부적응프로그램의 효과. 고려대학교 석사학위논문.

김옥순·전성민(2009). 초등교사의 문화간 감수성 조사연구: 경기도를 중심으로. 한국교원교육연구, 26(1), 59-83.

김운옥·김성봉·최선아(2023). 중·고등학생 자녀를 둔 아버지 관련 국내 연구동향 분석. 문화와융합, 45(6), 879-892.

김윤정·강명수·김덕일(2015). Prepare/enrich 커플관계 검사 내 scope 성격 소 검사의 타당화 연구. 가족과 가족치료(구 한국가족치료학회지), 23(2), 315-333.

김은영(2012). 문화적 역량증진 프로그램 개발: 다문화가족과 일하는 사회복지사를 중심으로. 이화여자대학교 박사학위논문.

김은혜·이복군(2022). 영유아 부모교육 프로그램의 연구동향 분석 : 2012년~2021년 국내학술지 중심으로. 한국유아교육학회 정기학술발표논문집, 2022(2), 295.

김의철·박영신(1999). IMF시대가 한국인의 스트레스에 미친 영향. 한국심리학회지, 4(1), 57-79.

김영실(2002). 결혼초기 부부들의 결혼만족도, 의사소통, 상호수용에 대한 부부적응 프로그램의 효과. 고려대학교 석사학위논문.

김정민(2011). Satir 부부관계향상 집단 프로그램의 효과 연구. 한국가족치료학회지, 19(2), 19-40.

김정석·김미선(2020). 졸혼(卒婚)에 대한 사회학적 단상: 졸혼의 정의, 특성, 기제 및 전망. 한국인구학, 43(4), 99-114.

김정옥·박선민·구향숙(2006). 건강가족 형성을 위한 대학생들의 결혼준비교육 프로그램 요구도 조사-stinett의 개념을 중심으로. 한국가족관계학회지, 11(3), 201-222.

김정옥·손정영(2004). 결혼준비교육프로그램의 내용구성에 관한 연구. 가족과 문화, 16(3), 131-149.

김정원·김유정(2007). 영유아기 자녀를 둔 우리나라 아버지 관련 연구 경향 분석: 1980년 이후 학술지 논문을 중심으로. 대한가정학회지, 45(5), 25-38.

김정희(1999). 유아를 둔 아버지를 위한 부모교육 프로그램 개발에 관한 연구. 한국영유아보육학, 17.

김지영·김화수 (2018). 국내 부모교육 관련 연구 동향 분석: 2000년-2018년 학위논문연구를 중심으로. 국제다문화의사소통학회 학술대회 발표 자료집, 55-59.

김지현·정지나·조윤주·한준아(2008). 부모교육. 서울: 양서원.

김진화(2001). 평생교육 프로그램 개발론. 서울: 교육과학사.

김진희·정희연(2005). 아버지 역할 교육 프로그램 요구도 조사-초등학교 저학년 자녀를 둔 아버지를 중심으로. 한국가정과교육학회지, 17(2), 11-27.

김태환(2015). 다문화사회와 한국이민정책의 이해. 서울: 집사재.

김학주(2008). 사회복지 프로그램 개발과 평가. 서울: 청목출판사.

김한곤(2018). 여성들의 비혼 결정에 영향을 미치는 요인. 민족문화논총, 69, 273-301.

김현미(2021). 부부집단상담 프로그램에 관한 국내 연구 동향 : 2011~2020년 논문을 중심으로. 동서정신과학, 24(1), 65-78.

김홍숙(2006). 갈등부부를 위한 부부교육 프로그램 개발. 경남대학교 박사학위논문.

김혜미 · 백성영(2021). 청년 1인가구의 특성이 가족관계와 삶의 만족도에 미치는 영향. 인문사회21,12권6호,845-856.

김희경(2017). 이상한 정상가족. 서울: 동아시아.

김희성 · 김충식 · 나용선 · 박경아 · 이경자(2010). 가족생활교육. 경기: 공동체.

김희숙(1996). 두 자녀 아버지의 심리적 경험과 아버지 역할수행. 연세대학교 대학원석사학위논문.

김희진(2004). 결혼초기 부부관계향상 프로그램개발. 서울여자대학교 박사학위논문.

남은영(2016). 감정코치 부모교육프로그램 효과성 검증연구. 한국아동학회 학술발표논문집, 2016(11), 171-172.

노컷뉴스. 2023.01.26.일자.

노신애 · 신영미 · 김혜중 (2018). 가족학 분야에서의 부모교육 프로그램 연구 동향 분석. 가정과삶의질연구, 36(2), 15-38. 10.7466/JKHMA.2018.36.2.15

내일신문(2018. 3. 28.). 결혼문화 확산정책 “한 쌍이라도 더 결혼해야 나라가 산다. 최세호 기자, seho@naeil.com.

더중앙플러스(https://www.joongang.co.kr/article/25172960#home). [“졸혼하자, 사생활은 노터치” 그래서 연애했더니 생긴 일] , 2023년 12월 14일 검색.

레인보우(2016). 봄, 여름호. 여성가족부.

문숙재 · 정영아 · 윤소영(2006). 결혼준비교육 프로그램의 분석. 10(1), 33-51.

문학비평용어사전(2006. 1. 30.). 국학자료원.

민성혜 · 김경은 · 김리진(2011). 유아기 자녀를 둔 다문화가족 부모자녀관계 증진을 위한 부모교육프로그램 개발 및 효과성 연구. *Korean Journal of Child Studies, 32*(1), 31-49.

민성혜 · 김송이 · 김영애(2008). 영유아프로그램 개발과 평가. 서울: 양서원.

박경아 · 이경자 · 김은아 · 윤명자(2021). 가족생활교육. 경기: 공동체.

박경태(2016). 낯선 이들과의 동행: 다문화사회와 공존. 경기도 미래발전을 이끌 다양성과 통합의 리더십 최고위 과정 자료집, 111-114. 경기도가족여성연구원.

박남숙 (2005). 부부상담에서 집단상담의 치료적 활용:문헌 고찰과 사례연구 중심으로. 한국심리학회지(상담 및 심리치료), 17(4), 1097-1118.

박미경(1997). 예비부부를 위한 결혼준비교육 프로그램. 대한가정학회지, 35(4), 47-78.

박미경 · 김득성(1997). 예비부부를 위한 결혼준비교육 프로그램. *Human Ecology Research, 35*(4), 47.

박미숙 · 김복영(2018). 가족 건강성이 유아 리더십에 미치는 효과 자기 조절력과 배려적 행동의 매개효과. 홀리스틱융합교육연구, 22(4), 19-37.

박선미(2018). 정부 개발 영유아기 부모교육 자료의 주제 분석: 1981년-2014년 자료를 중심으로. 학부모연구, 5(3), 29-52.

박선희(2023). 모의 정서 표현과 가족건강성을 매개로 양육효능감이 유아의 자기조절력에 미치는 영향. 서울한영대학교 대학원 박사학위논문.
박성덕(2011). 우리 다시 좋아질 수 있을까?. 서울: 지식채널.
박성복(2003). 삶의 질의 개념과 비교 방법. 한국정책과학회보, 7(3), 57-80.
박수선(2013c). 신혼기 부부관계 향상을 위한 교육 프로그램 효과성 검증 : 건강가정지원센터 신혼기 부부교육 프로그램을 중심으로. 한국가정관리학회지, 31(1), 85-98. 10.7466/JKHMA.2013.31.1.085
박은주 (2013). 아버지 역할척도 개발 및 타당화 연구. 충북대학교 대학원 박사학위논문
박정미(2014). 부부조화 프로그램이 기혼 부부의 부부조화에 미치는 효과. 경북대학교 석사학위논문.
박주희(2007). 젠더, 가정생활, 일의 양립. 서울: 구상.
박주희·임선영(2009). 예비부부를 위한 "결혼준비교육프로그램"의 개발에 관한 연구. 한국가정관리학회지, 27(2), 29-43.
박주희(2010). 현대가족을 위한 가족생활교육의 실제. 서울: 구상.
박지수·이지훈·백예슬·김서영·이재림(2022). 예비부부교육 참여의향 및 참여행동예측요인: Andersen과 newman의 행동모델 적용. 한국가족관계학회지, 27(2), 233-257.
박지수·이진경·이재림(2018). 국내 커플관계교육 연구의 프로그램 개발과정 분석: 생활과학 분야 학술지 논문을 중심으로. 한국가족관계학회지, 22(4), 81-105.
박지연(2017). 가족건강성이 유아의 친사회성 행동 간의 관계: 어머니의 양육효능감의 매개효과. 경희대학교 대학원 석사학위논문.
박태환(2015). 다문화사회와 한국 이민정책의 이해. 서울: 집사재.
박형원(2015). 기혼성인의 가족 건강성에 대한 영향 요인: 원가족 경험요인을 중심으로. 한국콘텐츠학회논문지, 15(9), 184-194.
박행님(2005). 결혼초기 부부관계 향상을 위한 교회교육 프로그램에 관한 연구. 침례신학대학교 석사학위논문
법무부(2011). 출입국·외국인 정책 통계월보.
보건복지부(2015). 전국아동학대 현황 보고서.
________(2016). 2015 노인학대 현황 보고서.
________(2021). 2021 아동학대 연차보고서.
________(2021). 학대피해아동보호현황.
________(2022). 노인학대 발생율(2017~2021년).
배선영(2013). 아버지-영아의 언어적 상호작용 증진을 위한 대화식 그림책읽기 프로그램의 개발 및 효과 연구. 연세대학교 대학원 박사학위논문.
백은영·이명우(2014). 예술 활동을 활용한 교류분석 부부관계향상 프로그램의 효과. 예술심리치료연구, 10(2), 199-217.
백지은·서선영·신수진(2003). 예비부부를 위한 교육프로그램 구성. 한국가족관계학회지, 8(1), 1-27.
백진아(2009). 기혼 남성의 부성과 가족 경험. 현상과 인식, 33(4), 163-186
사회교육법
서명희(2018).1인 가구의 삶의 만족도 예측요인, 충북대학교 대학원 박사학위 논문.

서병숙(1998). 결혼과 가족. 서울: 교문사.

서울대 행복연구센터(2023). 대한민국 행복지도 2023. 21세기 북스.

서울시가족센터(2022. 11). 2022 서울가족보고서. 서울특별시.

서울시(2022). 서울시 1인가구실태조사 결과.

서울신문(2023. 09. 07). "더는 못 살아"…20년차 '황혼 이혼', 신혼보다 2배 많았다. 최재헌기자

서은주(2012). 건강가정지원센터를 통한 아버지교육 프로그램 고찰. 부모교육연구, 9(2), 35-51.

성미애 · 어성연 · 이재림(2014). 가족생활교육. 서울: 한국방송통신대학교 출판문화원.

성혜옥(2010). 정서중심부부치료(EFT)의 한국적 모델에 관한 연구: 부부관계를 중심으로. 장로회신학대학교 박사학위논문.

세계일보(2018. 2. 22.). 집안일 외면하는 남편… 맞벌이 포기하는 아내. 김현주기자, hjk@segye.com.

손순복(2016). 영유아 아버지의 아버지역할훈련 교육프로그램 개발을 위한 기초연구. 미래유아교육학회지, 23(3), 197-220.

손정영, 김정옥(2005). 결혼준비교육 프로그램의 개발 및 효과 검증. 한국가족관계학회지, 10(3), 219-236.

송미진(2012). 부부관계향상 집단 프로그램 효과에 관한 메타분석. 경성대학교 석사학위논문.

송말희(2006). 중년기 주부를 대상으로 가족생활교육 프로그램 개발. 경기: 한국학술정보.

송인숙, 홍달아기, 박현성(2013). 대학생이 지각하는 가족건강성이 행복감에 미치는 영향. 한국가족복지학, 18(4) 579-598.

송정아(1995). 가족생활교육 프로그램 개발연구(통합적 모델). 한국학술진흥재단보고서.

______(1996). 중년기 부부관계 향상 프로그램 개발. 14(1), 113-130.

송정아 · 전영자 · 김득성(2003). 가족생활교육론. 서울: 교문사.

송효진 · 황정미 · 김수정 · 박관동 · 김은지 · 김영란 · 박복순 · 최진희 · 김수진 · 홍윤선 · 변혜정 · 조은주 · 김수완 · 배지영 · 김현희 · 이상모 · 장원규 · 홍주은 · 이지영, ... 장지영(2021). 개인화 시대, 미래 가족 변화에 대응하는 포용적 법제 구축 방안. 서울: 한국여성정책연구원.

송혜림, 고선강, 박정윤, 권혜진, 김유경, 진미정(2010). 가족친화환경 측면에서 본 남성의 아버지역할 수행 실태. 한국가족자원경영학회지, 14(4), 341-361.

신승배(2015). 한국인의행복감 결정요인. 사회과학연구 2015, 41(2), 183-208.

신용주 · 김혜수(2017). 다음 세대를 위한 부모교육. 서울: 학지사.

신원식 · 김민주(2009). 프로포절 작성의 실제. 경기: 공동체.

실무노동용어사전.

심지영(2022). 가족건강성이 아버지의 놀이 참여도를 매개로 유아의 사회적 유능성에 미치는 영향. 연세대학교 교육대학원 석사학위논문.

심재영 · 최새은(2023). 청소년을 위한 관계교육의 가능성 탐색. 2023 생활과학분야 춘계공 동학술대회, 사회통합의 시대를 위한 생활과학의 역할, pp. 47-53.

안상수(2016). 일반국민의 다문화 수용성 현황과 과제. 2016년 제1차 다문화가족포럼, '다문화 수용성 제고를 위한 실천방안' 자료집. 여성가족부 다문화가족정책과.

안선희, 김선영 (2004). 가족의 건강성과 양육효능감 및 유아의 사회적 행동과의 관계. 대한가정학회지.

42(12), 219-230.

아시아경제 2019.07.23.일자.

양금희(2022). 학생의 가족건강성과 정서적 안정성과의 관계에서 부와 모의 회복탄력성 매개효과 분석. 목포대학교 대학원 박사학위논문.

어은주·유영주(1995). 가족의 건강도 측정을 위한 척도개발에 관한 연구. 한국가정 관리학회지, 13(1). 145-156.

엄한진(2006). 전지구적 맥락에서 본 한국의 다문화주의 이민논의. 김혜순 외, 동북아 다문화시대 한국사회의 변화와 통합, 동북아시아대위원회 용역과제 최종보고서, 45-75.

여성가족부(2015. 12.). 2015년 가족실태조사분석연구, 96.

________(2016). 2016년 가정폭력실태조사 연구.

________(2017). 2017년 한부모가족지원사업 안내.

________(2017. 3. 9.). 2016년 제1차 양성평등실태 조사 보도자료집.

________(2018). 좋은부모 행복한 아이-부모교육 강의실-부모교육 강사 매뉴얼.

________(2018. 1.). 다문화가족 관련 연도별 통계, 다문화정책과 자료집.

________(2018. 3.). 제3차 다문화정책기본계획(안) 2018~2022.

________(2018. 3. 16). 공동육아나눔터, 다양한 돌봄유형을 지원한다 보도자료집.

________(2018. 3. 26). 가족 내 민주주의를 위한 부모교육을 이야기하다. 제2차 가족정책 릴레이포럼 보도자료집.

________(2018. 4. 5). '위드유' 다짐을 담아 성차별 문화개선으로-위드유 캠페인, 온라인 국민참여행사 결과 발표- 보도자료집.

________(2019). 2019년 가족폭력실태조사연구.

________(2020). 1인가구 정책포럼자료집.

________(2020). 제4차 가족실태조사.

________(2021. 5. 31). 2020년 제 4차 가족실태조사결과 분석.

________(2022. 2.) 2021년 국민 다문화수용성 조사.

연우석·채규만(2014). 성 의사소통 훈련을 혼합한 부부대화법 프로그램의 결혼 및 성만족에 미치는 효과. 인지행동치료, 14(1), 1-19.

오명선·최외선(2008). 미술활동을 활용한 교류분석 부부교육프로그램 이 기혼여성의 부부간 의사소통과 결혼만족에 미치는 영향. 예술심리치료연구, 4(2), 49-77.

왕석순(2009). 우리나라 공교육에서 가족생활교육의 실태분석, 실과교육연구, 15(2), 249-274.

_____(2016). 나도 좋은 아버지가 되고 싶다. 교육부·국가평생교육진흥원·전국학부 모지원센터·대구광역시교육청.

왕석순·서병숙(1997). 아동기 가족의 가정교육에서 부모의 수행도와 자녀의 수용도에 관한 연구. 한국가족관계학회지, 2(1), 1-28.

왕석순·심준영(2019). 텍스트마이닝기법을 활용한 남녀 학생의 인구문제에 관한 인식 분석: 인구교육의 시사점 도출을 위하여. 한국가정과교육학회지, 31(3), 73-90.

왕석순·전주람·류경희(2015). 30-40대 싱글여성이 '결혼을 하지 않는 이유'분석 - 인구교육의 시사점

도출을 위하여 -. 한국가정과교육학회지, 27(2), 35-51.
원복연·박태수·허철수·김성봉(2013). 현실치료를 적용한 부부관계 향상 프로그램 개발 및 효과 검증. 상담학연구, 14(6), 3283-3305. 10.15703/kjc.14.6.201312.3283
우먼타임즈(2023. 3. 20). 결혼 권하는 지자체들... 과연 저출생 해법일까?, 곽은영기자, keyoung@womentimes.co.kr.
우수명(2004). TP 사회복지 Program 개발과 평가. 서울: 인간과복지.
유계숙·김민정·서진솔(2019). 미혼 청년층의 성공적 결혼에 대한 태도가 독신성향에 미치는 영향. 한국생활과학학회지, 28권 5호, pp. 477-490.
유계숙·유영주(2002). 서울시민의 가족개념 인식 및 가치관에 관한 연구. 대한가정학회지, 40(5), 79-95.
유영주(1999). 건전가정과 건강가족의 개념설정에 대한 논의. 한국가정관리학회지, 17(3), 93-102.
유영주·김경신·김순옥(2008). 가족관계학(제2 개정판). 경기: 교문사.
유영주·이인수·김순기·최희진(2013). 한국형 가족 건강성 척도II(KFSS-II)개발 연구. 한국가정관리학회지, 3(4), 113-129.
유영주·김순옥·김경신(2022). 가족관계학(4판). 서울: 교문사.
유영준·이성희·김민경·홍우정·오봉욱(2018). 건강가정론. 서울: 정민사.
유은희, 김득성(2005). 결혼초기 부부관계향상 프로그램의 효과검증 -PREP(prevention and relationship enhancement program)을 중심으로. 한국가정관리학회지, 23(1), 1-18.
유지윤·김수영(2022). 유아 부모교육 프로그램 효과에 대한 체계적 리뷰 및 메타분석. 한국유아교육학회 정기학술발표논문집, 2022(2), 187.
유해미, 정주영, 양유진(2013). 일·가정양립을 위한 남성의 자녀양육 지원실태와 개선 방안. 육아정책연구소.
윤성민(2021a). 위계적선형모형(hlm)을 적용한 아버지역할 증진을 위한 웹기반 아버지교육프로그램의 효과에 영향을 미치는 개인특성 변인 탐색 : 지속가능성 증진을 위한 증거기반실무를 중심으로. 한국가족복지학, 26(1), 203-227.
윤성민(2021b). 청소년기 자녀를 둔 아버지 대상 아버지역할 증진 웹기반 심리교육프로그램의 부부 공동수강 여부의 효과 비교 -증거기반실무를 중심으로. 청소년학연구, 28(3), 281-307.
윤애란(2020). 한국형에니어그램과 이마고대화법을 적용한 부부관계 향상 프로그램 개발 및 효과 검증. 한국상담학회 학술대회 논문집, 2020(8), 68.
윤정일·허형·이성호·이용남·박철홍·박인우(2005). 신교육의 이해. 서울: 학지사.
윤태실·민주홍(2020). 부모-자녀 쌍(dyad) 자료를 활용한 가족가치관과 미혼성인자녀의 결혼의향과의 관련성: 세대관계의 질의 조절효과를 중심으로. 한국가족관계학회지, 제 25권 3호, pp.105-124.
이기숙(2010). 가족생활교육. 서울: 신정.
이기쁨(2023. 9. 20). 숏폼 콘텐츠, 웹소설을 중심으로 본 양성평등 내용분석 결과 및 시사점, 한국양성평등교육진흥원 2023 양성평등 미디어 포럼, pp. 6-18.
이나연·정유진(2021). 영유아자녀 아버지의 온라인 부모교육 프로그램 참여. *International Journal of Early Childhood Education*, *27*(2), 73.

이남기(2023). 메타분석을 통한 에니어그램 부모교육 프로그램의 효과성 연구. 아시아상담코칭연구 5(1), 48-62.

이남철(2017). 다문화가족의 역량개발 및 사회진출 활성화 방안. 2017년 상반기 다문화가족 포럼, 다문화가족 사회참여 활성화 방안 자료집. 여성가족부.

이동숙(2008). 부부성장 집단프로그램이 개인 및 관계 성장에 미치는 효과 : 중년기 부부를 중심으로. 한국가족치료학회지, 16(1), 81-111.

이민재 (2001). 성인전기의 사랑유형과 자아존중감,신뢰감, 및 관계만족도. 석사학위논문, 이화여자대학교 대학원.

이봉주·김기덕(2014). 사회복지 프로그램 개발과 평가. 서울: 신정.

이사라·박지숙(2008). 학령기 부모교육 프로그램의 효과성 분석에 관한 연구. 한국아동학회 학술발표논문집, 2008(12), 156.

이상림(2012). 저출산, 고령화에 따른 노동력 부족 전망과 정책적 함의. 한국인구학, 35(2), 1-28.

_____(2019). 미혼인구의 결혼 관련 태도. 보건복지포럼, 2019(2), pp.6-18.

이상림·이재림·박선영(2020). 소셜 빅데이터 연구를 위한 커플 파트너십 온톨로지 개발, 가정과 삶의 질 연구, 제 38권 4호, pp.1-21.

이석재·김재헌·오아론·조민수(2023). 좋은 삶을 위한 가치수업. 서울: 북하우스.

이선혜·박정윤·김윤민(2018). 5060 부부 관계증진프로그램의 효과- 가족사회서비스 r&d 시범사업의 성과와 시사점. 한국사회복지학, 70(4), , 247-270. 10.20970/kasw.2018.70.4.010

이성희(2002). 부부관계강화 프로그램의 개발과 효과 검증: 선택이론, 인지정서행동이론, 관계향상기법을 기초로. 한국가정관리학회지, 20(6), 11-24.

이성희·김현수(2013). 현실치료를 적용한 부모교육 집단 프로그램 효과초등학생 자녀를 둔 어머니를 중심으로. 한국가족관계학회지, 18(2), 195-215.

이성희·김현수(2017). 영유아기 발달기에 있어서의 원가족지원. 2017년도 추계학술대회발표, 20171117.

이성희, 김희숙(2007). 결혼준비교육 프로그램의 적용 효과. *Korean Journal of Women Health Nursing, 13*(4), 272-279.

이성희·전길량·한은주·조경욱(2012). 가족복지론. 서울: 도서출판 파란마음.

이성희·조성경·김현수(2016). 보육교사의 가족형태 인식, 수용성 및 가족가치관에 관한 연구, 한국가족복지학회지, 21(4), 745-767.

이성희·한은주·이무영·정은미(2021). 가족상담 및 치료. 서울: 창지사.

이성희·한희선(2011). 결혼과 가족. 서울: 파란마음.

이성희, 한희선(2020), 성평등관점에서 본 결혼과 가족, 경기: 공동체.

이성희·홍달아기·한은주·조성경·김현수(2018). 가족생활교육론. 서울: 창지사.

이수연·김인순·김현정·김민정(2017). 양성평등하고 지속가능한 미래전망을 위한 세대별 가치관 연구. 서울: 한국여성정책연구원.

이수연·백영주·박군석(2009). 남성의 균형적 삶을 위한 젠더의식 개선방안. 서울: 한국여성정책연구원.

이숙현, 권영인(2009). 기업의 가족 친화적 문화와 아버지의 자녀양육 참여: 일-가족 갈등의 매개효과를 중심으로. 가족과 문화, 21(1), 1-28.

이순형·민하영·권혜진·정윤주·한유진·최윤경·권기남(2010). 부모교육. 서울:학지사.

이숙희(2022). 육아종합지원센터의 아버지 대상 부모교육 운영현황 및 개선 방안 탐색. 학습자중심교과교육연구, 22(23), 601-625.

이숙희·전영주(2004). 대학교양과정으로서 결혼준비교육의 성별에 따른 효과성 연구. 한국가정관리학회지, 22(4), 127-139.

이세은(2016). 어머니가 지각한 가족건강성 및 양육스트레스와 유아의 사회정서 발달과의 관계. 경희대학교 대학원 석사학위 논문.

이연숙(1998). 성인을 위한 가족생활교육론. 서울: 학지사.

이연숙(2003). 학교를 이용한 평생교육관전에서의 가정생활교육의 역할과 과제. 한국가족과교육학회 하계학술대회 발표자료집, 21-36.

이영애, 김정미 (2009). 유아기 자녀의 부모를 위한 STEP 부모교육 프로그램의 효과에 관한 연구. 열린부모교육연구, 1(2), 31-56.

이영호·최보아·서미란·지영숙(2004). 건강가정육성을 위한 결혼준비교육프로그램 개발-시민단체의 활동을 중심으로. 가정과삶의질연구, 22(1), 27-43.

이영환(2016). 우리나라 아버지 연구 동향과 과제. 한국보육지원학회지, 12(6), 59-78.

이은경·이종연(2023). 중등교육 시기의 자녀를 둔 부모교육 프로그램에 관한 국내 연구동향 (1990-2022년). 학습자중심교과교육연구, 23(7), 917-945.

이은영·장진경(2016). 부부 관계 향상 프로그램에 대한 연구: 참여 동기, 교육 만족도, 긍정적 행동의도를 중심으로. *Family and Environment Research*, *54*(2), 165-180.

__________(2018). 한국 부부교육 프로그램의 효과에 대한 메타분석. 한국가족관계학회지, 22(4), 181-204.

이은해·이미리·박소연(2006). 아동연구 방법의 이해. 서울: 학지사.

이장호(1992). 상담면접의 기초. 서울: 중앙적성출판사.

이정덕·김경신·문혜숙·송현애·김일명(2002). 결혼과 가족의 이해. 서울: 신정.

이정미·김정옥(2006). 부부관계향상을 위한 교육프로그램 개발과 효과검증 - 맞벌이 부부를중심으로. 한국가족관계학회지, 11(1), 103-132.

이정주·이종연 (2014). 부모교육 프로그램의 연구동향. 상담학연구, 15(2), 943-967.

이주석(2010). ENRICH 검사를 활용한 부부성장 프로그램에 관한연구. 장로회신학대학교 박사학위논문.

이준상·김향아(2017). 노인의 가족관계가 삶의 만족도에 미치는 영향, 웰니스 학회지,12권2호,27-36.

이준영(2023). 세대별 소비트렌드의 특징과 시사점. 2023 생활과학분야 춘계공동학술대회, 사회통합의 시대를 위한 생활과학의 역할, pp. 121-126.

이지민(2013). 20~30대 기혼여성의 원가족분화경험, 부부의사소통 및 부부친밀감이 가족 건강성에 미치는 영향. 한국가정관리학회지, 31(6), 23-38.

이지은(2008). 부부문제에 초점을 맞춘 온 마음 집단프로그램 개발. 가톨릭대학교 박사학위논문.

이진숙(2000). 사회과학적 토의에 비추어진 독일의 가족제도와 가족정책: 가족보고서를 중심으로, 가족과 문화, 12(1), 93-122.

이진아 · 박서진 (2023). 결혼이주여성을 대상으로 한 부모교육 프로그램 효과에 대한 체계적 문헌고찰. 인문사회 21, 14(1), 4065.

이지훈 · 이재림(2023). 온 가족이 모여있는 가상의 거실: 기혼자의 가족단톡방 활용체험. 2023 생활과학분야 춘계공동학술대회 세션 2-2 한국가족관계학회 구두발표 자료집, pp. 54-57.

이재림 · 차동혁 · 김지애 · 이향희(2012). 결혼준비교육 프로그램의 효과성 메타분석. 가정과삶의질학회 학술대회자료집 2012-5, 408.

이재림 · 김지애 · 이윤주 · 진윤아(2012). 아버지의 부모역할 수행과 자녀의 발달특성의 관련성 메타분석. 한국가족관계학회지, 17(1), 151-173.

이재림 · 김지애 · 차동혁 · 이향희(2013). 부모교육 프로그램의 효과성 메타분석:국내 학술지 연구를 중심으로. 한국가정관리학회지, 31(3), 27-47.

이재림 · 노신애 · 박지수(2021). 서울시건강가정지원센터 서울가족학교 아동기 부모교실의 효과성: 2020년 비대면 운영사례 분석. 한국가족관계학회지, 26(3), 3-32.

이재택(2015). 학령기 자녀의 아버지교육 프로그램 모형 개발. Andragogy Today: *Interdisciplinary Journal of Adult & Continuing Education (IJACE)*, *18*(1), 18(1), 185-213.

이재희 · 박원순(2020). 영유아 아버지 및 맞벌이 부모 대상 부모교육 프로그램 개발 및 효과. 열린유아교육연구, 25(6), 275-293. 10.20437/KOAECE25-6-12

이철수(2013). 사회복지학 사전. 서울: 혜민북스.

임동균(2023). 특별기획: 아시아 대도시 가치조사(1): 무엇이 삶에 의미를 주는가?, 서울 대학교 아시아연구소 홈페이지(http://snuac.snu.ac.kr/?p=41704)

장성하 · 최성열 · 이주연 (2021).어머니의 정서표현성이 유아의 사회적 유능감에 미치는 영향: 가족건강성의 매개효과. 아동교육, 30(4), 235-250.

장재홍(2000). 부모교육 프로그램 연구: 아버지의 자녀양육 참여현황과 아버지교육 프로그램 개발을 위한 제언. 한국청소년상담원.

전미경 · 이은주 · 유난숙 · 왕석순 · 최새은(2017). 청소년 대상 예비부모교육 프로그램 효과성연구. 한국가정과교육학회지, 29(4). 31-47.

전세경(2013). 가족생활교육. 경기: 양서원.

전세경 · 양정혜(2003). 초등교육에서의 가족생활교육 내용 체계화를 위한 연구, 한국실과교육학회지, 16(4), 67-80.

전영자 (2005). RT를 적용한 부부관계향상 프로그램 개발. 한국생활과학회지, 14(2), 241-250.

정경희(2015). 노년기 독거 현황과 정책적 대응 전략. 보건 · 복지 이슈&포커스, 300, 1-8.

정기선 · 김혜영(2013). 가족관계만족도를 통해서 본 한국가족의 변화: 1991~2008년도를 중심으로. 한국인구학, 36(1), 175-202.

정무성(2000). 프로그램 성과 평가. 서울: 나눔의 집.

______(2005). 사회복지 프로그램 개발론. 경기: 학현사.

정무성 · 정진모(2001). 사회복지 프로그램 개발과 평가. 서울: 양서원.

정문자 · 김연희(2000). 가족생활주기별 내담자의 문제와 가족치료기법 분석. 한국가족치료학회, 8(1), 3-29.

정문자 · 이현수 · 김연희(2002). 가족생활주기별 내담자의 문제와 가족치료기법 분석. 생활과학논집, 16, 83-96.

정문자 · 정혜정 · 이선혜 · 전영주(2007). 가족치료의 이해. 서울: 학지사.

정민자(1996). 결혼준비교육 프로그램의 개발에 관한 연구. 대한가정학회지 34(4), 373-391.

_____(2001). 가족상담 치료 진단평가서. 서울: 양지.

정민자 · 박무성(2015). 이혼 예방을 위한 예비부부교육 요구도 분석. 한국공안행정학회보, 24(3), 263-296.

정숙향 · 정희정(2020). Sns 기반 영아기 아버지교육 프로그램에 대한 인식 및 요구도 조사. 한국보육학회지, 20(2), 65-85. 10.21213/kjcec.2020.20.2.65

정우영 · 조형숙 (2023). 메이커 교육 기반 유아기 자녀를 둔 아버지 교육 프로그램에 참여한 아버지의 경험과 변화. 유아교육학논집, 27(1), 229-255.

정영금(2015). 가족가치확산을 위한 정책과제와 대안. 한국자원경영학회지, 19(1), 81.

정옥분 · 정순화(2019). 부모교육(3판). 서울: 학지사.

정현숙(2000). '부부관계교육' 프로그램의 교육내용안(案). 한국가정관리학회지, 18(1). 17-29.

_____(2005). 결혼준비교육프로그램의 개발 및 평가. 한국가정관리학회지, 23(1), 151-159.

_____(2016). 가족생활교육 2판. 서울: 신정.

_____(2019). 가족관계. 서울: 신정.

정현숙 · 유계숙(2001). 가족관계. 서울: 학지사.

조벽(2015). 인성이 실력이다. 서울: 해냄출판사.

조성연 · 이미란 · 최혜영 · 박진재 · 송혜란 · 권연희 · 박진아(2014). 부모교육. 서울: 신정.

조성은(2022). 1인가구 지원을 위한 가족센터 역할강화 방안. 여성가족부 정책포럼 토론문

조승석 · 맹두열 · 김학재(2005). 사회복지 프로그램 개발과 평가. 서울: 공동체.

조흥식 · 김인숙 · 김혜란 · 김혜련 · 신은주(2010). 가족복지학 제4판. 서울: 학지사.

지아가 · 권혁철 · 이영순(2014). Gottman부부관계향상 프로그램이 부모기 전이 부부의 친밀감, 의사소통 및 결혼만족에 미치는 효과. 재활심리연구, 21(3), , 413-432.

지영숙(2004). 가족생활설계론. 서울: 신정.

진명자(2005). 부부성장 프로그램의 개발 및 효과. 홍익대학교 박사학위논문.

중부매일(2017. 06. 15.). 쓸쓸한 죽음 노인 '고독사' 이젠 그만. 이민우 기자.

차경선(2014). 이혼위기 부부의 관계회복을 위한 집단프로그램 개발연구; 가트맨 부부치료 기반으로. 한일장신대학교 박사학위논문.

천성문 · 함경애 · 조용재 (2015). 중년기 건강한 부부관계 증진을 위한 자애명상 프로그램의 개발과 효과. 교육치료연구, 7(2), 319-339.

최경순 (1992). 아버지의 양육행동 및 참여도와 아동의 사회적 능력과의 관계. 고려대학교 대학원 박사학위논문.

최규련(2008). 가족상담 및 치료 2판. 경기: 공동체.

최규련(2014). 가족관계론. 경기: 공동체.

최규련(2018). 가족관계론(제2판). 공동체.

최미경·박성연(1991). 부모교육경험이 부모의 자녀교육관에 미치는 영향. 대한가정학회지, 29(3), 191-207.

최연실·고선주·권희경·남영주·배희분·성미애·송명숙·양현아·이경희·이소영·이재림·장주영·정정기·조은숙·진미정·최새은(2015). 한국가족을 말하다: 현상과 쟁점. 서울: 하우출판사.

최영미, 이희영 (2018). 만 3-5 세 자녀를 둔 맞벌이 저소득가정의 부모교육 프로그램 개발 및 적용 효과. 열린부모교육연구, 10(3), 71-100.

최영민·이기영·김정진·최현미(2015). 다문화사회복지론. 서울: 학지사.

최인수·윤덕환·채선애·송으뜸·김윤미(2017). 2018 대한민국 트렌드. 서울: 한국경제신문.

최정란(2014). 사티어경험적가족치료모델 의사소통훈련 결혼준비교육이 참여자들에게 미치는 영향 -자존감과 친밀감을 중심으로. 가족과 가족치료(구 한국가족치료학회지), 22(3), 229-251. 10.21479/kaft.2014.22.3.229

최정숙 (2009). 중년기부부를 대상으로 하는 가족레질리언스 강화프로그램 개발연구. 한국가족복지학회지, 27, 175-208.

최현미·이혜경·신은주·최승희·김연희·송성실(2010). 다문화가족복지론. 경기: 양서원.

최혜지(2014). 사회복지사의 문화적 역량 척도. 한국사회복지행정학, 16(2), 55-91.

캡틴 밥 스미스 저, 김은경 역(2005). 다시 태어나도 결혼하고 싶은 사람이 되는 법. 북스캔.

통계개발원(2015). 가족과 가구영역의 주요동향. 한국의 사회동향.

통계청(2012). 장래가구추계: 2010년~2035년 보도자료.

_____(2015). 인구주택총조사.

_____(2016). 장래인구추계: 2015~2065.

_____(2017). 2016년 출산·사망 통계(잠정) 보도자료.

_____(2017). 2016년 혼인·이혼통계 보도자료.

_____(2017). 2016 인구주택총조사 보도자료.

_____(2017). 2017 일·가정 양립지표 보도자료.

_____(2018). 2017년 인구동향조사. 출생·사망통계 잠정 결과인구(잠정) 보도자료.

_____(각 연도). 사회조사.

_____(2021) 장래 인구추계 고령인구, 부양비 및 고령화 지수.

_____(2018). 2014-2018 각 년도. 한부모가구 비율.

_____(2018). 연령별에 따른 미혼모, 미혼부 비율.

_____(2021) 사회통계국 인구추계 2020-2060.

_____(2021), 2020년 혼인, 이혼통계

_____(2021). 맞벌이 가구 수와 유배우자 가구 비중.

_____(2021). 인구동태 통계연보. 출산·사망 편

_____(2021). 인구주택 총조사.

_____(2021). 인구통태 통계연보 혼인·이혼 편

_____(2022. 6. 28.). 2021년 전국 다문화가족실태조사 결과 보도자료집.

_____(2022). 2011년~2021년 10년간 합계 출산율과 출생아 수 추이.

_____(2022). 2021년 혼인 이혼 보도자료.

_____(2022). 2022년 10월 인구 동향 보도자료.

_____(2022. 11. 3.). 2021년 다문화 인구동태 통계 보도자료집.

_____(2023. 7. 11.). 저출산과 우리 사회의 변화 보도자료집.

_____(2023. 11. 8.). 2023년 사회조사결과 보도자료집.

_____(https://kostat.go.kr/).2022년 혼인·이혼 통계], 2023년 11월 30일 검색.

평생교육법.

한겨레신문(2017. 05. 23.). 독신 사원 반려동물 '가족 인정'…월 5만 원 수당 준다. 최우리 기자.

________(2017. 2. 14.). 새 가족 추적한 미국학자 벨라 드파울루. 황보연 기자.

________(2018. 3. 31.). 강한 남성 강요하는 '남뽕' 구조를 돌아보다. 박현정 기자.saram@hani.co.kr

________(2018. 4. 11.). "여자가 왜 그래?" "장애딛고 성공"… 무심코 내뱉는 '먼지차별' …당신도?. 장수경 기자.

________(2023. 2. 21.). '인구절벽' 유독 심한 동아시아 국가들, 왜 그럴까. 김미향 기자, aroma@hani.co.kr

한국가족관계학회(1998). 가족생활교육 이론 및 프로그램. 서울: 하우.

_____________(2021). 2021 추계학술대회 "관계의백신: 가족생활교육의 가능성과 도약"

한국보건사회연구원(2015). 2015년 전국 출산력 및 가족보건·복지실태조사.

한국여성개발원(1999). 한국형 남녀평등 의식검사 개발.

한국여성의전화 (2019). 2019년 분노의 게이지. 언론 보도를 통해 본 친밀한 관계의 남성에 의한 여성 살해 분석.

한국경제(2023. 7. 26.), 영화 '바비'가 촉발한 남성성 논쟁…'진짜 남성'에 대한 정의는.. 오현우 기자 ohw@hankyung.com

한국일보(2016. 01. 18). 저성장시대 행복리포트: 한국인 47%만 "행복하다"… 조사 4개국 중 꼴찌. 강철원·김소연 기자.

_______(2022. 8. 26) 딸을 성차별에서 자유롭고 주체적이 인간으로 키우고 싶어요. 이혜미 기자, herstory@hankookilbo.com

한길선·강은주(2023). 영유아 부모교육 프로그램 연구의 2001-2020년간의 국내 연구 동향. 한국보육지원학회지, 19(1), 111-126.

현진희(2007). 폭력행동 감소와 관계개선을 위한 부부집단 프로그램의 과정 분석과 효과성 연구. 이화여자대학교 박사학위논문.

홍달아기·박경옥(2004). 노년기 부부역할에 따른 부부교육요구에 관한 연구. 한국가정과학회지, 7(3). 83-106.

홍달아기·신현실(2001). 교과과정으로서의 결혼준비교육 프로그램개발을 위한 기초연구-W대학교 학생을 중심으로. 4(2), 29-47

홍달아기·채옥희·이남주·송복희·김성란(2009). 다문화가족교육 프로그램 매뉴얼, 보건복지가족부·전국다문화가족사업지원단다문화가족교육 프로그램, 2009 다문화 53.

홍혜진, 김경숙 (2020). 유아의 가족건강성이 사회적 유능감에 미치는 영향: 자기조절력의 매개효과를 중심으로. 한국영유아보육학, 124, 1-22.

헤럴드경제(2021.08.13.). 영국에 '고독부'...벤치마킹하는 일본...선진국은 국가 대응 속도 높이는 중. 신주희 기자.

Aldous, J.(1978). *Family Careers: Developmental change in families*. N.Y.: John Wiley & Sons.

Arcus, M. E., & Thomas, J.(1993). The nature and practice of family life education. In M. E. Arcus, J. D. Schvaneneldt, & J. J. Moss(Eds.). *Handbook of family life educatio*n Vol. 2. C.A.: Sage.

Arcus, M. E., Schvaneveldt, J. D. & Moss, J. J.(1993a). *Handbook of family life education Vol. 1*, Foundation of family life education. SAGE Publication Inc. 이정연·장진경·정혜정 옮김(1996). 가족생활교육의 기초. 서울: 하우.

Arcus, M. E., Schvaneveldt, J. D., & Moss, J. J.(1993b). The practice of family life education. In M. E. Arcus, J. D. Schvaneveldt, J. D., & J. J. Moss, *Handbook of family education, 2*. C.A.: Sage.

Arthur Schopenhauer(1851). *Parerga und Paralipomena, Vol. 2*, Chapter XXXI, Section 396.

Barker, R. I.(1995). *Social Work Dictionary*(3rd ed). Washington, D.C.: NASW Press.

Baker, S., & Sanders, M. R.(2017). Predictors of program use and child and parent outcomes of a brief online parenting intervention. *Child Psychiatry & Human Development, 48*(5), 807-817.https://doi.org/10.1007/s10578-016-0706-8

Barrow, J. C, & Moore, C. A.(1983). Group interventions with perfectionistic thinking. *Personal and Guidance Journal, 61*, 612-615.

Baydar, N., Reid, J., & Webster-Stratton, C.(2003). The role of mental health factors and programme engagement in the effectiveness of a preventive parenting program for Head Start mothers. *Child Development, 74*(5), 1433-1453.

Berger, R., & Hannah, M. T.(1999). *Preventive approaches in couples therapy*, Philadelphia, PA: Brunner/Mazel.

Benjamin, S.(2003). Building healthy marriages through early and extended outreach with youth. *Journal of Psychology and Theology, 31*, 270-282.

Blanchard, V. L., Hawkins, A. J., Baldwin, S. A., & Fawcett, E. B.(2009). Investigating the effects of marriage and relationship education on couples' communication skills: A meta-analysis study. *Journal of Family Psychology, 23*(2). 203-214.

Boden, J. S., Fischer, J. L., & Niehuis, S.(2010). Predicting marital adjustment from young adult initial levels and changes in emotional intimacy over time: A 25-year longitudinal study. *Journal of Adult Development, 17*(3). 21-134.

Borenstein, M., Hedges, L. V., Higgins, J. P. T., & Rothstein, H. R.(2009). Introduction to meta-analysis. *West Sussex: John Wiley & Sons*. 21-312.

Bradshaw, J.(1972). The concept of social need. *New Society, 19*, 640-643.

by Linda Kavelin Popov with Dan Popov, Ph. D. and John Kavelin. https://virtuesproject.com/virtuesdef.html

Carol A. Darling, Dawn Cassidy(2014). Family Life Education: Working with Families across the Lifespan. *Fourth Edition*. Waveland Press.

Chambers, D. E.(2000). *Social Policy and Social Programs: A Method for the Practical Public Policy Analyst*. M.A.: Allyn & Baco.

Cherlin, A. J.(2004). The deinstitutionalization of American marriage. *Journal of Marriage and Family*, *66*(4), pp. 848-861. https:// doi.org /10.1111/ j.0022 – 2445.2004.000058.x.

Clarke, J. I., & Bredehoft, D. J.(2003). Family life education methodology. In Bredehoft, D. J., & Walcheski, M. J.(Eds.). *Family life education: Integrating theory and practice*, 131-138. M.N.: National Council on Family Relations.

Coie, J. D., Watt, N. F., West, S. G., Hawkins, J. D., Asarnow, J. R., Markman, H. J., Ramey, S. L., Shure, M. B., & Long, B.(1993). The science of prevention: A conceptual framework and some directions for a national research program. *American Psychologist*, *48*, 1013-1022.

Cookstom, T., McCord, J., & Poulin, F. (2006). Father involvement and adolescent adjustment: Longitudinal findings from Add Health. *Fathering*, *4*, 137-158.

Darling, C. A., Cassidy,D., & Rehm, M.(2020). The Foundation of Family Life Education Model; Understanding the Field. *Family Relations*, *69*(3), 427-441.

David H. Olson, John DeFrain & Amy K. Olson 공저, 21세기 가족문화연구소 편역(2002). 행복한 결혼 건강한 가족. 서울: 양서원.

Diener, E., & Fujita, F.(1995). Resources, personal strivings, and subjective well-being: A nomothetic and idiographic approach. *Journal of Personality and Social Psychology*, *68*, 926-935.

Dishion, T., McCord, J., & Poulin, F. (1999). When interventions harm: Peer groups and problem behavior. *American Psychologist*, *54*(9), 755-764

Doherty, W. J., & Anderson, J. R. (2004). Community marriage initiatives, *Family Relations*, *53*, 425-432.

Duncan, S. F. & Goddard, H. W.(2011). Family life education: Principles and practices for effective outreach. Third edition. C.A.: Sage.

Easterlin, R, A.(2006). Life Cycle Happiness and Its Sources: Intersections of Psychology, Economics, and Demography. *Journal of Economic Psychology*, *27*, 463-482.

Easterlin, R. A.(1995). will raising the Incomes of All Increase the Happiness of All?. *Journal of Economic Behavior and Organization*, *27*, 35-47.

Ethic, Committee(2003). *Parent and Family Education Section*. Minnesota Council on Family Relations.

Giele(2013). *Family policy and the American safety net*. Chicago: Lyceum,

Hawkins, A. J., Blanchard, V. L., Baldwin, S. A., & Fawcett, E. B.(2008). Does Marriage and relationship education work? A meta-analysis study. *Journal of Consulting and Clinical Psychology*, *76*(5). 723-734.

Hawkins, A. J., Bradford, K. P., Palkovitz, R., Christiansen, S. L., Day, R. D., & Call, V. R. (2002). The inventory of father involvement: A pilot study of a new measure of father involvement. The *Journal of Men's Studies*, *10*(2), 183-196.

Hawkins, A. J., & Erickson, S. E.(2015). Is couple and relationship education effective for lower income participants? A meta-analytic study. *Journal of Family Psychology*, *29*(1). 59-68.

Helfenbaum-Kun, E. D., & Oritz, C. (2007). Parent-training groups for fathers of Head Start Children: A pilot study of their feasibility and impact of child behavior and intra-familial relationships. *Child & Family Behavior Therapy*, *29*(2), 47-64.

Hill, R., & Hanson, D. A.(1960). The identification of conceptual frameworks utilized in family study, *Marriage and Family Living*, *22*, 299-311.

Holman, T. B., Larson, J. H., & Harmer, S. I. (1994). The development and predictive validity of a new premarital assessment instrument: The preparation for marriage questionnaire. *Family Relations*, *43*, 46-52.

https://virtuesproject.com/virtuesdef.html

https://www.kafr.or.kr

Hughes(1994). A framework for developing family life education programs, *family relations*, 74-80.

Jerry J. Bigner, 박성연·성숙자·김상희·박응임·전춘애·안지영·임희수·이사라·한세영·이주연 편역(2007). 부모-자녀관계:부모교육의 이해. 서울: 교문사.

Kellam, S. G., & Langevin, D. J. (2003). A framework for understanding "evidence" in prevention research and programs. *Prevention Science*, *4*, 137-153.

Kitchener, K. S.(1986). Teaching applied ethics in counselors education, *Journal of counseling and development*, *64*, 306-310.

Lamb, M. E. (1986). The Changing roles of father. In M.Lamb(Ed.), *The Father's role: Applied perspectives* (pp. 3-28). New York: Willey.

Laura E. Berk. Development Through the Lifespan, 4th Edition. 이옥경·박영신·이현진·김혜리·정윤경·김민희 옮김(2009). 생애발달 Ⅰ. 시그마프레스.

Laura E. Berk, 김민희·김연수·김지연·노수림·맹세호·이승진·이정윤 옮김(2020). 생애발달 Ⅱ. 시그마프레스.

Lee, J., & Son, S. (2018). Family life education in Korea. In M. Roblia, & A. Taylor (Eds), (pp. 17-31). Cham, Switzerland: Springer.

Leibenstein, H.(1974). An interpretation of the economic theory of fertility: Promising path or blind alley?. *Journal of Economic Literature*, *12*(2), pp.457-479.

Levi-Strauss, C.(1960). The family. In Sapiro, H. C. *Man, Culture and society*. Oxford.

Levy, C, S.(1987). In search of a professional code of ethics. *NASW News*, *Vol. 23*(7), 6-7.

L'Abate, L.(1983). Prevention as a profession: Toward a new conceptual frame of reference. In Mace, D. R.(Ed.). *Prevention in family service: Approaches to family therapy and counseling*. C.A.: Sage.

Margaret E. Arcus, Jay D. Schvaneveldt, J. Joel Moss, 이정연·장진경·정혜정 옮김(1996). 가족생활교

육의 기초. 서울: 하우.

Margaret E. Arcus, Jay D. Schvaneveldt, J. Joel Moss, 이정연·장진경·정혜정 옮김(1996). 가족생활교육의 실제. 서울: 하우.

McAllister, S., Duncan, S. F., & Hawkins, A. J.(2012). Examining the early evidence for self-directed marriage and relationship education: A meta-analysis study. *Family Relations*, *61*(2012). 742-755.

McBride, B. A. (1991). Parental support programs and paternal stress: An exploratory study. *Early Childhood Research Quarterly*, *6*, 137-149.

Moss, B., & Schwebel, A.(1993). Marriage and romantic relationship. *Family Relations*, *42*, 31-37.

Murdock, G. P.(1949). *Social Structure*. N. Y.: Macmillan.

Nick & Nancy Stinnet, Joe & Alice Beam. 제석봉·박경 역(2004). 환상적인 가족 만들기, 261-266. 서울: 학지사.

Nowak, C., & Heinrichs, N.(2008). A comprehensive meta-analysis of Triple P-Positive Parenting Program using hierarchical linear modeling: Effectiveness and moderating variables. *Clinical Child and Family Psychology Review*, *11*(3), 114-144. https://doi.org/10.1007/s10567-008-0033-0

Olson, D. H., Fournier, D. C., & DeFrain, J. C(1983). *PREPARE/ENRICH Counselor's Manual*. PREPARE/ ENRIC,Inc., P.O. Box 190, Minneapolis, MN 55458.

Olson, D. H., & Defrain, J., & Olson, A. K. (1998). 21세기 가족문화연구소 편역(2002). 행복한 결혼, 건강한 가족. 서울:양서원.

Palm, G.(2003). Ethics. In Bredehoft, D. J., & Walcheski, M. J.(Eds.). *Family life education: Integrating theory and practice*, 125-130. NCFR.

Plunkett, S. W., Behnke, A. O., Sands, T., & Choi, B. Y. (2009). Adolescents' reports of parental engagement and academic achievement in immigrant families. *Youth Adolescence*, *38*, 257-268.

Powell, L., & Cassidy, D.(2001). *Family life education*. Mountain View, C.A.: Mayfield Publishing Co.

Print, M.(1993). Curriculum development and design. 강현석·박영무·박창언·손충기·이원희·최호성 역(2006). 교육과정 개발과 설계. 경기: 교육과학사.

Rapp, C. & Poertner, J.(1992). *Social Administration: A Client-Centered Approach*. N. Y.: Longman.

Reyno, S. M., & McGrath, P. J.(2006). Predicting of parent training efficacy for child externalizing behavior problems: A meta-analytic review. *Journal of Child Psychology and Psychiatry*, *47*, 99-111.

Rob, M., & Norfor, J.(1980). Parenting : can skills be learned?. *The Australian Journal of Social Issues*, *15*(3), 189-193.

Robert Hughes(1994). A framework for developing family life education programs. *family relations*, 74-80.

Roy, K., & MacDermid, S. M.(2003). Families in society. In Bredehoft, D. J., & Walcheski, M. J. *Family life education: Integrating theory and practice*, 59-67. NCFR.

Small, S.A., Cooney, S. M., & O'Connor, C.(2009). Evidence-informed program improvement: Using principles of effectiveness to enhance the quality and impact of family-based prevention programs. *Family Relations*, *58*, 1-13.

Stahmann, R. F. and Salts, C. J. (1993). Educating for marriage and intimate relationships. In M. E.

Arcus, J. D. Schvaneveldt and J. J. Moss (eds) *Handbook of Family Life Education* (pp. 33-61). Newbury Park, CA: Sage.

Stanley, S. (2001). Making a case for premarital education. *Family Relations, 50*, 272-280.

Taskin, N., & Erkan, S. (2009). The influence of father education programs on the levels of father involvement with children: an experimental study. *Hacettepe University Journal of Education, 37*, 136-14.

Tomas, J., & Arcus, M.(1992). Family life education: An analysis of the concept, *Family Relations, Vol. 41*, 3-8.

UN(2022). World Population Prospects.

Tyler, R. W.(2013). *Basic principles of curriculum and instruction*. Chicago: The university of Chicago press.

Vance, A., & Brandon, D.(2017). Delineating among parenting confidence, parenting self-efficacy and competence. *Advances in nursing science. 40*(4), 18-37.

Vaillant, G. E. (2010). 이덕남 옮김(2010). 행복의 조건: 하버드대학교·인생성장보고서. 서울: 프런티어.

Waite, L. J., & Gallagher, M. (2000). *The Case for Marriage: Why Married People Are Happier, Healthier and Better off Financially*. New York: Doubleday.

Walcheski, M., & Bredehoft, D.(2003). Internal dynamics of families, In Walcheski, M. J., & Bredehoft, D. J.. *Families life education: Integrating theory and practice*, 68-74. NCFR.

Walsh (1998). 권진숙·신혜령·김성진·김성경·박지영(2008). 가족복지론 2판. 경기: 공동체.

Weiss, H. B, & Jacobs, F. H.(1988). *Evaluation family programs*. N. Y.: Aldine De Gruyter.

Weissberg, R. P., Kumpfer, K. L., & Seligman, M. E. P.(2003). Prevention that works for children and youth. *American Psychologist, 58*, 425-432

WORLD HAPPINESS REPORT 2017(2017). "한국인의 행복지수 2017 국제비교-사회적 요인의 분석과 시사점" 중 국민행복과 굿거버넌스(김석호, 서울대 사회학과). 한국 삶의질 학회 외 (www.worldhappiness.report).

저자약력

이성희

우석대학교 아동사회복지학부 교수

한국아동가족복지학회 고문

우석대학교 아동복지연구소 소장

완주군 다문화가족지원센터장, 완주군 건강가정지원센터 센터장 역임

홍달아기

원광대학교 사회과학대학 명예교수

한국가족관계학회장, 한국생활과학회장, 한국아동가족복지학회장 역임

익산시 건강가정다문화족지원센터 센터장 역임

한은주

성신여대 생애복지대학원 가족상담치료학과 겸임교수

강북구가족센터 센터장

한국가족관계학회, 한국가족정책학회 부회장

조성경

은솔아동가족심리센터 부센터장

우석대학교 아동복지학과 조교수 역임

상명대학교 학생상담센터 전임연구원 역임

왕석순

전주대학교 가정교육과 교수

전주대학교 도서관장

사)한국가정과교육학회 회장

전주대학교 사범대학 학장 역임

사)한국생활과학회 회장 역임

제2판

가족생활교육론

초 판 1쇄 발행 2018년 7월 5일
초 판 2쇄 발행 2020년 8월 12일
제2판 1쇄 발행 2024년 3월 2일

지 은 이 | 이성희 · 홍달아기 · 한은주 · 조성경 · 왕석순
펴 낸 이 | 김기섭
편 집 인 | 이초롱 · 이현남
펴 낸 곳 | 창지사 www.changJisa.com
08589 서울시 금천구 가산디지털 1로 83 파트너스타워 1차 9층
전화 (02)719-2211~3
팩스 (02)701-9386
등 록 | 1977년 4월 28일 · 제1-421호

ISBN 978-89-426-1868-2 (93370)

값 23,000원